Z-207

→ VA
VD
Eu-G-III 7
RO-I
Eu-F-II-1
MF
Eu-F-V-3
PC-II
Eu-F-IV-1
Eu-G-II-1

TÜBINGER GEOGRAPHISCHE STUDIEN

Herausgegeben von

D. Eberle * H. Förster * H. Gebhardt * G. Kohlhepp * K.-H. Pfeffer

Schriftleitung: H. Eck

Heft 116

Horst Förster und Karl-Heinz Pfeffer (Hrsg.)

Interaktion von Ökologie und Umwelt mit Ökonomie und Raumplanung

Mit 94 Abbildungen und 28 Tabellen

1996

Im Selbstverlag des Geographischen Instituts der Universität Tübingen

ISBN 3-88121-021-0
ISSN 0564-4232

Die Deutsche Bibliothek - CIP-Einheitsaufnahme

Interaktion von Ökologie und Umwelt mit Ökonomie und Raumplanung : mit 28 Tabellen / Geographisches Institut der Universität Tübingen. Horst Förster und Karl-Heinz Pfeffer (Hrsg.). - Tübingen : Geographisches Inst., 1996
 (Tübinger geographische Studien ; H. 116)
 ISBN 3-88121-021-0

Gedruckt mit Unterstützung des Bundesministeriums
für Bildung, Wissenschaft, Forschung und Technologie, Bonn.

Copyright 1996 Geographisches Institut der Universität Tübingen,
Hölderlinstr. 12, 72074 Tübingen

Zeeb-Druck, 72070 Tübingen

INHALT

LUDWIG, H.W.: Einführung 1

PFEFFER, K.-H.: Kurse des Internationalen Zentrums zur Interaktion
   von Ökologie und Umwelt mit Ökonomie und Raumplanung 7

Altindustriegebiete und Grenzregionen in West- und Osteuropa

FÖRSTER, H.: Altindustrieregionen in West- und Osteuropa 21

KORTUS, B.: Umweltprobleme und Umweltpolitik in Bezug auf die
   aktuellen wirtschaftlichen Reformprozesse in Polen 55

NOWINSKA, E.: Entwicklungsstrategie einer Grenzgemeinde - das
   Beispiel Slubice in der Euroregion Pro-Europa-Viadrina 65

BENEDEK, J: Raumplanungsprobleme in Rumänien nach der Wende
   von 1989 91

RIESER, H.-H.: Stirbt Reschitza ? - Entwicklungschancen der altindustrialisierten Montanregionen des Banater Berglandes 103

Regionale Umweltprobleme: Analysen und Methoden

BÁRÁNY-KEVEI, I.: Umweltprobleme im Boden- und Vegetations-
   system von Ungarn 127

FARSANG, A.: Regionale Untersuchungen von Boden-Schwer-
   metallen (Kausalstudie in Mátra) 135

JAKÁL, J.: Änderungen der Landschaft hervorgerufen durch die
   wirtschaftlichen Aktivitäten des Menschen in der oberen
   Neutra 153

NOVOTNÝ, P.: Die Dynamik der ökologischen Prozesse im Gebiet
   der Mittelelbe 165

Forschungen in Waldökosystemen

PFEFFER, K.-H.: Geowissenschaftliche Parameter in Waldöko-
systemen..175

BECKMANN, S., KOTTKE, I. & F. OBERWINKLER: Pilz-Baumwurzel-
symbiosen als ökologischer Faktor in Mitteleuropäischen
Wäldern...185

PFEFFER, K.-H.: Aktuelle geowissenschaftliche Forschungen
auf Sturmwurfflächen in Baden-Württemberg............................201

GÖRKE, C., HONOLD, A. & F. OBERWINKLER: Sturmwurf:
eine Chance für die Waldökosystemforschung..........................221

Zur Theorie und Praxis stadtökologischer Probleme

OLESKIN, A.: Stadt- und Globalplanung aus biopolitischer Sicht...............239

VOGT, J.: Vom Kommunalen Umweltschutz zur angewandten
Stadtökologie - Probleme und Perspektiven..............................243

TKACENKO, T.: Zur aktuellen ökologischen Situation Moskaus.................273

VOGT, J.: Transmissionsbedingungen in der bodennahen
städtischen Atmosphäre bei austauscharmen Strahlungs-
wetterlagen..281

BECK, R.: Schwermetalleinträge in der Tübinger Südstadt -
Straßenstaubanalyse und Moss-Bag-Monitoring.......................307

EINFÜHRUNG

von

HANS-WERNER LUDWIG

Rektor der Eberhard-Karls-Universität, Tübingen

Der vorliegende Band faßt die Beiträge zusammen, die die Teilnehmer einer Tagung mit dem Titel "Interaktion von Ökologie und Umwelt mit Ökonomie und Raumplanung" im September 1995 in Miskolc, Nordungarn vorgestellt haben. Diese Tagung stand in einem zweifachen größeren Zusammenhang: Sie wurde im Rahmen der Sommerakademie des Internationalen Zentrums durchgeführt, und sie war in diesem Kontext die dritte Veranstaltung für mittel- und osteuropäische Wissenschaftler zu diesem Thema, das die Tübinger Professoren Dr. Horst Förster, Dr. Franz Oberwinkler, Dr. Karl-Heinz Pfeffer und Dr. Hartmut Stegmann mit einem Veranstaltungsangebot 1993 in Tübingen erstmals aufgriffen. Hier fand eine kleine Gruppe von Wissenschaftlern zusammen, die ihre Kontakte und gemeinsame Arbeit auch über die beiden kommenden Jahre fortsetzten. Das Ergebnis dieser Arbeit liegt nun vor.

Die inhaltliche Besonderheit dieser Tagung wird durch die Beiträge selbst ausgewiesen. Für die Besonderheit der Form einer solchen Tagung östlicher und westlicher Wissenschaftler muß jedoch der Rahmen und damit das Internationale Zentrum beschrieben werden, innerhalb dessen eine solche Begegnung möglich wurde.

Der Name "Internationales Zentrum" (IZ) steht für einen Verbund von 18 Universitäten in 9 Ländern (Dänemark, Deutschland, England, Polen, Rumänien, Rußland, Tschechische Republik, Ungarn und USA), die mit ihrem Zusammenschluß 1991 die Chance zum systematischen Auf- und Ausbau einer intensiven, multilateralen Wissenschaftskooperation ergriffen, wie sich durch die politischen und gesellschaftlichen Veränderungen im Osten Europas eröffnete.

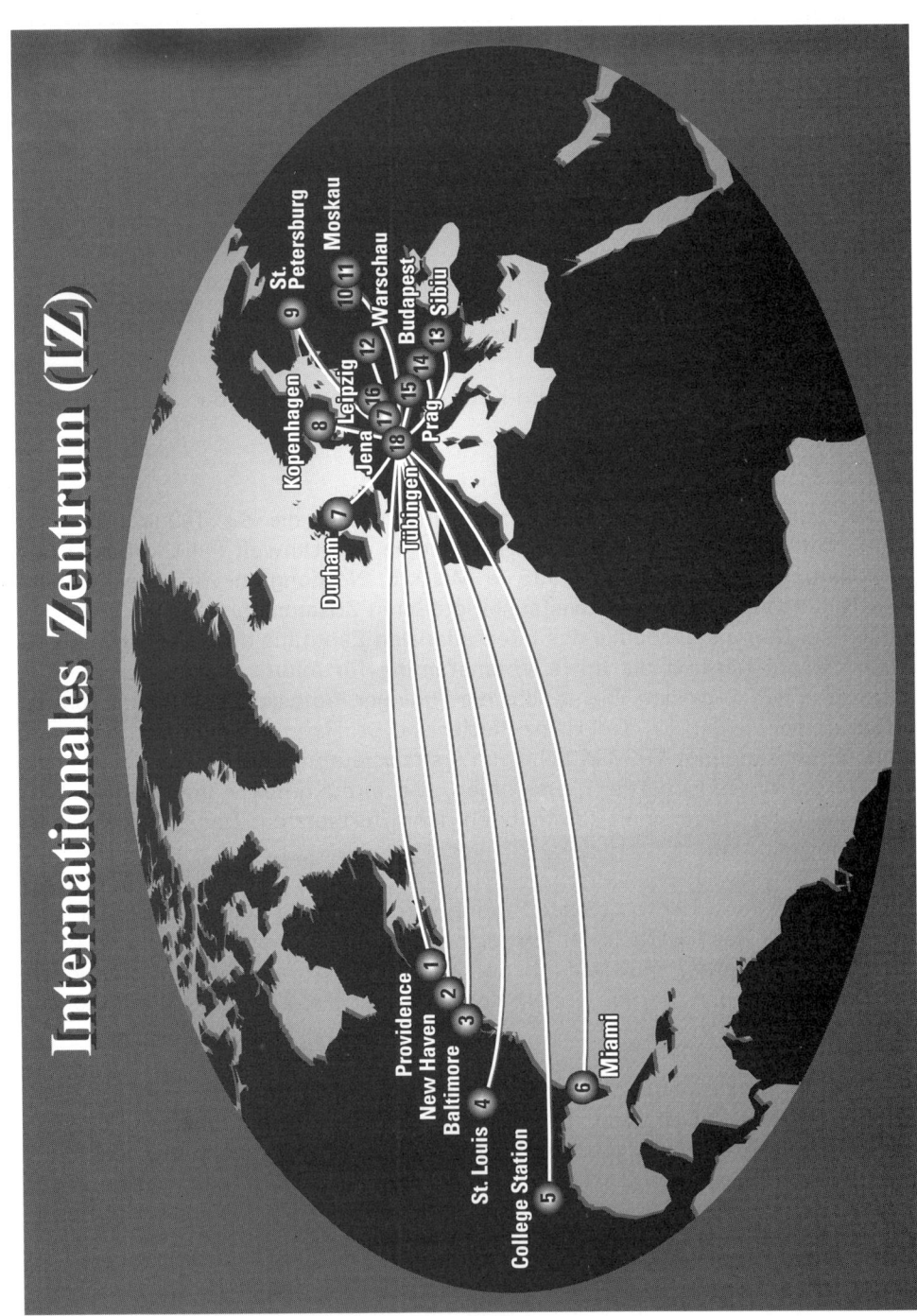

1. Brown University - Providence
2. Yale University - New Haven
3. The John Hopkins University - Baltimore
4. Washington University - St. Louis College Station
5. Texas A & M University
6. University of Miami
7. University of Durham
8. Universität København
9. St. Petersburg State University
10. Lomonosov Moscow State University
11. Institute for Slavic and Balkan Studies, Russian Academy of Sciences - Moskau
12. Warsaw University
13. Lucian - Blaga - University Sibiu
14. Eötvös Loránd University Budapest
15. Charles - University, Prague
16. Universität Leipzig
17. Friedrich - Schiller - Universität Jena
18. Eberhard - Karls - Universität Tübingen

Gegründet wurde das IZ auf Initiative des damaligen Präsidenten der Universität Tübingen, Prof. e.h. Dr. h.c. mult. Adolf Theis. Die Tübinger Universität hat daher im gleichberechtigten Zusammenschluß der Mitgliedsuniversitäten die Federführung, bei ihrem Rektor liegt die Gesamtverantwortung. In Tübingen angesiedelt ist auch die Geschäftsstelle des IZ, die als Drehscheibe der Information und Serviceeinrichtung allen Mitgliedsuniversitäten zur Verfügung steht und die Aktivitäten und Programme des IZ organisiert.

Es war und ist das Ziel des IZ, den Wissenstransfer, Erfahrungsaustausch und wissenschaftlichen Dialog zwischen Ost und West auf universitärer Ebene aufzunehmen und dauerhaft zu ermöglichen und zugleich den universitären Reformprozeß in den ehemals sozialistischen Ländern zu unterstützen, der mit dem gesellschaftlichen und politischen Umbruch Ende der 80er Jahre eingesetzt hat.

Diesem Ziel dienen die Programme des IZ. Sie umfassen zunächst das jährliche Angebot einer Sommerakademie, in der in Seminaren, Workshops und Symposien zentrale Themenbereiche und aktuelle Fragen verschiedener Fachrichtungen dargestellt und diskutiert und gemeinsame Ergebnisse erarbeitet werden. Mit der Sommerakademie, die östliche und westliche Wissenschaftler oft erstmals ins Gespräch miteinander bringt, sind zwei weitere Programme verzahnt: Die Wiedereinladung qualifizierter Teilnehmer aus Mittel- und Osteuropa zu Studien- und Forschungsaufenthalten an eine westliche Universität einerseits, die Einladung von Gastdozenten nach Ost und West andererseits.

Die Kooperation innerhalb des IZ stützt sich :

- auf einen Verbund, der nicht von Personen, sondern von Institutionen getragen wird, dem so die Momente der Zufälligkeit und Unbeständigkeit genommen sind;
- auf seine multinationale Zusammensetzung, die eine breite wissenschaftliche Perspektive sicherstellt, aufgrund der gleichwohl überschaubaren Größe des Universitätenverbundes aber große Flexibilität und Intensität in der Kooperation gewährleistet;
- auf seinen multilateralen Charakter, der mit jeder Maßnahme *jede* der Mit gliedsuniversitäten anspricht und einbezieht;
- auf die Programmabstimmung innerhalb des Verbundes sowie auf die Gestal tung des Programms nach Maßgabe von Effizienz und Aktualität, wodurch Bedarf und Interesse einerseits, Angebotsmöglichkeiten andererseits zusam mengeführt und koordiniert werden und eine systematische Progammentwick lung und Bedarfsabdeckung möglich wird;
- auf die fachliche Schwerpunktsetzung in den Geistes-, Rechts-, Sozial-, Um welt- und Wirtschaftswissenschaften, der Hochschulorganisation und Sprach-

vermittlung, die es ermöglicht, insbesondere interdisziplinärer Fragestellungen sowie Fragen des Transformationsprozesses in den östliche Ländern aufzugreifen;
- auf die Initiierung nicht nur ost-westlicher, sondern auch ost-östlicher und west-westlicher Kontakte und Dialogmöglichkeiten unter neuen Vorzeichen,
- auf die Bündelung, Verzahnung und Abstimmung von Kooperationsformen und Fördermaßnahmen, die in traditionellen Universitätspartnerschaften oder Kooperationsprojekten jeweils nur einzeln aufgegriffen bzw. durchgeführt werden,
- auf die Zielgruppe der Hochschullehrer und des wissenschaftlichen Nachwuchses, d.h. die Multiplikatoren, die den Aktivitäten des IZ in ihrer eigenen Forschung und Lehre eine breite Ausstrahlung verleihen; eine Altersgrenze für Teilnehmer gibt es nicht;
- auf die institutionelle Förderung, die nicht einigen wenigen Wissenschaftlern gilt, sondern die Hochschulen als ganze in die Programme integriert, um grundsätzlich allen Hochschullehrern die Teilnahme am internationalen Dialog zu eröffnen und ihnen die Chance zu geben, ihre Qualifikation unter Beweis zu stellen.

Diese Besonderheiten weisen das IZ sicherlich nicht einzeln, wohl aber in ihrer Verbindung und Gesamtheit als ein einzigartiges Kooperationsmodell aus, das sich seit vier Jahren bewährt hat und nun mit seinem fortdauernden Bestehen beginnt, das in ihm zusammengefaßte wissenschaftliche Potential zu nutzen.

Das Netzwerk wissenschaftlicher Kontakte, das nach Abschluß des Programms 1995 mehr als 800 östliche und westliche Wissenschaftler umfaßt, die seit 1992 in 33 Veranstaltungen zusammentrafen, hat längst begonnen, in Kooperationsformen außerhalb der ursprünglichen IZ-Programme wirksam zu werden: In verschiedenen Fachbereichen haben durch die IZ-Veranstaltungen Forschergruppen zusammengefunden, die gemeinsame Interessenfelder definieren und bearbeiten. Eine Vielzahl gemeinsam entwickelter Veranstaltungsvorschläge, gemeinsame Publikationen, Entwicklung neuer Studiengänge, Übersetzung und gemeinsame Erarbeitung von Lehrbüchern, Doktorandenbetreuung und Habilitationsberatung sind Folgeprojekte, die als Ergebnis der ersten Kontaktaufnahme in den Veranstaltungen der Sommerakademie verwirklicht werden.

Ein Beleg für die Lebendigkeit und Wirkung der über das IZ vermittelten Kontakte ist der vorliegende Tagungsband selbst. Und wie viele inzwischen als Folge der Veranstaltungsreihe "Interaktion von Ökologie und Umwelt mit Ökonomie und Raumplanung" in Planung und Vorbereitung befindlichen Projekte zeigen, wurde zugleich damit begonnen, die Impulse aus diesen Kontakten konkret umzusetzen.

Mein Dank gilt den Tübinger Initiatoren der Veranstaltungsreihe, Professor Dr. Horst Förster, Professor Dr. Franz Oberwinkler, Professor Karl-Heinz Pfeffer und Professor Dr. Hartmut Stegmann, die die Idee des IZ durch ihr Engagement und ihre Offenheit zum Gespräch mit östlichen Kollegen wesentlich getragen und gefördert haben. Ich möchte zugleich dem Bundesminister für Bildung, Wissenschaft, Forschung und Technologie danken, dessen Förderung des IZ von 1993 bis 1995 auch die Durchführung dieser Veranstaltungsreihe und nicht zuletzt die Erstellung des vorliegenden Bandes ermöglicht hat.

(Professor Dr. Hans-Werner Ludwig)
Rektor der Universität Tübingen

KURSE DES INTERNATIONALEN ZENTRUMS
ZUR INTERAKTION VON ÖKOLOGIE UND UMWELT MIT ÖKONOMIE UND RAUMPLANUNG

von
KARL-HEINZ PFEFFER, TÜBINGEN

mit
3 Tabellen

1 Prolog

Veröffentlichte Bestandsaufnahmen der ökologischen Situation in den ehemals sozialistischen Staaten lassen erschreckende Umweltzerstörungen durch die frühere sozialistische Landwirtschaft und Industrieansiedlungen erkennen: In Polen sind über 20 ökologische Notstandsregionen ausgewiesen, bei denen es sich z.T. um Gebiete mit hoher Bevölkerungskonzentration handelt. In den tschechischen Bergbauregionen hat die Umweltverschmutzung schon krankheitsfördernde Ausmaße angenommen, in Rußland sind durch Industrie und Bergbau zahlreiche Flüsse zu Abwässerkanälen verkommen und riesige landwirtschaftliche Nutzflächen durch schädliche Emissionen der Industrie und des Bergbaus bedroht oder schon vernichtet.

Obwohl die Geowissenschaften in allen vier Staaten ein hohes Niveau erreicht haben, wurden geoökologische Untersuchungen zum Zustand des Wirtschafts- und Lebensraumes aus gesellschaftspolitischen Gründen stark vernachlässigt.

Es ist verständlich, daß nach Gründung des Internationalen Zentrums von den Partneruniversitäten aus dem östlichen Mitteleuropa und der ehemaligen Sowjetunion der Wunsch an das Internationale Zentrum herangetragen wurde, Informationen zum Zustand der Umwelt in der Bundesrepublik zu erhalten. Dabei sollten sowohl im naturwissenschaftlichen Sektor Techniken des Monitorings mit neuesten Verfahren und Geräten demonstriert werden, als auch die durch gesetzliche Regelungen vorgegebenen Rahmenbedingungen der Umweltpolitik vorgestellt werden.

2 Thesen für eine Kursgestaltung

Die Bewältigung praxisrelevanter Fragestellungen im östlichen Mitteleuropa und den Nachfolgestaaten der Sowjetunion zum weiten Feld Ökologie und Umwelt innerhalb der durch sozio-ökonomische Verhältnisse vorgegebenen Rahmenbedingungen setzt Informationsträger in Hochschulen und Verwaltung voraus, die als Multiplikatoren die in den westlichen Ländern vorhandenen Erfahrungen, Techniken und Planungsmaßnahmen weitervermitteln.

Zur Schulung und Weiterbildung solcher Informationsträger aus den Ländern des östlichen Mitteleuropas der ehemaligen Sowjetunion wurde ein dreijähriges Programmpaket zu Therorie und Praxis erstellt, wobei aufbauend auf einem Grund- und Aufbaukurs - mit Auswahl der Teilnehmer durch die Partneruniversitäten - dann fachspezifische Fortbildungskurse - mit gezielten Einladungen der Teilnehmer der Grundkurse und weiteren Fachreferenten - angesetzt wurden.

Der Grund- und Aufbaukurs wurde in der Bundesrepublik angesetzt, die Fortbildungskurse wurden in Ländern des östlichen Mitteleuropas und der ehemaligen Sowjetunion geplant.

3 Thesen für die Programmgestaltung

3.1 Zeitgemäße Raumordnungsmaßnahmen müssen umweltverträglich sein

Aufbauend auf den sozio-ökonomischen Grundlagen bedürfen zeitgemäße Raumordnungsmaßnahmen von Altlasterfassungen über Sanierungsmaßnahmen bis hin zu Planungen von Wohngebieten, Freizeiteinrichtungen, Naturreservaten, Verkehrswegen, Agrar-, Forst- und Industrieregionen stets der Beachtung ökologischer Sachverhalte.

3.2 Die in Mitteleuropa erarbeiteten Methoden und Techniken und auch die Befunde sind für das östliche Mitteleuropa und die ehemalige Sowjetunion vergleichbar

Neben Verdichtungsräumen und suburbanem Umland ist im östlichen Mitteleuropa und der ehemaligen Sowjetunion der Gradient der Verstädterung zum agrar-industriell geprägten Umland ebenso vergleichbar mit Mitteleuropa wie die atmosphärischen Belastungen und das Naturpotential. Der viele ökologische Faktoren steuernde oberflächennahe Untergrund in Mitteleuropa weist infolge gleicher quartärer Landschaftsgeschichte mit glazigenen und periglazialen Sedimenten zu Osteuropa und weiten Teilen des nördlichen Asiens weitgehend übereinstimmende Strukturen auf.

3.3 Zum Erkennen, zur Beurteilung und zur Bewältigung sozio-ökonomisch geprägter Fragestellungen in der Interaktion zu Ökologie und Umwelt sind Grundkenntnisse erforderlich

Diese sollten sich auf folgende Themen konzentrieren:

- Die sozio-ökonomischen Gegebenheiten im Heimatland
- Das Naturpotential der Heimatlandschaften
- Die ökologische Situation im Heimatland
- Ökologische und ökonomische Probleme in Mitteleuropa bei vergleichbarem Naturpotential
- Infrastruktur mitteleuropäischer Verwaltungen mit Planungshoheit
- Datenerhebungen zur Beurteilung der Umweltsituation
- Umweltverträglichkeitsprüfungen und Raumplanungen

4 Lehr- und Lernprogramm zur Umsetzung der Thesen

4.1 Voraussetzungen an der Universität Tübingen

Die Landeskunde Osteuropas und der Sowjetunion hat seit langem in Forschung und Lehre einen international beachteten Schwerpunkt an der Universität Tübingen.

Die Universität Tübingen pflegt in langer Tradition die Grundlagenforschung von Wissenschaftsdisziplinen, die für ökologische Fragestellungen relevante Beiträge liefern können. Aufbauend auf den Ergebnissen der Grundlagenforschungen erfolgte in jüngster Zeit in vielen naturwissenschaftlichen Fakultäten eine Hinwendung zu gesellschaftsorientierten praxisrelevanten Themenstellungen, und in Zusammenarbeit mit Planungsbehörden und Landeseinrichtungen zur Wasserversorgung, zum Naturschutz und zum Forst konnten so in den biologischen, chemischen und erdwissenschaftlichen Disziplinen neue Arbeitsansätze mit Überprüfung in der Praxis gewonnen werden.

Dieses vorhandene Potential und die praxisbezogenen Forschungen dokumentieren sich in den regelmäßig erscheinenden Forschungsberichten der Universität.

4.2 Bausteine, gestaltende Institutionen und Verlauf des Grundkurses 1993

- Naturräumliche Differenzierung und Inwertsetzung der Naturräume in Osteuropa.
- Energiewirtschaft und Umweltpolitik in Ost und West - ein Vergleich.
  (Lehrstuhl Osteuropa - Universität Tübingen)
- Das Naturpotential eiszeitlich geprägter mitteleuropäischer Landschaftsräume im Vergleich zu osteuropäischen Naturräumen.
  (Lehrstuhl Physische Geographie - Universität Tübingen)
- Praxisrelevante Nutzungsansprüche (Verdichtungsräume, Industriestandorte, Wasserwirtschaft, Abfallwirtschaft, Land- und Forstwirtschaft, Naturschutz)
- Nutzungskonflikte und Umweltbelastungen aus den Nutzungsansprüchen
- Umweltverträglichkeitsprüfungen
  (Geographisches Institut, Botanisches Institut, Organisch Chemisches Institut der Universität Tübingen, Regierungspräsidium Tübingen, Forstdirektion des Regierungsbezirks Tübingen, Landeswasserversorgung Baden-Württemberg)
- Datengewinnung für die Beurteilung des Naturpotentials und zur Beurteilung der Umwelt im Gelände und im Labor
  (Geographisches Institut, Botanisches Institut, Organisch Chemisches Institut der Universität Tübingen, Forstliche Versuchsanstalt Freiburg)
- Infrastruktur von Planungsbehörden
  (Regierungspräsidium Tübingen, Forstdirektion des Regierungsbezirks Tübingen, Landeswasserversorgung Baden-Württemberg)
- Raumplanung
  (Lehrstuhl für Angewandte Geographie Tübingen)

Diese Grundbausteine wurden mit theoretischen Vorträgen, Exkursionen zur Demonstration der Geländebefunde und einem Laborteil umgesetzt.

Der Grundkurs fand vom 22.09.-06.10.93 statt.

Tabelle 1: Programm des Grundkurses

Koordinatorengruppe:
Prof. Dr. Förster - Prof. Dr. Oberwinkler - Prof. Dr. Pfeffer - Prof. Dr. Stegmann

Datum	LEITER	VERANSTALTUNG - BLAUBEUREN
Mi 22.09.	Prof. Förster	**Referat:** Naturräumliche Differenzierung und Inwertsetzungsprinzipien der Naturräume in Osteuropa
		Referat: Energiewirtschaft und Umweltpolitik in Ost und West - ein Vergleich
	Prof. Pfeffer	**Referat:** Eiszeitlich geprägte Naturlandschaften in Mittel- und Osteuropa - ökologische Ausstattung, Nutzung, Nutzungskonflikte

KURSE DES INTERNATIONALEN ZENTRUMS

Do 23.09.	Dr. Schall Dr. Petermann	**Exkursion:** Naturschutzzentrum Bad Wurzach Modell der Naturschutzzentren, Bundesprojekt Wurzacher Ried mit Pflege- und Entwicklungsplan
Fr 24.09.	Herr Böhm	**Exkursion:** Raumwirksamkeit von Rohstoffentnahmestellen: Belastung bis Bereicherung - veranschaulicht an ausgewählten Beispielen in Oberschwaben
Sa 25.09.	Dr. Vogt	**Referat:** Instrumentarien räumlicher Umweltplanungen in Mitteleuropa **Besuch** im frühgeschichtlichen Museum, Blaubeuren
So 26.09.		Zur freien Verfügung
Mo 27.09.	Herr Schenk	**Exkursion:** Landeswasserversorgung Baden-Württemberg, Wassergewinnung aus Grundwasser und durch Entnahme aus der Donau - Schutzgebiete, Gefährdungspotential
Di 28.09.	Prof. Stegmann Dr. Feger Dr. Haug Dr. Gereke	**Exkursion** in den Schwarzwald zu Waldwirtschaft, ökologischen Grundlagen, Schadstoffeintrag, Waldschäden

Transfer nach Tübingen		
Mi 29.09.	Prof. Pfeffer	**Unterlagen:** Naturräume Südwestdeutschlands - Mittlere Alb, Umland Tübingen, Schwarzwald - naturräumliche Ausstattung und Ökologie

Datum	LEITER	VERANSTALTUNG - TÜBINGEN
Do 30.09.	Forstpräs. Stoll Graf Bülow Herr Kemmner Herr Dobler Herr Jäger Herr Riechert Herr Schempp	**Besuch** bei der Landesforstdirektion: Infrastruktur der LFD; Forsteinrichtungsverfahren; Rahmenbedingungen für forstliche Planungen; Waldbegang im Forstbezirk Reutlingen zum Thema "Waldfunktionen und Waldinanspruchnahme"
Fr 01.10.	Dr. Meinecke Dr. Mayer Dr. Petermann Dr. Heydt Dr. Bischoff Dr. Obergföll Herr Schmied Herr Krauß Herr Venth	**Besuch** in der Bezirksstelle für Naturschutz, RP Tübingen Infrastruktur der BNL, Möglichkeiten zu Bestandsaufnahmen, Planungen und Maßnahmen

Sa 02.10.	Dr. Egger Dr. Einig Frau Hönig Dr. Hohnold Priv.Doz. Dr. Kottke Frau C. Pfeffer Dr. Rexer Dr. Spaaij Dr. Weber	**Vorträge & Poster-Demos** zu Detoxifikation und Pilz-Baum-Interaktionen **Kurs A**: Pilz-Baum-Interaktionen (Luftschadstoffe & Detoxifikation), Elementanalyse am TEM **Kurs B**: Pilz-Baum-Interaktionen (Mykorrhizierung & Aufforstung, Parasiten & Endophyten)
So 03.10.	Prof. Pfeffer Herr Beck Herr Paret	**Kurs**: Theorie und Labordemonstrationen an ausgewählten Beispielen zur Bodenanalytik
Mo 04.10.	Prof. Krauß	**Referat**: Abfallwirtschaft **Planspiel** zur Erarbeitung eines Abfallwirtschaftskonzeptes
Di 05.10.	Prof. Stegmann	**Kurs**: Wechselwirkungen von Schadstoffen mit der Elektronentransportkette
Mi 06.10.		Zur freien Verfügung

Teilnehmer des Grundkurses:

BOHUMIL AUGUSTA,
Magister, Karls-Universität Prag, Tschechische Republik
ZDENEK BARDODEJ,
Prof. Dr., Karls-Universität Prag, Tschechische Republik
ILONA BÁRÁNY-KEVEI,
Dr. can.sc.geogr., Attila Jozef Universität Szeged, Ungarn
BARBARA BARKIER,
Ökonomiemagister, Wydzial Ekonomiczny Fuw, Warschau, Polen
VLADIMIR BURDA, RNDR,
Karls-Universität Prag, Tschechische Republik
EUGENI KAPRALOV,
Dozent, Fakultät für Geographie u. Geoökologie, St.Petersburg, Rußland
ELENORA K. KOTCHETOVA,
Dr., Lomonosov Universität, Moskau, Rußland
ELENA RUDOLFOWNA MILAEWA,
PH.D., Dr., MGU, Moskau, Rußland
PETR NOVOTNY,
Dr., CSc., Karls-Universität Prag, Tschechische Republik
VJATSCHWSLAV POSTNOV,
Dr., Lomonosov Universität, Moskau, Rußland
DIMITRI RADUSCHKEWITSCH,
o. Angabe, Staatl. Universität Moskau Leninberge, Rußland

TATIANA TKASCHENKO,
Dozent, Dr. sc nat, Lomonosov Universität, Moskau, Rußland
ADAM TOMANEK,
Ökonomiemagister, Wydziak Ekonomiczny Fuw, Warschau, Polen
VLADIMIR TSCHERBAKOV,
Laborleiter, St. Petersburg, Rußland

4.3 Bausteine, gestaltende Institutionen und Verlauf des Aufbaukurses 1994

Der Grundkurs 1993 fand in Baden-Württemberg statt. Für den Aufbaukurs 1994 wurden die Altindustrieregionen und der Strukturwandel des Ruhrgebietes, die Energiegewinnung über Kohle und Braunkohle sowie die ökologische Situation der Millionenstadt Köln zu einem zentralen Thema der Veranstaltung.

Der zweite Teil des Kurses fand in Tübingen statt, wobei aufbauend auf dem Grundkurs Referate, Exkursionen und Labordemonstrationen mit Teilaspekten und Spezialisierungen zu den Grundbausteinen behandelt wurden.

Der Aufbaukurs fand vom 14.08.-28.08.94 statt.

Tabelle 2: Programm des Aufbaukurses

Koordinatorengruppe:
Prof. Dr. Förster - Prof. Dr. Oberwinkler - Prof. Dr. Pfeffer - Prof. Dr. Stegmann

Datum	LEITER	VERANSTALTUNG
So 14.08.		Anreise der Kursteilnehmer nach Bochum
Mo 15.08.	Prof. Förster Prof. Pfeffer	**Begrüßung und Einführung**
	Prof. Pfeffer	**Referat:** Naturlandschaften in Mittel- und Osteuropa, Nutzungspotential und -konflikte
	Prof. Förster	**Referat:** Strukturwandel und ökologische Probleme im Ruhrgebiet **Referat:** Einführung in die Problematik des Rheinischen Braunkohlenreviers
Di 16.08.	Prof. Förster Herr De Witt/ (KVR)	**Exkursion:** Strukturwandel im Ruhrgebiet (Wirtschaftszonen, ökologische Zonen)
Mi 17.08.	Prof. Förster	**Exkursion:** Energiewirtschaft - Besuch des Kraftwerks Scholven, Gelsenkirchen: Haldenproblematik

Do 18.08.	Prof. Förster Prof. Pfeffer Rheinbraun	**Exkursion:** Rheinische Braunkohle (Abbau, Umsiedlung, Rekultivierung) - Besuch bei der Rheinbraun mit Revierbefahrung **Transfer nach Köln**
Fr 19.08.	Prof. Förster Prof. Pfeffer	**Exkursion:** Ökologische Probleme im Verdichtungsraum Köln und seinem Hinterland
Sa 20.08.	Prof. Förster Prof. Pfeffer	**Exkursion:** Exkursion Mittelrheintal - Transfer nach Tübingen
So 21.08.		Zur freien Verfügung
Mo 22.08.		Möglichkeiten für Bibliotheksarbeiten/Literaturstudien
Di 23.08.	Dr. Gereke Forstamt Schluchsee Prof. Stegmann Prof. Pfeffer	**Exkursion:** Waldwirtschaft im Hochschwarzwald mit Waldschäden
Mi 24.08.	Prof. Stegmann Herr Schuler	**Referat und Labordemonstrationen:** Störung der Photosynthese durch anthropogene Schadstoffe, Herbicide, Ozon, oxidativer Streß
Do 25.08.	Dr. Vogt	**Referat:** Prinzipien sowie planungs- und ordnungsrechtliche Instrumente des staatlichen Umweltschutzes **Referat:** Das Instrument der Umweltverträglichkeitsprüfung
Fr 26.08.	Forst-Dir.Ebert Forstamt Bebenhausen Prof. Pfeffer Herr Beck	**Exkursion:** Waldökologie im Forstbezirk Bebenhausen/Schönbuch **Referat und Laborführung:** Das physich-geographische Labor in der Ökosystemforschung **abends Abschlußfeier**
Sa 27.08.		Zur freien Verfügung
So 28.08.		Abreise der Kursteilnehmer

Teilnehmer des Aufbaukurses:

BOHUMIL AUGUSTA,
Magister, Karls-Universität Prag, Tschechische Republik
ZDENEK BARDODEJ,
Prof. Dr., Karls-Universität Prag, Tschechische Republik
GUEUNADI BELOZERSKI,
Prof. Dr., Staatliche Universität St. Peters

TATJANA BRONITSCH,
Dr.phil.nat., Moskauer Lomonosow Universität, Rußland
VLADIMIR BURDA,
DNDr, Karls-Universität Prag, Tschechische Republik
GALINA BYSTROVA, M.A.,
Moskauer Lomonosow Universität, Rußland
ILONA BÁRÁNY-KEVEI
Dr. can.sc.geogr., Attila Jozef Universität Szeged, Ungarn
NICOLAJ IWANOV,
Dr. habil., Staatliche Universität St. Petersburg, Rußland
EVGENI KAPRALOV,
Dozent, Universtiät St. Petersburg, Rußland
ELENA KHARITONASHVILI,
Moskauer Staatliche Lomonosov Universität, Rußland
MARINA GEORGIEWNA KOZYREWA,
Kandidat der Geogr. Wissenschaften, St. Petersburg, Rußland
ELENA MILAEWA,
Dr.phil.nat., Moskauer Lomonosow Universität, Rußland
PETR NOVOTNY,
Dr., Pedagogická fakulta University Prag, Tschechische Republik
EWA NOWINSKA,
Magister, wiss. Assistentin, Wirtschaftsuniversität Poznan, Polen
ALEXANDER OLESKIN,
Kandidat d. biolog. Wissenschaften, Moskauer Lomonosow Universität, Rußland
MARINA OPEKUNOVA,
Dozentin, Universität St. Petersburg, Rußland
LEON PETROSSIAN,
Prof. Ph. Dr., Universtiät St. Petersburg, Rußland
TATJANA TKASCHENKO,
Dr., Dozentin für Geographie, Moskauer Lomonosow Universität, Rußland
ANDREA M. TOTHNE-FARSANG,
Physisch Geographisches Institut, Szeged, Ungarn
VLADIMIR TSCHERBAKOV,
Wissenschaftlicher Mitarbeiter, St. Petersburg, V.O., Moskau, Rußland
STANISLAVA VITONOVA,
Ing., Právnická fakulta Univerzity Karlovy, Prag, Tschechische Republik
SERGEY ZUBKOV,
Universität St. Petersburg, Rußland

4.4. Der Fortbildungskurs 1995 in Ungarn

Für den Fortbildungskurs wurden die Teilnehmer gezielt eingeladen und es galt als Teilnahmevoraussetzung, daß neben den Referaten der Organisationsgruppen alle Teilnehmer über zum Themenkreis gehörende Aspekte und Probleme ihrer Heimatländer ein Referat halten sollten.

Einer Einladung der ungarischen Teilnehmer folgend wurde die Altindustrieregion von Miskolc in Nordost-Ungarn für den Fortbildungskurs ausgewählt.

Der Fortbildungskurs fand vom 13.09.-19.09.1995 statt.

Tabelle 3: Programm des Fortbildungskurses

Koordinatorengruppe:
Dr. Ilona Bárány-Kevei, Geographisches Institut der Universität Szeged (Ungarn)
Prof. Dr. H. Förster, Geographisches Institut der Universität Tübingen
Prof. Dr. K.-H. Pfeffer, Geographisches Institut der Universität Tübingen

Datum	LEITER	VERANSTALTUNG - MISKOLC
Mi 13.09.	Dr. Bárány-Kevei Prof. Förster Prof. Pfeffer	Anreise nach Miskolc **Eröffnung**
Do 14.09.	Dr. Bárány-Kevei Prof. Förster	**Exkursion:** Chemiewerk Sajóbábony, Aggtelek Nationalpark, Baradla Höhle, Übernachtung Aggtelek
Fr 15.09.	Dr. Bárány-Kevei Prof. Pfeffer	**Exkursion:** Aggtelek Nationalpark, Karstökologie; Sikfókát Projekt zur Waldschadensforschung; Bükk Nationalpark, Bükkgebirge Übernachtung Miskolc
Sa 16.09.	Dr. Bárány-Kevei	**Exkursion** nordungarische Weinbauregion um Tokaj Übernachtung Miskolc
So / Mo 17.09. 18.09.	alle Teilnehmer	**Referate**
Di 19.09.	alle Teilnehmer	**Abschlußdiskussion** Abreise

Teilnehmer des Fortbildungskurses:

ROLF BECK,
Geographisches Institut der Universität Tübingen
SUSANNE BECKMANN,
Dipl. Biologin, Institut für spezielle Botanik und Mykologie der Universität Tübingen
JOZSEF BENEDEK,
Dr., Geographisches Institut der Universität Klausenburg, Rumänien
CLAUDIA GÖRKE,
Dipl. Biologin, Institut für spezielle Botanik und Mykologie der Universität Tübingen
JOZEF JAKAL,
Dr., Slowakische Akademie der Wissenschaften Bratislava, Slowakische Republik
BRONISLAW. KORTUS,
Prof. Dr., Geographisches Institut der Universität Krakau, Polen
MARINA GEORGIEWNA KOZYREWA,
Kandidat der Geogr. Wissenschaften, St. Petersburg, Rußland
PETR NOVOTNY,
Dr., Pedagogická fakulta University Prag, Tschechische Republik
EWA NOWINSKA,
Magister, wiss. Assistentin, Wirtschaftsuniversität Poznan, Polen
ALEXANDER OLESKIN,
Kandidat d. biolog. Wissenschaften, Moskauer Lomonosow Universität, Rußland
MARINA OPEKUNOVA,
Dr., Dozentin, Universität St. Petersburg, Rußland
HANS-HEINRICH RIESER
Geographisches Institut der Universität Tübingen
TATJANA TKASCHENKO,
Dr., Dozentin für Geographie, Moskauer Lomonosow Universität, Rußland
ANDREA M. TOTHNE-FARSANG,
Physisch Geographisches Institut, Szeged, Ungarn
JOACHIM VOGT
Dr., Geographisches Institut der Universität Tübingen

4.5 Die Referate des Fortbildungskurses

Alle Teilnehmer des Fortbildungskurses hielten Referate.

Altindustriegebiete und Grenzregionen in West- und Osteuropa
Vortragende: Förster, Kortus, Nowinska, Benedek, Rieser

Regionale Umweltprobleme: Analysen und Methoden
Vortragende: Nowotny, Opekunova, Barany, Tothne-Farsang, Jakal

Zur Theorie und Methodik ökologischer Analysen
Vortragende: Pfeffer, Beckmann, Görke, Pfeffer, Kozyrewa

Zur Theorie und Praxis stadtökologischer Probleme
Vortragende: Vogt, Tatschenko, Beck, Vogt, Oleskin

Die Referate wurden - bis auf 2 Ausnahmen - von allen Teilnehmern zum Druck vorgelegt und sind Bestandteil dieses Bandes.
Wenn auch nicht immer die Darstellungen und Dokumentationen dem Stil internationaler Publikationen entsprechen, so erachten die Veranstalter der Kurse zur "Interaktion von Ökologie und Umwelt mit Ökonomie und Raumplanung" es als einen Erfolg, daß von den Teilnehmern aus dem östlichen Mitteleuropa und der ehemaligen Sowjetunion inhaltlich interessante Beiträge zur Themenstellung der Kurse beigetragen wurden.

Ebenso sehen die Herausgeber des Bandes 116 der Tübinger Geographischen Studien mit der Drucklegung einen erfolgreichen Schritt für weitere Fortbildungskurse des Internationalen Zentrums.

Anschrift des Verfassers:
Prof. Dr. Karl-Heinz Pfeffer
Geographisches Institut
Universität Tübingen
Hölderlinstr. 12
72074 Tübingen

ALTINDUSTRIEGEBIETE UND GRENZREGIONEN IN WEST- UND OSTEUROPA

ALTINDUSTRIEREGIONEN IN WEST- UND OSTEUROPA

von

HORST FÖRSTER, TÜBINGEN

mit
13 Abbildungen

1. Zur Problematisierung: Die politisch-ökonomische Dynamik und die struktur-räumliche Ordnung in Europa

Die politischen Rahmenbedingungen der Entwicklung und räumlichen Ordnung in Europa haben sich in den letzten Jahren grundlegend gewandelt. Durch die Zusammenführung der Wirtschaftsräume von EFTA und Europäischer Gemeinschaft zu einem großen Europäischen Wirtschaftsraum und durch den Systemzusammenbruch in Ostmittel-, Südost- und Osteuropa und den Übergang von der Planwirtschaft zu einer demokratisch legitimierten Marktwirtschaft entstehen neue internationale Strukturen und Beziehungen. So werden die aktuellen räumlichen Prozesse in Europa einerseits durch die Raumwirksamkeit der zunehmenden Integration Westeuropas und andererseits durch die vielschichtigen Transformationen von Wirtschaft und Gesellschaft im Osten determiniert. Während dabei im Westen Europas als Folge dieser Prozesse die räumlichen Disparitäten trotz gegensteuernder Bemühungen der Raumordnungspolitik immer mehr zunehmen (vgl. Abb. 1 nach MIOSGA, M., 1995, S. 144), treten im Osten Europas als Auswirkungen jener Transformationen und einer fast konzeptionslosen bzw., kaum vorhandenen Regionalpolitik "vorsozialistische Raummuster" mit ihren Disparitäten und Strukturschwächen wieder verstärkt auf. Dabei stehen die Länder des ehemaligen "Ostblocks" vor einer doppelten Herausforderung: Zum einen müssen sie einen überdimensionalen Umbau mit allen seinen Konsequenzen auf ökonomischer, sozial-gesellschaftlicher oder politischer Ebene leisten. Zum anderen gilt es, die raumstrukturellen oder ökologischen Altlasten einer fast fünfzigjährigen Systemherrschaft zu beseitigen. Hinzu kommt außerdem, daß die Staaten Ostmittel- und Osteuropas neben der ökonomischen und ökologischen Erneuerung bemüht sind, einen neuen außen- und sicherheitspolitischen Bezugsrahmen sowie neue Formen regionaler Kooperationsmuster zu entwickeln. So wie sich in den Ländern Westeuropas de facto bereits unterschiedliche Geschwindigkeiten sozialökonomischer Entwicklungen und Formen der Integration herausge-

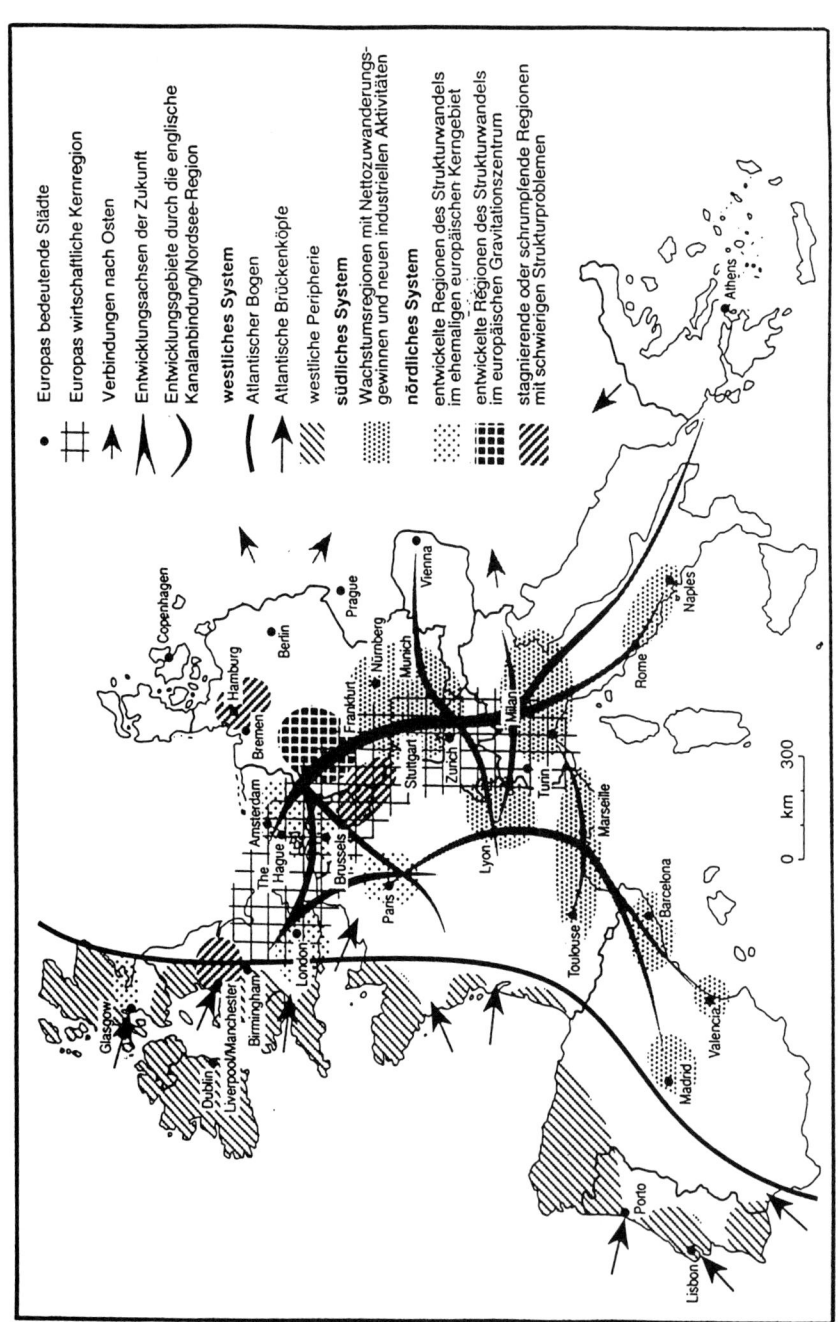

Abb.1: Entwicklungszonen in der Gemeinschaft

bildet haben, können auch im Osten Europas unterschiedliche Wege bzw. Geschwindigkeiten des Umbaus und der Kooperationsanstrengungen festgestellt werden.

Seit Beginn des Integrationsprozesses war es erklärtes regionalpolitisches Ziel der Europäischen Gemeinschaft, die regionalen Disparitäten in der sozio-ökonomischen Entwicklung zu verringern. Nach verschiedenen Reformen (1988/1989, 1994-1999) ist die Regionalpolitik - neben der Agrarpolitik - zum zentralen Politikfeld der Union avanciert. Analysiert man diese Entwicklung der Steuerungspolitik der Regionalentwicklung durch die EG (vgl. SCHÄTZL, L., 1993, S. 11? ff.), dann sind in den letzten Jahren neben den vorwiegend agrarisch-strukturierten Periphergebieten und den neuen Wachstumsregionen mit High-Tech-Industrien sowohl in den EG-Ländern als auch in den meisten anderen hochentwickelten Volkswirtschaften die sogenannten ALTINDUSTRIEREGIONEN als Problemgebiete besonderer Art Gegenstand des öffentlichen Interesses, politischer Aktivitäten und regionalökonomischer Forschung geworden (vgl. SCHÄTZL, L., 1993, S. 11 ff). Obgleich in den Ländern des ehemaligen Ostblocks diese Problematik ebenso schon erkannt wurde, zudem sie entweder als besondere "Altstruktur" der angestrebten Transformation bzw. Erneuerung enorme Hindernisse in den Weg stellt oder gar als Problemgebiet in peripheren Regionen (als "Grenzgebiet" im politisch-territorialen und raumordnerischen Sinne) eine doppelte Last bedeutet, steckt die diesbezügliche Regionalforschung noch in den Anfängen (vgl. ECKART, K., B. KORTUS (1995).

Im folgenden sollen daher aus einem angelaufenen Forschungsprojekt des Lehrstuhls für Geographie Osteuropas an der Universität Tübingen einige Ansätze, Fragestellungen und Überlegungen zur Problematik der Altindustrieregionen im ehemaligen Ostblock vorgestellt werden. In Anlehnung an Regionalforschungen in Westeuropa (vgl. Literatur bei SCHRADER, M., in SCHÄTZL, L., 1993, S. 163 ff oder ECKART/KORTUS, 1995) soll letztlich den Fragen nach der Identifizierung, Typenbildung, Strukturentwicklung oder Zukunftsperspektive gestellt werden. Grundsätzlich geht es auch darum - ebenso wie bei der Problematik der "Grenzgebiete in West- und Osteuropa" - ob im Westen entwickelte Transfer- oder Restrukturierungsmodelle auf Regionen im östlichen Mitteleuropa bzw. des ehemaligen Ostblocks übertragen werden können. Daher soll nach dieser kurzen Problematisierung des Themas zunächst auf Altindustrieregionen in Westeuropa und ihre wissenschaftliche resp. regionalpolitische Bewertung eingegangen werden, bevor in einem zweiten Schritt auf einige Ansatzpunkte zur Analyse osteuropäischer Regionen verwiesen wird. Bei der Frage nach den Zukunftsperspektiven der Altindustriegebiete lassen sich nur mögliche Entwicklungen andeuten, zumal sich in einigen Ländern (wie z.B. in Rumänien) die politischen wie regionalpolitischen Rahmenbedingungen noch nicht endgültig stabilisiert haben.

2. Altindustrieregionen in der Europäischen Union

2.1. Zur Identifizierung und Typisierung

Obgleich, wie bereits angedeutet, zur Problematik der Altindustriegebiete ein umfangreiches geographisches Schrifttum vorliegt, ist es bisher nicht gelungen, eine allgemeingültige und präzise Definition dieses "Regionstyps" zu erarbeiten. Im wesentlichen lassen sich die Versuche zur Definition oder Begriffsbestimmung den Bemühungen zuordnen, entweder phänotypische Merkmale oder genotypische Kennzeichen für Altindustriegebiete herauszustellen. Während die erste Gruppe eine Vielfalt von Indikatoren heranzieht, bietet die zweite Gruppe zugleich theoretische Erklärungsansätze: mit der Heranziehung des Modells "regionaler Lebenszyklus" für regionale Wachstumspole, die auf spezifischen Branchenstrukturen beruhen, ist dabei zweifellos ein richtiger Weg eingeschlagen worden (vgl. SCHÄTZL, L., 1993, S. 125). Obwohl die meisten europäischen Altindustrieregionen im frühen Industrialisierungsprozeß eine wesentliche Rolle gespielt haben (und heute die Problemgebiete darstellen), geht es nicht nur um das "historische Alter". SCHÄTZL weist zurecht darauf hin, daß es genügend Beispiele für Industrieräume gibt, die den erforderlichen kontinuierlichen Strukturwandel erfolgreich vollzogen haben.

Zur ersten, allgemeinen Kennzeichnung dieses Regionstyps lassen sich u.a. folgende Merkmale und Indikatoren heranziehen (vgl. SCHRADER, M., in SCHÄTZL, L., 1993, S. 111 ff oder HOMMEL, M., 1991, S. 181-1849.

- eine überdurchschnittliche Einwohnerdichte
- eine überdurchschnittliche Industriedichte (Industriebeschäftigte pro 1000 Einwohner zum nationalen oder internationalen Durchschnitt)
- einen über dem nationalen oder internationalen Durchschnitt liegenden Anteil der Industriebeschäftigten an den Gesamtbeschäftigten
- eine oft umfangreiche, spezialisierte Infrastruktur, die auf die vorherrschende, überkommene Industriestruktur ausgerichtet ist

Diese oftmals dominierende Industriestruktur hat dabei wiederum besondere Spezifika:

- es herrschen in der Regel wenige, zumeist entsprechend spezialisierte Großbetriebe vor
- die Struktur zeichnet sich durch Branchen aus, die ein überdurchschnittliches Wachstum resp. einen Rückgang aufweisen
- sie besitzen einen sinkenden oder stagnierenden Anteil an der Wertschöpfung

- ihre Produktionsstruktur befindet sich - im Sinne des schon angesprochenen "Lebenszyklus-Modells" - am Ende des Zyklus
- die Beschäftigungsentwicklung der Region scheint vom allgemeinen Trend abgekoppelt zu sein und weist bei hoher (z.T,. wachsender) Arbeitslosenquote zugleich selektive Wanderungsverluste auf
- einen frühen Zeitpunkt der Industrialisierung mit entsprechenden Folgen für den Zustand des verorteten Kapitals und für die Umweltbedingungen

Von allen Autoren wird dabei als entscheidendes Merkmal die mangelnde Fähigkeit angesehen, die Hemmnisse für eine strukturelle Anpassung aus eigener Kraft beseitigen zu können (ein Aspekt, der noch stärker bei der Betrachtung "östlicher Altindustrieregionen" zu beachten sein wird).

Eine erste Orientierung über die regionale Verteilung der Altindustrieregionen in Westeuropa bietet Abbildung 2 auf den Territorialebenen der NUTS 1 bzw. NUTS 2 (NUTS = Nomenclature des Unitás Territoriales Statistiques), eine Ergänzung bildet die dazugehörige Tabelle, wobei die Bezeichnung der Regionstypen (A-D) einen abnehmenden Entwicklungsstand kennzeichnen (A: überdurchschnittlich).

Hierbei läßt es sich bereits festhalten, daß sich die regionale Verteilung dieser Regionen auf die ehemals entscheidenden Zonen mit Steinkohlenvorkommen in Mitteleuropa, in Großbritannien und Spanien erstreckt. Daneben spielen Standorte für Werften und für die Textilindustrie in Spanien, Frankreich und im mitteleuropäischen Raum eine Rolle. Anders ausgedrückt, es sind jene Regionen, in denen die Schlüsselindustrien die Montan- und Schwerindustrien sowie der Textilbranche eine dominierende Rolle spielten und die vielfältige Auswirkungen in den Bereichen Siedlung, Wirtschaft, Infrastruktur, Bevölkerung, Gesellschaft, Umwelt hervorbrachten und gegenwärtig die breite Varianz der Altindustrie-Indikatoren bestimmen.

Zweifellos ist HOMMEL, M. (1991, S. 183) zuzustimmen, daß dabei die charakteristischen Unterschiede in der Problemlage alter Industriegebiete im intraregionalen Vergleich sich vor allem

1. in der Bedeutung der Schlüsselindustrien
2. im Standort
3. im "Image"
4. im ökonomisch-politischen Klima

aufzeigen lassen.

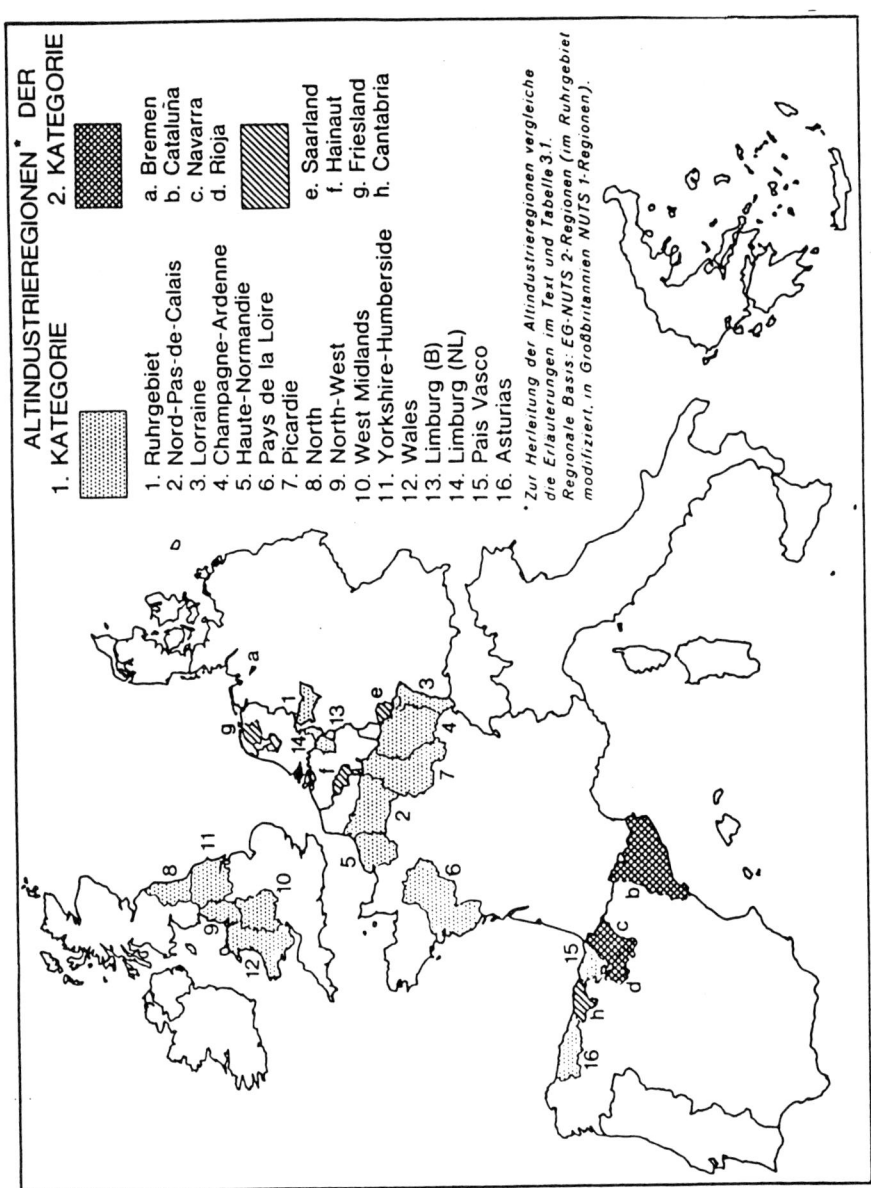

Abb. 2: Regionale Verteilung der Altindustrieregionen in der Europäischen Gemeinschaft

Dabei kommt sicherlich dem Standort, d.h. der räumlichen Lage einer altindustrialisierten Region innerhalb des betreffenden Staats- und Wirtschaftsgebietes, eine erhebliche Bedeutung für die Ausprägung der Probleme zu.

Ein mehr oder weniger zentraler Standort erleichtert den Strukturwandel (z.B. West Midlands oder Ruhrgebiet). Demgegenüber kulminieren in randlich-peripherer Lage die negativen Struktur- und Standorteffekte, d.h. die altindustriellen Strukturprobleme werden durch die Nachteile des peripheren Standorts noch verschärft (z.B. Saarland, Süd-Limburg, Lothringen, Nord-Pas de Calais). Diese Bewertung trifft, wie noch zu zeigen sein wird, vor allem auch auf die meisten der ostmittel- und südosteuropäischen Regionen zu.

2.2. Zur allgemeinen Strukturkennzeichnung

Die breite Varianz der Indikatoren für altindustrialisierte Regionen und deren Vielfalt hat bereits auch die vielschichtigen Ursachen für die Entstehung und Beharrung solcher Wirtschaftsräume angedeutet. Entscheidend ist dabei stets der fehlende Strukturwandel. Um die Gründe und Hemmnisse, um die Ursachen für das ökonomische Zurückbleiben und die sinkende Wettbewerbsfähigkeit ehemals führender Industrieregionen aufzuzeigen, müßten Analysen des räumlichen Entwicklungspotentials im Vordergrund stehen. Dieses Potential gründet sich u.a. auf das vor allem regionsextern angesiedelte Nachfragepotential und auf das Produktionspotential, das neben dem Ressourcenpotential (Rohstoffe, Bodenschätze, Arbeitskräfte, Kapital, Infrastruktur, Boden, Umwelt etc.) durch das Anpassungs- und Innovationspotential geprägt ist (vgl. SCHRADER, M., 1993, S. 119). Da dies aber nicht Aufgabe des vorliegenden Beitrags sein kann, sei lediglich in wenigen Stichworten auf einige regionsexterne bzw. regionsinterne Einflußgrößen, Engpaßfaktoren und Flexibilitätshemmnisse verwiesen:

a) Regionsexterne Hemmnisse:

- Abnahme der Rohstoffbindung und relative Bedeutung der Transportkosten einerseits, Zunahme der Lohn-, Rohstoff-, Energie- und Umweltkosten andererseits
- Wandel in der Nachfragestruktur (Trend in Richtung technologisch höherwertiger Güter: Mangan-, Eisen- und Stahlindustrie sowie Textilindustrie zeigen sich als Schrumpfungsbranchen)

- Einfluß von wirtschaftspolitischen Zielen und Interventionen verschiedener Art und auf unterschiedlichen Ebenen erschweren oftmals den Wandel und verfestigen die strukturelle Einseitigkeit (z.B. nationale Entscheidungen, EU-Entscheidungen, Welttextilabkommen etc.)
- Regionale Erhaltungseffekte durch nationale und EU-Subventionspolitik im Bereich der Eisen- und Stahlindustrie, aber auch auf dem Gebiet der Kohle- und Energiepolitik

b) Regionsinterne Hemmnisse

Aus der Vielzahl der vorliegenden regionalen Fallstudien (vgl. SCHRADER, M., 1993, VOLKMANN, H., 1991, u.a.) seien nur wenige Faktorengruppen beispielhaft angeführt:

- Altlasten im weitesten Sinne (Strukturen ehemaliger Industrieproduktion)
- Problem der Gewerbe- und Industriebrachen bzw. Frage des Flächenrecyclings
- Siedlungsstruktur (z.B. Gemengelage von Arbeits- und Wohnstätten bzw. Verkehrsinfrastrukturen)
- auf dominierende, traditionelle Industriestruktur ausgerichtete Infrastruktur
- Höhe der Lohn- und Lohnnebenkosten sowie unterschiedliche Möglichkeiten flexibler Lohngestaltung
- Defizite der Altindustriereviere im ökologischen Bereich gegenüber konkurrierenden Gebieten (vgl. "Image")
- Interessenidentität von Unternehmen, Politik und Gewerkschaften mit dem Ziel, bestehende Strukturen möglichst zu konservieren
- Administrative Hemmnisse

Zur Verdeutlichung der hier nur sehr verkürzt wiedergebbaren Problematik zur Kennzeichnung, Typisierung oder Interpretation der Strukturprobleme sei im folgenden Abschnitt auf einige regionale Fallbeispiele verwiesen.

Dabei könnten als Ziele einer regionalvergleichenden Analyse bzw. einer "Gegenüberstellung" von Altindustrieregionen in West- und Osteuropa folgende Ansätze verfolgt werden (vgl. SCHRADER, M., 1995; HOMMEL, M., 1995; VOLKMANN, H., 1992):

- Herausarbeitung der Rahmenbedingungen, Steuerungsfaktoren und Strukturmerkmale der Entwicklungsprozesse innerhalb der Regionen
- Bestimmung der Anpassungshemmnisse bzw. Engpässe (z.B. Flächen- oder Technologieengpässe) bei der Transformation von Regionen

- Bewertung der wirtschafts- und regionalpolitischen Aktivitäten auf internationalen oder staatlichen Ebenen einerseits und der unternehmerischen Initiativen (z.B. in der Region) andererseits.

Grundsätzlich geht es aber vor allem darum, die "Leitbildorientierung" für die Entwicklung einzelner Regionen, speziell der Altindustriegebiete, zu überprüfen (vgl. BLOTEVOGEL, H.H., 1995, S. 41 ff.).

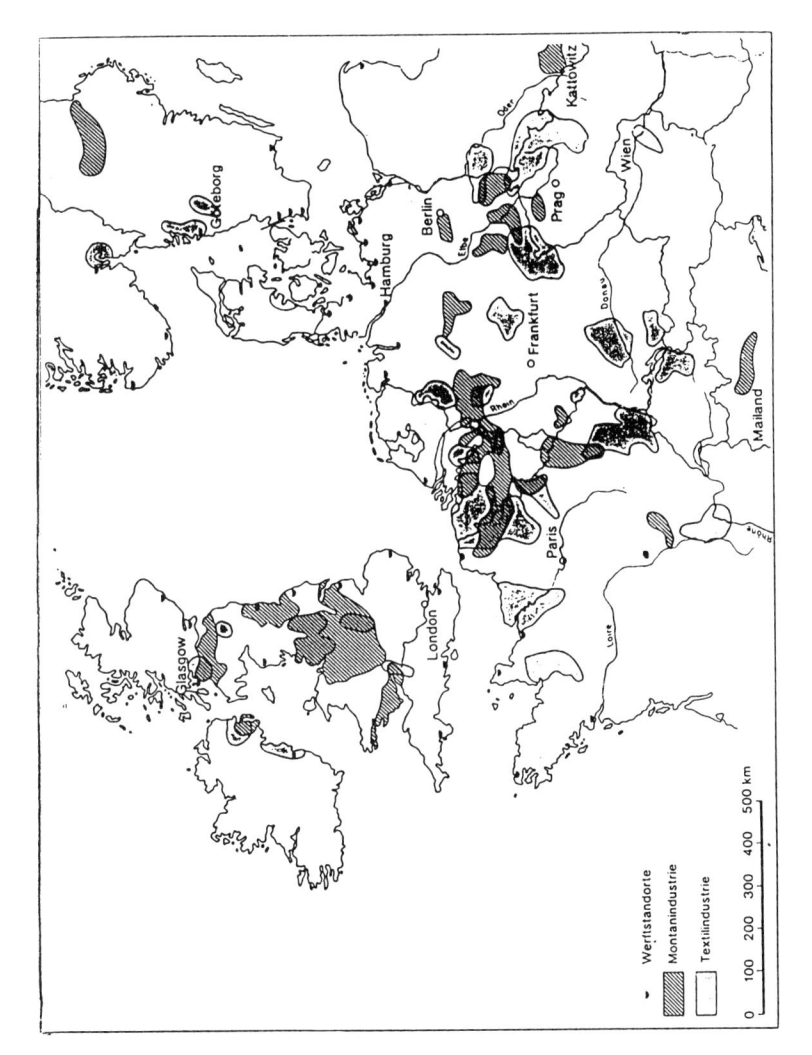

Abb. 3: Altindustrialisierte Regionen in West- und Mitteleuropa

2.3. Regionale Fallbeispiele

Entscheidend für die Auswahl von regionalen Fallbeispielen zur vergleichenden Analyse sind selbstverständlich die Branchenstrukturen der jeweiligen Regionen. Daneben kommt aber auch dem Status des Wirtschaftsraumes innerhalb eines "Lebens- und Produktionszyklus" eine wesentliche Bedeutung zu. Dies gilt insbesondere bei einem West-Ost-Vergleich von primär montandominierten Regionen.

Bekanntlich hat im ehemaligen Ostblock die mit der II. Industrialisierung nach 1945 verbundene "Eiserne Konzeption" zu einer Überdimensionierung der Grundstoffindustrien geführt. Seit der Wende nach 1989 und den mit ihr einhergehenden grundlegenden Transformationen in Politik, Wirtschaft und Gesellschaft stehen gerade jene Schwerindustrie- und bergbaudominierten Wirtschaftsräume, z.T. als Altindustrieregionen, im Mittelpunkt der räumlichen Veränderungsbestrebungen, der Umstrukturierungen und Sanierungen. Es ist daher verständlich, daß man bei der Bewältigung dieser Aufgaben auf ähnliche Probleme, Strukturen und Prozesse in westlichen Wirtschaftsräumen blickt, um vor allem Modelle, Instrumentarien oder Leitbilder zu erkennen und gegebenenfalls zu übernehmen.

Daher steht die bereits mehrfach angeführte grundsätzliche Frage nach der Übertragbarkeit solcher Leitbilder oder Instrumentarien im Mittelpunkt von Diskussionen.

In Polen, in der ehemaligen Tschechoslowakei, in Rußland oder auch Ungarn kommt dabei den Montanregionen des Ruhrgebiets, Nordfrankreichs oder Mittelenglands eine gewisse "Vorbildfunktion" zu. Ob allerdings die Reviere von Oberschlesien, von Ostrau, des Donbas oder Nordostungarns in ihren Strukturproblemen bzw. Entwicklungsmöglichkeiten und Perspektiven mit jenen Räumen in Mittel- und Westeuropa vergleichbar sind, bedarf noch eingehenden, prozeßorientierten kulturlandschaftlichen Analysen. Erste Beispiele, allerdings zunächst deskriptiv und summarisch, liegen bereits vor (vgl. ECKART, K., KORTUS, B., 1995).

In zahlreichen Studien (vgl. u.a. SCHRADER, M., 1995, VOLKMANN, H., 1992; BLOTEVOGEL, H. (Hsg.), 1991) sind allerdings Struktur- und Entwicklungsprobleme westeuropäischer Montanreviere vorgestellt worden. Beispielhaft sei in unserem Themenzusammenhang auf die knappe, didaktisch aufbereitete Fallstudie VOLKMANNs (1992) zu den Regionen Nord-Pas de Calais, North West England und Ruhrgebiet verwiesen. Die drei Wirtschaftsräume (vgl. Abb. 4) weisen nicht nur die bereits angesprochenen strukturellen, gleichartigen Kennzeichen von

Altindustriegebieten auf (vgl. Abb. 5), sondern zeigen daneben erhebliche Unterschiede bezüglich ihrer politisch-administrativen Rahmenbedingungen und ihrer sozio-kulturellen Erscheinungsformen.

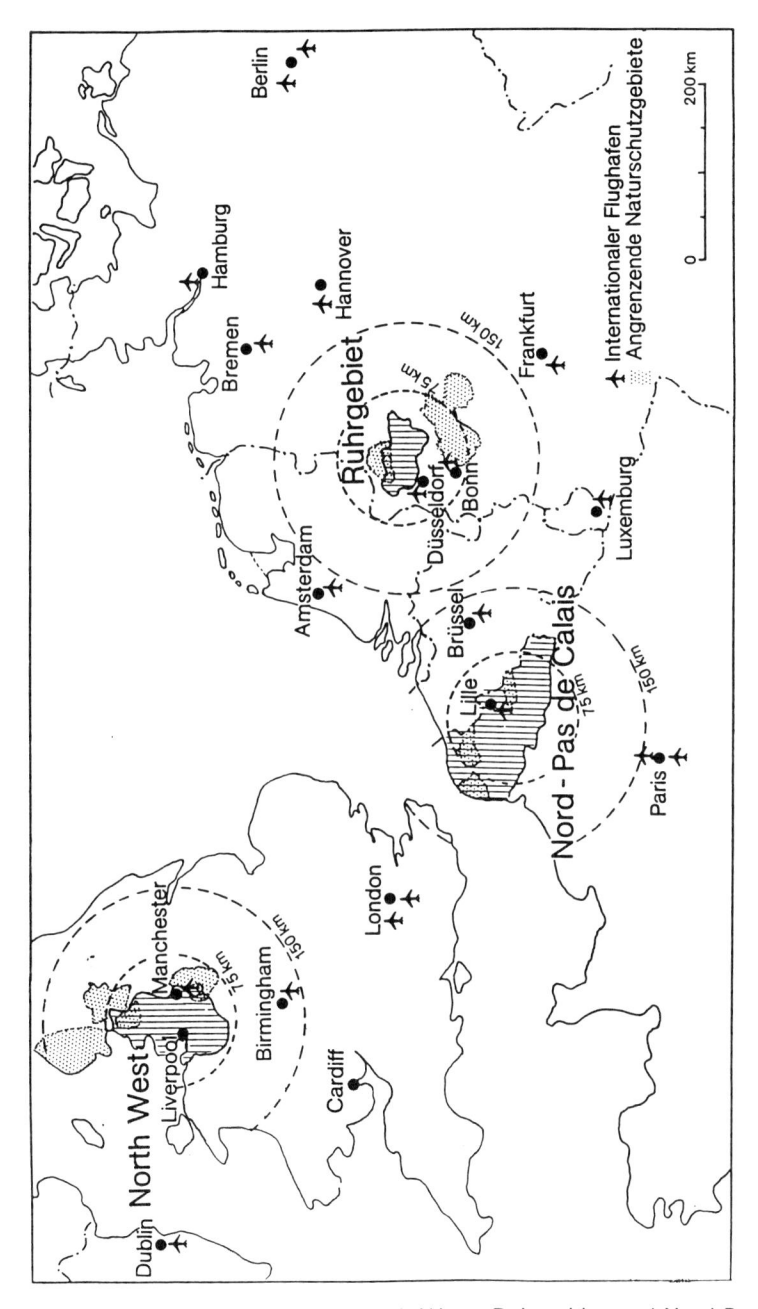

Abb. 4: Lagebeziehungen der Regionen North West, Ruhrgebiet und Nord-Pas de Calais

	Wirtschaftskraft		Arbeitslosigkeit				Erwerbstätige (in %)					
	BIP/ Einw. in KKP*				Durschnittliche Arbeitslosenquote		Landwirtschaft		Industrie		Dienstleistungen	
	1985 Ø	1986-88	1986 in %	1990	1981-1985 (EG=100)	1988-1990 (EG=100)	1985	1988	1985	1988	1985	1988
Bundesrepublik Deutschland												
Nordrhein-Westfalen	117	114	7,1	5,2	62	62,0	5,2	4,5	41,0	40,5	53,8	55,0
- Düsseldorf	115	109	9,1	6,9	76	82,1	3,0	2,3	43,9	43,6	53,1	54,1
- Münster	128	122	9,1	7,3	76	87,0	1,8	1,7	44,1	43,6	54,1	54,8
- Arnsberg	101	93	10,1	7,2	80	83,9	6,9	5,4	42,8	40,4	50,3	52,2
Ruhrgebiet	106	104	9,9	7,3	82	86,6	3,0	2,1	45,3	47,8	51,1	50,1
Stuttgart (z. Vergleich)	?	?	14,4	10,8	?	?	1,3	1,2	49,8	46,8	48,8	52,0
	134	134	4,0	2,7	38	31,5	5,8	3,7	49,5	49,4	44,7	47,0
Frankreich												
Nord-Pas de Calais	112	109	10,1	8,7	86	101,5	8,1	7,2	32,3	30,0	59,2	62,8
Ile de France (z.Vergleich)	94	88	12,9	11,8	111	138,6	5,3	4,3	39,4	36,0	55,2	59,7
	163	166	8,1	7,2	67	84,3	0,5	0,5	29,2	26,3	70,0	73,2
Großbritannien												
North West	104	107	12,0	6,3	115	82,4	2,3	2,3	34,1	32,8	61,9	64,9
- Greater Manchester	103	99	14,5	8,2	141	106,7	1,2	1,1	36,3	35,4	60,7	63,6
- Merseyside	105	102	14,0	7,9	136	102,2	?	?	?	?	?	?
South East (z. Vergleich)	96	86	19,1	12,6	189	157,4	?	?	?	?	?	?
	119	128	9,1	4,3	84	55,6	1,2	1,4	29,6	28,1	68,0	70,5
Europa (12)	100	100	10,8	8,3	100	100	8,6	7,6	34,3	33,2	57,2	59,2

* KKP = Kaufkraftparitäten

Quellen: Kommission der Europäischen Gemeinschaft (Hsg.): Die Regionen der erweiterten Gemeinschaft. Brüssel/Luxemburg 1987; Dies.: Die Regionen in den 90er Jahren. Brüssel/Luxemburg 1991; Kommunalverband Ruhrgebiet (Hsg.): Städte und Kreisstatistik Ruhrgebiet 1986. Essen 1986 und 1991

Abb.5: Kenndaten der Regionen

Regionen	Industriedichte (Industriebeschäftigte pro 1 000 Ew.) 1985		Regions-typen[3] nach Irmen/Sinz
Zum Vergleich: EG-Durchschnitt	97,4		

Altindustrieregionen der 1. Kategorie

BR Deutschland	133,3		
Ruhrgebiet		156,7	A
Frankreich	89,5		
Nord-Pas-de-Calais		99,2	B
Lorraine (als Grenzfall)		106,1	B
Champagne-Ardenne		103,6	B
Haute-Normandie		112,6	C
Pays de la Loire		92,5[a]	D
Picardie		104,6	B
Großbritannien	106,8		
North		108,2	A
North-West		113.4	A
West Midlands		145,9	A
Yorkshire and Humberside		119,5	C
Wales		93,5[a]	B
Belgien	82,0		
Limburg		103,1	B
Niederlande	67,5		B
Limburg		85,3[a]	B
Spanien	66,5		
Pais Vasco (Baskenland)		98,7	A
Asturien		79,7[a]	B

[a] Industriedichte < EG-Durchschnitt

Quelle: L. Schätzl, 1993

Abb. 6: Altindustrieregionen der EG

Beispielsweise stellt der polyzentrische Ballungsraum Rhein-Ruhr keine eigenständige Verwaltungseinheit dar; die ebenfalls verstädterte Region North West dagegen bildet eine der zehn ökonomischen Planungsregionen Großbritanniens. Die noch am stärksten landwirtschaftlich geprägte Region Nord-Pas de Calais besitzt zwar eine Selbstverwaltung, wichtige raumwirksame Entscheidungen bedürfen jedoch der Zustimmung durch die Zentralregierung. Umgekehrt zählen alle drei Wirtschaftsräume in der Bewertung durch die EG-Kommission hinsichtlich ihrer sozial-ökonomischen Situation als "förderfähige Industrieregionen mit rückläufiger Entwicklung". Die Kenndaten der Regionen (vgl. Abb. 5/6) entsprechen den Indikatoren dieser Raumtypen: eine überdurchschnittliche Arbeitslosenquote, eine hohe Beschäftigungsquote in der Industrie sowie ein allgemeiner Rückgang der Erwerbstätigenzahlen (bezogen auf den Durchschnittswert der EG). Eine Bewertung der Entwicklungsmöglichkeiten der Regionen muß daher alle unterschiedlichen wie gemeinsamen "Indikator-Ebenen" einbeziehen.

Die nebenstehende zusammenfassende Übersicht zu den Chancen einer Umstrukturierung (vgl. Abb. 7), die sich vorwiegend auf die Faktorengruppen Erreichbarkeit/Zugänglichkeit, regionales Wirtschaftspotential, Bildungs- und Forschungspotential, Informations- und Kommunikationspotential, Lebens- und Umweltqualität, regionales Kultur- und Freizeitangebot sowie politische Kultur und regionale Selbstbestimmung (1-7) stützt und praktisch eine Stärken-/Schwächen-Analyse darstellt, müßte selbstverständlich im einzelnen differenziert werden. Speziell für das Ruhrgebiet wurden in den letzten Jahren zahlreiche detaillierte Analysen zum "Strukturwandel als permanente Aufgabe" vorgelegt (vgl. GRAMKE, J., 1988); der 49. Deutsche Geographentag in Bochum (1993) hatte sogar den "Umbau alter Industrieregionen" als ein Leitthema gewählt, wobei nicht nur der Strukturwandel selbst, die Gefährdungs- und Entwicklungspotentiale des Reviers, sondern auch die regionalen Entwicklungskonzepte allgemein untersucht wurden. Ergänzt wurden solche Analysen durch die Aufarbeitung der Funktionen neuer Technologien bzw. der ökologischen Stadtentwicklung für das Altindustriegebiet (vgl. 49. Deutscher Geographentag Bochum, 1993, Bd. 1: Umbau alter Industrieregionen; Tagungsber. u. wiss. Abhandlungen, hsg. D. BARSCH, H. KARRASCH, Stuttgart).

Wesentlich erscheint im Zusammenhang mit einer künftigen vergleichenden Betrachtung von Altindustriegebieten in West- und Osteuropa die von H. BLOTEVOGEL am Beispiel des Ruhrgebiets formulierte Kritik an den Leitbildern der "modernisierten Re-Industrialisierung" als Handlungsorientierungen zur Bewältigung der Strukturkrisen. Diesem "Leitbild" liegen, sehr stark verkürzt (vgl. H. BLOTEVOGEL, 1995, S. 39-51), folgende Überlegungen zugrunde (vgl. Abb. 8):

Das Ruhrgebiet (D) und die Regionen North West (B) und North-Pas de Calais (F) im Vergleich

Faktoren		D	B	F
1) Erreichbarkeit/ Zugänglichkeit	- international - national	* *	0 *	+ ↑ - ↑
2) Regionales Wirtschaftspotential	- Hauptverwaltungen der Industrie - Mittel- und Kleinbetriebe - Zukunftsorientierte Produktionsstruktur - Produktionsorientierte Dienstleistungen - Arbeitskräftepotential - Zugang zu regionalem Kapital (Banken)	* - ↑ 0 ↑ 0 ↑ + +	0 0 0 0 + 0	- 0 0 0 + 0
3) Bildungs- und Forschungspotential	- Hochschulen - Berufliches Bildungsniveau	* +	+ +	0 +
4) Informations- und Kommunikationspotential	- Regionale Medien - Polit. Vernetzung mit der Regierung (1987)	0 * (Land) - (Bund)	+ -	0 -
5) Lebens- und Umweltqualität	- Umweltqualität - Lebensqualität (Wohnen) - Umweltbewußtsein	0 + + ↑	0 0 0	0 0 -
6) Regionales Kultur- u. Freizeitangebot	- Theater/Museen - Freizeit und Erholung/Sport	* ↓ +	+ 0	0 0
7) Politische Kultur und regionale Selbstbestimmung	- Regionale/kommunale Selbstbestimmung - Public-private Partnership	+ ↓ 0 ↓ 0	0 ↓	- ↓ 0

Quelle: KUNZMANN, K.R.: Die Chancen des Ruhrgebietes. Dortmund 1988, S. 17

Erläuterung: * sehr gut, + gut, 0 durchschnittlich, - schlecht, ↑ Tendenz nach oben, ↓ Tendenz nach unten

Abb. 7: Chancen zur Umstrukturierung

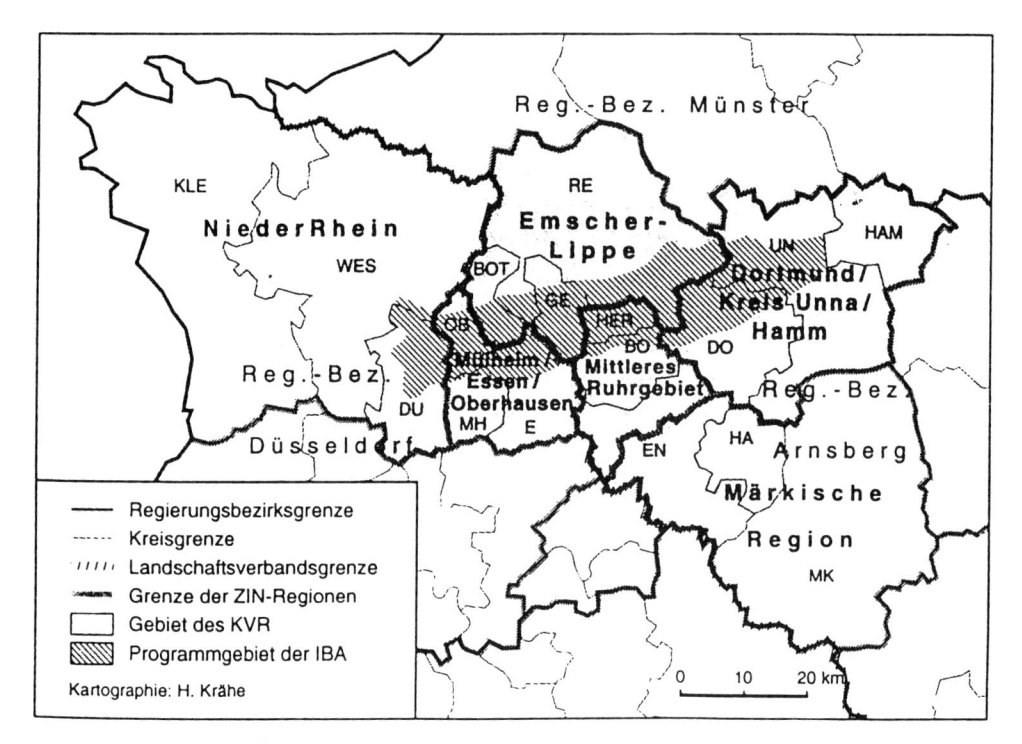

Abb. 8: ZIN-Regionen im Ruhrgebiet

- Die Krise der Ruhrgebietswirtschaft ist primär eine sektorale Strukturkrise von Kohle und Stahl
- An Stelle der schrumpfenden montanindustriellen Basis sind neue, sog. Wachstumsindustrien anzusiedeln zusammen mit der Wahrnehmung von Wachstumschancen im tertiären Sektor
- Um eine Re-Industrialisierung mit modernen Wachstumsbranchen zu erreichen, müssen entscheidende Engpässe beseitigt werden (Gewerbeflächenengpässe, Technologieengpässe, Qualifikationsengpässe, Infrastrukturengpässe)
- Regionale Stärken und Potentiale müssen weiter gestärkt werden

Zweifellos haben die hier angedeuteten Leitbilder innerhalb der Regional- resp. Strukturpolitik (regionalisierte Strukturpolitik) zu teilweisem Erfolg bei der Problemlösung geführt: die seit den 60er Jahren aufgelegten vielfältigen Modernisierungsprogramme der Infrastruktur und des Städtebaus, der Bildungspolitik und des Hochschulbaus, das Konzept der Internationalen Bauausstellung "Emscher Park" seien hier stellvertretend angeführt. BLOTEVOGELs Kritik richtet sich dabei im einzelnen auf die überschätzte Bedeutung der Montanindustrie oder die z.T. überzogene Politik (auch z.T. unkoordinierte) der "Engpaßbeseitigung". Generell richtet sich aber die Kritik darauf, daß mit den einfachen Leitbildern der Re-Industrialisierung die historischen Erfahrungen in die Zukunft projiziert werden ohne Alternativen zu bedenken. Zweifellos ließe sich eine solche Kritik auch an den Entwicklungstendenzen anderer westeuropäischer Altindustrieregionen (z.B. Nord-Pas de Calais) festmachen. Eine vergleichende Analyse der Leitbilder zur "Re-Industrialisierung" bzw. zu Alternativkonzepten für eine zukunftsträchtige, nachhaltige Regionalentwicklung steht noch aus.

Zu ergänzen wäre die Betrachtung der "Altindustrieregionen" im westlichen Europa, wenn wir die eingangs zitierten Bestimmungsfaktoren dieser Raumtypen variieren. Beispielsweise müßten wir - bezogen auf das Kriterium "Lagebeziehung" - jene Altindustriegebiete in zentralen Wirtschaftsräumen von jenen Raumtypen in peripheren Räumen unterscheiden. Dazu zählen ohne Zweifel die altindustrialisierten Gebiete in den Grenzregionen einzelner Staaten. Während es an der Westgrenze Deutschlands mit dem Wirtschaftsraum Saar-Lor-Lux bereits einen grenzüberschreitenden Planungsraum mit durchaus positiven Entwicklungstendenzen zur Lösung tradierter Strukturprobleme gibt, stecken die Bemühungen um grenzüberschreitende Zusammenarbeit an den Ostgrenzen noch in den Anfängen. Erschwerend kommt zu der ehemaligen "Systemgrenze" des Ostens hinzu, daß diese durch altindustriebestimmte Wirtschaftsräume eine doppelte Aufgabe lösen müssen. Zum einen sollen sie die Nachteile einer peripheren Grenzlage überwinden, zum anderen müssen sie die Umstrukturierung einer zeitlich überholten, ineffizienten und nicht konkurrenzfähigen Industrie bewältigen. Hier bietet sich als eine wesentliche Lösung die sogenannte "Cross border cooperation" der Europäischen Regionalentwicklungsprogramme an.

3. Altindustriegebiete im ehemaligen "Osteuropa"

3.1. Das industrieräumliche Grundmuster

Das industrielle Grundmuster in Ostmittel- und Osteuropa ist das Ergebnis sehr unterschiedlicher historisch-politischer, ökonomischer und sozialer Prozesse der vergangenen 200 Jahre. Wesentlich waren selbstverständlich die recht vielfältigen, jedoch räumlich sehr unterschiedlich verteilten Ressourcen für die Entwicklung von Gewerbe, Industrie und Handel. Ebenso wichtig waren die Bewertungen jener Ressourcen und der daraus gebildeten Raumstrukturen durch Staat und Gesellschaft in den Abläufen unterschiedlicher Epochen von raumwirksamer Politik und Wirtschaftsentwicklung. Es ist hier nicht der Rahmen, um auf die vielfältigen "Zyklentheorien" von Industriegesellschaften oder Wirtschaftsräumen (z.B. nach KONTRATIEV etc.) einzugehen; auf die Abfolge der Entwicklung von der Textilindustrie über den Maschinenbau oder die eisenschaffende und eisenverarbeitende Industrie bis zur Chipproduktion zu verweisen oder allgemein die Beziehungen zwischen Raumentwicklung und Raumbewertung bzw. auf die Wechselwirkungen der Zugehörigkeit von Wirtschaftsregionen zu wechselnden Staatsterritorien zu diskutieren.

Das industrielle Grundmuster Ostmittel- und Osteuropas präsentierte sich am Ende des II. Weltkrieges nicht nur hinsichtlich des Entwicklungsniveaus seiner Wirtschaftsräume, bezüglich Technologie und Produktivität, sondern auch in seinen Lagebeziehungen und Verflechtungen zu den wichtigsten Zentren Europas, von einer außerordentlichen Vielfalt und Disparität.

Die Teilung Europas, die Einführung des sowjetischen Modells von Wirtschaft und Gesellschaft in den Ländern Ostmittel- und Osteuropas nach 1945 bedeutete zugleich, daß die gesamte Raum- und Regionalentwicklung unter das Primat einer sozialistischen Planwirtschaft gestellt würde. Territorial- oder Raumplanung galt als eine in den Raum projizierte Volkswirtschaftsplanung, wobei dem sektoralen Prinzip stets der Vorrang gegenüber dem territorialen Prinzip eingeräumt wurde. Und wie bereits angedeutet, war die Ausgangsbasis für jenen Umbau von Wirtschaft und Gesellschaft nach sowjetischem Vorbild in den einzelnen Ländern sehr unterschiedlich (vgl. Abb. 9).

Die Tschechoslowakei galt bereits vor dem II. Weltkrieg als ein hochindustrialisiertes Land mit einer ausgewogenen Industriestruktur und einer leistungsfähigen Landwirtschaft. Die Durchsetzung des sowjetischen Modells hatte eine völlige Umstrukurierung der Wirtschaft mit hohen Investitionen in den Bereichen der Grundstoffindustrie, der Energiewirtschaft und der technischen Infrastrukturen zur Folge. Dies führte bis zur Gegenwart zu erheblichen Disproportionen in der

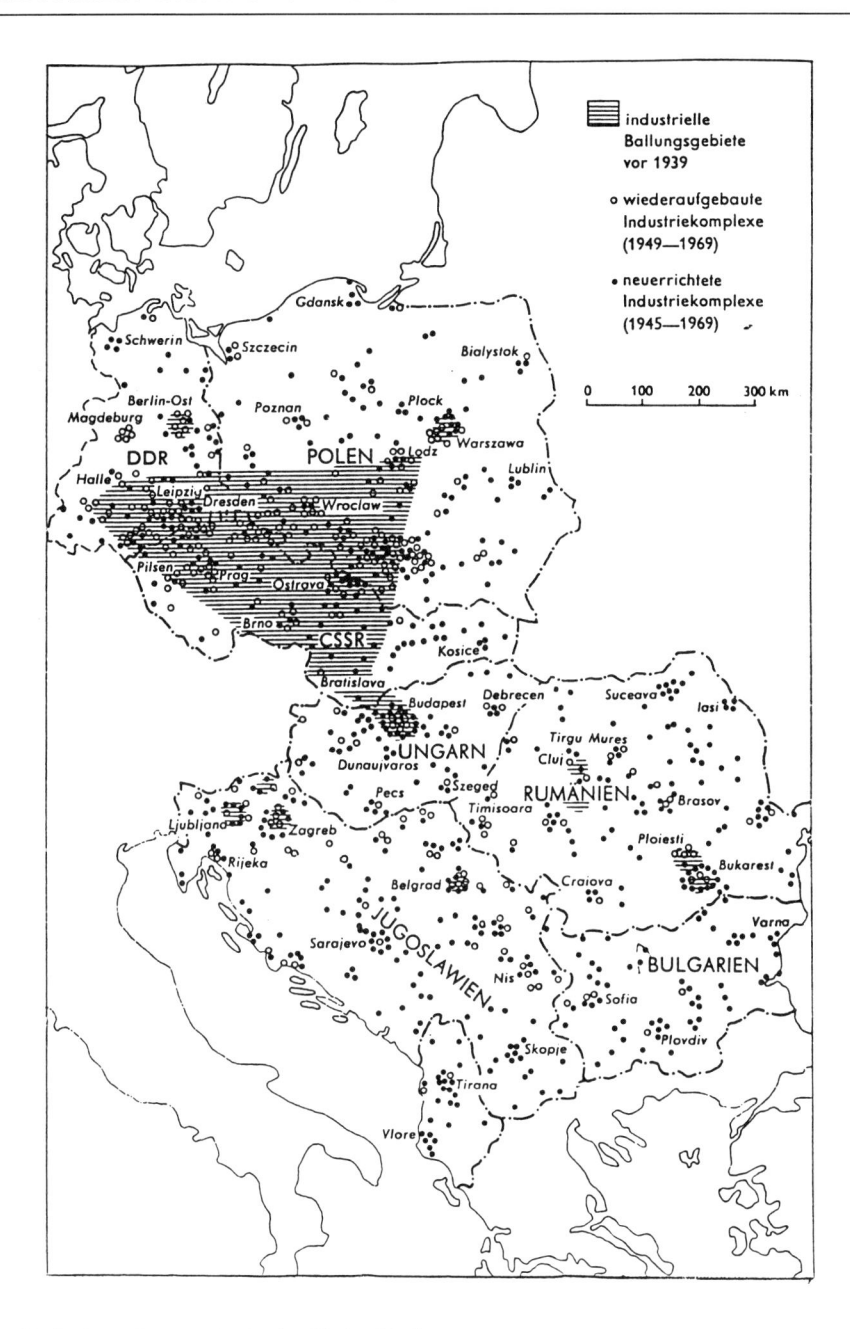

Abb. 9: Industriestandorte in Ostmitteleuropa

Volkswirtschaft. Zugleich war mit der Umsetzung des "sowjetischen Modells" der "Industrialisierung als Motor der Raumentwicklung" stets das grundlegende Problem der Rohstoff- bzw. Ressourcenpolitik, die Frage der Nutzungsintensität und der Effizienz des Ressourceneinsatzes (insbesondere im Energiebereich) verknüpft.

In Polen hat die "sozialistische Industrialisierung von oben" die wirtschaftliche Entwicklung bis zur Mitte der 70er Jahre geprägt, mit einer deutlichen Dominanz der Schwerindustrie (einschließlich Bergbau). Erst danach bemühte man sich um eine gewisse Diversifizierung der Wirtschaftsbereiche. Bezüglich der Regionalstruktur der Industrie wurde zunächst das Prinzip der regelmäßigen "Streuung" der Standorte verfolgt. Mangelnde potentielle Voraussetzungen (z.B. Standortfaktoren) führten schließlich doch zu räumlichen Konzentrationen (z.B. Oberschlesien) und damit insgesamt zu regionalen Disparitäten.

Die Ausgangssituation Ungarns für eine "II. Industrialisierung" war weitaus ungünstiger als in den Nachbarländern. Traditionelle Agrarstrukturen, ungünstige Rohstoffbasis und gravierende regionale Disparitäten (zwischen Zentrum - Peripherie) bedeuteten daher nicht nur den Ausbau "alter Kerne", sondern generell eines grundlegenden, allerdings langsamer voranschreitenden Wandels der Raumstrukturen.

Am Beispiel der Eisen- und Stahlindustrie ließen sich diese gravierenden Veränderungen als Auswirkung übernommener Strukturkonzeptionen gut verdeutlichen; K. ECKART und B. KORTUS (1995) haben hierzu eine faktenreiche Analyse vorgelegt. Wie angedeutet und wie aus der Übersichtsskizze (Abb. 9) auch ersichtlich, lassen sich bei den angesprochenen, sehr unterschiedlichen Voraussetzungen, zwei generelle Entwicklungstendenzen dieser Branchen herausstellen. Zum einen erfolgte ein Ausbau und eine teilweise Modernisierung bereits existierender Hütten- und Produktionsanlagen und zum anderen wurden neue Eisenhütten lokalisiert.

So wurde z.B. in der ehemaligen Tschechoslowakei zunächst die Eisenhütte in Vitkovice und in Tønec im alten Ostrauer Revier sowie die Hütte in Kladno ausgebaut. Zudem wurden Standorte im traditionsreichen nordböhmischen Braunkohlenrevier modernisiert (z.B. Chomutov).

In Polen erfolgte ein Ausbau der meisten Hütten im Oberschlesischen Industrierevier sowie der Hütten in Czêstochowa, Zawiercie und Ostrowiec Swietokrzyski.

In Ungarn wurden die Hütten in der Region Miskolc, in Rumänien die Betriebe von Hunedoara und Reºita ausgebaut. Im ehemaligen Jugoslawien erfuhren die alten Hütten des bosnischen Reviers (Zenica), in Slowenien die Zentren von Jesenice einen Aus- und Umbau.

Da aber der Ausbau und die Modernisierung alter Hüttenwerke nur mit Einschränkungen erfolgen konnte (ökonomische, technische, räumliche Einschränkungen), kam es in Verfolgung der strukturpolitischen Ziele der "Eisernen Konzeption" zu zahlreichen Neugründungen von Standortkomplexen, die große vollintegrierte Hüttenwerke (Hochdörfer, Stahl- und Walzwerke) darstellten und oftmals mit Kokereien, Kraftwerken oder Zementwerken verbunden waren. Entsprechend der Entwicklung unterschiedlicher wirtschaftspolitischer Phasen einer durch den RGW in Arbeitsteilung und intensiver Verflechtung abgestimmten Investitionspolitik lassen sich für diese Neugründungen drei wesentliche Entstehungsperioden ausmachen (vgl. Abb. 10).

Prominente Beispiele solcher Standortkonzentration sind das Eisenhüttenkombinat Nowa Huta (bei Krakau), die Edelstahlhütte in Warschau, der Standort Kuncice bei Ostrau oder das EKO (Eisenhüttenstadt) in der ehemaligen DDR sowie auch Dunaujvaros in Ungarn. Für die zweite Phase seien beispielhaft die ostslowakischen Hüttenwerke in Košice oder die Hütte in Galaþi (Rumänien) genannt. Allerdings stützten sich fast alle der neugegründeten Standortkomplexe auf sowjetische Technologien und Produktionsanlagen, die bereits bei der Installierung veraltet waren.

Ergänzt werden müßte diese knappe Kennzeichnung der Entwicklungstendenzen der eisenschaffenden Industrien durch die Prozesse in der Ausweitung und der Modernisierung des Bergbaus als Grundlage der energetischen Industrie bzw. der Rüstungswirtschaft. Regional betroffen waren hier insbesondere nämlich jene Altindustrieregionen von Oberschlesien und Niederschlesien, das Ostrauer Revier oder das Bergbaurevier von Kladno, das Kohlenrevier von Komlo (südlich Pecs) in Ungarn oder die des Banats in Rumänien. Aber auch die Braunkohlenreviere Nordwest- und Nordböhmens, Südwest-Polens oder Nordwest- und Nordost-Ungarns zählen zu dieser Raumkategorie, deren Wirtschaftsräume als "altindustrialisiert" nach 1945 zum größten Teil eine sehr extensive Erweiterung erfahren hatten.

Die Vorreiter der Altindustriegebiete schließlich, die als "Textilregionen" wesentlich zur Entstehung der räumlichen Wirtschaftsstrukturen, so z.B. in Böhmen, in Schlesien oder Mittelpolen, beigetragen haben, wurden bereits seit den 50er Jahren einer grundlegenden Umstrukturierung als Folge der Umbewertung innerhalb der Branchenpolitik unterzogen: während in Nordostböhmen, z.T. auch in

Neue Eisenhüttenkombinate in Osteuropa 1950-1990

	1950-1960	1960-1970	1970-1980	1980-1990
PL	Kraków - Nowa Huta[x] - 1954 - Warszawa - 1957 -		"Katowice"[x] - 1976 -	
CS	Kuncice[x] - 1952 -	Kosice[x] - 1964 -		
RO		Galati[x] - 1965 -	Tirgowiste - 1973 - Kalarasi - 1979 -	
DDR	Komb. "Ost"[x] Eisenhüttenstadt - 1951 - Komb. "West" Calbe - 1952 -[xx]			
YU	Niksic - 1959 -	Skopje[x] - 1964 -		
H	Dunaujvaros[x] - 1954 -			
BG	Pernik[x] - 1953 -	Kremikovcy[x] - 1963		"Burgas" Debelt - 1983 -
AL			Elbasan - 1975 -	

x) gebaut als integrierte Hüttenkombinate
xx) 1969 stillgelegt

Quelle: K. Eckart/B. Kortus, 1995

Abb. 10: Neue Eisenhüttenkombinate in Osteuropa 1950-1990

Schlesien, diese Textilindustrie drastisch zurückgenommen wurde, erfuhr sie in Thüringen und Sachsen eine Konservierung - eine Tatsache, die nach der politischen Wende 1989 zu gravierenden Strukturproblemen führte (sächsische, resp. Oberlausitzer Industrie).

Zur Verdeutlichung dieser Probleme, insbesondere in der Montanindustrie, sei im folgenden auf einige Beispiele kurz eingegangen.

3.2. Ausgewählte regionale Fallbeispiele

Bereits bei der allgemeinen Kennzeichnung von "Altindustriegebieten" in Westeuropa war nicht nur auf das "Alter" und den "Reifegrad" bestimmter Wirtschaftsräume, sondern vor allem auf die Branchenstruktur verwiesen worden.

Ähnlich wie im RUHRGEBIET erfolgte die Herausbildung des ältesten Montanreviers Kontinentaleuropas, des OBERSCHLESISCHEN INDUSTRIEREVIERS, GOP = Górnoœlaske Okreg Przemys³owy, auf eng begrenztem Raum, dessen Grundstrukturen und Abgrenzungen durch bergbaugeologische Bedingungen abgesteckt waren (70 Mrd. t Kohlenvorräte). Auch hier ist die Ansammlung von Kohlen- und Erzgruben (Zink, Blei), Kokereien und Metallhütten Ausdruck der privatkapitalistischen Entwicklung des 19. Jahrhunderts, verstärkt durch die verschiedene politisch-territoriale Zugehörigkeit der Region. Auch hier zeugt das fast "chaotische Gemenge" von Siedlungen (z.T. mit mittelalterlichem Kern) und industrieüberformten Bauern- und Gutssiedlungen, von der Planlosigkeit der Siedlungsentwicklung in der Nachbarschaft von Hochöfen, Kokereien oder Fördertürmen (vgl. BUCHHOFER, 1976). Bis zur Gegenwart wird die Raumordnungsproblematik in der Kernzone des GOP durch die materielle Hinterlassenschaft früh- und hochkapitalistischer Raumbewirtschaftung geprägt. Spezifisch ist auch die hohe Überalterung der gesamten baulichen Substanz, die durch die beiden Weltkriege kaum gelitten hat. Daneben wirkt sich der Zustand der z.T. musealen Produktionseinrichtungen im Bereich des Kokerei- und Hüttenwesens nicht nur auf die Produktionsqualität aus. Die Notwendigkeit des raschen Wiederaufbaus der polnischen Wirtschaft nach 1945 erforderten - bei den bekannten Rahmenbedingungen - eine unmittelbare Reaktivierung des Reviers mit allen Folgen. So ist Oberschlesien durchaus eine strukturstabile Region, deren spezifische Probleme eine hochgradige "Persistenz" zeigen (BUCHHOFER, 1976). Einen Strukturwandel innerhalb der Kohlenwirtschaft, wie ihn die westeuropäischen Länder erfahren haben, erlebte Oberschlesien nicht. Umso stärker wurde diese Altindustrieregion von den Veränderungen 1989 getroffen. BUCHHOFER (1976, 1991), KORTUS (1994) oder RAJMAN (1992) haben mehrfach und tiefschürfend über die Strukturprobleme und Raumordnungskonzeptionen dieser Region berichtet.

Der hohe aktuelle wirtschaftliche wie auch politische Stellenwert des Reviers als eine der wichtigsten polnischen Wirtschaftsregionen, erfordert ein rasches Handeln; zunächst aber erst einmal das Entwickeln von strukturellen wie regionalen Konzeptionen.

Um den oben angedeuteten Stellenwert zu veranschaulichen, seien wenige Daten angeführt (vgl. Abb. 11).

Produkt	Einheit	1981	Polen = 100	1988	Polen = 100	1990	Polen = 100
Steinkohle	Mio. t	160,4	98,4	189,1	98,1	144,1	97,6
Elektrizität	Mio. kWh	33,4	29,0	33,4	23,2	31,7	23,6
Koks	Mio. t	5,3	29,7	6,0	37,6	5,4	39,6
Rohstahl	Mio. t	7,9	50,3	9,0	53,2	7,7	56,6
Walzprodukte	Mio. t	5,2	46,9	5,8	46,6	5,3	53,5
Eisen- und Stahlguß	Tsd. t	289,0	17,8	253,6	17,3	250,7	21,8
Zink	Tsd. t	167,0	100,0	174,0	100,0	131,9	100,0
Blei	Tsd. t	69,0	100,0	90,7	100,0	64,8	100,0
Fensterglas	Mio. m²	22,6	37,6	26,4	39,2	23,4	40,9
Pkw/FIAT 126p	Tsd. Stck.	122,3	50,9	142,8	48,7	143,9	49,2
Kühlschränke	Tsd. Stck.	127,2	23,0	38,6	8,0	64,2	10,6
Werkzeugmaschinen	Stck.	1201,0	3,1	1266,0	4,8	-	-

Quellen: RSK – Rocznik Statystyczny Województwa Katowickiego/ Statistisches Jahrbuch der Wojewodschaft Kattowitz, 1982, 1990, 1991

Abb. 11: Entwicklung der Industrieproduktion in der Wojewodschaft Katowice

Die oberschlesische Agglomeration konzentriert auf einem Gebiet von 6 650 km² fast 4,0 Millionen Einwohner (10 % der Bevölkerung Polens). Die Bevölkerungsdichte (596 Einw./km²) überschreitet fast fünfmal den Landesdurchschnitt.

Die wirtschaftliche Bedeutung des Reviers schlägt sich in der Produktion einzelner Industriezeige nieder. Die historisch begründete Monostruktur, nach 1945 durch Investitionen in Bergbau und Stahl gefestigt, sowie die hohe Industriebeschäftigtenrate (52 %) bilden wesentliche Merkmale.

Bis zum Jahr 1990 haben sich aber bereits grundlegende Veränderungen abgespielt, die schon mit der Wirtschaftskrise der 80er Jahre einsetzten. Stichworte wie Rückgang der Industriebeschäftigten (seit 1980 um 155 400), vor allem im vergesellschafteten Sektor, während im privaten Bereich sich die Zahl vergrößerte. Generell hat sich der Anteil des sekundären Sektors von 63,5 % auf 55,3 % verringert und der des tertiären Sektors ist auf 33,6 % angestiegen; Stichworte wie Veränderungen in den Hütten- und Stahlwerken mit Stillegungen und Liquidationen sowie generelle Fortsetzung der Deglomerationspolitik im polyzentrischen Ballungsraum kennzeichneten die Entwicklungstendenzen am Ausgang der 80er Jahre. Über die neueren Entwicklungen berichtet B. Kortus (in diesem Band). Zu den zwei größten Problemen, die innerhalb der Umstrukturierungsmaßnahmen zu bewältigen sind, zählen zweifellos die Folgen der De-Industrialisierung in der Form der Vernichtung von Arbeitsplätzen und damit hohe Arbeitslosenzahlen. Das andere Problemfeld läßt sich mit der angestrebten Lösung ökologischer Probleme beschreiben. Zwar hat sich, nicht zuletzt als Ergebnis der "passiven" oder "aktiven" Industriesanierung, d.h. auch des Produktionsrückgangs, eine Verbesserung der Umweltsituation ergeben (KORTUS, B., 1994, S. 87 ff.), dennoch steht Oberschlesien, ähnlich wie das Ruhrgebiet, vor der doppelten Herausforderung: ökonomischer Neubau und ökologische Erneuerung (vgl. Abb. 12).

In dem eingangs bereits angesprochenen Projekt sollen in vergleichender Betrachtung dieser Frage der "Altindustriegebiete" im Zentrum der Analysen stehen.

Bergbaugeologisch verwandt, wirtschaftshistorisch verbunden, bildet das OSTRAUER REVIER quasi ein verkleinertes, aber verdichtetes Abbild des Oberschlesischen Reviers. Wie bereits bekannt, zählte die ehemalige Tschechoslowakei - im Gegensatz zu Polen - bereits vor dem Zweiten Weltkrieg zu den hochindustrialisierten Ländern Ostmitteleuropas. Auch hier führte die politische Neuorientierung nach 1945 zu grundlegenden sozio-ökonomischen Veränderungen. Zwar wurde durch den politisch motivierten Transfer von Wirtschaftspotential aus den Böhmischen Ländern in die Slowakei der Stellenwert des klassischen Montanreviers von Ostrau als zweitwichtigstem Wirtschaftsraum der ehemaligen

Tschechoslowakei nach Mittelböhmen (mit Prag) relativiert, dennoch bildete diese Altindustrieregion das sog. "Stählerne Herz der Republik" (18 % der Industrieproduktion der eh. CSFSR). In der "Langzeitanalyse" stellte Ostrau und seine Region bereits in der Zeit vor dem I. Weltkrieg eine bedeutende Wirtschaftsbasis der damaligen habsburgischen Monarchie dar. Nach der Entstehung des Nachfolgestaates Tschechoslowakei 1918 wurde die Bedeutung dieser Industrieregion durch die herausragende Stellung der Eisen- und Stahlproduktion, der Kohleveredlung, der Gasgewinnung und Energieversorgung noch erhöht. die wirtschaftspolitischen Zielstellungen nach 1945 haben diese Funktionen noch erweitert; allerdings im extensiven Maße.

Industriebranche[1]	Beschäftigte in Tsd.			
	1975	1980	1985	1990
1. Brennstoff/Energie	361	398	426	405
2. Metallurgie	115	121	108	89
3. Maschinenbau/Elektrotechnik	169	188	160	112
4. Chemische Industrie	37	34	28	14
5. Baustoff-Industrie	37	34	30	43
6. Holz/Papier-Industrie	11	9	10	7
7. Leichtindustrie	36	33	30	25
8. Nahrungsmittel-Industrie	34	31	25	19
9. übrige	16	11	11	8
Industrie insgesamt	816	859	828	722

[1] nur vergesellschaftete Industrie; 1-9 vgl. auch M 9

Abb. 12: Industriebranchenstruktut der Wojewodschaft Katowice 1975-1990

Kernzone dieser Region bildet das engere Ostrauer Revier, die Beckenzone, die nach Polen hin weiter geöffnet ist und die nach Südwesten durch die Mährische Pforte abgeschlossen wird. Struktur- und entwicklungsbestimmend waren hier die angedeuteten westlichen Ausläufer des oberschlesischen Kohlebeckens. Die qualitativ hochwertigen, jedoch kompliziert gelagerten Kohlevorkommen, bereitgestellte Energie, Verkehrslagegunst sowie einheimische bzw. später importierte Erze führten - wie in OBERSCHLESIEN - im 19. Jahrhundert zu einer raschen wie ungeordneten Industrie- und Siedlungsentwicklung. Die ungünstige Beckenlage, damit ungenügende Durchlüftung, sowie ein akuter Wassermangel, die Lokalisierung der Gruben und Hütten im Becken-Zentrum sowie das fast unkontrollierte Ausufern trister Arbeitersiedlungen bedeuteten schon in den ersten Entwicklungsphasen des Reviers extreme Umweltbelastungen. Trotz erheblicher Kriegsschäden wurde auch das Ostrauer Revier unmittelbar nach Kriegsende zum Wiederaufbau der Wirtschaft reaktiviert. Im Gegensatz zu Oberschlesien erfolgte bereits in der ersten Phase der Nachkriegsindustrialisierung ein Ausbau des Hüttenwesens und ein Aufbau der chemischen Industrie.

Das Zentrum des Reviers in den 80er Jahren wurde durch die "Industrieknoten Ostrau - Karvina, Haviøov, Frydek - Mistek und Tøinec, Nove Bohunim und Trydek - Miskolc lokalisiert und erbrachte ca. 66 % der Hüttenproduktion der ehemaligen ÈSFSR. Die dritte Säule der Wirtschaft bildete die energetische Industrie: 10 Kraftwerksstandorte erbrachten ca. 4,2 Mio KWh. Diese Ballung an industrieller Produktion war zugleich der Hauptverursacher der extremen Umweltbelastungen im Revier. Die hohe räumliche Verdichtung, eine z.T. veraltete Technologie (vor allem im Hüttenwesen), extrem extensive Produktionserweiterungen bei relativ ungünstigen Standortbedingungen führten bereits in den 70er Jahren zu Umweltbelastungen (Reliefdeformationen/Halden, Emissionen, Wasserverunreinigungen etc.). M. HAVRLANT hat 1989 in einer detaillierten Studie zu den ökologischen und wirtschaftsstrukturellen Problemen der Stadt und ihrer Region Stellung genommen. Ein besonderes Problem bzw. eine Potenzierung der wirtschaftlich bedingten Umweltbelastungen war dabei vor allem im Zentrum der Region festzustellen, wobei gerade die Gemengelage von industrieller Nutzung und Wohnfunktion eine wesentliche Rolle spielte (vgl. Abb. 13).

Im Gegensatz zu Oberschlesien hat das NORDMÄHRISCHE REVIER, mit 3 895,6 km² Fläche und rund 760 000 Einwohnern im Kernraum seine Strukturprobleme schneller und anscheinend wirksamer in Angriff nehmen können. Während noch Mitte der 80er Jahre im Industriegebiet von Ostrau 87,3 % der Steinkohle (22,9 Mio t), 78,1 % des Koks (8,0 Mio t), 64,7 % des Roheisens (6,6 Mio t) und 58,5 % des Stahls (8,8 Mio t) der ÈSSR gefördert bzw. produziert wurden, erfuhr in den Jahren nach 1989 diese Produktion eine gewaltige Reduzierung: von 22,3 Mio t (1989) fiel die Förderleistung auf 16,3 Mio t (1993). Die Zahl der

Gruben sank 1993 auf 11 Schachtanlagen (3 davon mit Kokereien). Trotz der Freisetzung von mehr als 10 000 Bergbaubeschäftigten lag die Quote der Arbeitslosen unter dem Landesdurchschnitt. Die Ursache: das Revier hat eine große Zahl der Arbeitsuchenden im tertiären Sektor bzw. in der privatwirtschaftlichen Sphäre aufgefangen. Die "Sonderentwicklung" des Nordmährischen Reviers bedarf zweifellos noch einer eingehenden Analyse; ein Kooperationsprojekt mit der Universität Ostrau ist bereits abgesteckt.

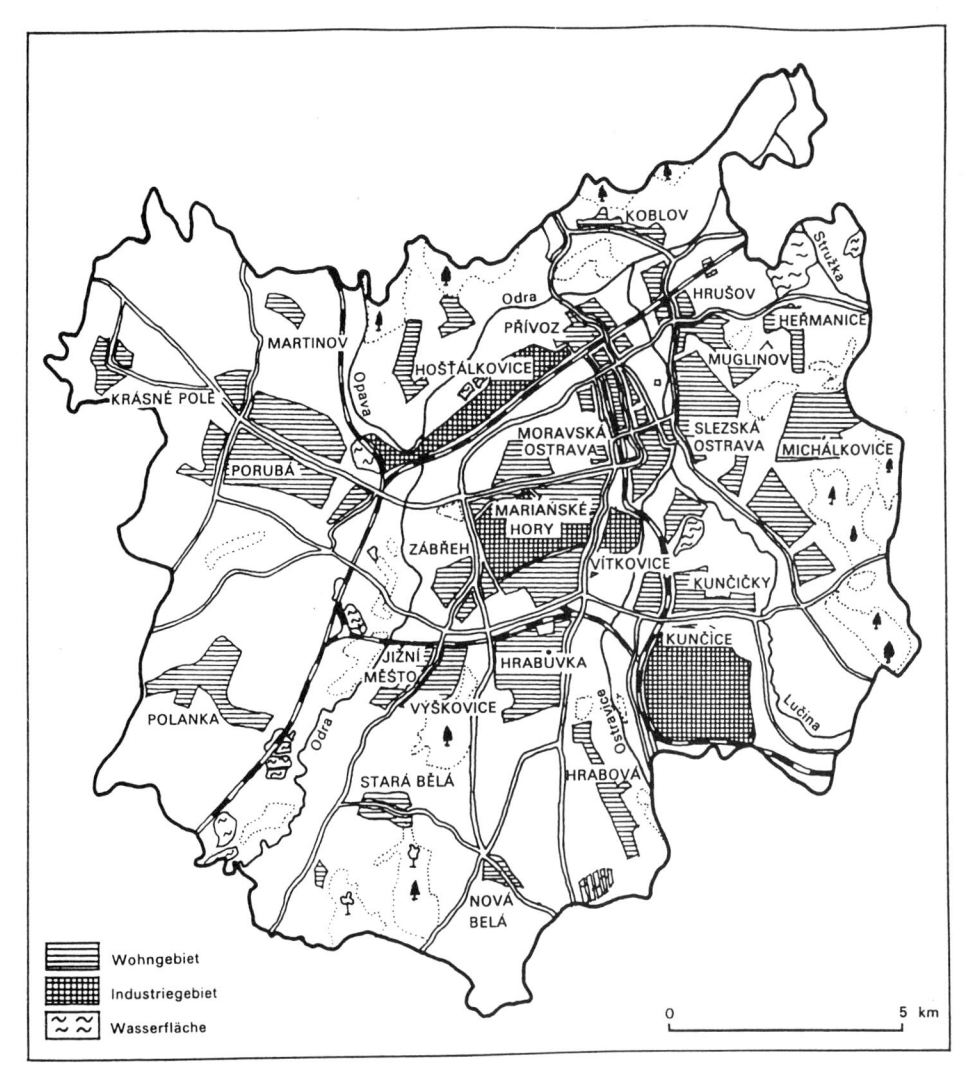

Abb. 13: Das Stadtgebiet Ostrau

Wesentlich für die Bewältigung der Strukturkrise erscheint auch die Tatsache, daß Initiativen aus der Region selbst kommen. Die Ende 1990 gebildete Nordmährische Wirtschaftsunion (Severomoravska hospodarska unie/SMHU) nimmt seitdem nachdrücklichen Einfluß auf die ökonomische und soziale Entwicklung des Reviers. Als spontane Reaktion auf die veränderten wirtschaftspolitischen Bedingungen von bedeutenden Unternehmen und Organisationen der Region ins Leben gerufen, versucht sie eine gemeinsame Bewältigung der Wirtschafts- und Strukturreform, die Förderung der Produktion auf der Grundlage neuester Technologien sowie den Ausbau der internationalen Kooperation im Handel, in der Produktion sowie im infrastrukturellen Bereich. Als Kernprobleme werden von der Wirtschaftsunion gegenwärtig folgende Felder angesehen: Abbau der überdimensionierten, nicht mehr marktkonformen Schwerindustrie zugunsten anderer Wirtschaftszweige; Modernisierung, Rekonstruktion und Konzentration der Kohlenwirtschaft (hier waren 1993 nur noch 50 000 Mitarbeiter tätig, weiterer Abbau der Arbeitsplätze ist geplant). Damit verbunden ist eine Modernisierung der Energieerzeugung und somit auch Ansätze für eine ökologische Entlastung. Daneben haben Infrastrukturprojekte Priorität: Ausbau des Fernmeldenetzes, Bau der Autobahnmagistrale (Wien - Brno - Ostrava - Katowice), Umstellung des Regionalflughafens Mosnov auf internationalen Zivilluftverkehr. Wie schon angedeutet, bemüht sich die Region um internationale Kooperationen, so z.B. in den traditionsreichen Branchen des Rohstoffsektors, des Maschinenbaus (Vitkovice), der Chemieindustrie und der Textilindustrie. Der hohe Investitionsbedarf, vor allem im Bereich der Umwelttechnik, zwingt gleichsam zur Zusammenarbeit, da der äußerst kritische Zustand der Umwelt im engeren und weiteren Revier zugleich ein entscheidendes Hindernis für die Regionalentwicklung darstellt.

4. Fazit: Entwicklungsperspektiven der Altindustrieregionen

Ziel der vorausgegangenen Darstellungen war es, ein künftiges Projekt in seinen Problemansätzen zu skizzieren. Dabei soll der Vergleich von Altindustriegebieten im zusammenwachsenden Westeuropa mit Altindustrieregionen im ehemaligen Ostblock nicht nur zur Identifizierung, Strukturkennzeichnung oder zur Herausarbeitung von "idealen" Raumtypen dienen. Vielmehr geht es darum, neben den Gemeinsamkeiten auf der Grundlage des Entwicklungsablaufs, der Entstehungsursachen, der Anpassungshemmnisse, regionalpolitischer Maßnahmen, vor allem regionale Strategien und Leitbilder für eine nachhaltige, künftige Struktur dieser tradierten Wirtschaftsräume zu erfassen. Daran schließt sich die weitergehende Frage nach der Übertragbarkeit von Leitbildern, Strategien oder Instrumentarien von "westlichen Vorbildern" auf aktuelle Probleme in östlichen Industrieregionen an. M. SCHRADER (1993) hat in seiner hier schon mehrfach zitierten, zusammenfassenden Übersicht u.a. eine Typologie auf der Grundlage regionaler Lebenszyklen vorgeführt, gemeinsame Erscheinungsformen herausgestellt und Strukturelemente aufgezeigt (a.a.O., S. 150-151). Ein Regionenvergleich (westlicher) Altindustriegebiete zeigt daher auch Gemeinsamkeiten bei Lösungswegen und Strategien, so z.B. die Forderung nach zentraler Bedeutung der Innovationen und Technologieförderung, Bevorzugung kleiner und mittlerer Unternehmen, Erhöhung der Entscheidungs- und Anpassungsflexibilität, Vorleistungen bei der ökologischen Sanierung bis hin zum Ausbau der Infrastrukturen. Andererseits ist die bei der Analyse der Leitbilder für die Re-Strukturierung bzw. Re-Industrialisierung des Ruhrgebietes durch H. BLOTEVOGEL angemeldete Kritik ebenso berechtigt.

Die kurze Kennzeichnung der Altindustriegebiete im ehemaligen "Ostblock" hat darüberhinaus doch deutlich werden lassen, daß in jenen Regionen die Entwicklungsproblematik weitaus komplizierter erscheint. Dabei geht es vor allem darum, daß die Lösungsmöglichkeiten der vielfältigen Strukturprobleme eingebunden sind in die Prozesse der generellen Transformation von Politik, Wirtschaft und Gesellschaft. Zwar lassen sich als kleinstes, gemeinsames Raster in allen Ländern Ost- und Ostmitteleuropas, die in unterschiedlichem Tempo und mit unterschiedlicher Intensität auf dem Wege zur Marktwirtschaft sind, die drei Ebenen der Transformationspolitik - Staat, Unternehmen, Bevölkerung - hervorheben. Aber es gibt weder von volkswirtschaftlicher noch von regionalwissenschaftlicher Seite eine "geschlossene" Theorie der Transformation. Grundlegende Idee und Instrument aller bislang angewandter Maßnahmen bilden allerdings die in unterschiedliche Zeitphasen bzw. Größenordnung der Wirtschaftsfaktoren untergliederte Privatisierung bzw. Re-Privatisierung (vgl. FASSMANN, H., 1994, GUTMANN, G. et al. (Hsg.), 1994).

In den meisten ostmittel- und osteuropäischen Ländern vollziehen sich gleichzeitig gravierende Anpassungs- und Umstrukturierungsmaßnahmen, z.B. in der fast alle Altindustriegebiete dominant bestimmenden Eisen- und Stahlindustrie (vgl. ECKART, K., B. KORTUS, 1995, S. 204-211). In Polen heißt es Stillegung von 6 Hütten und 12 Stahlwerken, Reduzierung der Stahlproduktion auf ca. 10 Mio t/J., Verminderung der Beschäftigtenzahlen von 124 000 auf 44 000 und Konzentration von Hüttenstandorten (z.B. Oberschlesien). Die Gesamtkosten der Umstrukturierung dieser Branche werden auf 4,5 Mrd. US-Dollar geschätzt.

Ähnlich sieht das Programm für die ehemalige Tschechoslowakei aus: Rücknahme von Kapazitäten (33-40 %), Verminderung der Zahl der Hochöfen (Ostrau), Reduzierung der Beschäftigtenzahlen um fast 70 %. Das Konzept bis 2000 sieht in Rumänien vor allem Modernisierungsmaßnahmen vor, d.h. Abschaffung alter Industrieanlagen (z.B. in Hunedoara, Re°ita, Otelu Rosu), daneben Konzentrationen und Partnerschaften mit dem Ausland. In Ungarn wurden bereits 1991 die Eisenhütten in den "alten Revieren" von Miskolc und Ozd stillgelegt und verursachten in der Region Borsod eine tiefgreifende Krise (Arbeitslosenzahlen über 20 %).

Umstrukturierungen, Anpassungsrahmen oder neue Entwicklungen wurden dabei auf allen Ebenen versucht. Es ist aber verständlich, daß jene Länder ihre doppelten Herausforderungen nicht ohne Hilfe aus dem Ausland bewältigen können. Das Bemühen der Regionen um Kooperationen (z.T. als Joint Venture) bietet eine wichtige Variante. Aber bereits 1989 wurde beim Ministerrat der Europäischen Union der Beschluß gefaßt, Polen und Ungarn bei den damals dort in Gang gekommenen tiefgreifenden Veränderungen zu helfen. Das begründete PHARE-Programm nahm 1990 seine Arbeit auf; bis 1994 stieg die Anzahl der unterstützten Länder auf elf. Zwischen 1990 und 1994 brachte die EU aus eigenen Haushaltsmitteln 4284 Mill. ECU zur Finanzierung des PHARE-Programms auf. Polen (822), Ungarn (416) und Rumänien (360) haben bis 1993 die meisten Mittel erhalten. Die Finanzierung nach Bereichen verdeutlicht die Schwerpunkte der Unterstützung (1990-1993), u.a.:

Entwicklung des Privatsektors und Unternehmensförderung	23,5 %
Ausbildung, Gesundheitswesen, Schulung und Forschung	14 %
Humanitäre und Lebenshilfe	13 %
Agrarreform	11,5 %
Umwelt und nukleare Sicherheit	9 %
Infrastruktur (Energie, Verkehr, Telekommunikation)	9 %

Allerdings hat sich 1994 die Zielsetzung des PHARE-Programms insoweit verändert, als es nun nicht mehr nur unmittelbares Hilfsprogramm ist, sondern gezielter auf die Mitgliedschaft in der Europäischen Gemeinschaft ausgerichtet ist. Daher konnten einzelne Länder und Regionen auch andere Schwerpunkte setzen, z.B. die eh. Tschechoslowakei mehr auf Infrastruktur (25 Mill. von 60), ebenso Ungarn (29 Mill. von 85), Polen sogar 93,8 Mill (von 208,8 Mill. ECU im Jahre 1994). Inzwischen hat sich das Unterstützungsprogramm der EU von den anfänglichen Zielen bis hin zur Mitfinanzierung grenzüberschreitender Programme weiterentwickelt.

Wesentlich für die Entwicklungsperspektiven der ALTINDUSTRIEREGIONEN ist dabei, daß Initiativen und Konzeptionen, die aus der Region selbst kommen, mit Unterstützung von außen realisiert werden können bzw. daß vorher zunächst die Voraussetzungen und Rahmenbedingungen für eine nachhaltige Umstrukturierung dieser Wirtschaftsräume geschaffen werden.

Literaturnachweis

BUCHHOFER, E. (1976): Strukturwandel des Oberschlesischen Industricreviers unter den Bedingungen einer sozialistischen Wirtschaftsordnung. Kiel

FÖRSTER, H. (1980): Zur Raumwirksamkeit der Integration in Osteuropa. Paderborn

BUCHHOFER, E. (1989): Das oberschlesische Industrierevier (GOP). Problemräume Europas, Bd. 7, Köin

GRAMKE, J. (1988). Das Ruhrgebiet im Wandel. In: Geograph. Rd. 40 (1988), H. 7.8, S. 6-7

HOMMEL, M. (1988): Das Ruhrgebiet im siedlungs- und wirtschaftsgeographischen Strukturwandel. In: Geograph. Rd. 40 (1988), H. 7.8, S. 14-20

HAVRLANT, M. (1989): Das Industriegebiet von Ostrava. In: Geograph. Ber. 133, 34. Jg. (1989), H. 3, S. 217-229

HOMMEL, M. (1991): Die Erneuerung alter Industriegebiete im Vergleich. In: BLOTEVOGEL, H. (Hsg.): Europäische Regionen im Wandel. S. 179-190

RAJMAN, J. (1992). Region vor der strukturellen Anpassung - Oberschlesien. In: Praxis Geographie, 10/92, S. 13-17

VOLKMANN, H. (1992): Alte Industrieregionen im Vergleich: Nord-Pas de Calais, North West England, Ruhrgebiet. In: Praxis Geographie 10/92, S. 38-41

SCHÄTZL, L. (1993): Wirtschaftsgeographie der Europäischen Gemeinschaft. Paderborn

SCHRADER, M. (1993): Altindustrieregionen in der EG. In: SCHÄTZL, L. (1995): Wirtschaftsgeographie der Europäischen Gemeinschaft, S. 111-166

FASSMANN, H. (1994): Transformation in Ostmitteleuropa. In: Geograph. Rd. 46 (1994), H. 12, S. 685-691

GUTMANN, G. (Hsg.) (1994): Regionalismus im Transformationsprozeß Ostmitteleuropas. Wirtsch.- u. sozialwiss. Ostmitteleuropa-Studien, Bd. 19, Marburg

KORTUS, B. (1994): Umweltprobleme und Umweltpolitik in Polen unter neuen politisch-wirtschaftlichen Bedingungen. In: Mitten in Europa - Die Rückkehr von Polen, Tschechien, Slowakei und Ungarn. Landeszentrale f. polit. Bildung BW (Hsg.), 4. Forum, 1994, S. 85-90

BLOTEVOGEL, H. (1995): Auf der Suche nach regionalen Leitbildern? Regionale Entwicklungskonzepte für das Ruhrgebiet. In: HOMMEL, M. (Koord.) (1995), S. 34-51

ECKART, K., B. KORTUS (1995): Die Eisen- und Stahlindustrie im strukturellen und regionalen Wandel. Wiesbaden

Europäische Kommission (Hsg.) (1995): PHARE-Jahresbericht 1994, Brüssel

HOMMEL, M. (Koord.) (1995): Umbau alter Industrieregionen. Tagungsbericht und wissenschaftliche Abhandlungen des 49. Dt. Geographentages Bochum, Hsg. D. BARSCH, H. KARRASCH, Stuttgart

MIOSGA, M. (1995): Räumliche Disparitäten in Europa und Perspektiven zukünftiger Entwicklung. In: Geograph. Rd. 47 (1995), H. 3, S. 144-149

Abbildungsverzeichnis

(1) Entwicklungszonen in der Gemeinschaft
    (Quelle: MIOSGA, M., 1955)

(2) Regionale Verteilung der Altindustrieregionen in der Europ. Gemeinschaft
    (Quelle: SCHRADER, M., 1993, S. 113)

(3) Altindustrialisierte Regionen in West- und Mitteleuropa
    (Quelle: VOLKMANN, H., 1992, S. 4)

(4) Lagebeziehungen der Regionen North West, Ruhrgebiet und Nord-Pas de Calais (Quelle: VOLKMANN, H., 1992, S. 39)

(5) Kenndaten der Regionen
    (Quelle: VOLKMANN, H., 1992, S. 40)

(6) Altindustrieregionen der EG
    (Quelle: SCHRADER, M., 1993, S. 114-115)

(7) Chancen zur Umstrukturierung
    (Quelle: VOLKMANN, H., 1992, s. 40)

(8) Regionale Gliederung des Ruhrgebiets
    (Quelle: BLOTEVOGEL, H., 1995, S. 35)

(9) Industriestandorte in Ostmitteleuropa
    (Quelle: FÖRSTER, H., 1980, S. 11)

(10) Neue Eisenhüttenkombinate in Osteuropa 1950-1990
    (Quelle: ECKART, K., KORTUS, B., 1995, S. 25)

(11) Entwicklung der Industrieproduktion
    (Quelle: RAJMAN, J., 1992, S. 15)

(12) Industriebranchenstruktur
    (Quelle: RAJMAN, J., 1992, S. 15)

(13) Stadtgebiet Ostrau
    (Quelle: HAVRLANT, M., 1989, S. 226)

Prof. Horst Förster
Geographisches Institut
Universität Tübingen
Hölderlinstraße 12
72074 Tübingen

Umweltprobleme und Umweltpolitik in Bezug auf die aktuellen wirtschaftlichen Reformprozesse in Polen

von
Bronislaw Kortus, Kraków

mit
2 Tabellen

1. Der Umweltschutz und die systembedingten Transformationsprozesse

Die ökologische Hinterlassenschaft des kommunistischen Systems in Ost-Mitteleuropa ist bedrückend. Das zeigen auch überzeugend u.a. die Umweltkarten im "Atlas Ost- und Südosteuropa"(ÖSTERREICHISCHES OST- UND SÜDOSTEUROPA INSTITUT, Wien, 1991, 1992), auch in ZUPPKE, HARTMANN 1990 (die DDR betreffend).

Bekanntlich gehört Polen zu den Ländern mit der größten Umweltverschmutzung (FÖRSTER 1991, KORTUS 1991). Das Ausmaß der wirtschaftlichen Schäden, verursacht durch die Umweltverschmutzung, wurde in Polen Anfang der 90er Jahre auf 10 bis 15 % des BIP geschätzt, im Vergleich zu 2 bis 4 % des BIP in den westeuropäischen Ländern (KOZŁOWSKI, 1995).
Man kann jetzt die Frage stellen: Welche Chancen und Möglichkeiten der Verbesserung dieser katastrophalen Umweltsituation bringt das neue demokratische System und die Einführung der Marktwirtschaft?
In bezug auf die bisherigen, fünfjährigen Erfahrungen Polens in der Realisierung des politischen und wirtschaftlichen Umbaus kann man einige Elemente positiver Veränderungen in der Umweltpolitik nennen, die auf eine Verbesserung des Umweltzustandes in Polen hoffen lassen.

Die im Rahmen der Wirtschaftsreform realisierte Umstrukturierung der Industrie strebt eine Einschränkung der Rohstoffindustrien und der Schwerindustrie, d.h.

der meist umweltfeindlichen Industrien an (Die Industrie, samt den Kraftwerken, war in 70 bis 80 % für die Umweltverschmutzung im Lande verantwortlich).

	1988	1989	1990	1991	1992	1993	1993 in %*
Steinkohle (Mio t)	193	178	148	140	132	130	67.3
Braunkohle (Mio t)	73	72	68	69	67	68	93.1
Koks (Mio t)	17.0	16.5	13.7	11.4	11.1	10.3	60.6
Ölverarbeitung (Mio t)	15.0	15.2	12.9	11.7	12.6	13.4	88.2
Elektroenergie (TW.h)	144	145	136	135	133	134	92.4
Roheisen (Mio t)	10.3	9.5	8.6	6.6	6.5	6.3	61.2
Rohstahl (Mio t)	16.9	15.1	13.6	10.4	9.9	9.9	58.6
Kupfer (Tsd t)	401	390	346	378	387	404	100.7
Zink (Tsd t)	174	164	132	126	135	149	85.6
Blei (Tsd t)	91	78	65	51	54	62	68.1
Schwefel (Mio t)	5.0	4.9	4.7	3.9	2.9	1.9	38.0
Schwefelsäure (Mio t)	3.1	3.1	1.7	1.1	1.2	1.1	35.0
Kunstdünger (Mio t)	8.3	8.2	5.4	4.3	4.5	4.7	56.6
Zellulose (Tsd t)	595[x]	582	523	509	567	597	100.3
Zement (Mio t)	17.0	17.1	12.5	12.0	11.9	12.2	71.3

[x] 1985

Quelle: nach Statistischen Jahrbüchern

Tab. 1: Produktionsrückgang ausgewählter Erzeugnisse der Schwerindustrie (1988-1993)

(* prozentualer Produktionsanteil 1993 bezogen auf 1988/1989)

	1980	1988	1990	1992	1993
Emissionstendenz (1980-1993)					
Staub	100	69.1	49.7	29.2	25.6
Gase (insgesamt)	100	101.1	80.1	61.4	58.4
SO_2	100	102.6	80.2	66.7	64.7
NO_x	100	358.3*	342.2	294.1	294.0
Abwässer	100	104.4	87.9	73.7	67.3
Industrieabfälle	100	103.5	87.1	73.8	73.0

*1985

	1980	1988	1990	1992	1993
Reduktionsgrad (%)					
Staub	91.7	94.7	95.2	96.8	97.1
Gase	11.4	15.0	15.7	21.4	23.1
Abwässer	57.7	62.7	67.4	71.2	73.2
Industrieabfälle	52.4	57.1	53.8	53.1	53.9

Quelle: errechnet nach Statistischen Jahrbüchern (GUS, Warszawa)

Tab. 2: Emissionstendenz und Reduktionsgrad der industriellen Schadstoffe

Der starke Produktionsrückgang dieser Industrien (siehe Tab.1) hatte seit Ende der 80er Jahre eine fallende Emissionstendenz der Schadstoffe zur Folge (Tab.2). Zugleich, dank anwachsender Umweltschutzmaßnahmen, stieg der Reduktionsgrad z. B. der Abgase von 11.4 % im Jahre 1980 auf 23.1 % in 1993 an, der Anteil gereinigter Abwässer stieg entsprechend von 57.7 % auf 73.2 % an (Tab.2).

Es wird geschätzt, daß zwischen 1988 und 1992 die Schadstoffemission in Polen um über 30 % zurückging, d.h. stärker als der Rückgang des BIP (ŻYLICZ, LEHOCZKI, 1995).

Laut Angaben des Umweltministeriums (1994) ist der Rückgang der Schadstoffemission in Polen in den letzten Jahren zu ca. 30 bis 40 % dem Rückgang der Industrieproduktion und zu ca. 60 bis 70 % den erfolgreichen Umweltschutzmaßnahmen zu verdanken.

Zu den in den letzten Jahren eingeführten wichtigsten Umweltschutzmaßnahmen gehören:

- Das ab 1988 realisierte Programm der "sauberen Kohle", welches den Bau von Kohleveredelungsanlagen und Entschwefelungsanlagen vorsieht. Bis 1993 wurden solche Anlagen an 4 Kohlenzechen (mit einer Gesamtkapazität von 10 Mio t/Jahr) in Betrieb genommen. Die Inbetriebnahme dieser Anlagen war für die Zechen zugleich eine wichtige Voraussetzung für ihre Konkurrenzfähigkeit. Dank den Veredelungsanlagen konnte die Qualität und somit der Preis der Steinkohle wesentlich erhöht werden. Bis Ende 1995 ist die Inbetriebnahme der Kohleveredelungsanlagen in weiteren 21 Zechen vorgesehen.

- Modernisierung der Kohlekraftwerke, die in etwa 70 % für die SO_2-Emission im Lande verantwortlich sind. Es werden in den Kraftwerken moderne Kesselanlagen, sogenannte Wirbelschichtfeuerungskessel (deutsches Know-how) installiert, die die SO_2-Emission um 80 % und die NOx-Emission um 50 bis 60 % vermindern. Zur Zeit werden diese modernen Kesselanlagen an den größten Kohlekraftwerken installiert, und zwar in Opole, Jaworzno III, Turów und Belchatów.

- Unabhängig davon wird angestrebt, den Anteil der festen Brennstoffe im Energieverbrauch (der zur Zeit über 80 % beträgt) teilweise zu reduzieren zugunsten des Gasverbrauchs; ein größerer Erdgasimport ist vorgesehen sowie auch die Nutzung der Grubenmethangase.

- Bau von weiteren Wasserkläranlagen, auf die etwa 60 bis 70 % der staatlichen Umweltschutzauflagen entfallen. Im Jahre 1990 waren nur 35 % der städtischen Bevölkerung durch Wasserkläranlagen bedient, im Jahre 1993 stieg dieser Anteil auf 60 % an.

Der laufende Prozess der Umstrukturierung der Wirtschaft und der daraus resultierende Rückgang des Industriesektors zugunsten der Dienstleistungen ändert auch die bisherigen Proportionen zwischen den Emissionsquellen der Schadstoffe. Anstelle der bisher vorherrschenden industriellen Emission (samt den Kraftwerken) tritt immer mehr die Emission seitens des anwachsenden Autoverkehrs hervor. Dies macht sich besonders bemerkbar innerhalb der großen Städte. In dieser Hinsicht nähert sich die Situation in Polen den westlichen Ländern an, wo schon seit langem der Autoverkehr in der Luftverschmutzung dominierend war.
Eine Herausforderung an den Umweltschutz, aber auch an die Raumplanung, bildet in diesem Zusammenhang das polnische Autobahn-Programm. Laut dem Autobahn-Gesetz (vom Oktober 1994) sollen 2600 km Autobahnen gebaut werden, mit dem strategischen Ziel, Polens Verkehrsnetz an Westeuropa anzuschließen und zugleich den West-Ost Transitverkehr durch Polen zu ermöglichen.

Obwohl der Ausbau und die Modernisierung des polnischen Straßennetzes außer Diskussion steht, besteht zugleich die Gefahr in der Verkehrspolitik, den Autoverkehr zu überschätzen auf Kosten des Schienenverkehrs. Das Eisenbahnnetz in Polen schrumpft nämlich in den letzten Jahren bedeutend, und zwar von 24 400 km (Normalspurbahn) im Jahre 1982 auf 23 000 km im Jahre 1994. Man ist sich jedoch dieser Gefahr bewußt. Deshalb - ähnlich wie in den westlichen Ländern, geht man in Polen auch jetzt daran, den LKW-Fernverkehr teilweise auf die Schiene zu verlagern, z. B. geschieht das schon auf der Bahnlinie von Poznań Richtung Berlin.

Alle Umweltschutzmaßnahmen müssen sich auf entsprechende Gesetze stützen. In der Umweltgesetzgebung werden neue strengere Gesetze sowie auch bessere Maßnahmen zu deren Kontrolle eingeführt. Beides entspricht schon teilweise den Normen der westeuropäischen Länder. Laut dem Genfer Protokoll (1994) wird Polen ab 1998 neue Gas- und Staubemissionsnormen einführen, die um 50 % schärfer sind als die jetzigen (und die etwa den heutigen deutschen Normen entsprechen). Außerdem arbeiten die vier Višehrad-Länder (Polen, Ungarn, Tschechien und Slowakei) gemeinsam an neuen Umweltgesetzen, die denen der Europäischen Union angepaßt sein sollen.

- Es werden immer mehr finanzielle Mechanismen im Umweltschutz benutzt, wie z. B. höhere Strafen für überdimensionale Emission von Schadstoffen, zugleich aber günstige Bedingungen für die dem Umweltschutz dienenden Investitionen u.a.
Die finanziellen Mittel für den Umweltschutz waren in Polen immer knapp. In den schwersten Krisenjahren 1980-83 und 1989-90 betrugen sie lediglich 0.4 bis 0.5 % des BIP. Erst in den Jahren 1989-94 stiegen sie von 0.8 % auf 1.5 % des BIP an. Bei dem noch relativ niedrigen absoluten Ausmaß des BIP garantiert das jedoch nicht die Beseitigung der angewachsenen Umweltverschmutzung. Etwa 5 bis 6 % der Umweltschutzmittel stammt aus ausländischen Finanzierungsquellen. Einige der westlichen Länder, bei denen Polen verschuldet ist, haben bereits eine 10-prozentige Öko-Konversion der polnischen Schulden akzeptiert. 1992 wurde durch den Finanzminister ein "Öko-Fonds" berufen, auf dem die konvertierten Auslandsschulden für den Umweltschutz deponiert werden. Diese Mittel werden vor allem für solche Umweltschutzprojekte genutzt, die von internationaler Bedeutung sind. Es wird angenommen, daß der "Öko-Fonds" zu etwa 15 % an den ganzen Umweltschutzausgaben beteiligt sein wird (ŻYLICZ, LEHOCZKI, 1995).
Seit Anfang der 90er Jahre funktioniert auch eine spezielle Öko-Bank (als Aktiengesellschaft mit dem Anteil des Staates von 49.9 %), die staatliche wie auch andere Mittel für Investitionen und Projekte im Bereich Umweltschutz zur Verfügung stellt. Durch günstige Kredite stimuliert diese Bank in erster Linie

solche Umweltschutzprojekte, die dringend nötig sind wie auch solche, die am erfolgreichsten den Umweltschutz gewährleisten. Es geht auch darum, die Finanzierung des Umweltschutzes räumlich zu differenzieren, d. h. Prioritäten müssen für die besonders ökologisch gefährdeten Gebiete gesichert werden. Als solche wurden schon 1983 27 Landstriche in Polen erklärt. Sie umfassen 11 % der Landesfläche mit etwa 36 % der gesamten Bevölkerung. Zu den am stärksten bedrohten Gebieten oder den "ökologischen Katastrophengebieten" gehören das Oberschlesische Industrierevier mit der angrenzenden Stadtregion von Krakau und das Kupferbecken von Legnica (Liegnitz) - Głogów (Glogau) in Niederschlesien.

- Es wird angestrebt, in den am schwersten belasteten Gebieten Umweltüberwachungs(monitoring)systeme aufzubauen. Seit zwei Jahren funktioniert solch ein Überwachungssystem in der Stadt Krakau (es wurde durch die USA teilweise finanziert). Als nächstes wird zur Zeit im Oberschlesischen Industrierevier ein Überwachungssystem etappenweise eingeführt.

Als Fazit des ersten Kapitels kann man wohl feststellen, daß ein bedeutender Fortschritt im Umweltschutz in großem Maße vom Erfolg der wirtschaftlichen Reformprozesse im Lande abhängig sein wird.

2. Umweltpolitik - für heute und für die Zukunft

Die ersten Bausteine für die jetzige Umweltpolitik in Polen wurden schon am "Runden Tisch" 1989 seitens der politischen Opposition vorgetragen und durch die Regierungsseite bewilligt.

Ein Jahr nach der politischen Wende hat die erste demokratische Regierung im Oktober 1990 den Beschluß über "Die Umweltpolitik in Polen" angenommen, welcher auch durch das Parlament 1991 bestätigt wurde. Es war das erste Programm einer neuen Umweltpolitik in den postkommunistischen Ländern. Es war auf die Zukunft ausgerichtet, zugleich aber realistisch (ŻYLICZ, LEHOCZKI, 1995). In diesem Dokument waren die wichtigsten Grundlagen einer modernen und effektiven Umweltpolitik enthalten, darunter auch die Prinzipien einer "Öko-Entwicklung" (oder "sustainable development"). Dort wurde auch eindeutig das Verantwortungsprinzip in der Umweltverschmutzung formuliert, d. h. "der Verursacher zahlt" (polluter pays). Dies war sehr wichtig, um die nötigen Mittel für den Umweltschutz zu sichern. Dieses Prinzip wird konsequent realisiert, und die Einzahlungen "der Verursacher" bilden einen speziellen Umweltfonds.

Generell ist in der nachfolgenden Praxis diese Umweltpolitik lediglich besser oder schlechter realisiert worden. Besonders in den ersten Transformationsjahren war sie unter starkem Druck der schweren wirtschaftlichen Rezession. Es herrscht auch heute unter manchen Politikern wie auch Ökonomen die Überzeugung, man

sollte in erster Linie das Wirtschaftswachstum forcieren und erst danach dank erwirtschafteter Mittel den Umweltschutz realisieren.
Eine andere Denkrichtung plädiert für eine wirtschaftliche Entwicklung, die zugleich den Umweltschutz berücksichtigt, also für eine Art "ökologische Marktwirtschaft" (KOZŁOWSKI, 1995).

Laut einem kürzlich vorgelegten Programm der "Eko-Entwicklung" in Polen (KOZŁOWSKI, 1995) müßte man sich auf zwei dringende Aufgaben konzentrieren. Erstens, auf die Beseitigung der (schon erwähnten) ökologisch bedrohten Gebiete in Polen. In erster Linie geht es um das am stärksten bedrohte Gebiet, nicht nur in Polen - auch in Europa, das Oberschlesische Industriegebiet.
Zweitens soll man andererseits eine umweltfreundliche Entwicklung naturhochwertiger Gebiete im Lande sichern. Seit den 80er Jahren wird an der Konzeption "Grüne Lunge Polens" diskutiert und gearbeitet. Es betrifft den noch am wenigsten ökologisch betroffenen nordöstlichen Teil Polens. 1991 wurde ein Regionalplan für dieses Gebiet erarbeitet (es umfaßt 9 Wojewortschaften: Suwałki, Białystok, Olsztyn/Allenstein, Elbląg/ Elbing, Toruń, Łomża, Ostrołyka, Ciechanów, Siedlce).

Das Entwicklungspotential dieser Region bilden: eine relativ saubere Umwelt, große Wald- und Urwaldflächen, großes touristisches Potential, Heilkurmöglichkeiten, Entwicklung einer ökologischen Agrarwirtschaft sowie eine günstige geographische Lage zu den Ballungsgebieten von Warschau (etwa 2 Mio Einw.) und Gdańsk (etwa 1 Mio Einw.), sowie an internationale Verbindungen zu Litauen, Weißrußland und Kaliningrad/Königsberg (Russland).

Innerhalb dieses Gebietes liegt der Urwaldkomplex von Białowieża an der Grenze Polens und Weißrußlands, einer der größten Waldkomplexe in Europa, ein einmaliger Schutzraum für Flora und Fauna, eine Genbank für die zerstörten Wälder Osteuropas. Der polnische Teil dieses Waldkomplexes - der Nationalpark von Białowieża (5317 ha) - befindet sich auf der UNESCO-World Heritage List. Derzeit wird an der Errichtung eines Naturschutzgebietes der Biosphäre auf dem gesamten Gebiet des Urwaldkomplexes von Białowieża an beiden Seiten der polnisch-weißrussischen Grenze gearbeitet. Die Weltbank hat bereits Polen und Weißrußland Kredite für die Realisierung dieses Projektes zuerkannt.
Eine historische Bemerkung zu diesem Gebiet: Diese "grüne Nord-Ost-Ecke" Polens geriet in ökologische Gefahr, als man in den 70er Jahren, auf der Basis eines neu entdeckten Eisenerzlagers bei Suwałki, dort einen Standort für Berg- und Hüttenindustrie plante. Es war merkwürdig, wie sich damals ein allgemeiner Meinungswiderstand gegen diese Pläne erhob und nicht nur seitens der dortigen Bevölkerung sondern im ganzen Lande. Neben geologisch-technischen und auch wirtschaftlichen Gegenargumenten war auch diese spontane Reaktion der schon

umweltbewußten Bevölkerung ausschlaggebend für die Ablehnung dieser Investition, die katastrophale Umweltschäden in diesem Gebiet verursachen würde.

Aus der Konzeption "Grüne Lunge Polens" entwickelte sich eine erweiterte Konzeption, nämlich "Grüne Lunge Europas". 1992 legte Polen, in Mitbestimmung mit Weißrußland, Litauen, Lettland, Estland, Russland und Ukraine das Konzept "Grüne Lunge Europas" (mit einer Gesamtfläche von 273 000 km^2) auf der Umweltkonferenz in Rio de Janeiro vor, wo es positiv angenommen wurde.

Das schon erwähnte Programm der "Öko-Entwicklung" für Polen ist folgendermaßen strukturiert (KOZŁOWSKI, 1995) :

Systemansatz :	Bereich Gesetzgebung
	Bereich Wirtschaft
	Bereich Bildung
	Bereich Politik
Sektoraler Ansatz :	Umweltschutz
	Landwirtschaft
	Forstwirtschaft
	Wasserwirtschaft
	Energiewirtschaft
	Industrie
	Stadtentwicklung
	Verkehr
Räumlicher Ansatz :	Land
	Regionen
	Gemeinden

Dieses Programm soll in die jetzt vorbereitete Konzeption einer Raumentwicklungspolitik "Polen 2000 plus" eingebaut werden.

In der Umweltpolitik müssen auch internationale Aspekte und grenzüberschreitende Dimensionen in Betracht gezogen werden. Die Assoziierung Polens (wie auch anderer Länder Ostmitteleuropas) an die Europäische Union macht es nötig, auch im Bereich des Umweltschutzes, der Umweltgesetzgebung, der Emissionsnormen usw. Anpassungs- bzw. Angleichungsprozesse einzuleiten. Manches davon ist schon im Gange, wie vorher schon erwähnt wurde. Im

Ministerium für Umweltschutz entstand eine neue Abteilung für Umweltpolitik mit der Aufgabe, diese Anpassungsprozesse in entsprechenden Bereichen zu koordinieren.

Im Bereich der Verminderung grenzüberschreitender Umweltverschmutzung bestehen jetzt gute politische Chancen für eine konkrete Zusammenarbeit mit allen Nachbarstaaten. Die immer noch existierenden Umweltkonflikte in den Grenzgebieten müßten nicht wie vor 1989 durch "Öko-Kriege", sondern durch partnerschaftliche Zusammenarbeit gelöst werden können.

Wesentlich kann die bereits eingeleitete grenzüberschreitende Zusammenarbeit in den schon existierenden Euroregionen dazu beitragen, wie die "Euroregion Neiße" (Polen, Deutschland, Tschechien), "Euroregion Pomerania" (Polen, Deutschland, Dänemark und Schweden), die "Karpathen Euroregion" (Polen, Slowakei, Ukraine, Ungarn) und die "Tatra Euroregion" (Polen, Slowakei). Die geplante Entstehung der "Schlesisch-Mährischen Euroregion" müßte auch zur Lösung der Probleme der grenzüberschreitenden Umweltverschmutzung in diesem stark industrialisierten polnisch-tschechischen Grenzgebiet beitragen.

Polen leitet sehr viele Abwässer in die Ostsee ab. In dieser Hinsicht nimmt Polen leider den ersten Platz unter den Ostseeländern ein. 40 % der Phosphate, 30 % der Nitrate und über 20 % organischer Stoffe werden von Polen jährlich in die Ostsee abgeleitet (OCHRONA środowiska, 1991). Dies ist auch durch die geographische Tatsache bedingt, da das Gebiet Polens 23 % des Ostsee-Einzugsgebietes einnimmt.

Bereits in den 80er Jahren haben einige skandinavische Länder trotz politischer Schwierigkeiten verschiedene Formen der Hilfe und Zusammenarbeit vorgeschlagen, um Abwässeremission in Polen und zugleich in die Ostsee zu vermindern. Jetzt gibt es keine politischen Barrieren mehr, die solch eine internationale ökologische Zusammenarbeit verhindern könnten. Dem Umweltschutz der Ostsee dient auch die Anfang der 90er Jahre entstandene Organisation der (10) Ostseeländer, in welcher Polen sehr aktiv ist.

3. Literatur

FÖRSTER, H. (1991): Umweltprobleme und Umweltpolitik in Osteuropa, Beilage zur Wochenzeitung Das Parlament B 10/91, 1 März 1991, Bonn

KORTUS, B. (1989): Das Umweltbewußtsein in Polen, (in:) Die Bundesrepublik Deutschland und die Volksrepublik Polen, Schulbuchgespräche in Geographie 1987/88 (Hrsg. E.Hillers), Georg-Eckert-Institut für Internationale Schulbuchforschung, Bd. 61, Frankfurt/ Main

KORTUS, B. (1991): Umweltprobleme in Polen, (in:) Regio Basiliensis, 32. H.1

Kozłowski, S. (1995): Hypothese einer Öko-Entwicklung im Rahmen systembedingter Wandlungsprozesse in Polen (in polnisch), in: "Polska 2000 plus", Warszawa, Centralny Urząd Planowania

Ochrona Środowiska (1991): (Umweltschutz 1991), Główny Urząd Statystyczny, Warszawa 1991

Zuppke, U., Hartmann, J. (1990): Die ökologische Hinterlassenschaft der DDR,(in:) Geographische Berichte, 35 (1990), H.4

Żylicz, T., Lehoczki, Z. (1995): Environmental Recovery in the Czech Republic, Hungary, Poland, and Slovakia, (in:) Baltic Europe in the Perspective of Global Change (ed.A.Kukliński), Warszawa, University of Warsaw

Bronislaw Kortus
Uniwersytet Jagiellonski
Instytut Geografii
31-044 Kraków, ul. Grodzka 64

ENTWICKLUNGSSTRATEGIE EINER GRENZGEMEINDE
- DAS BEISPIEL SŁUBICE IN DER EUROREGION PRO-EUROPA-VIADRINA

von
EWA NOWIŃSKA, POSEN

mit
2 Tabellen und 5 Abbildungen

1. Einleitung

Angenommen, die Staatsgrenze wäre ohne Rücksicht auf die Form des Informations-, Güter- und Menschendurchflusses ein wesentlicher Antrieb zur Entwicklung der Gemeinden (**jednostek osadniczych**) und die Unterschiede, die aus der Disproportion zwischen der wirtschaftlichen Entwicklung an beiden Grenzenseiten resultieren, würden zum Wettbewerb zwischen den Gemeinden beitragen und damit Entwicklungsmöglichkeiten in dieser Region schaffen, dann ließe sich feststellen, daß sich den Grenzgemeinden große Entwicklungschancen eröffnen.

Der Artikel besteht aus zwei Teilen: in dem ersten werden allgemeine Prinzipien zum Aufbau der Entwicklungsstrategie einer Grenzgemeinde präsentiert, in dem zweiten wird die gesellschaftlich- wirtschaftliche Lage der Euroregion Pro-Europa-Viadrina unter besonderer Berücksichtigung der Gemeinde Słubice dargestellt.

In der polnischen Literatur gibt es es jedoch nur wenige Monographien und Aufsätze, in denen die Problematik der Gemeindeentwicklung (vor allem der Grenzgemeinden) umfassend behandelt wird. Die zugängliche Literatur der westeuropäischen Länder ist auch nicht ausreichend, obwohl die mit der Existenz der Euroregionen zusammenhängenden praktischen Erfahrungen wesentlich größer als die in Polen sind. In dieser Situation besteht Bedarf, die Theorie und Methodologie der Entwicklungsplanung der im Rahmen der Euroregionen funktionierenden Grenzgemeinden auszuarbeiten. Das könnte sowohl der Theorie im wirtschaftlichen Bereich dienen, als auch zum Verbessern der Praktik beitragen.

Ziel dieser Arbeit ist es, das Modell einer Entwicklungsstrategie einer Grenzgemeinde zu formulieren und die Tätigkeiten, aus denen diese Aufgabe besteht zu definieren, und auf Möglichkeiten ihrer praktischen Ausübung am Beispiel der Gemeinde Słubice hinzuweisen. Der Grundsatz dieser Arbeit lautet: eine im Rahmen der Euroregion funktionierende Grenzgemeinde kann und soll die Strategie ihrer Entwicklung gemäß den allgemeingültigen Prinzipien und der Methodik der strategischen Planung auf lokaler Ebene aufbauen. Diese Strategie muß gleichzeitig als Ergebnis der Integration der Genzgebiete (Bestandteile der Euroregion) entstehen, sich auf gemeinsamen Unternehmungen dieser Gebiete stützen und eventuell Hilfsmittel der Euroregion in Betracht ziehen.

Um diese Theorie zu erweitern, muß man viele Probleme ausarbeiten und eine Reihe von Fragen beantworten. Die wichtigsten von ihnen sind folgende: allgemeine Prinzipien und Methodik der strategischen Planung auf lokaler Ebene, die strategische Planung, das Programmieren der Entwicklung, das Szenario der Entwicklung usw., Umfang und Charakter der grenzüberschreitenden Zusammenarbeit der Gemeinden und Funktionen der Euroregionen. In diesem Bereich versucht die Autorin die Errungenschaften der Literatur zu ordnen und zu ergänzen, wobei sie Rechtsvorschriften repräsentiert. Ihre eigene Konzeption beruht darauf, allgemeine Auffassungen von der Ebene der lokalen Wirtschaft und anderen Bereichen auf die der Grenzgemeinden zu übertragen, und eine ganzheitliche Konzeption des Strategieaufbaus solcher Gemeinden zu skizzieren.

2. Allgemeine Prinzipien eines Modells zur Entwicklungsstrategie einer Grenzgemeinde

Die lokale Entwicklung hängt mit einem bestimmten Prozeß zusammen. An diesem sind die lokale Verwaltung, formelle Institutionen und Privatpersonen beteiligt, um lokale Möglichkeiten und Bodenschätze auszunutzen und Tätigkeiten in verschiedenen Berichten zum Vorteil lokaler Gemeinschaften zu entwickeln. Die auf diese Weise begriffene lokale Entwicklung soll sich auf folgende Grundlagen stützen:

1. Verwertung der Kenntnisse über Bodenschätzen, deren Zugänglichkeit, Möglichkeit und Bedingungen der Nutzung.

2. Schaffung einer differenzierten Basis, die die Grundlage der lokalen Entwicklung bilden soll, den Bedürfnissen und Vorzügen der lokalen Gemeinschaften entsprechend.

Die strategische Verwaltung unterscheidet sich grundsätzlich von der Verwaltung in den 70er Jahren durch die Komplexität der Probleme, die sie zu lösen hat und durch eine Vielfalt von Mitteln, derer sie sich bedient. Die Tendenzen in der Entwicklung der Verwaltung werden in Abbildung 1 präsentiert.

Die strategische Verwaltung kann verschiedene Stufen der lokalen Ebene betreffen (z.B. Woiwodschaft, Stadt, Gemeinde). Zu den Hauptaufgaben im Bereich der Verwaltung gehören:

- Förderung der Handlungselastizität durch das Hinweisen auf Chancen und durch schnelle Reaktion auf Veränderungen in der Umgebung;
- Zusammenarbeit aller Parteien und Bestimmung der Verantwortung der einzelnen Verwaltungsstrukturen.

Bezüglich der Dauer der geplanten Unternehmungen sind hier immer langfristige Unternehmungen gemeint. Die strategische Einstellung gibt die Möglichkeit, verschiedene Varianten der Entwicklung anzufertigen, alle Parteien in den Prozeß der Planung einzuschalten und den Bereich der möglichen Lösungen zu konkretisieren. Von großer Bedeutung ist im Prozeß der Bearbeitung der Entwicklungsstrategien für die Gemeinden die Tatsache, daß diese Strategien ermöglichen, alle Probleme mit der Unterstützung der interdisziplinären Gemeinschaften zu lösen und sie vom Gesichtspunkt verschiedener Fachgebiete zu entscheiden. Solch eine Einstellung minimiert das Risiko, Fehler zu begehen und erlaubt, eine Qualitäts- und Quantitätskontrolle durchzuführen. Jede Strategie ermöglicht, den lokalen Raumordnungsplan als Instrument der Raumpolitik effektiver auszunutzen.

Der Aufbau der Gemeindeentwicklungsstrategie wird als Prozeß der Formulierung langfristiger Ziele, einzelner Schritte und Entwicklungsvorstellungen definiert. Letztlich geht es hier um den strategischen Entwicklungsplan in Anlehnung an Veränderungsaussichten und an das Potential und die Kräfte eines Individuums und seiner Umgebung. In dieser Definition müssen folgende Elemente hervorgehoben werden:

1. Die Strategie ist als ein dynamischer und offener Prozeß anzusehen (die Entwicklung einer Region ist nicht nur im Ergebnis, sondern auch während des Entwicklungsprozesses zu sehen). In der gegenwärtigen Marktwirtschaft resultiert Beständigkeit nicht nur aus der Fähigkeit, Bestände zu akkumulieren, sondern auch aus der dynamischen Fähigkeit der Wirtschaft, Steigerungsfaktoren zu gestalten.

2. Die Subjektivität, die die Rolle und Gestaltung einer lokalen Gemeinschaft berücksichtigt.

3. Komplementarität und Synergie der Handlung.

4. Konsequente Realisierung der Aufgaben und Lenkung der Aufmerksamkeit auf

eine beschränkte Aufgabenzahl.

5. Die Objektivität (es geht um zusammenhaltende und harmonische Nutzung von lokalen Bodenschätzen und Mobilisierung von Vorräten).

6. Konsequenzen (die Handlungsbeschreibung zeichnet sich durch Zusammenstreben aus, z.B. in der Frage des Unternehmungsgeistes).

Die Entwicklungsstrategien lassen sich in Hinsicht auf ihren Charakter in zwei Gruppen gliedern:

1. In Hinsicht auf den Zusammenhang mit der Umgebung:
- Erschließungsstrategie, deren Entwicklung auf der Ausdehnung der Beziehungen zur Umgebung und auf dem Vergrößern der überlokalen Funktionen basiert;
- Zuschließungsstrategie, die sich auf der maximalen Bestandnutzung in der analysierten Einheit stützt;

2. In Hinsicht auf den Entwicklungsdruck verschiedener Wirtschaftsbereiche:
- Strategie der Ökoentwicklung (das wirtschaftliche Modell wird in diesem Fall den Naturbedingtheiten angepaßt; es wird z.B. Entwicklung der Ökotouristik oder Ökolandwirtschaft betont);
- Modernisierungsstrategie (es werden neue Technologien eingeführt);
- Strategie **"rewitalizacji"** (sie bezieht sich auf Kleinstädte, die hinsichtlich ihrer Außergewöhnlichkeit und Einzigartigkeit erhalten bleiben sollen);

Wie aus der bereits dargestellten Gliederung der Gemeindeentwicklungsstrategie folgt, läßt sich nicht von einer bestimmten Art der Strategie sprechen. Sie muß den Bedingungen des Landes angepaßt werden, in dem sie eingeleitet wird. Die Lösungen, die in Deutschland, Frankreich, oder in den USA angwandt wurden, können nicht unmittelbar auf polnische Ebene übertragen werden.

Im Prozeß des Aufbauens der Strategie ist die Zusammenarbeit der Lokalbehörden mit verschiedenen Forschungsinstitutionen, Unternehmen und Organisationen sehr wichtig, nicht nur im Rahmen eines bestimmten Gebietes, sondern auch zwischen den Regionen.

Der Prozeß der strategischen Planung der Gemeindeentwicklung läßt sich in einzelne Phasen gliedern, die aus einer Reihe von Partialetappen bestehen. Die Befolgung der Reihenfolge der Ausführung der planerischen Tätigkeiten wird über die Qualität, also Wirksamkeit, Elastizität des vorgeschlagenen strategischen Planes für die Gemeinde bestimmen. Es scheint begründet zu sein, daß man in Hinsicht auf das Vorhandensein einer Reihe der Ähnlichkeiten, im Prozeß der

Planung der Gemeindeentwicklung die Erfahrungen im Rahmen der strategischen Planung im Unternehmen verwendet. Der Verlauf der strategischen Planung der Gemeindeentwicklung läßt sich in sechs Hauptetappen einstufen.

In der ersten Phase geht es um die Diagnose des gegenwärtigen Gemeindezustandes und um die Analyse der Umgebung. Eine solche Analyse soll unter mehreren Aspekten durchgeführt werden und sie soll eine möglichst genaue wirtschaftliche Analyse der Gemeinde berücksichtigen (d.h. Wirtschaftspotential). Im Falle der Grenzgemeinden ist die Ergänzung der Analyse um die makroökonomischen Verhältnisse auf der anderen Seite der Grenze wichtig. Das wesentliche Hindernis in der Formulierung der Schlüsse können die uneinheitlichen Grundsätze der Statistikführung sein.

Das Ziel des zweiten Schritts ist die Durchführung der strategischen Analyse der Gemeinde, die in der Stärken- und Schwächenanalyse unter Anlehnung an verschiedene Kriterien besteht. Im Falle der strategischen Analyse der Grenzgemeinden ist die Berücksichtigung der geltenden rechtlichen Vorschriften in beiden Staaten wichtig und die Berücksichtigung der internationalen Verträge.

Die Untersuchungsergebnisse der Synergie der Entwicklungsmöglichkeiten der Gemeinde und ihrer Umgebung können sehr überraschend sein.

Die dritte Etappe umfaßt die Bearbeitung der Szenarien der Gemeindeentwicklung. Ziel ist es, darauf hinzuweisen, daß gewisse Bedingungen in Erscheinung treten können, die die Gemeindeentwicklung in Zukunft und ihr Funktionieren in der Umgebung bedingen.

Eine sehr wichtige Phase in der Bearbeitung der Strategie ist die Formulierung der Ziele der Gemeindeentwicklung, welche den vierten Schritt darstellt. Die Einstufung der Ziele soll unter Anlehnung an die durchgeführte Analyse, die Berücksichtigung der Umgebungsbedingungen und der finanziellen Bedingungen der Gemeinde stattfinden.

Die Bearbeitung, Bewertung und Auswahl der strategischen Varianten sind Gegenstand der fünften Etappe. Die Basis für die Anfertigung der strategischen Varianten der Gemeindeentwicklung bildet die Analyse SWOT. Ein sehr wichtiger Endeffekt des Kapitels ist die Bewertung der Varianten und die Wahl der optimalen Variante.

Die bisher erwähnten Phasen des Aufbaus der Strategie der Gemeindeentwicklung haben einen allgemeinen Charakter, d.h. sie können im Aufbauen der Strategie der Entwicklung jeder Gemeinde verwendet werden. Eine besondere Erweiterung der Analyse ist notwendig im Fall der Grenzgemeinden, in Hinsicht auf ihre Spezifik. Es gibt drei verschiedene Typen der Grenzgemeinden, wenn man die Lage als das Merkmal, das sie voneinander unterscheidet, berücksichtigt:

A: eine Grenzgemeinde ohne Grenzübergang

B: eine Gemeinde an der Grenze mit Grenzübergang, aber ohne den Nachbarn auf der anderen Seite der Grenze mit ähnlicher Funktion

C: eine Gemeinde an der Grenze mit einem Partner auf der anderen Seite
    a) mit einem größeren Partner
    b) mit einem kleineren Partner
    c) mit einem gleichen Partner

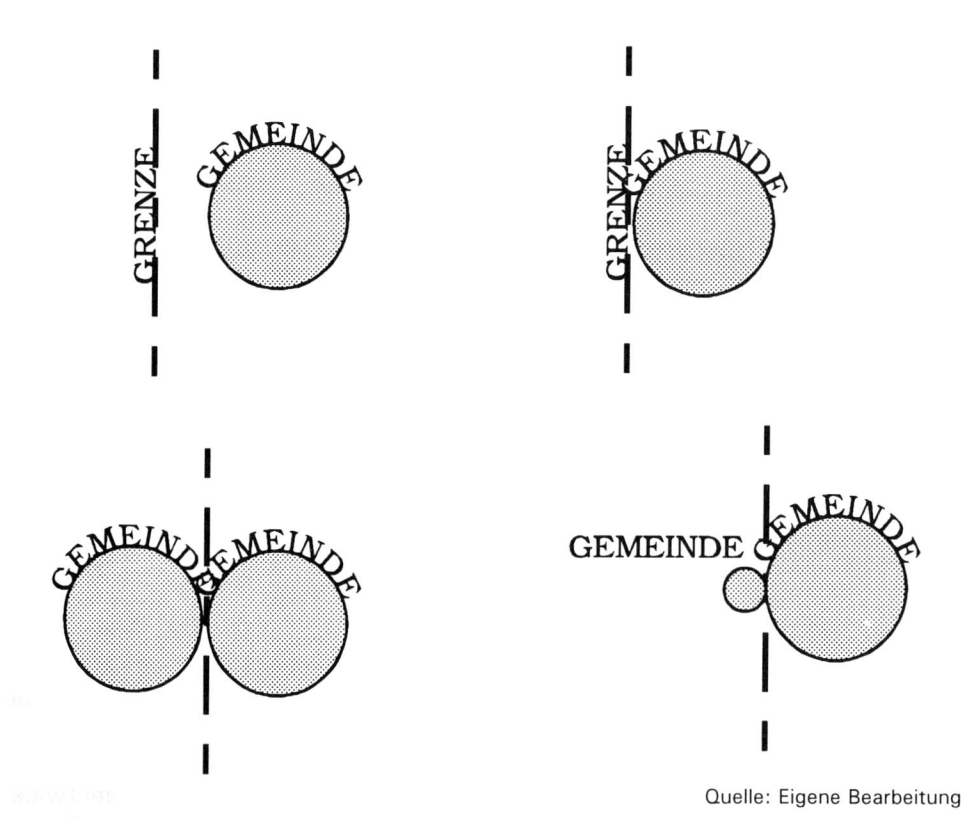

Quelle: Eigene Bearbeitung

Abb. 1: Verschiedene Typen von Grenzgemeinden

Die vorgestellten Fälle werden in gewissem Grade die Analyse, die die sozialökonomische Diagnose der Gemeinde und ihrer Umgebung betrifft, beeinflussen. Im Fall A muß die Analyse der Umgebung in keiner besonderen Weise die Grenzen des Landes übertreten. Eine größere Aufmerksamkeit soll der Analyse der nächsten Umgebung geschenkt werden. Der zweite Fall (B), einer Gemeinde an der Grenze, aber ohne den Nachbarn auf der anderen Seite der Grenze, verlangt eine genauere Analyse der internationalen Situation, die auf neue Entwicklungsmöglichkeiten hinweisen kann. Der dritte Fall (C), bedarf der größten Aufmerksamkeit durch die enge wirtschaftliche Verbindung zwischen den Gemeinden an der Grenze. Im Zusammenhang damit können wir mit zwei Gemeinden gleichrangigen oder nicht gleichrangigen Charakters zu tun haben, was einen sehr großen Einfluß auf die Art der Analyse hat.

Wichtig ist, daß verschiedene Durchschnitte auf möglichst genaue Weise auf alle wirtschaftlichen und sozialen Verbindungen zwischen den Gemeinden und Gegenden hinweisen.

3. Die sozial-wirtschaftliche Situation in der Euroregion Pro-Europa-Viadrina unter besonderer Berücksichtigung der Gemeinde Słubice

Die Euroregion Pro-Europa-Viadrina wurde im Dezember 1992 im mittleren bis nördlichen Gebietsstreifen gegründet. Die Euroregion ist die Ebene der Zusammenarbeit der polnischen Gemeinden, die der Vereinigung der polnischen Gemeinden und dem Verband der Gemeinden (**stowarzyszenie gmin polskich związek gmin gorzowskich**) angehören, und der Bezirke und Städte der BRD, die in der kommunalen Arbeitsgemeinschaft Mitteloder (**wspólnota robocza środkowe nadodrze**) organisiert sind. Das sind die Städte Frankfurt/O, Eisenhüttenstadt und die Bezirke Strausberg, Seelow, Fürstenwalde, Beskow, Bad Freinwalde und Eisenhüttenwald. Die polnischen Beteiligten an der Euroregion sind die Gemeinden der Woiwodschaft Zielona Góra (Cybinka und Torzyn) und zwei Gemeinden in der Woiwodschaft Szczecin (Moryń und Mieszkowice). Die Gesamtfläche der Euroregion umfaßt 9.727 km^2, davon umfassen die polnischen Gemeinden 5.002 km^2 (Tabelle 1).

	Fläche		Bev. (insg.)		Anteil der Stadt-bev.(%)	Bev.-dichte (Pers./km²)	Bev.-zu-wachs (%)
	km²	%	Total	%			
Polnische Grenzgemeinden	5002	51.4	345 459	43.5	68.3	69.1	101.0
Deutsche Grenzbezirke	4725	48.6	449 152	56.5	*)	95.1	98.3
Polnisch-deutsches Grenzgebiet	9727	100	794 611	100	*)	81.7	99.4

Quelle: Euroregion Pro-Europa Viadrino Software Union 1993

*) keine Daten

Tabelle 1: Fläche, Bevölkerung und Bevölkerungsdichte im Forschungsgebiet 1992

Die Euroregion wurde, ähnlich wie andere solcher Verbände gegründet, um gemeinsame Probleme zu überwinden und verschiedene Ziele zu erreichen. Zu den Hauptzielen, die die Grundlage gemeinsamer Handlungen sind, gehören:

1. Erhöhung des Lebensniveaus der Menschen, die in dieser Region leben, indem man eine grenzüberschreitende, integrierte polnisch-deutsche Wirtschaftsregion schafft;

2. Sicherung der guten Nachbarschaftsbeziehungen zwischen Polen und Deutschen in der Grenzregion;

3. Stärkung der regionalen Identität der Polen und der Deutschen, die in der Grenzregion wohnen, indem man eine gewisse Zukunftsperspektive schafft;

4. Unterstützung der Idee der europäischen Einheit und der internationalen Verständigung;

Die Realisierung dieser Ziele stützt sich auf den deutsch-polnischen Vertrag über die Anerkennung der heutigen Grenze, gute Nachbarschaft und freundliche Zusammenarbeit. In diesen Verträgen wurden auch die Handlungen im Bereich der grenzüberschreitenden Zusammenarbeit bestimmt (z.B. Verkehr, Umweltschutz, Wissenschaft, Technik, Bildungswesen, Denkmalschutz, Raumplanung, finanzielle Zusammenarbeit, Recht und Rechtschutz). Große Bedeutung haben auch die Rahmenkonvention über grenzüberschreitende Zusammenarbeit zwischen Staaten und Selbstverwaltungen (**konwencja ramowa o współpracy przygranicznej między organami samorządu terytorialnego i instytucjami państwowymi**), die Polen (am 17.01.1993) und die BRD ratifiziert haben, und auch die rechtlichen Vorschriften beider Staaten über territoriale Selbstverwaltung. Die Euroregion entspricht dem Begriff der Region im Sinne der europäischen Institutionen, die eine gemeinsame geschichtliche Vergangenheit und charakteristische Wirtschafts-, Sozial- und Kulturverträge postulieren.

Zusätzlich wird der Gemeinschaftssinn durch gemeinsame Interessen und Pläne der Einwohner verstärkt. Der wichtige Vorteil der Euroregion Pro-Europa-Viadrina kann die Grenzlage an der Straßenverbindung Berlin-Warszawa, Schiffahrt-Transport-Möglichkeiten der Oder und der Niederwarthe, Naturvorteile der Umwelt und große Marktaufnahmefähigkeit sein. Es bestehen viele Barrieren für die Zusammenarbeit, zu denen Unbeständigkeit der Wirtschaft, Unzulänglichkeit des Bank- und Fernmeldewesens, schwache Verkehrs-Infrastruktur gehören.

Im Vorraus betrachtet, handelt es sich um die Bildung einer gemeinsamen Wirtschaftsregion, die den Bedingungen des freien Marktes entsprechen würden. Diese Aufgabe läßt sich nur dann ausführen, wenn die gemeinsamen Entwicklungsprobleme durch Ausnutzung vorhandener Potentiale beseitigt werden.

Wesentliche Disproportionen in der Berufsstruktur der Einwohner zeigen, daß die Euroregion keine einheitliche Wirtschaftszone ist. Die wichtigen Industriezentren sind: Gorzów Wielkopolski, Kostrzyn, Międzychód, Międzyrzecz und Słubice - an der polnischen Seite und Frankfurt/O, Eisenhüttenstadt, Kreise Fürstenwalde und Eisenhüttenstadt - an der deutschen Seite. Die wichtigste Rolle spielt in diesen Zentren Chemie-, Holz-, Zellulose- und Papierindustrie, Elektromaschinenbau, Lebensmittel-, Bau- und Leichtindustrie (Textil-, Bekleidungs- und Lederindustrie). Ähnlich wie in anderen Regionen hat die Industrie auch hier große Schwierigkeiten, zu denen ungeregelte Eigentumsverhältnisse, überalterte Produktionsgeräte, niedrige Arbeitsproduktivität, Produktion traditioneller Massenerzeugnisse mit Hilfe unmoderner technischer Lösungen, ungenügende Nutzung der Oder, die einen wichtigen Standortfaktorfaktor darstellt, gehören.

Um die wirtschaftliche Zusammenarbeit polnischer und deutscher Unternehmen zu entwickeln und zu koordinieren, hat man die Wirtschaftskontottbörse gegründet; auch Dienstleistungen im Bereich der Steuerberatung, der Exportunterstützung und dergleichen. Ähnliche Aufgaben sollen die Industrie- und Handwerkskammer erfüllen.

Grenzüberschreitende Handlungen führt auch das World Trade Center in Frankfurt/O aus. Das WTC bietet komplette Dienstleistungen im Bereich Büroarbeiten, Übersetzungstätigkeiten, Veranstaltung und Führung internationaler Konferenzen, Förderung von Firmen auf internationalen Märkten, der Führung von Datenbanken, die die einzelnen Länder und Märkte betreffen, in den Hotels- und Clubanlagen usw. an.

Die Landwirtschaft ist der Hauptwirtschaftszweig in der Euroregion. An der polnischen Seite betrifft sie fast alle Grenzgemeinden abgesehen von den Ortschaften mit großer Industriekonzentration. An der deutschen Seite konzentriert sich die Landwirtschaft vor allem in den Kreisen Bad Freinwalde, Seelow, Eisenhüttenstadt und Beeskow. In diesen Gebieten hat die Landwirtschaft große Entwicklungsprobleme, die mit schlechter Struktur der Produkte und mit den Produktionsbegrenzungen, die sich aus den EU-Begrenzungen und aus dem Kampf mit Konkurrenz, Boden- und Wasserverschmutzung usw. ergeben, verbunden sind.

Ein wichtiges Gebiet, das eine große Rolle für die zukünftige Entwicklung spielt, ist die Entwicklung des Bildungswesens. Die Idee, die Europäische Viadrina-Universität in Frankfurt/O, vor allem vom Standpunkt einer polnisch-deutschen Zusammenarbeit, zu gründen, bedeutet einen deutlichen Schritt zur Unterstützung der Grenzhandlungen. Die Form der Universität wurde so gestaltet, daß die zukünftigen Absolventen ihre Beschäftigung vor allem in der wirtschaftlichen, kulturellen und rechtlichen Bedienung des ganzen Grenzgebietes finden. Sehr wichtig ist es, daß man den polnischen Studenten einen 30%-Anteil an der Viadrina Universität gewährleistet und daß das Collegium Polonicum in Słubice berufen wird.

Wenn man die Entwicklung der Infrastruktur berücksichtigt (der technischen, der Fernmelde- und Verkehrsinfrastruktur), kann man feststellen, daß auf diesem Gebiet viel vernachlässigt wurde. Mängel gibt es u.a. im Grenzübergangssystem, in der Durchlaßfähigkeit der Grenzabfertigung, im schlechten Straßenzustand, im schwach entwickelten Eisenbahnnetz, im Wasserleitungssystem, in der ungenügenden Zahl der Kläranlagen usw.

Wenn man die Umwelt ausnutzt: die Wälder und Seen, dann gewinnt die Entwicklung des Tourismus immer mehr an Bedeutung, besonders der sog. Öko-Tourismus. Besonders große Bedeutung hat der Wochenend-Tourismus. In der Entwicklung des Tourismus sieht man die Möglichkeit der Erhöhung der Beschäftigtenzahl im Touristendienst und die Steigung der Steuereinnahmen in den Gemeindenkassen.

Resümierend zur wirtschaftlichen Situation in der Euroregion kann man feststellen, daß sie ziemlich unterschiedlich ist. Sie stellt sich in den Großstädten besser als auf dem Lande dar, wo ziemlich hohe Arbeitslosigkeit herrscht. Wenn man die polnische und die deutsche Seite vergleicht, ist die Situation auf der deutschen Seite viel günstiger, was von der besseren Zugänglichkeit zu den Mitteln und Fonds, die die wirtschaftliche Entwicklung fördern, abhängig ist.

Die Probleme in der Grenzzusammenarbeit in der Euroregion sind verbunden mit der Existenz:
1. verschiedener Rechtssysteme und verschiedener Verwaltungsorganisation,
2. verschiedener Steuersysteme und verschiedener Organisation der Sozialhilfe,
3. verschiedener Systeme der Lokalplanung,
4. der Unterschiede im Umweltverschmutzungsgrad und in den Rechtsnormen, die die Aussendung von Schadstoffen betreffen.
5. der Mängel an der Tradition in der Pflege der kulturellen, wissenschaftlichen und wirtschaftlichen Kontakte usw.
6. der Abneigung gegen die Bewältigung der Barrieren und Überzeugungen, die mit alten Traditionen verbunden sind:
- verschiedene Verkehrsysteme
- die sich einander beeinflussenden ungeordneten Arbeitsmärkte, die Lohnstruktur, die Sozialstrukturen im Verhältnis zu den Nachbarländern
- Mangel an der Rechts- und Organisationsregelung im Rahmen der über die Grenze hinaus liegenden Polizeitätigkeit und der Tätigkeit anderer Sicherheitsdienste
- die Finanz - und Organisationsbarrieren, die mit der Ergänzung der fehlenden Infrastruktur verbunden sind
- die Schwierigkeiten, die mit der Bildung der über die Grenze stehenden Basis und mit der Ausbildung im Rahmen (aller Stufen) verbunden sind
- Informationsmangel und die Barrieren im Durchfluß der Informationen, die mit den Investitionsmöglichkeiten verbunden sind und ungenügende wirtschaftliche und rechtliche Beratung.

Die Probleme in der Grenzzusammenarbeit sind besonders deutlich in den Regionen außerhalb der Europäischen Union zu sehen. Die Zusammenarbeit der Grenzregionen im Rahmen der EU verläuft eigentlich konflikt- und problemlos, was von den größeren Möglichkeiten der Finanzierung der Unternehmungen aus den Fonds der Union und von der Festigung der Tradition der Grenzzusammenarbeit beeinflußt ist. Als die Hauptprioritäten der Entwicklung dieser Region sieht man in Zukunft vor: die Verbesserung der Infrastruktur im Rahmen des Transports und des Verkehrs, die Verbesserung der Qualität der Umwelt, die Anpassung der Strukturen der Lokalplanung, die Entwicklung der rechtlichen und infrastrukturellen Organisationsformen usw.

Eine etwas andere Situation kommt in dem Grenzgebiet zwischen den Ländern der EU und außerhalb der EU zum Vorschein. Zu den Barrieren in der Entwicklung des westlichen Grenzgebietes Polens zählt man:

1) Die hohe Arbeitslosigkeit

Die Gebiete, die besonders von der Arbeitslosigkeit betrofen sind, sind der nördlich-westliche Teil der Woiwodschaft Szczecin, der Bezirk Lubusk, der mittlere und westliche Teil der Woiwodschaft Jelenia Góra. Ein großes Problem bildet der ständig anhaltende Prozeß der Reduktion der Arbeitslosigkeit. Besonders betroffen davon sind die Gebiete, wo die PGR aufgelöst werden und die mittelgroßen und kleinen Städte, wo der Arbeitsmarkt nicht sehr abwechslungsreich ist und wo sehr oft nur eine Arbeitsanstalt vorherrscht.

2) Die Barriere in der Qualifikation der Bevölkerung, besonders der Fachleute, die die Fähigkeit der leistungsstarken und funktionellen Tätigkeit in der Marktwirtschaft besitzen

Das betrifft vor allem Juristen und Ökonomen. Wenn es um die Sprachbarriere geht, betrifft sie die älteren Leute und die Leute mit dem Grundschulabschluß.

3) Die infrastrukturelle Barriere

Besonders schlechte Verkehrszugänglichkeiten in das Grenzgebiet mit dem öffentlichen Transport verursacht die Senkung des Dienstleistungsstandards für die Bevölkerung und erschwert die Benutzung der Stadtzentren auf der subregionalen und regionalen Stufe. Das nicht modernisierte Straßennetz kennzeichnet sich durch den Mangel an der Umgehung vieler Städte, durch den niedrigen Sicherheitsgrad, und dadurch, daß der Schnellfernverkehr von dem Lokal- und Fußverkehr nicht getrennt ist. Es fehlt an dem Fernverkehrsnetz. Ein anderer Nachteil ist der schlechte Zustand des Wasserwege- und Binnenhäfennetzes, wie auch die geringe Popularität des Wassertransportes. Der Investition und Modernisierung bedarf auch die energetische Infrastruktur.

4) Die institutionelle Barriere

Zu spüren ist auch der Mangel an professionellen Firmen, die sich mit der Beratung im Rahmen der Finanzen und des Marketings beschäftigen.

5) Die Barriere in Form der ökologischen Gefahr

In der Regionalzone hat man vier Gebiete der starken Konkurrenz der Umweltgefahren bestimmt. Auf diesem Gebiet wohnt 1 Mio Bewohner, das bedeutet 40% der gesamten Bevölkerungszahl der Grenzwoiwodschaften. Den schlechten Zustand der Umwelt beeinflussen die industriellen und komunalen Abfälle. Auch der Sauberkeitsgrad der Grenzflüsse ist generell ungünstig. Die Wälder der Grenzzone weisen auf die Unterschiedlichkeit, in Hinsicht auf den Beschädigungsgrad, hin. Ein wichtiger, aber nicht der einzige Faktor, der für den Beschädigungszustand der Wälder verantwortlich ist, ist die Emission von SO_2 und No_x.

6) Die den von den Kontrahenten gestellten Anforderungen nicht angepaßte polnische Wirtschaft

Der ungünstige, große Anteil der staatlichen Landwirtschaft bildet eine große Barriere in der Entwicklung. Die angegebenen Probleme betreffen das ganze westliche Grenzgebiet Polens, aber wenn man die Probleme der Gemeindeentwicklung in einzelnen Euroregionen charakterisiert, kann man feststellen, daß all die Probleme einen allgemeinen Charakter haben. Besonders wichtig sind für die Gemeinden, die in der Euroregion Pro-Europa-Viadrina organisiert sind, folgende Probleme: die Umweltverschmutzung, die wirtschaftlichen und sozialen Probleme (die hohe Jugendarbeitslosigkeit, der Mangel an sozialer Infrastruktur, große Unterschiede im Lohnniveau auf beiden Seiten der Grenze), die mit der sinkenden Sicherheit an der Grenze verbunden sind (die steigende Zahl der Straftaten), große Mängel an der technischen und Verkehrsinfrastruktur, die ungenügende oder auch nicht an die Anforderungen angepaßte Schulwesenstruktur, die immer in der Gesellschaft existierende Überzeugung von der Unmöglichkeit der Änderung der Situation, Mangel an den Unternehmungen, die die Idee der kleinen Unternehmungen unterstützen, der ungenügende Informationsfluß, nicht ausgebildete Bünde zwischen den beiden Gesellschaften auf den beiden Seiten der Grenze usw.

Neben den erwähnten Gefahren für die Entwicklung gibt es Chancen, die von den Gemeinden ausgenutzt werden müssen, um die Hindernisse zu überwinden. So wie die Probleme haben auch die Chancen für die Entwicklung des ganzen westlichen Grenzgebietes Polens einen allgemeinen Charakter. Nach den Chancen für die Entwicklung dieser Gebiete soll man suchen:

1) in der geopolitischen Lage

Die Nachbarschaft mit Deutschen gibt die, in dem "alten" System der zentralisierten Wirtschaft nicht ausgenutzten Chancen für die unmittelbare wirtschaftliche Zusammenarbeit der Grenzgebiete mit dem großen Wirtschafts-

potential Deutschlands, und weiter gesehen auch mit dem EU-Potential. Die Grenznähe bietet die Möglichkeit, aus dem Grenzhandel zu profitieren und aus der Bedienung der Grenzübergänge, des internationalen Kraft-, Schienen- und Fremdverkehrs Nutzen zu ziehen (Karte 1). Wenn es sich um den Aspekt der Nähe der großen Ballungsgebiete handelt, kann man ihn unter zwei Standpunkten betrachten:
- der erste - positive Einfluß: er bringt für die Region sowohl solche Nutzen wie Zugang zu neuen Technologien, Beschäftigungsmöglichkeiten, Nähe zu kulturellen Zentren, als auch die Nutzen, die aus der Funktion der Trabantenstadt und der Erholungszentrum usw. hervorgehen
- der zweite- negative Einfluß: er ergibt sich aus der Konkurrenzsituation dieser Ballungsgebiete, z.B. hinsichtlich der Auswahl der Investitionsmittel, Finanzierung der wirtschaftlichen Unternehmen und Anziehen des ausgebildeten Fachmannskaders und der jungen Leute.

2) im vorteilhaften Vorhandensein der Kurorte und die für Touristik interessanten Naturschutzgebiete

Die Konzentration der Gebiete, die für Touristik von Bedeutung sind, gibt es an der Ostseeküste und im Sudetengebiet. Auch die Wälder, deren Fläche ca. 37 % des Grenzengebietes beträgt, sind ein großer Naturreichtum. In diesem Gebiet kommen sehr viele wertvolle Mineralstoffe vor: energetische (Erdöl, Erdgas und Braunkohle), metallische (Eisenerz, Aluminium und Kupfererz), Felsenrohstoffe, Mineralquellen und Wärmewasser. Im polnischen Grenzgebiet befinden sich über 2600 Naturdenkmäler und 633 Naturparks.

3) im anziehenden Produktionsraum für die Entwicklung der Landwirtschaft (vor allem der ökologischen Landwirtschaft) und der Agrar- und Lebensmittelverarbeitung

Die Landwirtschaft erfordert Umwandlungen, damit sie auf dem Markt konkurrieren kann, hinsichtlich der Vielfalt der angebotenen Produkte, ihrer Qualität und chemischer Sauberkeit. Sehr große Chancen haben hier alle sogenannten Ökoprodukte.

4) in der Kraft der lokalen Selbstverwaltungen

Die Erfahrungen zeigten (nach 1990), daß die Gemeinden im Grenzgebiet ein sehr guter Wirt eigener Gebiete sein können. Das Schaffen der eigenen Finanzmittel der Gemeinde wird ein sehr wichtiger Stimulus ihrer Entwicklung.

5) im Vorhandensein des Unternehmungsgeistes, der aktiven Stellung, die Veränderungen in öffentlicher Verwaltung verschiedener Verbände und Gesellschaften, darin auch der Gewerkschaft, akzeptieren

Die Integrationshandlungen im Bereich der Forschungsarbeit zwischen den Forschungs- und Entwicklungsinstitutionen und Unternehmen können hier eine wichtige Rolle spielen. Die große Bedeutung können auch nicht nur die Messen haben, besonders die im Bereich der fortgeschrittenen Technologien, der Expertenausbildung für die Zusammenarbeit mit den Produzenten der Technologien, sondern auch die Förderung der Neuerungsunternehmen. Die neuen Formen des internationalen und interregionalen Investierens können große Möglichkeiten geben, die es erlauben, sowohl Risiko und Kosten als auch Entscheidungsverfahren zwischen den Lokal- und Außenunternehmen zu verteilen. Eine wesentliche Rolle spielen auch die sogenannten Wissenschafts- und Forschungsparks, Unternehmungsinkubatore.

6) im Netz der Lokalbanken und der anderen, die Lokalentwicklung fördernden Finanzinstitutionen, das sich zur Zeit entwickelt, und das die Möglichkeiten und Bedingungen der Entwicklung anderer Wirtschaftsbereiche schafft

Eine sehr große Rolle spielt hier der Strukturfonds- z.B. Interreg II.

7) im Schaffen der Entwicklungsbedingungen für kleine und mittlere Unternehmen

Zu den Handlungen, die das Lokalunternehmertum unterstützen, kann man zählen:
- Schaffen des Stadtgemeindebildes in Massenmedien
- Lokalisierungsbegüngstigungen für die Investitionsträger
- Einbauen in vorhandenes, gültiges Steuersystem der Steuererstattung, um das Unternehmertum zu unterstützen
- Schaffen des neuen und gelegenen Zugangs zur gesellschafts-ökonomischen Infrastruktur, die im Gemeindegebiet funktioniert
- Bilden der lokalen Unternehmensfonds, um den Zugang zum Kapital zu erleichtern
- Aufnehmen der Zusammenarbeit und der Partnerschaftsbeziehungen zwischen den Lokalbehörden und Unternehmen
- Veranstalten der schulungs-erzieherischen Tätigkeit und kontrollieren der Lokalarbeiten.

8) der Veränderung des ökonomischen Bewußtseins der Bevölkerung

Die Stellung *homo economicus*, die durch große wirtschaftliche Aktivität und

Tatkraft gekennzeichnet sind. Solche Stellungen schaffen das günstige Klima für Umstrukturierungshandlungen.

9) Grenzüberschreitende Komplementär [komplementarność transgraniczna] im wirtschaftlichen, ökologischen, gesellschaftlichen und kulturellen Bereich

Die vorgelegene Charakteristik hat den allgemeinen Charakter und betrifft das ganze westliche Grengebiet Polens. Wenn es sich um das östliche Grenzgebiet Polens handelt, kann man hier sowohl die gemeinsamen, als auch die mehr betonten Probleme unterscheiden (wie z.B. schlechte Situation im Bereich der Infrastruktur an den Grenzübergängen, große lokale Umweltverschmutzung, relativ große Migration der Bevölkerung, die sich aus der Unzufriedenheit mit regionalen Lebensverhältnissen und mit dem Mangel an Zukunftsperspektiven ergibt). Für Euroregion Pro-Europa-Viadrina wurde die Entwicklungs- und Handlungskonzeption bearbeitet, deren Ziel war, die Möglichkeiten des Überganges von der Randposition zur Position des Gebietes zu zeigen, das wirtschaftlich gut entwickelt ist, touristische Anziehungskraft besitzt und das ein niedriges Arbeitslosigkeitsniveau hat, mit der Betonung auf Sorge um das Behalten und Wiedergeben der natürlichen Ressourcen. Damit diese Aufgabe erfüllt werden kann, soll man sich bemühen und auf die Möglichkeiten der finanziellen Unterstützung sowohl für die polnische Seite, als auch für die deutsche Euroregion hinweisen. Infolge der gemeinsamen Arbeit wurde eine Liste von Projekten aufgestellt, die vor allem dank der EU-Fonds realisiert werden soll. Die polnischen Gemeinden, die sich in der Euroregion befinden, sind in schlechterer Situation wegen des geringen Zugangs zu EU-Fonds. Die meisten Projekte werden mit Hilfe von Interreg II (1995-1999) und Phare finanziert werden. Die Interreg II-Fonds wurden auf die Unternehmensunterstützung im Rahmen der EU gelenkt. Außer der EU ist es unmöglich, diese Fonds zu benutzen. Der Phare-Fonds umfaßt die Unterstützung der Grenzgebiete auf der polnischen Seite (siehe Tab. 2).

1994/95

Maßnahmen	GK	EU	Bund	Land	Kom	Privat
I. Infrastruktur, Gemeinde-, Stadt- und Regionalentwicklung	4,71	3,53	0,47	0,47	0,24	0,00
II. Tourismus, Landwirtschaft, Natur- und Katastrophenschutz	2,95	2,21		0,59	0,15	0,00
III. Qualifizierung, Bildung, Soziales, Gesundheit, Jugend, Kultur und Sport	2,36	1,77	0,24	0,24	0,12	0,00
IV. Technische Hilfe	1,47	1,33		0,08	0,06	0,00
Total	11,49	8,84	0,71	1,38	0,56	0,00

1996

Maßnahmen	GK	EU	Bund	Land	Kom	Privat
I. Infrastruktur, Gemeinde-, Stadt- und Regionalentwicklung	4,58	3,43	0,46	0,46	0,23	0,00
II. Tourismus, Landwirtschaft, Natur- und Katastrophenschutz	2,72	2,04		0,54	0,14	0,00
III. Qualifizierung, Bildung, Soziales, Gesundheit, Jugend, Kultur und Sport	2,97	2,23	0,30	0,30	0,15	0,00
IV. Technische Hilfe	1,75	1,58		0,11	0,06	0,00
Total	12,02	9,28	0,75	1,38	0,58	0,00

1997

Maßnahmen	GK	EU	Bund	Land	Kom	Privat
I. Infrastruktur, Gemeinde-, Stadt- und Regionalentwicklung	5,23	3,40	0,52	1,05	0,26	0,00
II. Tourismus, Landwirtschaft, Natur- und Katastrophenschutz	2,99	1,94		0,90	0,15	0,00
III. Qualifizierung, Bildung, Soziales, Gesundheit, Jugend, Kultur und Sport	3,37	2,53	0,34	0,34	0,17	0,00
IV. Technische Hilfe	2,05	1,85		0,14	0,06	0,00
Total	13,56	9,72	0,86	2,42	0,64	0,00

1998

Maßnahmen	GK	EU	Bund	Land	Kom	Privat
I. Infrastruktur, Gemeinde-, Stadt- und Regionalentwicklung	4,85	3,15	0,48	0,97	0,24	0,00
II. Tourismus, Landwirtschaft, Natur- und Katastrophenschutz	3,13	2,03		0,94	0,16	0,00
III. Qualifizierung, Bildung, Soziales, Gesundheit, Jugend, Kultur und Sport	3,79	2,85	0,38	0,38	0,19	0,00
IV. Technische Hilfe	2,37	2,13		0,17	0,06	0,00
Total	14,14	10,16	0,86	2,46	0,65	0,00

1999

Maßnahmen	GK	EU	Bund	Land	Kom	Privat
I. Infrastruktur, Gemeinde-, Stadt- und Regional entwicklung	4,40	2,86	0,44	0,88	0,22	0,00
II. Tourismus, Landwirtschaft, Natur- und Katastrophenschutz	3,26	2,12		0,98	0,16	0,00
III. Qualifizierung, Bildung, Soziales, Gesundheit, Jugend, Kultur und Sport	4,24	3,18	0,42	0,42	0,21	0,00
IV. Technische Hilfe	2,71	2,44		0,21	0,06	0,00
Total	14,62	10,60	0,86	2,49	0,66	0,00

Tab. 2: Finanztabelle für die Jahre 1994 bis 1999 für die Euroregion Pro Europa Viadrina - Gemeinschaftsinitiative Interreg II

Anhand der analytischen Untersuchungen, der Konsultationen in den Gemeinden und Kreisen und anhand der von Institutionen gesammelten Vorschläge und Projekte ist ein umfangreicher Katalog bearbeitet worden, aus dem man 25 Projekte gewählt hat.

Unter dem Begriff "monitoring" versteht man langfristige Forschungen, die sich mit der Analyse von in Gemeinden verlaufenden Prozessen beschäftigen. Es interessiert die Autorin die Gemeinde Słubice, die an der deutsch-polnischen Grenze, in der Euroregion Pro-Europa-Viadrina liegt. Dem Analyseverfahren wurde auch Frankfurt/O, die einen großen Einfluß auf die Funktionierung der Gemeinde ausübt, unterzogen. Die Analyse betrifft den gesellschaftlich-ökonomischen Wandel seit 1975 bis 1994. Sie wird in folgenden Stichpunkten dargestellt, die die Begutachtung unten erwähnter Erscheinungen umfassen:

A: der demographischen Erscheinungen
B: der Struktur des Grundstücksnutzung
C: der Landwirtschaftsentwicklung in der Woiwodschaft
D: der Bodenschätze
E: der Struktur der Einkommen und Ausgaben
F: der Beschäftigung in einzelnen Wirtschaftszweigen
G: des Gesundheitsschutzes
H: der Ernten, Erträge, Saatflächen

I: des Energieaufwandes und der Empfänger
J: der Touristik und Umweltschutz
K: der Bevölkerung, die Wasserversorgungs-, Sanitär- und Gasanlage benutzt.
L: andere charakteristischen Prozesse, die mit dem Existenz einer Gemeinde verbunden sind

Da es große Probleme gab, die statistischen Daten für dieselben Querschnitte für Słubice und Frankfurt/O zu sammeln, war es unmöglich, in manchen Fällen die Vergleichsanalyse durchzuführen. Die Diagnose des Entwicklungszustandes der Gemeinde Słubice umfaßt ca. Seiten ?

In Anbetracht der beschränkten Möglichkeit der Darstellung der gesamten Ergebnisse in diesem Artikel, entschied sich die Autorin, nur manche Grundergebnisse, die die Hauptbasis für die Vorbereitung der Entwicklungsstrategie für Słubice bilden, darzustellen. Die Dynamik der Bevölkerungsentwicklung gilt als Hauptzeichen der demographischen Erscheinungen und Prozesse. Die Analyse der Bevölkerungsentwicklung der Gemeinde Słubice läßt folgende Schlüsse ziehen (siehe Abb. 2 und Abb. 3):
- die Bevölkerungsentwicklung des betroffenen Gebiets weist größere Dynamik im Vergleich zur Bevölkerungsentwicklung im Land auf
- die Dynamik der Bevölkerungsentwicklung verläuft nicht linear, d.h. die Entwicklung ist in der Zeit nicht gleichmäßig.

	Polska	gorzow	Słubice	Słubice	Frankfurt
1975	100,00	100,00	100,00	100,00	100,00
1976	101,00	101,15	100,00	100,00	102,87
1977	101,95	102,37	102,42	108,85	105,74
1978	102,56	102,20	104,83	117,70	107,32
1979	103,59	103,59	109,24	114,16	109,37
1980	104,53	104,91	110,79	112,36	111,49
1981	105,49	106,38	114,69	112,26	114,50
1982	106,48	107,78	116,22	113,61	115,83
1983	107,49	109,09	116,31	114,81	117,15
1984	108,42	110,40	116,39	116,00	118,47
1985	109,23	111,26	117,78	116,80	119,80
1986	109,91	112,12	119,17	117,60	120,60
1987	110,47	113,02	120,44	115,85	121,41
1988	110,82	113,41	119,95	114,81	122,22
1989	111,27	113,79	119,46	113,76	123,03
1990	111,70	114,81	121,35	112,69	121,62
1991	112,07	115,82	123,24	111,62	120,53
1992	112,38	116,59	126,05	115,00	119,94
1993	112,64	116,99	127,87	113,36	118,40
1994	112,95	117,36	129,63	112,21	116,25

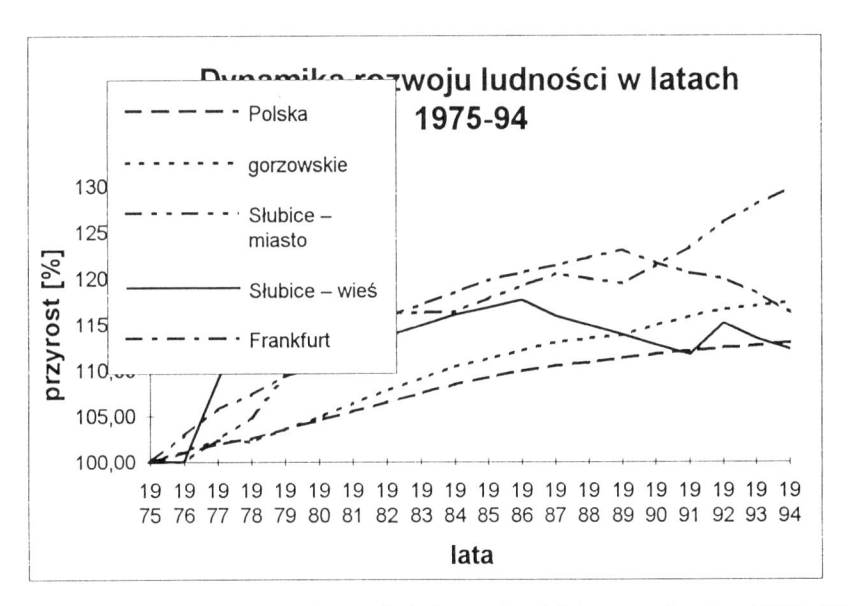

Quelle: Eigene Bearbeitung anhand der statistischen Jahresbücher von Gorzów, WUS, GUS und anderen statistischen Quellen

Abb. 2: Dynamik der Bevölkerungsentwicklung 1975-1994

	Frankfurt	Seelow	Fürstenwa	Eisenhütte	Bad Freie	Strausber	Beeskow
1970	100	100	100	100	100	100	100
1981	125,7506	114,8945	113,0528	105,3297	96,41714	125,0289	109,4484
1989	135,1126	117,7848	115,2959	115,1042	94,48911	145,2851	112,3091
1990	133,5696	116,0127	111,2922	110,3099	92,1786	145,26	110,4399
1991	132,3693	115,4641	110,4678	107,7969	90,75014	143,3861	109,3572
1992	131,7179	113,1013	109,7584	101,9317	88,84552	142,9992	109,2432
1993	130,0323	110,5485	108,589	103,8962	87,96347	140,6029	107,3057
1994	127,6642	109,0295	107,1671	104,3879	86,84724	137,8247	106,3255

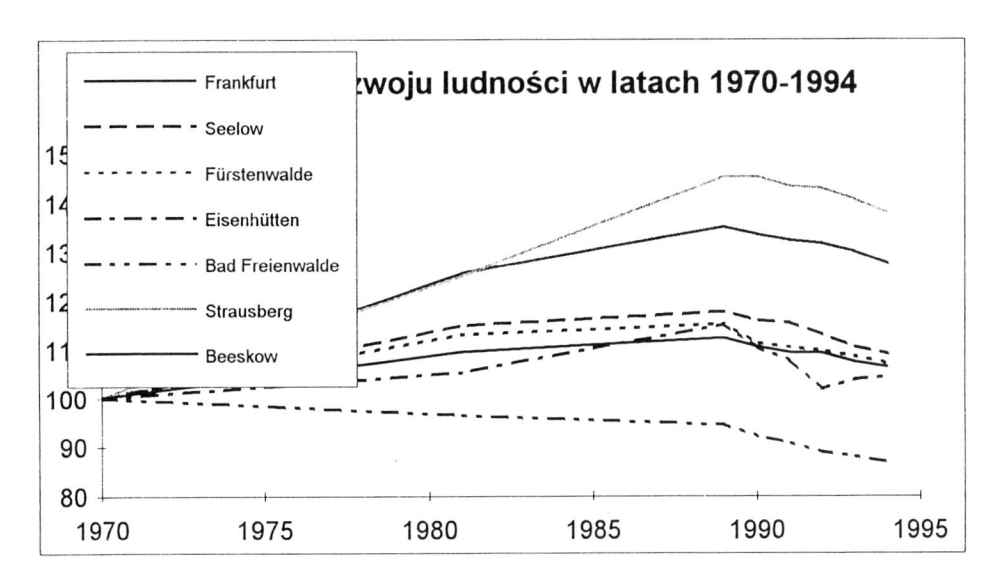

Quelle: Eigene Bearbeitung anhand statistischer Jahrbücher von Brandenburg, Bezirk Frankfurt/O. und anderer statistischer Quellen

Abb. 3: Dynamik der Bevölkerungsentwicklung 1970-1994

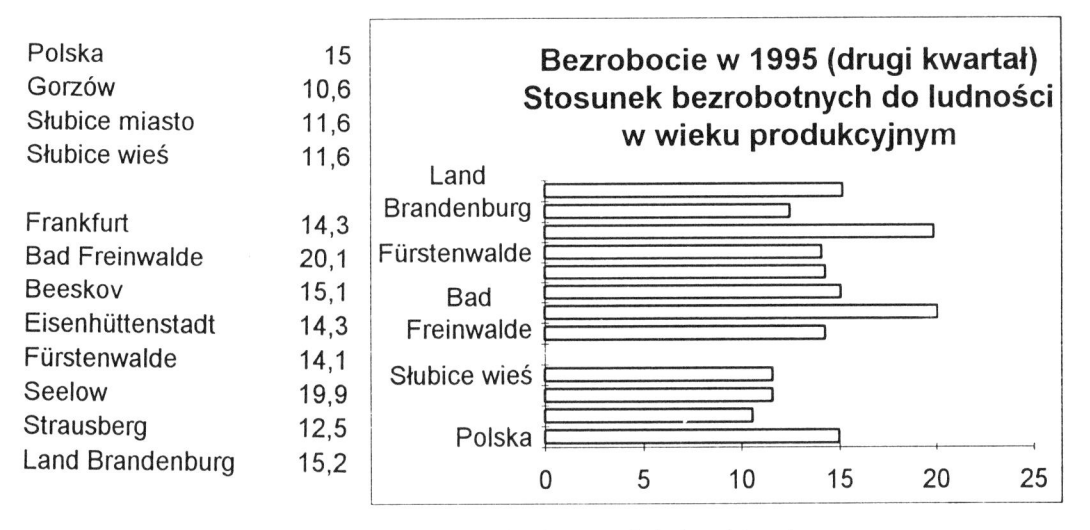

ENTWICKLUNGSSTRATEGIE EUROREGION PRO-EUROPA-VIADRINA 87

Polska	15
Gorzów	10,6
Słubice miasto	11,6
Słubice wieś	11,6
Frankfurt	14,3
Bad Freinwalde	20,1
Beeskov	15,1
Eisenhüttenstadt	14,3
Fürstenwalde	14,1
Seelow	19,9
Strausberg	12,5
Land Brandenburg	15,2

Bezrobocie w 1995 (drugi kwartał) Stosunek bezrobotnych do ludności w wieku produkcyjnym

Quelle: Eigene Bearbeitung auf der Basis verschiedener statistischer Jahresdaten

Abb. 4: Arbeitslosigkeit im 2. Quartal 1995

Eine andere interessante Erscheinung ist die Steigung der Dynamik der Wohnungsbeständeentwicklung (angenommen 1975 für 100 %). Diese Steigung ist viel größer als im Land, was bedeutet, daß die Stadt sich dynamisch entwikkelt. (siehe Abb. 5).

Andere günstige Bedingungen für die Gemeindeentwicklung sind:
- relativ dichtes Verkehrsnetz, zwei Eisenbahnlinien, Wasserweg auf Oder, Autobuslinien;
- direkte Fernsprechverbindungen;
- relativ gute Infrastruktur, die aus: Schule, Gymnasium, Kindergarten, Säuglingsheim, Krankenhaus, Ambulatorium, Hotel mit 500 Plätzen, besteht;
- entstehendes *Collegium Polonicum*, ein polnischer Bestandteil der Universität Viadrina in Frankfurt/O;
- einer der größten Grenzübergänge - Świecko und Kunowice;
- ca. 90% registrierten Unternehmen mit Dienstleistungen, die vorhandene Bekleidungs-, Möbel und Fleischindustrie.

	Polska	woj. gor	Słubice	Słubice wieś
1975	100,00	100,00	100,00	100,00
1976	101,96	102,72	100,88	99,48
1977	100,72	85,57	120,78	99,83
1978	100,00	106,46	123,28	100,00
1979	102,26	107,80	128,21	100,43
1980	104,53	109,14	134,48	100,86
1981	106,30	111,20	134,55	106,02
1982	108,06	113,19	135,19	106,20
1983	109,92	115,28	138,70	106,71
1984	111,81	117,65	138,87	107,06
1985	113,65	119,90	145,65	107,75
1986	115,40	122,18	151,18	107,75
1987	117,17	124,46	151,62	109,47
1988	114,24	126,36	151,89	108,43
1989	115,62	127,90	153,85	106,71
1990	116,91	129,95	156,41	102,41
1991	118,27	129,06	160,59	102,58
1992	119,60	130,82	164,98	102,75
1993	120,51	131,72	168,18	102,93

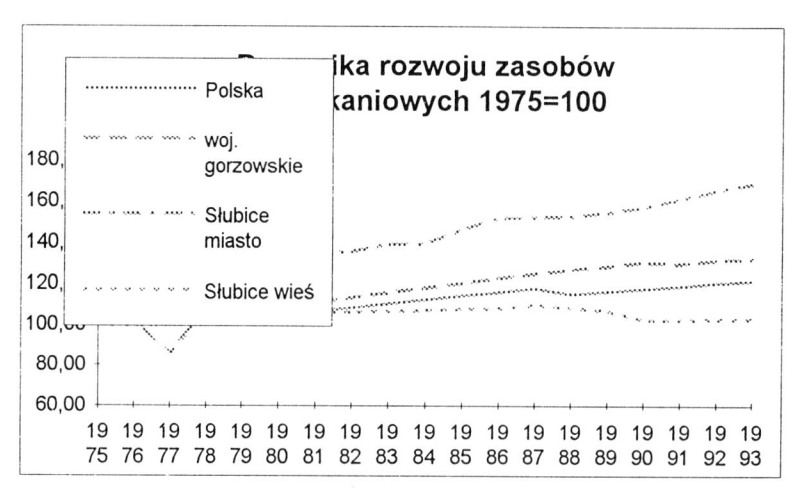

Quelle: Eigene Bearbeitung anhand der statistischen Jahresbücher von Gorzów, WUS, GUS und anderer statistischer Quellen

Abb. 5: Dynamik der Wohnungsbeständeentwicklung 1975 (=100%)

Das interessante Novum ist die gemeinsame Erarbeitung eines Raumordnungsplanes mit der Stadt Frankfurt/O.Diese Initiative ist die erste dieser Art an der deutsch-polnischen Grenze.

Zusammenfasend sollte die zukünftige Entwicklung der Gemeinde Słubice v.a. im Zusammenhang mit entwickelten Lokalinitiativen betrachtet werden. Das sind Initiativen, die auch von großem Nutzen sein würden wenn es keine deutsch-polnische Grenze gäbe. Es handelt sich hier vor allem um die Entwicklung der kleinen und mittleren Unternehmen, Hochschulwesen, Touristik, Industrie samt der neuen Technologien.

Ewa Nowinska
Wirtschaftsuniversität Poznan
Wirtschaftspolitik und Entwicklungsplanung
Akademia Ekonomicza al Niepoleglosci 10
Poznan

RAUMPLANUNGSPROBLEME IN RUMÄNIEN NACH DER WENDE VON 1989

von

JOZSEF BENEDEK, KLAUSENBURG

mit
4 Abbildungen

1. Einleitung

Von der Neuorientierung der Siedlungsgeographie in Rumänien, bei der Umsetzung von theoretischen Ansätzen in die Praxis, ist auch meine wissenschaftliche Tätigkeit stark geprägt. Die durch das Zusammenbrechen des Ostblocks ausgelösten wirtschaftlichen und sozialen Restrukturierungsprozesse bringen auch in Rumänien das bestehende Raumgefüge und die Siedlungshierarchie in Bewegung. Das Studium dieser neuen Tendenzen hat auch in Rumänien stark an Wichtigkeit zugenommen. Raumordnung und Raumplanung, im eigentlichen Sinne der Konzepte, sind bei uns noch "Fremdwörter". Sehr viele Leute -darunter leider auch Entscheidungsträger- verstehen unter diesen Worten noch die "Sistematizare"-Politik des Ceausescu-Regimes. Die Notwendigkeit einer "kritischen" Raumplanung wird nicht von der Mehrheit der Entscheidungsträger anerkannt.

Ein gutes Beispiel dafür stellt "Der Entwicklungsplan des Bezirkes Cluj"dar, der vorigen Monat im Bezirksrat vorgestellt wurde und eine Reihe von Mängeln aufweist. Unsere Fakultät wurde aufgefordert, die Korrektur des Planes durchzuführen. Dies ist nur teilweise geschehen, denn auch bei uns gibt es kein klares Konzept, welche Instrumente in der Raumplanung benützt werden oder benützt werden könnten. Infolgedessen wurden drei Vorschläge für die Verbesserung des Planes gemacht, Vorschläge, die rein theoretisch sind. Dieses Problem werde ich im Laufe des Referates noch ausführlicher behandeln.

Bis zur Wende ist die Raumplanungsaktivität durch das Gesetz Nr.58 aus dem Jahre 1974 geregelt worden. In diesem Jahr wurden auch neue institutionelle Formen geschaffen: das Zentrale Staatliche und Parteiische Komitee für Raumplanung bildete das obere Niveau und die Raumplanungskomitees bildeten das untere Niveau. Die letzteren agierten neben den Bürgermeisterämtern. Die Angelegenheiten der Raumplanung aus der kommunistischen Zeit sind sehr kompliziert, und sie sind schon von manchen Autoren teilweise behandelt worden (siehe TURNOCK: "The planning of rural settlement in Romania, in Geographical Journal 157/1991), deswegen werde ich mich in dieser Arbeit den neuesten Herausforderungen der Raumordnung in Rumänien zuwenden.

2. Versuche zur Umgestaltung des Planungsprozesses

2.1 Institutionen

Nach der Wende wurden die ersten Schritte in Richtung ideologiefreie Raumplanung unternommen. Diese Schritte sind noch zögerlich, unklar und nicht ausschlaggebend.

```
┌─────────────────────┐   ┌─────────────────────┐   ┌─────────────────────┐
│ Ministerium für     │   │ Interministerieller │   │ Finanzministerium   │
│ Öffentliche Dienste │   │        Rat          │   │                     │
│ und Raumplanung     │   │                     │   │                     │
└─────────────────────┘   └─────────────────────┘   └─────────────────────┘

                         ┌─────────────────────┐
                         │ Direktion für Urbanität │
                         │ Raumplanung und     │
                         │ Öffentliche Dienste │
                         └─────────────────────┘

                               ┌──────────┐
                               │ Gemeinde │
                               └──────────┘
```

Abb. 1: Organisationsschema der Raumplanung in Rumänien.

Praktisch sind keine neuen Institutionen geschaffen worden, meistens handelt es sich um eine Umgestaltung der alten Institutionen unter anderem Namen, aber mit denselben Personen und Konzepten.

Abb. 2: Typologisierung des ländlichen Raumes

Auf dem **oberen Niveau** ist die Raumplanung von mehreren Institutionen koordiniert:

- Das Ministerium für Öffentliche Dienste und Raumplanung hat die Rolle der Vorbereitung der Raumordnungspläne auf nationaler Ebene und der Koordinierung der Pläne auf regionaler Ebene.
- Das Finanzministerium stellt die benötigten Geldsummen für die Verwirklichung der Entwicklungspläne auf Verfügung des Ministeriums für Öffentliche Dienste und Raumordnung, wenn es die beantragten Investitionssummen für gerechtfertigt hält.
- Der Interministerielle Rat für Verständigung der öffentlichen Dienste bildet einen multidisziplinären Rat, mit dem Zweck, daß die wichtigsten Entscheidungen nicht nur von Finanzexperten getroffen werden.
- In manchen Fällen ist auch die Zustimmung anderer Institutionen erforderlich: Das Kulturministerium und die Abteilung für architektonische und historische Denkmäler treffen Entscheidungen, wenn die Planungsaktivität Zonen betrifft, die unter dem Schutz dieser Institutionen stehen.

Nach der Wende ist das untere Niveau der Raumplanung in ein **mittleres Niveau** umgewandelt worden, das eigentlich die Bindungskette zwischen dem unteren und oberen Niveau sein sollte. Es handelt sich um die Direktion für Urbanität, Raumplanung und Öffentliche Dienste, die vorher unter dem Namen Raumplanungskomitee neben den bezirklichen Bügermeisterämtern fungierte. Diese Direktion erarbeitet die Entwicklungspläne auf Bezirksebene und die Pläne für die Schutzgebiete. Ein anderes Arbeitsfeld dieser Direktion bildet die Urbanität. Es handelt sich um die Stadtzonierungspläne und um die generellen Urbanitätspläne, die im Unterschied zu den bisherigen Plänen eine größere Flexibilität aufweisen, weil es jetzt keine feste "rote" Linie bezüglich des bebauten Perimeters gibt. Dies ist die wichtigste Veränderung bezüglich der Urbanität, da bis 1989 die räumliche Entwicklung der Siedlungen streng von einer limitierenden "roten" Linie begrenzt war.

Das **untere Niveau** sollte das wichtigste sein, da hier die Konzepte und Theorien konkret in die Realität umgesetzt werden könnten. Leider funktioniert dieses Niveau in der Wirklichkeit nicht, obwohl das Gesetz der lokalen Verwaltung den Kommunen die Möglichkeit bietet, selbst die Entwicklungstrends ihrer Kommunen bestimmen zu können. Die Gemeinden sollten selbst ihre Entwicklungspläne oder Raumordnungspläne anfertigen. Bisher ist dies nicht geschehen, da die Leute aus den Gemeindeverwaltungen und den Räten für eine solche Aktion einfach nicht vorbereitet sind und nicht wissen, wofür diese Pläne nützlich sein könnten.

Als Schlußfolgerung kann man feststellen, daß in Rumänien der Prozeß der Umgestaltung einer neuen und modernen Raumplanung noch völlig in der Anfangsphase ist. Die vertikale Hierarchie der Raumplanung ist skizziert worden, aber sie weist zwei große Nachteile auf:

a) Diese Struktur ist zu zentralistisch (siehe Abb. 1). Der Pozeß der Entscheidungsfindung dauert zu lange, das System ist noch zu bürokratisch.

b) Das wichtigste Glied der Struktur funktioniert in der Umsetzung nicht. In dieser Richtung ist noch vieles zu tun. Hier werden auch die nichtstaatlichen Organisationen eine große Rolle spielen.

2.2 Gesetzlicher Rahmen

Der gesetzliche Rahmen ist sehr wichtig für ein sinnvolles menschliches Handeln innerhalb eines bestimmten Raumes. Nach der Wende wurde eine relativ große Zahl von Gesetzen verabschiedet, die den Zweck hatten, die alten und absurden Gesetze der kommunistischen Ära zu ersetzen und den allgemeinen europäischen Normen zu entsprechen.

Die Verfassung in Rumänien beinhaltet keine Artikel über die Raumplanung. Allerdings ist ein Paragraph in dieser Hinsicht von Bedeutung: Das Eigentumsrecht ist in der Verfassung garantiert. Dieser Paragraph findet Ausdruck im **Enteignungsgesetz,** das festlegt, daß die Raumplanungsmaßnahmen nicht gegen das Privateigentum verstoßen dürfen.

Das neugewählte Parlament hat im Jahre 1991 das **Gesetz 50** angenommen, das die Genehmigung der Bauten reglementiert und deswegen ausschlaggebend für die Aktivität der Raumplanungsdirektion ist. Im selben Jahr legte die staatliche Ordonnanz Nr. 91 die technischen, konkreten Aspekte der Urbanität fest. Von Interesse ist auch das **Gesetz 18** von 1991: das Bodengesetz, das eine Höchstgrenze von 10 ha für private landwirtschaftliche Betriebe eingeführt hat. Dies ist somit der Grundstein für eine neue, die ländliche Raumstruktur bestimmende landwirtschaftliche Strategie geworden. Auf die Zustimmung des Parlaments warten zwei für die Raumplanung sehr wichtige Gesetze: das Katastergesetz und das Urbanitätsgesetz.

Für das untere Niveau der Raumplanung sind zwei weitere Gesetze außerordentlich wichtig: das öffentliche **Finanzgesetz Nr. 10** von 1992, und das **Verwaltungsgesetz Nr. 69/1991.** Eine der Ursachen für die schwache Entwicklung der Raumplanungsaktivität auf Gemeindeebene -es betrifft die ländlichen Gemeinden und die Kleinstädte- liegt gerade in diesen Gesetzen. Eine Gemeinde hat 4 Einnahmequellen (siehe Abb. 3): staatliche Subventionen, Steuereinnahmen, Gebühren und ausländische Mittel. Aus diesen vier Hauptquellen setzt sich das Jahresbudget einer Gemeinde zusammen. Auch in diesem Falle kommt die starke Zentralisierung der Verwaltung zum Ausdruck. Obwohl der Gemeinderat demokratisch von der Bevölkerung gewählt wird, stehen ihm nur wenige finanzielle Mittel zur Verfügung, denn:

Steuern

Gebühren

Subventionen

Ausländische Mittel

Abb. 3: Einnahmen der Gemeinden.

- die staatlichen Subventionen sind ohne objektive, normative Kriterien verteilt, so daß manche Gemeinden benachteiligt werden können. In diesem Prozeß spielt die Politik eine große Rolle.
- die Steuereinnahmen werden nicht direkt von der Gemeinde kassiert; sie gehen zuvor in der staatlichen Zentralkasse ein und auch sie werden von oben nach unten verteilt.
- die von der Polizei gesammelten Taxen gehen denselben Weg.
- um Investitionen jeglicher Art realisieren zu können, braucht die Gemeinde die Zustimmung des Finanzministeriums (in Rumänien gibt es 2.800 Gemeinden!).

Aus dem oben Genannten ergibt sich klar die Zentralisierung des Verwaltungssystems und die Notwendigkeit einer Dezentralisierung. Die Gemeinden sind praktisch finanziell gelähmt und haben wenig Ressourcen, um Fachleute -für die Anfertigung der eigenen Raumordnungspläne- aus der Raumplanung zu bezahlen.

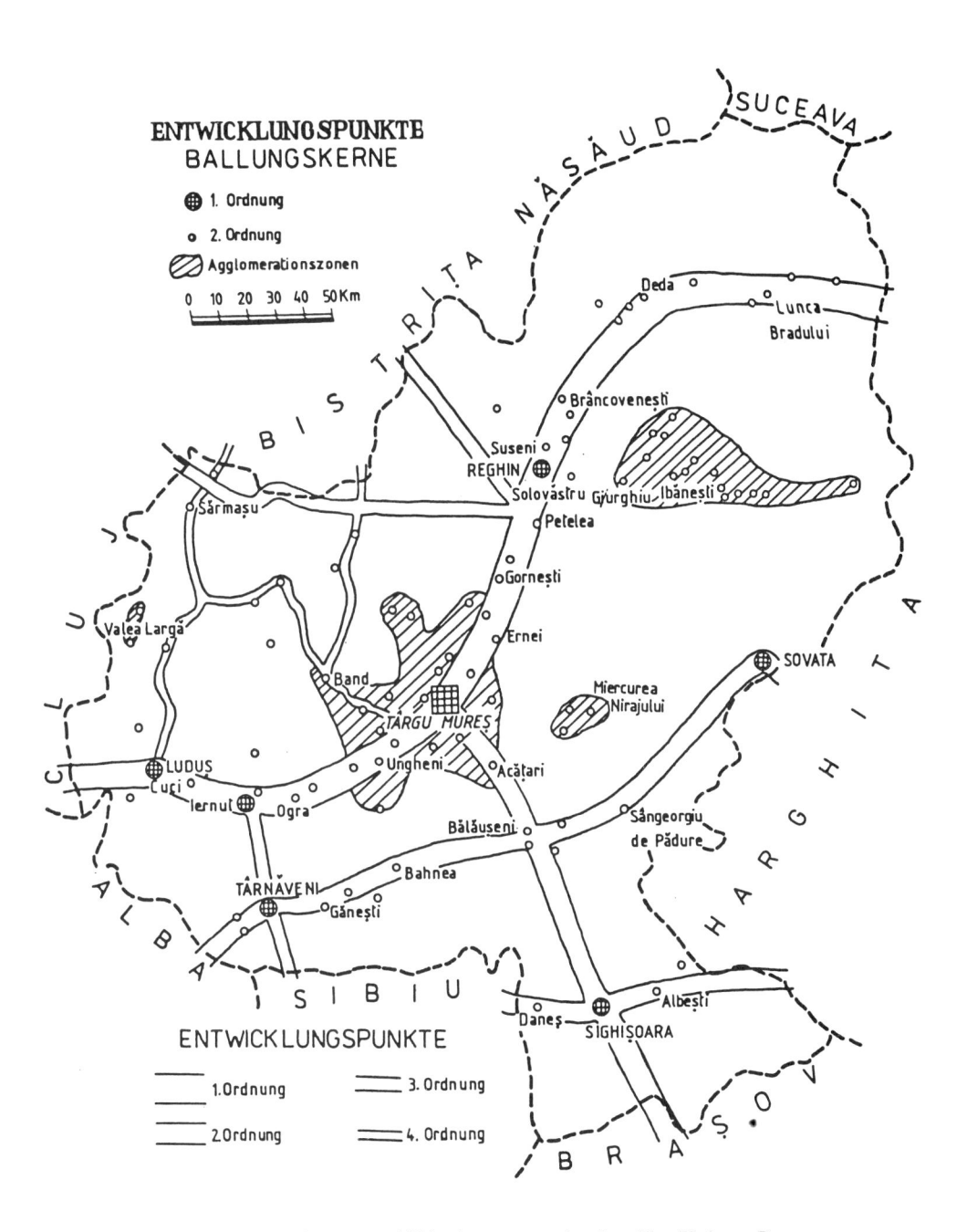

Abb. 4 Entwicklungsachsen und Wachstumspole des ländlichen Raumes

3. Die Rolle der Geographen im Planungsprozeß

Nach der Wende hat sich natürlich auch die Einstellung der Geographen gegenüber der Raumordnung geändert. Bisher sind jedoch keine nennenswerten Facharbeiten erschienen. Die Motive dafür sind verschieden, vor allem liegt es daran, daß vor der Wende an Universitäten das Thema Raumplanung nicht unterrichtet wurde, und jetzt -obwohl der Raumplanungskurs eingeführt wurde- eine große Verwirrung bezüglich der Konzepte und der Inhalte der Raumplanung besteht.

Um eine genauere Annäherung an den Problemkreis zu schaffen, habe ich versucht, eine Typologisierung des ländlichen Raumes auszuarbeiten. Bei uns herrscht die Tendenz, daß die administrative Einheit auf der Mittleren Ebene (die Kreise) als ein einheitliches Ganzes betrachtet wird. Demzufolge werden die Entwicklungspläne für diese Einheiten angefertigt. Ich wollte darauf hinweisen, daß solch eine Generalisierung nicht sinnvoll ist. Wir müssen diese Einheit der Kreise in mehrere Kategorien, nach Problemspektren gegliedert, aufteilen, und für jeden Typ eine problembezogene Strategie ausarbeiten. Auf der Basis von unterschiedlichen statistischen Daten (Beschäftigungsstruktur, Altersgruppen, Bevölkerungsdichte, Migrationen, natürliches Wachstum, Arbeitslosigkeit) habe ich vier Typen getrennt (siehe Abb. 2):
- verdichtete ländliche Räume, die in der Nähe von Großstädten und in Zonen mit wichtigen Ressourcen oder großen Investitionen während der vergangenen Jahre liegen;
- ausgeglichene ländliche Räume, die den zweiten Ring um die Städte bilden. Diese zwei Typen werden von den Unternehmern bevorzugt und zeigen deswegen gute Entwicklungschancen. Sie verfügen über eine relativ gute Infrastruktur und qualifizierte Arbeitskräfte. Die Planung neuer Gewerbeflächen ist unabdingbar für diese Räume, denn der größte Teil der Arbeitskräfte pendelt in die Städte, wo jedoch einige Großfabriken geschlossen werden;
- Abnehmende ländliche Räume sind überwiegend landwirtschaftlich geprägte Räume, bei denen die Bemühungen in Richtung Restrukturierung der Landwirtschaft gerichtet werden müssen. Dieser Prozeß ist aufgrund von Kapitalmangel, schlechter Finanz- und Bankpolitik, niedrigen Preisen für Ararprodukte und hohen Preisen für Industrieprodukte schwierig;
- Kritische ländliche Räume liegen in der Peripherie der Kreise. Hier scheint eine Bevölkerungskonzentration zur Verbesserung der Dienstleistungen eine gute Lösung zu sein. Die konkrete Verwirklichung aber stößt auf Schwierigkeiten psychologischer Art: das Konzept und die Institutionen der Raumplanung in Rumänien wurden durch die brutale Einmischung des Staates diskreditiert. Anderersetis zeigt die Erfahrung westeuropäischer Länder (Großbritannien), daß dieser Prozeß sehr hohe soziale Kosten impliziert und daß noch die lange Zeitspanne für die Realisierung eines positiven Wandels hinzukommt.

Nach der Art der ländlichen Räume und auf der Basis des Wissens, daß in den Städten in den letzten zwei Jahrzehnten ein starkes wirtschaftliches und Bevölkerungswachstum stattgefunden hat, habe ich versucht, die wichtigsten Entwicklungsachsen und Wachstumspole zu skizzieren (siehe Abb. 4).

Wie ich schon am Anfang des Referates erwähnt habe, ist unsere Fakultät von der Direktion für Urbanität, Raumplanung und Öffentliche Dienste des Kreises Cluj aufgefordert worden, Verbesserungen zum Raumordnungsplanprojekt des Kreises aufzuzeigen. Aus der Analyse des Projektes habe ich folgende Bemerkungen, die sehr relevant für die aktuelle Lage der Raumplanung in Rumänien sind, gemacht:

a) Es fehlt die Typologisierung des Raumes nach Problemen, und die Generalisierung ist zu hoch ohne Berücksichtigung der Funktionalität des einzelnen Raumes. Zum Beispiel sind die Kontaktzonen nicht abgegrenzt, obwohl bewußt ist, daß sich gerade diese Zonen in Rumänien durch eine große Konzentration und Komplexität von natürlichen, aber vor allem von ökonomischen Elementen auszeichnen.

b) Zu diesem Zeitpunkt funktioniert keine regionale Assoziation im Bereich der Raumplanung. Die interregionale Zusammenarbeit sollte ein sehr wichtiger Punkt im Agenda der Direktionen sein. Sehr viele Probleme sind ähnlich und viele Problemregionen erstrecken sich über das Gebiet mehrerer Kreise, was eine gemeinsame Betrachtung erfordert.

c) Die Komponenten des erforschten Gebietes sind nur deskriptiv und sehr mangelhaft dargestellt. Wichtige Komponenten wie die Arbeitskraft oder der politische Faktor sind gar nicht analysiert worden. Es fehlt sogar eine genaue quantitative Analyse, denn in Rumänien gibt es noch wenig Anspruch auf eine einheitliche, strukturierte, aktualisierte und genaue Datenbasis. Die Daten, auf denen die späteren Bearbeitungen und Auswertungen basieren, sind auf mehrere Institutionen gesplittet. Sie sind nicht immer aktuell und glaubwürdig und sie sind nicht digitalisiert. Der letzte Aspekt macht die Behandlung der Daten und das Schaffen einer quantitativen Basis für die Auswertungen sehr schwierig und langwierig.

d) Eine Reform des Verwaltungssystems könnte die Raumplanungsaktivität wirksamer machen. Diesen Punkt sollte man auf zwei Ebenen betrachten:
(1) Eine Umstrukturierung auf Kreisebene ist ein sehr komplizierter Prozeß. Das heutige Kreissystem wurde im Jahre 1968 erstellt. Später sind noch einige Veränderungen unternommen worden, aber die Funktionalität des Systems blieb unberührt. Es ging um die Bildung von zwei neuen Kreisen in der Nähe von Bukarest im Jahre 1981 (Calarasi und Giurgiu). Nach der Wende ist der Bund der aufgelösten Kreise gegründet worden. Mitglieder dieses Bundes sind die Kreise (21), die im Jahr 1968 aufgelöst wurden. Sie üben auf die Regierung Druck aus,

um die Wiederaufstellung dieser Kreise zu erzielen. Dieser Anspruch ist aus mehreren Gründen nicht gerechtfertigt:
- Einige Kreise waren schon 1968 aufgrund ihrer Ausdehnung, Bevölkerungszahl, Wirtschaft und Infrastruktur nicht überlebensfähig;
- In den Kreisstädten, die diese Regionen infolge der durch die Verwaltungsreform von 1968 entstandenen neuen Städtehierarchien und Wirtschaftsbeziehungen polarisiert haben, waren in den meisten Fällen Rückgänge zu verzeichnen.

Heute sind sie, mit einigen Ausnahmen, in starkem Maße von den heutigen Kreiszentren polarisiert und haben den größten Teil ihres Hinterlandes verloren. Nur in vier Fällen (Odorheiu Secuiesc, Barlad, Turnu Magurele und Caracal) können die ehemaligen Kreiszentren mit den heutigen Kreiszentren konkurrieren, und in diesen Fällen wäre die Wiederaufstellung der ehemaligen Kreise gerechtfertigt;
- Die Bildung neuer Kreise oder eine neue Verwaltungsreform sind sehr teure Operationen, und bei der heutigen Wirtschaftslage Rumäniens würde dies die Verdoppelung der Budgetkosten für die Verwaltung und die Zerstückelung einer noch zentralisierten und bürokratischen Institution bedeuten.
(2) Die Verwaltungsreform auf Gemeindeebene sieht sich mit denselben Kostenproblemen konfrontiert wie die auf Kreisebene, mit einigen Unterschieden. Auf dem Gebiet von Rumänien sind etwa 13.000 Dörfer, die in 2.700 Gemeinden zusammengefaßt sind. Das heißt, daß im Durchschnitt 5 Dörfer eine Gemeinde bilden. In der Realität müssen zahlreiche Gemeinden mehr als fünf Dörfer verwalten. Die eigentlichen Gewinner dieser Situation waren die Gemeindezentren. Sie bildeten die Hauptempfänger der staatlichen Subventionen, vor allem im Bereich der Infrastruktur. Nach der Wende haben viele Dörfer versucht, administrativ selbständig zu sein, bisher ohne Erfolg. Diese Möglichkeit ist nicht ausgeschlossen, aber man muß objektive Kriterien für den Gemeindezusammenschluß auswählen.

4. Schlußfolgerungen

In dieser Arbeit versuchte ich kurz die Hauptangelegenheiten der Raumplanung in Rumänien darzustellen, ohne Anspruch auf eine vollständige Behandlung. Aus dem bisher Geschriebenen geht hervor, daß der Weg zu einer "kritischen" Raumplanung noch relativ lang ist. Es bedarf in erster Linie einer Änderung der Mentalität und im Rahmen der alltäglichen Realität eines soliden Gesetzesrahmens und eines starken Engagements zur Dezentralisation. Natürlich ist diese Darstellung aus geographischer Sicht, und die Rolle dieser Disziplin in der Ausbildung von Fachleuten im Bereich der Raumplanung bleibt ein zentrales Problem in Rumänien. Die Einführung der Raumplanung als Fachdisziplin an einer Universität könnte in der Zukunft die Situation verbessern. Dazu brauchen wir die Erfahrung der Länder, die auf eine lange Tradition im Bereich der Raumplanung zurückblicken können.

Es geht auch um das Eindringen der Geographen in einen Bereich, der ausschließlich anderen Fachleuten vorbehalten war (Architekten, Wirtschaftsspezialisten usw.). Noch fehlen die "fachübergreifenden" und wichtigen Facharbeiten der Geographen, die die Aufmerksamkeit der Entscheidungsträger auf sich ziehen könnten.

Jozsef Benedek
"Babes-Bolyai"-Universität, Klausenburg
Geographische Fakultät
Lehrstuhl für Humangeographie

STIRBT RESCHITZA? - ENTWICKLUNGSCHANCEN DER ALTINDUSTRIALISIERTEN MONTANREGION DES BANATER BERGLANDES

von

HANS-HEINRICH RIESER

mit
3 Abbildungen und 4 Tabellen

1. Einleitung

Im Desaster der Weltwirtschaftskrise titelte 1932 die Temeswarer Zeitung: "Das sterbende Reschitza, wirtschaftlicher Zerfall und Elend der einst reichsten Stadt des Banates." (BAUMANN, 1989, S. 53). Damals war die Befürchtung etwas voreilig, denn schon wenige Jahre später brauchte die europaweite Aufrüstung jedes Montan- und Maschinenwerk dringend. 60 Jahre danach sind die Eisengruben im Dognatschkaer Bergland stillgelegt, und die Feuer der Reschitzaer Hochöfen erloschen, nach 222 Jahren.

Steht die Montanindustrie des Banater Berglandes und stehen damit seine Städte nun vor dem endgültigen Niedergang? Ist wegen der strukturellen Merkmale und des drastischen Einbruchs der gesamten rumänischen Industrie diesmal keine Rettung mehr in Sicht?

Bei der Montanindustrie des Banater Berglandes handelt es sich um einen typischen Vertreter, der in fast allen europäischen Gebirgen vorhandenen, zunächst an Erzvorkommen gebundenen Gebirgswirtschaften zur Metallgewinnung. Auch sie geht auf sehr alte Wurzeln zurück, erfuhr allerdings im 17. Jahrhundert einen völligen Niedergang und wurde erst danach von den Habsburgern nach merkantilistischen Grundsätzen und für den militärischen Bedarf der Türkenabwehr an der unmittelbar südlich verlaufenden "nassen Grenze" vehement ausgebaut. Dieser gute Start, die bisher günstigen Naturraumgegebenheiten und ein gut ausgebildetes, innovationsfreudiges, multinationales Arbeitskräftepotential haben diese Industrie bis 1989 blühen lassen.

Dieser Vortrag soll nun im Rahmen des IZ-Seminars "Interaktion von Ökologie und Umwelt mit Ökonomie und Raumplanung" die jüngste Entwicklung und die

Überlebenschancen der Montanindustrie des Banater Berglandes am Beispiel der Hütten- und Maschinenbauwerke in Reschitza (Resita) darstellen. Hierzu werden die naturräumlichen Rahmenbedingungen und die historische Entwicklung dieser Werke kurz aufgezeigt, um die überkommenen Standortvoraussetzungen zu verstehen. Danach wird auf die jüngere Entwicklung unter Ceausescus Gigantismus und ausführlicher auf Art und Wirkungen der "doppelten Transformationsprobleme", die dieses altindustrialisierte Gebiet derzeit betreffen, eingegangen. Dies kann aufgrund der knappen Zeit nur im Überblick und aufgrund der weiterhin prekären Datenlage eher in qualitativen Aussagen als in quantitativen Ergebnissen geschehen. Nach wie vor sind exakte topographische Karten ein Staatsgeheimnis; selbst rumänischen Geographen wird nur auf begründeten Antrag Einblick genehmigt. Auch Wirtschaftsdaten werden, weniger aufgrund von Vorschriften als der eingeübten Verhaltensweisen, immer noch wie Geheimnisse behandelt. Zudem ist die Umstellung von einer Propagandazahlen produzierenden Statistik auf eine die Realität durch erhobene Daten darstellende Statistik gerade im früher ideologisch so wichtigen Bereich der Schwerindustrie noch in vollem Gange, da hierfür fachliche, sowie mentale Voraussetzungen und -wie es scheint- oft auch der politische Wille fehlen.

2. Lage und naturräumliches Potential

Das Banater Bergland bildet zusammen mit dem nordostserbischen Bergland den Scharnierbereich zwischen den Südkarpaten und dem Balkangebirge, was zu einer äußerst komplizierten geologischen und tektonischen Struktur geführt hat. Die Sedimentgesteine sind weitgehend abgedeckt, so daß großflächig paläozoische kristalline Schiefer zutage treten, in denen etwa im Semenik-Massiv weitläufige Rumpfflächenlandschaften angelegt sind. Hierin eingelagert sind nord-süd-streichende Synklinalen in denen sich die Deckschichten erhalten haben. Sie beginnen mit flözführendem Oberkarbon, werden aber vorwiegend von mesozoischen Kalken bestimmt, in denen ausgeprägte Verkarstungserscheinungen auftreten. Ferner sind - ebenfalls im Nord-Süd-Streichen - Magmen in Schiefer und Sedimentgesteine eingedrungen, in deren Kontaktaureolen sich mannigfaltige, aber kleine Gangerzlagerstätten gebildet haben. Sie waren der Ansatzpunkt für die Montanindustrie.

Die eher flächig ausgeprägten Höhenbereiche der Berg- und höheren Hügelländer fallen in steilen Flanken in Täler und Durchgangssenken ab. Dies hat zusammen mit den kargen Böden, dem relativ schlechten Klima und der historischen Entwicklung wohl eine frühe Dauerbesiedlung und bis heute eine dichte Besiedlung behindert: der Kreis Karasch-Severin (Caras-Severin) ist mit 44,2 Ew./km² nach dem Donaudelta der am dünnsten besiedelte Kreis Rumäniens.

Abb. 1: Lageskizze der Stadt Reschitza (Reşiţa)

Mit 1.200 mmN und mehr ist das Gebirge sehr niederschlagsreich; es ist die eigentliche Wasserstube des Banats. Die Höhen ab etwa 1.200 müNN sind durch langen Weidegang in Grasfluren umgewandelt, ansonsten prägt ein dichter, teils noch sehr urwüchsiger Wald mit der Buche, die sich nach oben mit der Tanne mischt und nach unten von Eichen abgelöst wird, als vorherrschendes Element unseren Raum.

Kulturräumlich befindet sich das Banater Bergland in der exponierten Lage sowohl eines Sperriegels als auch eines Durchgangsraumes zwischen Südosteuropa und dem Orient auf der einen und Mitteleuropa und dem Westen auf der anderen Seite. Erwähnt zu werden braucht hier nur der beeindruckende Donaudurchbruch durch die Karpaten in der Kazan-Enge und dem Eisernen Tor, der unsere Region nach Süden, und die porta orientalis (540 müNN) in der Temesch-Tscherna-Furche, die sie nach Osten abgrenzen. Noch heute ist hier ein spürbarer, wenn auch oft geleugneter Übergang zwischen mitteleuropäisch und südosteuropäisch beeinflußtem Kulturraum zu erkennen (vgl. Abb 1).

3. Entwicklung der Banater Montanindustrie

Neben Blei-, Zink-, Silber-, Mangan-, und Molybdänerzen gibt es vor allem am Westrand des Gebirges reiche Eisen- und Kupfererzlagerstätten. Zunächst waren es diese Kupfererze, die über lange Zeit Menschen und Mächte in das Gebirge zogen: archäologische Zeugnisse von Bergbau und Verhüttung finden sich von den Dakern, den Römern und sogar von einigen Völkern der Völkerwanderungszeit. Einen geregelten Bergbau auf Kupfer, Silber, Blei, und etwas Eisen haben die ungarischen Herrscher im Mittelalter mit deutschen Bergleuten aus Siebenbürgen und der Zips in Gang gebracht. Er ging aber in der Türkenzeit (1552 - 1716) völlig zugrunde, da sich unser Raum stets im Frontbereich zwischen dem tributpflichtigen Siebenbürgen und dem eigentlichen osmanischen Kernraum der Banater Ebene befand.

Unmittelbar nach der Rückeroberung des Banates durch Prinz Eugen Ende 1716 wurde der Banater Bergbau nach merkantilistischen Maximen und unter militärwirtschaftlichen Gesichtspunkten wieder aufgenommen. Schon 1717 - ein Jahr vor dem Friedensschluß von Passarowitz - erkundeten alpenländische Montanexperten den Zustand der Bergbaue und Erzlager, wurden die üblichen Montaninstitutionen in Orawitza (Oravita), dem Zentrum des Kupferabbaues, ins Leben gerufen: Berghauptmannschaft, -schule und -gericht. Es erfolgte die Ansiedlung erster Bergleute und anderer Spezialisten im Revier, die ab dann ständig aus den Montangebieten des gesamten Reiches zuströmten, aus Böhmen, Oberungarn, und vor allem aus den Alpen und der "Ehernen Mark", der Steiermark. Sie brachten ihre Berufstraditionen und -einrichtungen mit, wie die Bruderlade zur sozialen Absicherung.

Das Kupfer spielte in den ersten Jahrzehnten die bedeutenste Rolle, da es schon bald die versiegenden Reserven Oberungarns und der Alpen im Gesamthabsburgischen Export ersetzen konnte und damit Devisen einbrachte. Die Eisenproduktion begann zwar ebenfalls sofort nach der Rückeroberung, diente aber vor allem dem hohen innerbanater Bedarf für das Militär, den Festungsbau, den Hausbau und die neu entwickelte Agrarwirtschaft, sowie für den Bergbau selbst. In Bokschan (Bocsa), dem ersten Zentrum der Banater Eisenindustrie, wurde nahe den Eisengruben von Ocna de Fier im Dognatschka-Hügelland schon 1719 der erste Hochofen, das Altwerk, angeblasen. 1723 folgte ein neuer in hochwasserfreier Lage, das Neuwerk. Dadurch war die neue Habsburger Provinz Banat trotz ihres militärisch bedingt sehr hohen Eisenbedarfes schon 1728, nur 10 Jahre nach dem Frieden von Passarowitz, von Eiseneinfuhren völlig unabhängig.

Im verheerenden Türkenkrieg von 1737 bis 1739 wurde fast die gesamte Montanindustrie des Banater Berglandes wieder zerstört; zudem konnten die Wälder des westlichen Hügelbereiches die zahlreichen Hütten, Schmelzen und Schmieden nicht mehr mit den enormen Mengen an Holzkohle versorgen, die zum Teil in raubbauartiger Form dort gewonnen wurden. Andererseits erzwang der Verlust der schlesischen Eisenwerke im Siebenjährigen Krieg die Nutzung aller verfügbaren Eisenstandorte im Reich. Da zudem die alpenländische Produktion nachließ, entschloß man sich zum raschen Wiederaufbau der banater Eisenindustrie, obwohl diese nach wie vor durch die Frontnähe zum Osmanischen Reich bedroht war.

Wohl in besserer Kenntnis der naturräumlichen Standortfaktoren wählte man eine kleine Siedlung 15 km oberhalb von Bokschan an der Bersau (Birzava) in einer kleinen Durchgangsdepression als neuen Standort. Durch mehrere einmündende Täler konnte sowohl die Holzkohle und die Holzversorgung - teils durch Flößen-, als auch die Wasserversorgung auf eine breitere Basis gestellt werden.
Am 1.11.1769 wurde der Grundstein zum "Eisenwerk Röschitz" gelegt, am 3.7.1771 die ersten beiden Hochöfen angeblasen. Es siedelte sich neben der kompletten Montan- auch eine verarbeitende Industrie an, die zunächst der Waffen- (Kanonenbohrmühle!) und Munitionsproduktion und der Deckung des Bau- und Landwirtschaftsbedarfes im Banat diente.

1788 - nach dem letzten Türkenkrieg im Banat - wurde ein dritter großer Hochofen angeblasen, der nun auch die Befriedigung großer Exportaufträge zuließ. Wichtig ist dieses Jahr aber wegen der erstmaligen Einbeziehung des zweiten naturräumlichen Vorteils des Banater Berglandes, der das Überleben dieser Montanregion über die "Erzphase hinaus ermöglichte: in Doman und Secu wurden die ersten Steinkohlegruben bei Reschitza eröffnet. 1790 entdeckte man die damals reichen, aber tiefliegenden Flöze hochwertiger Anthrazitkohle in Steierdorf. Diese Siedlung war von steirischen Forst- und Waldarbeitern 40 km südlich von Reschitza eingerichtet worden, um durch effizientere Waldbaumethoden die Holzkohlenarmut zu mindern. Zunächst wurde der Wert dieser Kohlen für die Region nicht erkannt, aber bereits 1806 waren 50% der ehemaligen Forstarbeiter und Köhler Steierdorfs im Bergbau beschäftigt, der den drohenden Niedergang der gesamten Montanindustrie aufgrund von Holzkohlenmangel verhinderte.

In den napoleonischen Kriegen war Reschitza ein sicherer Lieferant für das österreichische Militär, ab den 1840er Jahren trieb der Kohlebedarf der Donaudampfschiffahrtsgesellschaft den Kohlebergbau voran, vor allem wurden aber die ersten Eisenbahnen von den Kohlelagerstätten zu den Donauhäfen gebaut. Für die 1854 eröffnete Linie Orawitz-Basiasch (Bazias) an der Donau - heute als erste rumänische Eisenbahn bezeichnet - wurden ab 1851 Schienen in Reschitza gewalzt. Damit begann ein neuer Abschnitt in der Entwicklung dieser Werke, die für lange Zeit der wichtigste Ausrüster für Eisenbahnbau und Eisenbahnen in Südosteuropa wurden. Ihm folgte bereits 1855 eine erneute einschneidende Wende. Nach der niedergeworfenen 1848er Revolution, die schnell zum Separationskrieg der Ungarn gegen Habsburg geworden war, waren der Staat und seine Staatsbetriebe weitgehend bankrott, und der junge Kaiser Franz Joseph versuchte durch Privatisierung an Geld zu kommen. So verkaufte das Montanärar in Wien, das nach vergeblichen Versuchen im 18. Jahrhundert, das Banater Montanwesen privaten Gewerken zu übertragen, einen Großteil der dortigen Einrichtungen betrieb, seinen gesamten Besitz an drei Großunternehmen; den Löwenanteil mit dem Glanzstück der Reschitzaer Eisenwerke samt seinen Domänen an die STEG, die "Priviligierte kk. Österreichische Staatseisenbahngesellschaft". Dieser monarchieweit tätige Montan- und Eisenbahnkonzern mit internationalen Verbindungen, sorgte dafür, daß im Banater Bergland stets die neuesten Innovationen schnell umgesetzt und die vorhandenen Kapazitäten rasch ausgebaut wurden. Es entstand die erste Koksfabrik Ungarns, ab 1870 wurden Stahlbrücken, ab 1872 Lokomotiven gebaut. Das Hüttenwerk entwickelte sich zu einem tiefgegliederten Montanbetrieb, der von der Eisenerzverhüttung bis zum Spezialmaschinenbau alles umfaßte. Für Ungarn hatte es bei vielem die Vorreiterrolle inne, und mit Stolz wird darauf verwiesen, daß Reschitzaer Stahl im Eifelturm verwendet wurde.

Durch die Teilung des Banates im Frieden von Trianon fiel das Banater Bergland komplett an Rumänien, die Reschitzaer Werke wurden unter dem Namen UDR, "Uzinele si domeniile din Resita", in eine private Gesellschaft mit 51% rumänischem Kapital umgewandelt. Die UDR war nun der bedeutendste Montanbetrieb

Südosteuropas. Rumänien reklamierte viele Leistungen für sich (erste Koksbatterien Rumäniens, erste Lokomotive Rumäniens etc.) und profitierte in seiner gesamten weiteren Industrieentwicklung von diesem Werk und seinen Fachkräften. Andererseits war das Werk aber vom bisherigen Hinterland abgeschnitten, was vor allem die Innovationen beeinträchtigte, und es fand in Rumänien nur einen sehr kleinen Markt. Dennoch scheint es bis zur Weltwirtschaftskrise floriert zu haben, da einige neue Werksteile eröffnet wurden. Die frühen 30er Jahre brachten einen tiefen, aber offensichtlich kurzen Sturz, der schon um 1936 durch Rüstungsaufträge aufgeholt wurde. Sie dürften bis 1944 den Großteil der Produktion bestimmt haben.

4. Unter sozialistischen Vorzeichen

Nach der endgültigen Machtübernahme der Kommunisten wurde das Werk wie fast die gesamte rumänische Industrie am 11.6.1948 verstaatlicht. Als Teil der Gruppe A, der Schwerindustrie, genoß es in der sozialistischen Ära durchaus Vorteile, aufgrund seiner Lage im multiethnischen Banat und nahe der unsicheren Westgrenze zu Jugoslawien erfuhr es aber sicher auch eine Reihe von Einschränkungen, die ihm in der Endphase allerdings einiges - nicht alles - an ceausistischem Gigantismus ersparten

In den 50er und 60er Jahren erfuhr die Reschitzaer Montanindustrie einen raschen Ausbau sowohl der Kapazitäten, als auch der Produktenpalette, vor allem im Maschinenbau. Enorme Investitionsmittel flossen in diesen Bereich, 1958 über 50% aller Industrieinvestitionen in Reschitza allein in die Eisenmetallurgie. Damit wurden neue Koksbatterien, zwei neue Hochöfen (1961 und 1962), von denen jeder mehr Eisen produzierte als 1938 ganz Rumänien, und eine Großzahl neuer Maschinenwerke gebaut. In den 70er und frühen 80er Jahren erfolgte nochmals ein kräftiger Ausbauschub, der auch deutliche räumliche Konsequenzen hatte. Es wurden bersauabwärts Richtung Bokschan, elf Kilometer vom alten Werk entfernt, eine komplette neue Fabrik des Maschinenbauwerkes und die Hallen der Renk-Reschitza AG gebaut.

Dennoch wuchs die Stadt und ihre Industrie wesentlich langsamer als andere Zentren. 1939 produzierte Reschitza 79% des Roheisens, 80% des Stahles, 100% des Koks, je 50% der Lokomotiven und Waggons in Rumänien (vgl. GRolll, 1987, S. 395f), 1974 waren es noch 11,8% des Roheisens, 14,8% des Stahls und 9,5% des Walzgutes (vgl. SENCU e.a., 1976, S.134). Andere Metallurgiezentren wurden wesentlich stärker ausgebaut, wie etwa Hunedoara in Westsiebenbürgen, oder in Regionen ohne Montantradition völlig neu errichtet, wie der Stahlwerksgigant Galatz (Galati) an der unteren Donau, der als typischer

Küstenstandort der 1970er Jahre Importerze und -kohle verarbeiten sollte. Das traditionsreiche Reschitza fungierte eher als Kaderschmiede für gut ausgebildete Arbeiter und Ingenieure, sowie als Innovations- und Entwicklungsstandort, der viele Produkte zur Serienreife brachte und dann an andere Standorte abgab. Bei einer Reihe von hochwertigen Produkten blieb der Banater Standort aber weiterhin wichtigster Hersteller, so für schwere und schnellaufende Dieselmotoren, Eisenbahndrehgestelle, Wasserturbinen und schwere Getriebe, die im einzig noch florierenden alten deutsch-rumänischen joint venture aus dem Jahr 1973, der "Renk-Reschitza-Getriebewerke AG", entstehen.

Auch organisatorisch wurde die Größe des Werkes beschnitten. Nach der Enteignung der alten "UDR" zwang man das Werk in zwei "SowRom"-Kombinate, also in zwei gemischte sowjetisch-rumänische Betriebe, die letztendlich der verdeckten Reparationszahlung an die Sowjetunion dienten. 1954 wurden diese Mischbetriebe nach Stalins Tod aufgelöst, und es entstanden wieder die einheitlichen "Hüttenwerke Reschitza", das größte Industrieunternehmen in Rumänien. Seit 1.4.1962 ist der Montanbereich in Reschitza in zwei selbständige Werke "CSR" und "UCMR", also Hüttenkombinat Reschitza und Maschinenbauwerke Reschitza getrennt, die bis heute existieren und als AG's in 100%igem Staatsbesitz geführt werden (UCMR, 1991, S.2).

Am Ende der Ceausescu-Ära, der "Goldenen Epoche", wurden dem Reschitzaer Raum doch noch zwei Gigantismusprojekte aufgezwungen, die aber eher dem Versuch zuzurechnen sind, mit allen Mitteln die schnell schwindende Energiebasis zur autarken Versorgung zu erhalten. Einmal ist es die Investitionsruine des "Termo Anina" - Ölschieferkraftwerkes auf einem Höhenrücken zwischen Anina und Orawitza, das 10 Mrd. Valuta-Lei - 1989 eine stolze Summe von knapp zwei Milliarden Mark! - verschlang. Es kam nie über den Probebetrieb mit Ölschiefer- und Gasbefeuerung hinaus, wurde 1990 sofort stillgelegt und rostet nun vor sich hin. Das zweite ist eine Riesenkokerei im Stadtrandgebiet von Reschitza, die 1989 kurz vor der Fertigstellung stand und aus Aninaer Anthrazit 600.000 Jahrestonnen Koks herstellen sollte. Auch sie ist derzeit als Investitionsruine dem Verfall preisgegeben.

Mit der Industrialisierung ging auch ein rasantes Bevölkerungs- und Stadtwachstum einher. Während sich die alte Stadt mit ihrem Gemenge aus Wohn- und Industrieanlagen im Osten in den engen Ausläufern der tektonisch angelegten Bersaudepression entwickelt hatte, wuchs sie ab 1960 talabwärts in die Depression hinein und erreicht heute das Westende der Talweitung Richtung Bokschan. In den 1960er und frühen 1970er Jahren entstand eine neue Wohnstadt mit einem neuen sozialistischen Zentrum unmittelbar westlich der Altstadt mit ihren Hütten-, Stahl-, Koks- und Maschinenbaufabriken, das Viertel "Moroasa". Und noch vor deren Fertigstellung begannen ab etwa 1970 die Arbeiten an einem weiteren Neubaukomplex, der weiter talabwärts westlich eines ausgedehnten Bahngeländes in der Talaue liegt, das Viertel "Bersauaue". Hier sind triste Wohnblocks für etwa 30.000 Einwohner, einige Kultureinrichtungen und am Westende ein großes Fabrikgelände der UCMR, also der Maschinenbaufirma, sowie die Hallen der Renk-Reschitza-AG errichtet worden. In diesem Viertel wurden 1976 auch Textilbetriebe angesiedelt, um den chronischen Mangel an Arbeitsplätzen für Frauen, der ja typisch für Montangebiete ist, etwas mindern zu können (vgl. Abb. 2).

Industriezonen

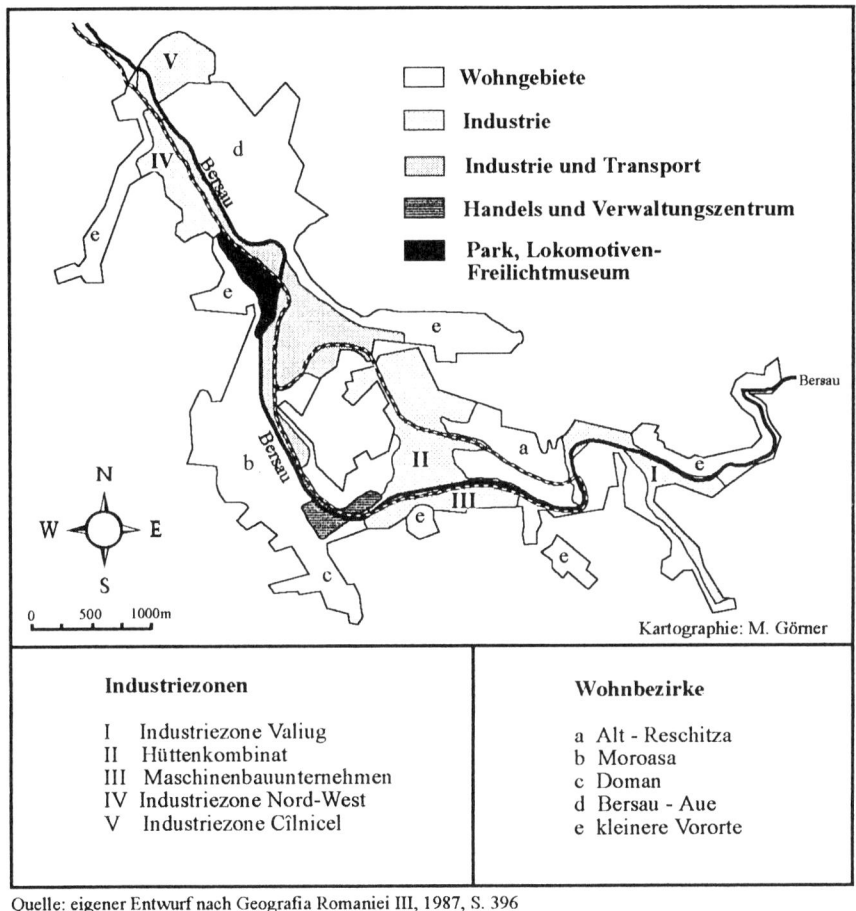

I   Industriezone Valiug
II Hüttenkombinat
III Maschinenbauunternehmen
IV Industriezone Nord-West
V   Industriezone Cîlnicel

Wohnbezirke

a Alt - Reschitza
b Moroasa
c Doman
d Bersau - Aue
e kleinere Vororte

Quelle: eigener Entwurf nach Geografia Romaniei III, 1987, S. 396

Abb. 2: Funktionale Gliederung der Stadt Reschitza (Reşiţa)

Die Bevölkerung wuchs mit den Industrialisierungsphasen, wobei die Stadt, in der nach und nach viele der Banater Montanaktivitäten konzentriert wurden, eine hohe Anziehungskraft auf ihr Umland hatte. Es dürfte stets zu einer Land-Stadt-Migration gekommen sein, die in der sozialistischen Zeit Züge der Landflucht angenommen hat, da die schlechte Bezahlung und die miserablen Verhältnisse auf den Dörfern die Menschen geschoben und die hohen Löhne der Schwerindustrie sie gezogen haben. Hinzu kam ein reger Pendlerstrom, der 1975 täglich rund 14.000 Einpendler in die Stadt, 1985 gut 5.500 allein in das Stahl- und das Maschinenbauwerk brachte. Die Bevölkerungszahlen stiegen bis 1989 zum Teil sprunghaft an (vgl. Tab. 1).

Jahr	Einwohnerzahl	Quelle
1771	300	(*)
1900	10.160	(*)
1910	17.384	(*)
1930	25.307	(VZ)
	19.868	(*)
1941	25.062	(*)
1948	24.895	(*)
1956	47.305	(VZ)
	41.234	(*)
1966	63.302	(VZ)
	56.653	(*)
1977	84.786	(VZ)
1985	104.362	(**)
1989	etwa 124.000	(***)
1992	96.918	(VZ)

Quellen: VZ=jeweilige Volkszählungsergebnisse;
(*)= SENCU e.a., 1976, S.108
(**)=GRoIII, 1987, S. 397.
(***)= Auskunft des Bürgermeisters

Tab. 1: Bevölkerungsentwicklung der Stadt Reschitza (Reşiţa)

5. Transformationsvorgänge

Die Tabellen zeigen sehr deutlich, welcher Art fast alle Transformationsvorgänge sind, wenigstens wenn man das Zahlenbild betrachtet: ab 1989/90 ergibt sich ein zum Teil sehr scharfer Knick der bis dahin - wenigstens offiziell - positiven Entwicklungen ins Negative. Gerade in den altindustrialisierten Montangebieten des ehemaligen Ostblocks tritt dies überdeutlich hervor, wovon ja unser Tagungsort Miskolc ein bitteres Klagelied singen kann.

Auf diesen altindustrialisierten Montangebieten lastet eine doppelte Transformation: einmal die allgemeine des Übergangs von einer hochzentralisierten, staatlichen Planwirtschaft in eine privatwirtschaftlich organisierte Marktwirtschaft, zum anderen aber die aufgrund ideologischer und historischer Maximen bis 1989 verhinderte strukturelle Modernisierung, d.h. die Anpassung an die weltwirtschaftlichen Gegebenheiten. Beides zusammen verlangt diesen Regionen und ihren Bewohnern bittere Opfer ab, die durch den Zeitdruck noch verstärkt werden, den weltwirtschaftliche Zwänge und schwindende Geduld einer schon zu lange vom Wohlstand abgeschnittenen Bevölkerung hervorrufen. Wir haben schon von einigen Beispielen gehört und auf der Exkursion zwei nordostungarische gesehen. Ich möchte dem die noch wesentlich schwierigere Variante des Banater Berglandes in Rumänien anfügen, soweit es einige Daten und Beobachtungen zulassen.

a. Die wirtschaftliche Seite

Während sich die Landwirtschaft in Rumänien - allen Befürchtungen wegen der überstürzten Halbprivatisierung des Bodens zum Trotz - nach einem 5%igen Einbruch 1991 schon 1992 wieder auf dem 1989er Niveau befand - nicht nur böse Zungen behaupten, daß es gar nicht mehr schlechter ging, Landwirtschaft zu betreiben, wie der rumänische Staat das damals gemacht hatte - brach die Industrie des Landes völlig ein. 1992 betrug die rumänische Industrieproduktion nur noch 40% des Wertes von 1989 und dies blieb bis 1994 so (HISHOW, 1994, S. 315). Erst in diesem Jahr erwartet man einen leichten Anstieg um rund 5%. Dies hat mehrere Ursachen. Fast die gesamten inländischen Investitionen fielen weg, da vor allem die immens teuren Prestigeprojekte sofort eingestellt wurden. Eine Konsumgüterindustrie war in Rumänien nur unterentwickelt vorhanden, ihre Produkte - Masse statt Qualität - fanden nun überhaupt keine Käufer mehr. Die gesamte Industrie war zehn Jahre vom Weltmarkt abgeschnürt, sie erhielt praktisch keine Modernisierungsinvestitionen und verlor dadurch den Anschluß an das Weltmarktniveau in Qualität, Produktivität etc. völlig. Alle Märkte, die solche Produkte hätten aufnehmen können, vor allem die Ostmärkte, brachen komplett weg. Die fehlgeleitete Gigantismusindustriepolitik Ceausescus stürzte in sich zusammen. Über die teilweise dramatischen Produktionsrückgänge im Kreis Karasch-Severin gibt Tabelle 2 Auskunft.

Auch die beiden großen Reschitzaer Montanwerke wurden von diesen Vorgängen voll getroffen. Ihre Produkte fanden kaum noch Abnehmer, trotz großer Lohnkostenvorteile waren die Preise zu hoch und die Qualität - obwohl führend in Rumänien - viel zu schlecht. Als erstes wurde die Eisenverhüttung ganz eingestellt, das Feuer unter den Hochöfen erlosch 1993 endgültig. Dies bedeutete auch das Aus für die vorgelagerten Bereiche. Schon 1992 wurde der gesamte Eisenerzabbau im Bokschaner Revier eingestellt. Es folgte die Koksherstellung und ein Teil des Kohleabbaues. Die hochwertige Aninaer Anthrazitkohle wird heute ausschließlich zum Verfeuern abgebaut.

Jahr		1989	1990	1991	1992	90/89	91/89	92/89
Roheisen	Tonnen	433845	186460	87499	0	42,98	20,17	0,00
Rohstahl	Tonnen	1122194	600354	407097	283473	53,50	36,28	25,26
Kupfererz	Tonnen	4991177	2703560	2031606	2199411	54,17	40,70	44,07
Hüttenkoks	Tonnen	28937	39380	37649	29614	136,09	130,11	102,34
Rohkohle	Tonnen	815149	660316	539459	616759	81,01	66,18	75,66
Eisenerz	Tonnen	314742	244391	94472	79150	77,65	30,02	25,15
Walzgut aus Stahl	Tonnen	739608	378612	274183	215647	51,19	37,07	29,16
Elektromotoren	kw	100060	133120	54880	70800	133,04	54,85	70,76
Holzmöbel	1000 Lei	230553	282189	665417	1643132	122,40	288,62	712,69
Textilkonfektion	1000 Lei	623074	481352	721019	800875	77,25	115,72	128,54
Bier	1000 hl	154	115	60	63	74,68	38,96	40,91
Fleisch	Tonnen	6585	8964	6729	4408	136,13	102,19	66,94
Fleischerzeugnisse	Tonnen	3110	4851	2335	1479	155,98	75,08	47,56
Trinkmilch	1000 hl	80	82	58	48	102,50	72,50	60,00
Butter	Tonnen	436	227	106	98	52,06	24,31	22,48
Käse	Tonnen	1339	1102	751	529	82,30	56,09	39,51
Verbrennungsmotoren	1000 PS	400	369	241	122	92,25	60,25	30,50
Holzfurniere	m²	4698208	3391254	2971140	1393089	72,18	63,24	29,65
Spanplatten	Tonnen	43872	25239	16735	9532	57,53	38,15	21,73
Schnittholz	m³	161645	99909	86345	70496	61,81	53,42	43,61

Quelle: Breviar Statistic, 1992, S. 19.

Tab. 2: Entwicklung der Produktion ausgewählter Güter im Kreis Karasch-Severin (Caras-Severin)

Vom Hüttenwerk blieben nur noch das veraltete Stahlwerk mit fünf Siemens-Martin-Öfen und ein altes Warmwalzwerk in Funktion. Die Belegschaft schmolz von etwa 10.000 (1989) auf 6.000 (1992) zusammen und sinkt kontinuierlich weiter. Im engeren Stahlbereich, in dem heute mit 100% Schrott gefahren wird, arbeiten noch 420 (1995) statt 950 (1989) Hüttenwerker, das Werk ist zu 40% ausgelastet. Wie es derzeit im Walzwerk aussieht, war nicht in Erfahrung zu bringen; es dürfte hier aber nicht besser sein.

Die Belegschaft des Maschinenbauwerkes schrumpfte von rund 14.000 (1989) auf 9.300 (1992), auch sie nimmt weiter ab. Derzeit konzentriert es seine Produktion auf Dieselmotoren, Wasserturbinen und Industrieausrüstungen. Doch auch hier laufen die Geschäfte schleppend. Nur die billigen Reparaturmöglichkeiten für Dieselmotoren scheinen derzeit noch ein gutes Standbein zu sein. Der einzige Lichtblick in dieser Traditionsbranche ist das Großgetriebewerk "Renk-Reschitza", das als joint venture schon über 20 Jahre läuft, einen Kundenstamm auf dem Weltmarkt hatte und behielt und derzeit sogar dem schlechten Qualitätsimage rumänischer Produkte entfliehen kann. Allerdings bietet es nur 400 Arbeitsplätze -mit dreifachem rumänischem Durchschnittslohn -, und ohne den engagierten kaufmännischen Direktor der deutschen Mutterfirma sähe es nicht besser aus als bei anderen Betrieben. Dieses Unternehmen besitzt eine große Vorbildfunktion für den Übergang zur Marktwirtschaft; leider ist es fast ein Einzelfall in Rumänien.

b. Bevölkerung

Typisch ist auch der Gang der Bevölkerungsentwicklung für alle alten Montangebiete: solang die Industrie blüht, wächst die Bevölkerung rasant; geht die Industrie oder der Bergsegen nieder, sinken die Einwohnerzahlen ebenso rasch. Seit ihrem Bestehen hat die Industriestadt wie ein Magnet auf die Bevölkerung des Umlandes gewirkt. Die Zahlen der Tabelle 1 spiegeln dies wieder. 1989 hatte die Einwohnerzahl mit rund 124.000 ihren Höhepunkt erreicht. Dann brach das große System zusammen und mit ihm das kleine, lokale, das bisher so gut behütet war. Schon in der Volkszählung 1992 war die Einwohnerzahl auf 97.000 geschrumpft. Selbst wenn man die Unsicherheit der Daten in Betracht zieht, ist die Größenordnung erschreckend: fast jeder fünfte hat innerhalb von drei Jahren die Stadt verlassen. Dabei ist das Banater Bergland von der Aussiedlung der Deutschen nur wenig betroffen, so daß die Mehrheit der Migranten die Landflucht von einst in eine Art Stadtflucht umgekehrt hat. Vor allem die noch wenig in der Stadt verwurzelten mit weiter bestehenden Bindungen zu ihren Herkunftsdörfern haben von der Rückgabe der Felder dadurch Gebrauch gemacht, daß sie in die Landwirtschaft zurückgegangen sind, oder wenigstens auf den elterlichen

Hof, um der Arbeitslosigkeit zu entgehen. Größere Abwanderungsströme in andere Städte, wie sie von Miskolc nach Debrecen stattfanden, dürfte es wegen der großen Wohnungsnot in allen rumänischen Städten nicht gegeben haben, wenngleich einige Reschitzaer in die bessere Konsumgüter- und Handelsbranchensituation etwa nach Temeswar abgewandert sind.

Jahr	1989	1990	1991	1992	90/89	91/89	92/89
Gesamtbevölk.							
aktive Bevölkerung	200600	181800	162100	148500	90,63	80,81	74,03
Lohnabhängige	152300	144700	114100	101300	95,01	74,92	66,51
Arbeiter	123400	115100	87400	76200	93,27	70,83	61,75
Arbeitslose *(Quote)*	0	0	5100	24100	*0,00*	*3,15*	*16,23*
Lohnabhängige in							
Landwirtschaft	6500	6800	5300	4900	104,62	81,54	75,38
Forstwirtschaft	3000	2600	1700	3500	86,67	56,67	116,67
Industrie	73800	69800	57200	50200	94,58	77,51	68,02
Bauwesen	17200	14600	7700	7500	84,88	44,77	43,60
Transportwesen	14800	13900	11000	8900	93,92	74,32	60,14
Telekommunikation	1600	1900	1800	1800	118,75	112,50	112,50
Handel	11900	12000	8500	6200	100,84	71,43	52,10
Kommunalwirtschaft	8600	8200	5600	1200	95,35	65,12	13,95
Unterricht, Kultur	5400	5700	7100	6700	105,56	131,48	124,07
Wissenschaft	1300	600	400	500	46,15	30,77	38,46
Gesundheitswesen	5200	5300	4900	4700	101,92	94,23	90,38
Verwaltung	900	1200	1200	1600	133,33	133,33	177,78
sonstige	2100	2100	1700	3600	100,00	80,95	171,43

Quelle: Breviar Statistic, 1992, S. 4 und 7.

Tab. 3: Entwicklung der Beschäftigtenzahlen im Kreis Karasch-Severin (Caras-Severin)

Rascher als in anderen Kreisen hat sich hier auch der Bruch im demographischen Reproduktionsverhalten gezeigt. Schon 1990 überwogen die Sterbefälle die Geburten, anderswo trat dies erst ab 1992 oder später ein.

Auch bei der Beschäftigtenzahl gab es zwischen 1989 und 1992 erhebliche Einbrüche, allerdings aber kaum große Strukturveränderungen wie sonst. Die Gesamtzahl der Beschäftigten sank um ein Viertel von 200.000 auf 148.000, die der Lohnabhängigen um ein Drittel von 152.000 auf 101.000. Davon waren alle Branchen betroffen, die Industrie zahlenmäßig aber besonders stark mit 25.000 Abgängen. Erstaunlicherweise hielt sie ihren Anteil von rund 50% fast konstant, während ein Anstieg der -registrierten- Landwirtschaftsbeschäftigten im Gegensatz zu Gesamtrumänien (+5%!) ausblieb. Für den Kreis Karasch-Severin zeigt Tabelle 3 den drastischen Niedergang der Beschäftigtenzahl zwischen 1989 und 1992 nach Branchen aufgeschlüsselt. Tabelle 4 gibt für Reschitza einen Überblick über die Beschäftigtenstruktur von 1992 nach Branchen und - für diese Region wichtig - nach ethnischer Zugehörigkeit, Abbildung 3 verdeutlicht dies für die Wirtschaftssektoren. Das neue Phänomen der Arbeitslosigkeit betraf 1992 im gesamten Kreis Karasch-Severin 24.000 Personen oder 16,2% der Beschäftigten (Rumänien gesamt: 8,4%!). Da 52.000 aus der Beschäftigung ausgeschieden, aber nur 24.000 arbeitslos gemeldet sind, erhebt sich die Frage, wo die restlichen 26.000 geblieben sind. Einige sind abgewandert, einige haben im privaten Bereich eine Beschäftigung - oft schwarz - erhalten, die meisten sind aber wohl in der nun privaten Kleinlandwirtschaft untergetaucht, vor allem da jemand mit über zwei Hektar Landbesitz keine Arbeitslosenunterstützung erhält.

Reschitza hat ein Viertel aller Einwohner des Kreises Karasch-Severin und ein gutes Viertel aller Beschäftigten, aber knapp die Hälfte aller Beschäftigten in der verarbeitenden Industrie, wovon wiederum rund zwei Drittel in den beiden großen Montanwerken arbeiten. Hieran wird deutlich, welche Bedeutung die Stadt und die beiden Werke haben, welche Gefahren die drohende Stillegung für die Bewohner der Stadt und ihres Umlandes heraufbeschwören. Dies sei am Beispiel des Pendlerwesens kurz dargestellt. Während 1985 5.500 Pendler allein in die beiden Werke strömten (>20% der Belegschaft), ist nach 1990 das Pendlerwesen wegen hoher Energie- und damit Transportkosten und unzuverlässiger Busanbindung so gut wie zusammengebrochen: die "unzuverlässig" am Arbeitsplatz erscheinenden Dorfbewohner, die zudem noch eine kleine Landwirtschaft fürs Überleben haben, wurden zuerst entlassen. So blieb das etwa 15 km entfernte Dognatschka (Dognecea) mit 2.300 Einwohnern praktisch ohne Arbeitsmöglichkeiten, da auch der zweite Arbeitgeber, die Eisengruben, stillgelegt sind.

	gesamt	Rumänen	Deutsche	Ungarn	Srb./Krt.	sonstige	Rumänen in %	Deutsche in %	Ungarn in %	Srb./Krt. in %	sonstige in %
Landwirtschaft	508	454	19	19	3	13	89,37	3,74	3,74	0,59	2,56
Forstwirtschaft	161	154	1	2	3	1	95,65	0,62	1,24	1,86	0,62
I. Sektor	669	608	20	21	6	14	90,88	2,99	3,14	0,90	2,09
Bergbau	332	301	12	10	2	7	90,66	3,61	3,01	0,60	2,11
produzierendes Gewerbe	22440	19696	1025	885	237	597	87,77	4,57	3,94	1,06	2,66
Gas,-Wasser-, Energ.versorg.	1590	1403	64	73	19	31	88,24	4,03	4,59	1,19	1,95
Bau	3325	3022	84	148	20	51	90,89	2,53	4,45	0,60	1,53
II. Sektor	27687	24422	1185	1116	278	686	88,21	4,28	4,03	1,00	2,48
Handel	3102	2762	79	151	45	65	89,04	2,55	4,87	1,45	2,10
Gastronomie	801	731	21	23	7	19	91,26	2,62	2,87	0,87	2,37
Transport und Telekommunik.	2535	2301	72	73	25	64	90,77	2,84	2,88	0,99	2,52
Banken, Versicherungen	470	432	20	10	5	3	91,91	4,26	2,13	1,06	0,64
Makler	63	59	0	2	0	2	93,65	0,00	3,17	0,00	3,17
Forsch.+Entwickl., Information	1123	965	81	49	11	17	85,93	7,21	4,36	0,98	1,51
Verwaltung, Sozialversicher.	1563	1450	49	36	10	18	92,77	3,13	2,30	0,64	1,15
Unterricht	1844	1643	90	58	27	26	89,10	4,88	3,15	1,46	1,41
Gesundheit und Sozialarbeit	1946	1739	96	65	21	25	89,36	4,93	3,34	1,08	1,28
Kultur, Sport, Tourismus	1650	1378	81	97	21	73	83,52	4,91	5,88	1,27	4,42
III. Sektor	15097	13460	589	564	172	312	89,16	3,90	3,74	1,14	2,07
sonstige	197	163	12	9	3	10	82,74	6,09	4,57	1,52	5,08
Suche nach 1. Arbeitsplatz	1667	1398	76	69	13	111	83,86	4,56	4,14	0,78	6,66
gesamte Erwerbsbevölkerung	45317	40051	1882	1779	472	1133	88,38	4,15	3,93	1,04	2,50
Gesamtbevölkerung	96918	83307	5322	4048	1240	3001	85,96	5,49	4,18	1,28	3,10
Anteil der Erwerbsbevölkerung	46,76	48,08	35,36	43,95	38,06	37,75					

Quelle: nach Daten der Volkszählung 1992 errechnet

Tab. 4: Erwerbsbevölkerung in Reschitza (Reşiţa) nach Nationalitäten und Wirtschaftszweigen 1992

(a)

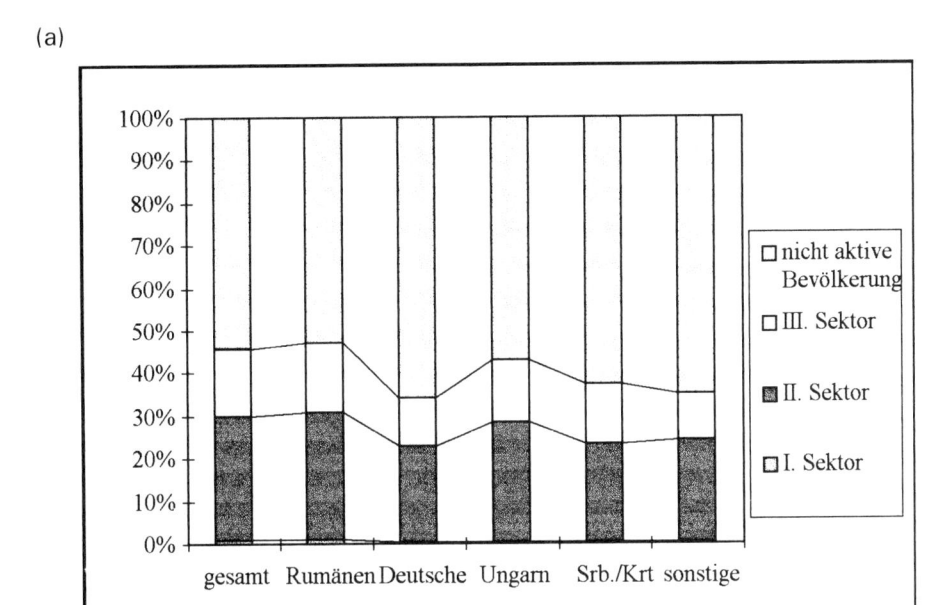

Quelle: nach Daten der Volkszählung 1992 errechnet

(b)

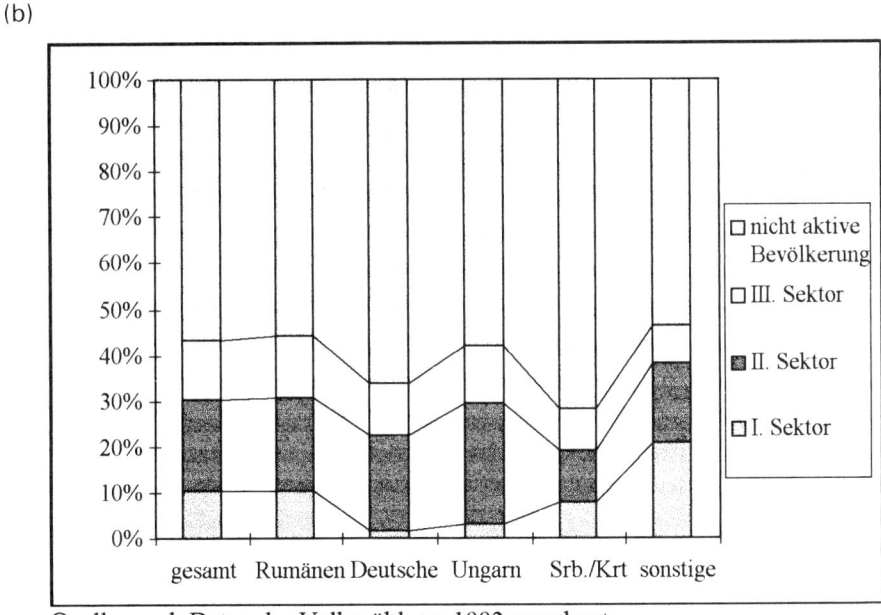

Quelle: nach Daten der Volkszählung 1992 errechnet

Abb. 3: Erwerbsbevölkerung nach Nationalität und Wirtschaftssektor in der Stadt Reschitza (a) und im Kreis Karasch-Severin (b)

c. Umweltbeeinflussung

Ebenso wie in allen Montanregionen ist auch in Reschitza die Umwelt durch die lange industrielle Tätigkeit mittelbar und unmittelbar schwer in Mitleidenschaft gezogen. Dies gilt aufgrund der typisch ungünstigen Gebirgsrandlage und der politisch bedingten Wertlosigkeit aller Umweltgüter im sozialistischen Rumänien für alle Bereiche. Allerdings kann dies kaum nachgewiesen werden, da Umweltdaten nur spärlich erhoben werden und immer noch zentralisiert von Bukarest gesammelt und mehr geheim als parat gehalten werden. Dagegen hilft auch ein zwangsläufig engagiertes und sehr rühriges Kreisumweltamt nur wenig: ihm fehlen fast alle Mittel, die geringen Kompetenzen auszuschöpfen oder gar mehr zu machen, als von Bukarest gewünscht - oder besser - zugelassen ist.

Die Böden sind sicher durch die über 200-jährige Immission von Staub und Schwermetallen stark belastet. Große Haldenkomplexe überlagern sie an vielen Stellen. Auch von diesen rührt eine große Staubbelastung her. Schlimmer dürfte aber die Auswaschung einer Großzahl von Schadsubstanzen sein, die in den abgelagerten Schlacken vorkommen. Durch diese Sickerwässer, durch die aus den eigentlichen Produktionsbereichen und die fast ungeklärten Abwässer der Wohnbereiche und der Industrie sind Grund- und Flußwasser der gesamten Depression stark verschmutzt. Glücklicherweise spendet das Banater Gebirge genügend sauberes Trink- und Brauchwasser, so daß es wenigstens zu keinen Versorgungsproblemen kommt. Wegen der nicht ganz durchgeführten Hochschornsteinpolitik war die Luft bis 1989 in der Depression hoch belastet und bei winterlichen Inversionswetterlagen gesundheitsbedrohlich. Hätte die ebenfalls in enger Tallage errichtete neue Großkokerei mit ihrer veralteten Technik und ohne jegliche Filter den Betrieb aufgenommen, so wäre die Katastrophe bei der Luftverschmutzung perfekt gewesen.

Die Transformation brachte nach 1990 wie in allen Ostblockländern zunächst einmal passive Verbesserungen der Umweltsituation. Der enorme Produktionsrückgang - 60% in Rumänien! - und die Stillegung veralteter und damit hochgradig schädlicher Betriebe ließ den Schadstoffeintrag zunächst rapide sinken. Bei Luft und Wasser mit ihrem schnellen Austausch gab es Verbesserungen, beim Boden kommt wenigstens nicht mehr so viel an Schadstofffracht hinzu. Auch das Bewußtsein gegenüber der Umwelt hat sich geändert, seit die zur Opposition zählenden "Grünen" sich offen äußern dürfen und Umwelt- und Gesundheitsdaten eher wahrheitsgemäß, wenn auch spärlich veröffentlicht werden. Aktive Verbesserungen der Umweltsituation sind bis heute allerdings kaum zu beobachten.

6. Aussichten und Möglichkeiten

In der gegenwärtigen Situation und bei den lückenhaften Daten und eher zufälligen Beobachtungsmöglichkeiten eine sinnvolle Prognose für die Werke und die von ihnen abhängige Stadt Reschitza geben zu wollen, ist ein gewagtes Unterfangen. Dennoch sind einige Dinge in ihrer Entwicklungsrichtung zu erkennen.

Als großes Damoklesschwert schwebt über Beschäftigten und Einwohnern die anscheinend schon zentral beschlossene Stillegung der beiden Werke und aller ihrer Abteilungen. Gegenwärtig hängen sie noch am staatlichen Subventionstropf, doch ist zu befürchten, daß sie beim Anlaufen der sogenannten großen Privatisierung recht schnell von den Zuschüssen abgeschnitten werden, nicht zuletzt, weil sie ein wirtschaftliches Standbein der bei den Machthabern ungeliebten Provinz Banat sind. Doch den Reschitzaern ist bewußt, daß mit den Werken auch ihre Stadt stirbt. Deshalb kämpfen sie vehement gegen diesen Niedergang. Es sind auch Führungspersönlichkeiten in der Stadt und den Unternehmen am Werk, die mit Energie, Ideen und internationalen Verbindungen am Erhalt der Region arbeiten. Beim Maschinenbauwerk sind es billige Reparaturen, mit denen man sich über Wasser hält, und man versucht mit Kleinserien innovativer Produkte und über neue Lizenzen mit alten Vertragspartnern wenigstens einige Abteilungen zu retten. Im Hüttenwerk, das noch schlechter dasteht, bemüht man sich um ausländisches Kapital und Aufträge. Anscheinend wird ein Siemens-Martin-Ofen demnächst von einem spanischen Konsortium für 40 Mio. DM - im Banat ist die Mark die Rechnungsbasis, in Bukarest der Dollar - durch einen Elektroofen ersetzt, der dann Stahl in die EU liefern soll. Ob dies eine "Stillegungsinvestition" oder ein Lichtblick für das Werk ist, bleibt abzuwarten; die Ingenieure sind zuversichtlich, der Bürgermeister und ehemalige Werksdirektor ist skeptisch. Ein anderer wirtschaftlicher Anker soll die neue Kokerei werden. Mit den von den ehemals jugoslawischen Kokereien abgeschnittenen Serben wurde vereinbart, nach Aufhebung des Embargos serbische Kohle in Reschitza zu Koks zu verarbeiten und nach Serbien zurückzubringen. Dafür würde Belgrad die Kokerei fertigbauen und Arbeitsplätze erhalten. Auch dies ist ein Zukunftsplan, der nur vage Erfolgsaussichten hat. Serbien wird nach dem Krieg eher "Kohle" im übertragenen Sinne als Koks nötig haben. Die wirtschaftlichen Aussichten sind also denkbar schlecht, da Hilfe weder von innen noch von außen zu erwarten ist und Ausweichmöglichkeiten auf andere Branchen sehr begrenzt sind.

Nach dem Transformationsschock wird die Bevölkerungszahl der Stadt wohl nur noch in mäßigen Schritten weiter sinken. Die Wanderungsvorgänge dürften weitgehend abgeschlossen sein, da es überall kaum neue Wohn- oder Arbeitsmöglichkeiten gibt, auch nicht mehr die Hoffnung darauf. Als Reaktion auf den bis 1989 mit allen Mitteln erzwungenen Kindersegen und auf die miserable Lebenssituation dürfte die natürliche Bevölkerungsbewegung negativ bleiben. Bei den Beschäftigtenzahlen ändert sich gegenwärtig wohl wenig, da die Großbetriebe weiter hoch subventioniert werden. Sollte die große Privatisierung tatsächlich greifen, ist mit einem weiteren starken Rückgang der Industriebeschäftigten zu rechnen, der gerade in unserer Region nicht im geringsten durch neue Arbeitsplätze im Privatsektor wird aufgefangen werden können. Die offiziellen, mehr noch die inoffiziellen Arbeitslosenzahlen werden dann in enorme Höhen schnellen, die für den sozialen Frieden recht gefährlich werden. Die Bevölkerung des Umlandes kann jedenfalls für länger nicht mehr mit städtischen Arbeitsmöglichkeiten rechnen, sie hat aber den Vorteil, sich wenigstens versorgen und mit land- und forstwirtschaftlichen Produkten etwas Handel treiben zu können.

Die Umweltsituation wird sich auf dem gegenwärtigen Stand halten. Passive Verbesserungen kann es nicht mehr viele geben, und an aktiven Maßnahmen ist wegen des Kapitalmangels und vieler anderer Probleme, die die Menschen unmittelbar bedrängen, nicht zu denken. Was in Boden, Grundwasser und Halden ruht, wird dort ohne jegliche Maßnahmen als Altlast bleiben. Sollten sich ökonomische Möglichkeiten einer Wiederbelebung bieten, wird man sie ohne große Gedanken an die Folgen für die Umwelt ergreifen. Die wirtschaftliche Not läßt trotz gestiegenem Bewußtsein Umweltbedenken nicht zu.

Es ist ein düsteres und trostloses Bild über die Zukunft Reschitzas und seiner Industrie zu zeichnen, und weit und breit sieht man keine Hoffnung auf Milderung oder gar Lösung der doppelten Transformationsprobleme. Einzig die Menschen bieten Hoffnung, denn noch haben sie nicht resigniert, noch gibt es einen regionalen Zusammenhalt, trotz - oder wegen ?! - der ethnischen Vielfalt, noch glaubt man, aus der reichen Arbeits- und Pioniertradition die Kraft für neue Lösungen und Anfänge schöpfen zu können. Die Menschen dort haben keine andere Wahl, sie müssen und wollen im Bergland bleiben, und sie tun dies noch mit trotziger Hoffnung.

7. Literatur

Die Daten von 1992 sind der amtlichen Veröffentlichung der Volkszählungsergebnisse von 1992 durch die "Nationale Kommission für Statistik" Rumäniens entnommen, so fern nichts anderes erwähnt wird. Diese Veröffentlichung liegt im Tübinger Institut für donauschwäbische Geschichte und Landeskunde in Auszügen vor.

Atlanten:

Atlas der Donauländer.- Red.: BREU, J., Wien 1970 ff.

Atlas Ost- und Südosteuropa.- Herausgegeben vom Österreichischen Ost- und Südosteuropa-Institut. Redaktionelle Gesamtleitung: P. JORDAN. Wien 1989 ff. Blatt 5.1 - G.1: Verwaltungsgliederung Ost- und Südosteuropas.

Nationalatlanten der betreffenden Länder

Literatur:

BAUMANN, J. (1989): Geschichte der Banater Berglanddeutschen Volksgruppe.- (=Eckart-Schriften, Bd. 109), Wien.

DIRECTIA JUDETEANA DE STATISTICA CARAS-SEVERIN. (HRSG.) (1992): Breviar statistic <al Judetului Caras-Severin> (Handgeheftetes Kopienexemplar). o.O (Resita) 1992.

HISHOW, O. (1994): Wirtschaftserneuerung in Rumänien: Gradualismus versus Schock.- In: Südosteuropa-Mitteilungen, 34.Jg.,1994,H. 4,
S. 305-320.

UNIVERSITATEA DIN BUCURESTI, INSTITUTUL DE GEOGRAFIE (HRSG.) (1987): Geografia Romaniei,Band III: Carpatii Romanesti si Depresiunea Transilvaniei.-Bukarest,1992. (Zit. als GRoIII).

SENCU, V.; BACANARU, I. (1976): Judetul Caras-Severin,- (= Institutul de Geografie <Bucuresti> (Hg.): Judetele Patriei), Bucuresti.

Uzina constructoare de masini - S.A. Resita (1991): Uzina constructoare de masini - S.A. Resita.- (Festschrift zum 220-jährigen Bestehen), o.O. (Resita), o.J. (1991). (Zit. als UCMR)

Hans-Heinrich Rieser
Geographisches Institut
Universität Tübingen
Hölderlinstraße 12
72074 Tübingen

REGIONALE UMWELTPROBLEME: ANALYSEN UND METHODEN

UMWELTPROBLEME IM BODEN- UND VEGETATIONSSYSTEM VON UNGARN

von
Dr. Ilona Bárány-Kevei, Szeged

mit
3 Abbildungen

1. Einführung

Die Böden und die Vegetation Ungarns haben sich im vergangenen Jahrhundert grundlegend verändert. Die zur Zeit der Türkenherrschaft durchgeführten Abholzungen, die Flußregulierungen im vergangenen Jahrhundert sowie die intensive landwirtschaftliche Produktion haben die Dynamik der Landschaftsentwicklung verändert. In weiten Teilen des Landes kam es zur Degradation der Böden und demzufolge zur Verarmung der Vegetation.

Nicht nur die bisher erwähnten Faktoren, sondern auch die Wirkungen der globalen und regionalen Umweltprobleme verstärken die ungünstigen Degradationsprozesse. Aus diesem Grund entstehen im Boden- und Vegetationssystem weitere, nicht prognostizierbare Veränderungen, die erst vermieden werden können, wenn man die Funktionsweise des Systems erschließt. Die Prozesse im Boden stehen im engen Zusammenhang mit den Material-Energieströmungsvorgängen der Vegetation und der Lithosphäre. Ihr Zustand und ihre Entwicklungstendenzen können ohne Berücksichtigung der obigen Elemente nicht bewertet werden.

2. Degradationserscheinungen

In dieser Studie werden vor allem die Veränderungen der Vegetationsbeschädigung analysiert, es wird aber auch auf die Veränderung der anderen Faktoren hingewiesen.

Der Boden ist eines der größten Naturpotentiale Ungarns. Ein bedeutender Teil des Volkseinkommens stammt aus dem Pflanzenbau. Der Bodenschutz und die Lösung der Umweltschutzprobleme sind daher für das ganze Land eine wichtige Aufgabe. Die Bodenfruchtbarkeit in Ungarn wird durch folgende Faktoren eingedämmt: Austrocknungsgefahr wegen hohen Sandgehalts, kleine Pufferkapazität, Versauerung der Böden, Versalzung, hoher Tongehalt, Versumpfung, Wasser- und Winderosion.

Die angeführten Faktoren sind aber nicht immer auf die Degradationsprozesse der Böden zurückzuführen. Von Bodendegradation wird gesprochen, wenn in den Bodenfunktionen eine Störung auftritt, wenn sich die Bodenfruchtbarkeit verringert, sich die bodenökologischen Umstände verschlechtern und auch die Bedingungen der Bodenbearbeitung ungünstiger werden.

Folgende Degradationserscheinungen treten in Ungarn am häufigsten auf: Wassererosion (2,3 Mi. Hektar), Winderosion (1,4 Mi. Hektar), Versauerung auf sauren Böden (2,3 Mi. Hektar), Sekundärversalzung (0,4 Mi. Hektar), Bodendichte im Unterboden infolge Bodenstrukturdegradation (1,2 Mi. Hektar), extremer Wasserhaushalt des Bodens sowie biologische Degradation. Die weitaus häufigste und bekannteste Bodendegradation ist die Versauerung der Böden. Es ist bewiesen worden, daß dieser Vorgang, der sich in ursprünglich sauren Böden zeigt, auch in unserem Land bedeutend ist.

In Ungarn ist die Versauerung auf drei Gründe zurückzuführen: der eine ist die Anwendung von ungeeigneten Kunstdüngern und Pestiziden in der Landwirtschaft. Das führt zu einer Akkumulation von Säuren von 5-6 kmol/ha/Jahr. Dieser Effekt ist vor allem der Anwendung von Stickstoff- und Superphosphatdüngern in großen Mengen zuzuschreiben. Der zweite Grund der Bodenversauerung ist die Deposition von Säuren aus der Atmosphäre (1 kmol/ha/ Jahr). Ihre Wirkung zeigt sich bei der Mobilisierung von Giftstoffen (Toxika). Diese toxischen Stoffe werden von der Pflanze aufgesogen, so daß die Säuren auf indirekte Weise auch auf die Vegetation wirken. Ein weiterer Faktor, der zur Versauerung von Böden führen kann, ist die unsachgemäße Deponierung von Abfällen, welche heutzutage allerdings nur noch lokal auftritt. Die Bodenreaktionen auf die Versauerung wird durch die Pufferkapazität der Böden bestimmt. In Kenntnis der Pufferkapazität wurde die Karte der Versauerungssensibilität der Böden angefertigt (Abb.1). Ungefähr 30 % des Gesamtgebietes der ungarischen Böden sind versauerungssensibel. Man findet von der Versauerung bedrohte Böden im Bereich des einstigen Überschwemmungsgebietes der Theiss sowie die Sandböden im Gebiet Nyírség. Dasselbe trifft auf die vulkanischen Restgebirge Nordungarns sowie die Gebiete Transdanubiens zu. Auf den letztgenannten Gebieten wird die Versauerung der Böden auch durch die Eigenschaften des Grundgesteins unterstützt. Anhand der durchgeführten Bodenanalysen hat sich die Gesamtfläche neutraler Böden in den letzten 5 Jahren um 4 % verringert, während die Gesamtfläche der Böden mit einem pH-Wert von 5,5-6,5 um 4 % größer wurde.

Weitere wichtige Degradationsfaktoren sind darüber hinaus die Wasser- und Winderosion.

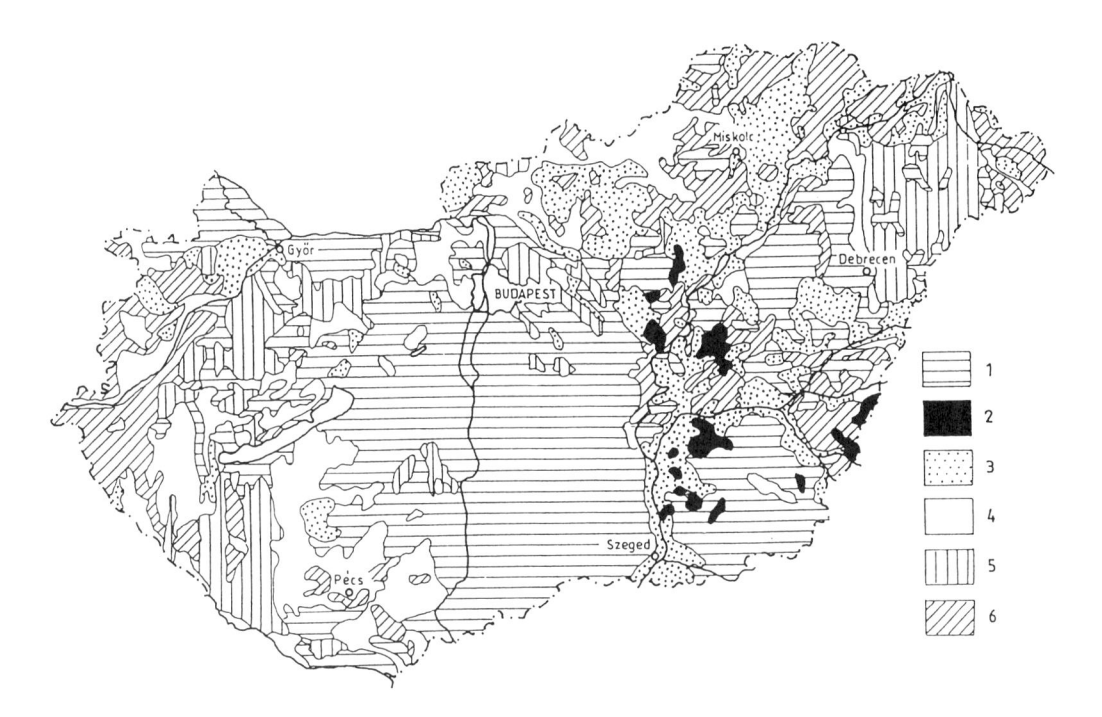

Abb. 1: Die Versauerungssibilität von Böden in Ungarn

Legende: 1 = unsensible Böden
          2 = unsensible alkalische Böden
          3 = mäßig sensible Böden mit großer Pufferkapazität
          4 = Böden mit mäßiger Pufferkapazität
          5 = Böden mit niedriger Pufferkapazität
          6 = stark saure Böden

Die Bodenerosion ist aus dem Grunde gefährlich, weil sie zur Verschmälerung der Ackerkrume beiträgt: der Verlust an organischen Substanzen beträgt daher jährlich 1,5 Millionen Tonnen. Wird die Wirkung der Bodenerosion in ihrer lokalen Verteilung untersucht, so sind vor allem unsere Hügel- und Gebirgslandschaften bedroht.
Von der Winderosion sind aber auch wertvolle Landwirtschaftsgebiete im Donau-Theiss-Zwischenstromland und auf den Sandgebieten Südtransdanubiens betroffen. Diese Bodenerosionsgefahr wird oft durch die oben angesprochene Versauerungssensibilität der Böden verstärkt. In diesen Landschaften unterbindet die Abtragung organischer Substanzen sogar die Möglichkeit zur Verhinderung der

Versauerung, die durch die Pufferkapazität der humosen Horizonte gesichert wird. Rund 50 % des Gesamtgebietes der Böden in Ungarn sind von Verdichtung und von Strukturverschlechterung aufgrund des Anbaus bedroht. Das gilt auch für Sandböden mit lockerer Struktur und für Tonböden. Im Großteil des Alföld spielt dieser Vorgang heutzutage eine große Rolle. Der hohe Sand- und Tongehalt führt gleichzeitig zum extremen Wasserhaushalt der Böden, was letzten Endes zur Bodendegradation beiträgt.

Der nicht sachkundige Anbau (ungünstige Pflanzendecke) verstärkt die Erosion noch. Dies bedeutet, daß nach Abtragung humoser Horizonte die Erosion des freiliegenden Unterbodens stärker wird. SZABÓ, L. und SZERMEK, ZS. (1992) haben in dieser Hinsicht Untersuchungen angestellt: nach ihren Angaben beträgt die durch Erosion verursachte Bodenabtragung auf den landwirtschaftlich genutzten Gebieten der Gödöllöer Hügellandschaft auf mäßig erodierten Gebieten 15-25 Tonnen/ha/Jahr, auf stark erodierten Gebieten über 30 Tonnen/ha/Jahr.

Schmutzstoffe wie Abwässer, Schlammwässer, Schwermetallgehalt von Abfällen sowie luftfremde Stoffe gelangen in den Boden. Aus dem Grundwasser, wo sie als Lösung vorhanden sind, werden sie von den Pflanzen aufgesogen und kommen so in den Nährstoffzyklus. Solche Stoffe sind Cu, Mu, Se, B. In den Oberflächengewässern ist es der Phosphor, im Grundwasser sind es die Nitrate, die ähnliche toxische Vorgänge verursachen.

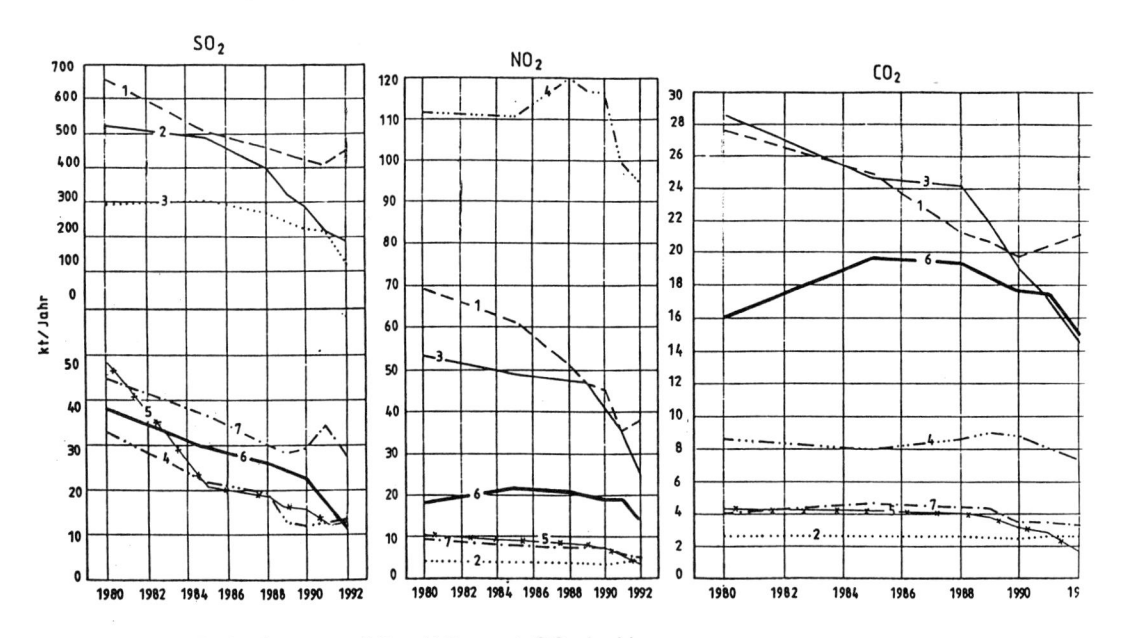

Abb. 2: Emission von SO_2, NO_2 und CO_2 in Ungarn

Legende: 1 = Wärmekraftwerke
           2 = Industrie
           3 = Bevölkerung
           4 = Verkehr
           5 = Leistung
           6 = Landwirtschaft
           7 = andere Wärmeproduktion

Hier muß man kurz auf die Luftverschmutzungsfaktoren eingehen. Anhand der diesbezüglichen, heute noch gängigen Messungen ist die Luft in 3,9 % des Gesamtgebietes von Ungarn stark verschmutzt. Hier leben 28,6 % der Landesbevölkerung. Mittelmäßig verschmutzt sind 9,3 % des Gesamtgebietes, wo 23,7 % der Bevölkerung leben. Die Abb.2 zeigt die Emission einiger wichtiger Schadstoffe in den letzten 12 Jahren. Aufgrund dieser Abbildung ist eindeutig festzustellen, daß der Ausstoß der meisten luftverunreinigenden Stoffe seit 1980 geringer wurde. Diese Verminderung ist vor allem bei der Emission von Schadstoffen seitens der Haushalte und des Verkehrs und bei manchen anderen Faktoren etwas unregelmäßiger. Die Luftschadstoffe fördern den Treibhaus-Effekt und treiben - am Beispiel FCKW - die Auflösung der Ozonschicht voran. Ihre Wirkung auf die Versauerung der Böden kann man nicht außer acht lassen.

Die anthropogen bedingte Bodenveränderung hatte die Veränderung der ursprünglichen Vegetation zur Folge. (Abb.3):
In Ungarn beträgt die Gesamtfläche der Wälder 1,7 Millionen Hektar (18 %). Der Prozentanteil der einheimischen Baumarten beträgt 55 %. Davon sind 34 % Eichenwälder und 6 % Hainbuchen. Leider werden bei der Aufforstung nicht die einheimischen Baumarten vorgezogen, sondern schnell wachsende Akazien und Tannen bzw. auf guten Böden Hybrid-Pappeln, die mit großem Gewinn vermarktet werden können. In den letzten Jahren wurde der Waldbestand in großem Maße geschädigt. Die Waldschäden stehen oft in enger Verbindung mit der Luftverunreinigung.
Die Zahl der von anderen Faktoren bedrohten Pflanzengesellschaften hat ebenfalls zugenommen. Besonders die Vegetation humider Gebiete wurde nach den Trockenlegungen der Sümpfe geschädigt.
Die Gesamtflächen der Nixkrautgewächseassoziation (Lemno-Potametea), der Vegetation am Rande der Bäche (Filipendulo-Petasition) und der Röhrichte (Cypero-Phragmitea) hat sich verringert. Schwer bedroht sind die Quellenmoore (Montio-Cardaminetea) und die austrocknenden Moorwiesen. Die natürlichen Pflanzengesellschaften der Sandsteppen (Corynephoretalia, Festucetalia viginatae) und der Grassteppen (Festucion rupicolae) wurden Opfer der landwirtschaftlichen Bodennutzung. Auch das Salzsteppengebiet, das in ganz Europa einzigartig ist, hat sich verkleinert.

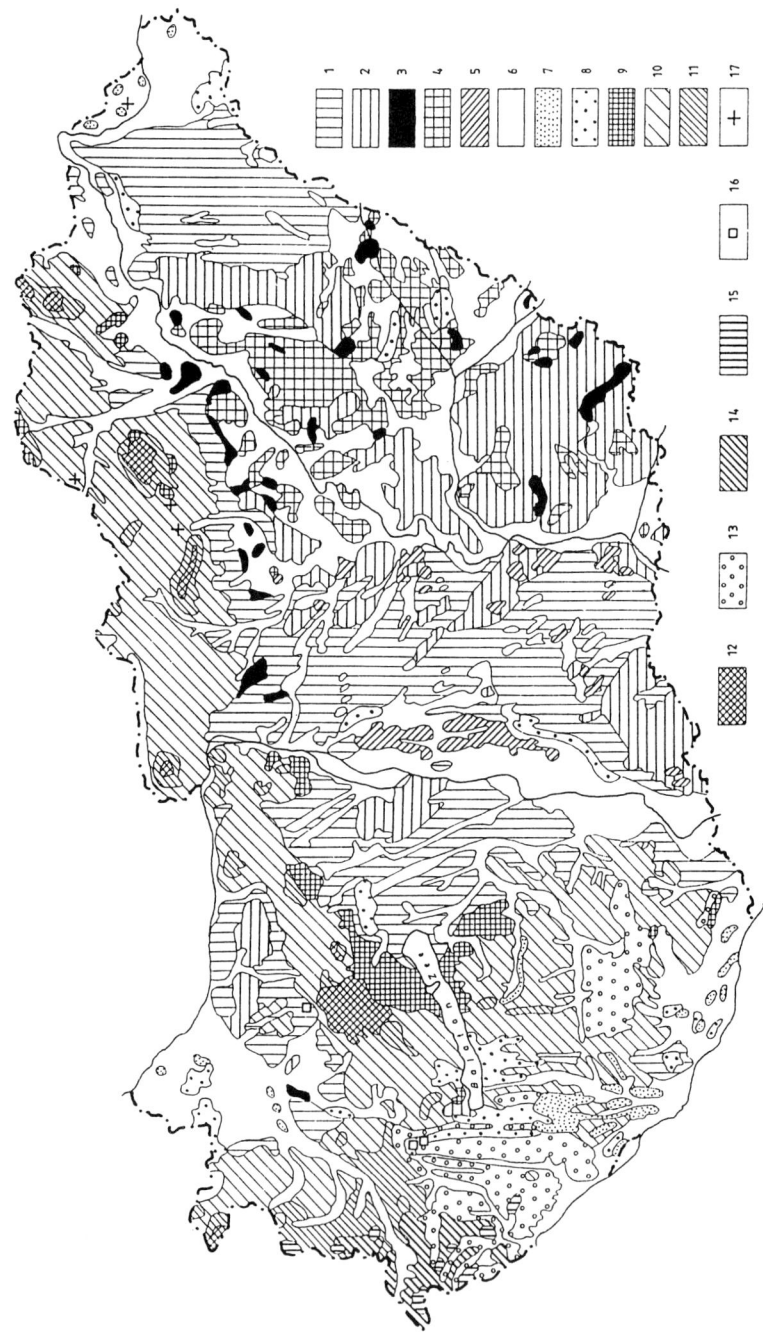

Abb. 3: Die veränderte Vegetation aufgrund anthropogen bedingter Bodenveränderung

Legende:
1 = Eichenwälder und Grassteppen auf Sandboden und Eichenwälder mit Ahornholz auf Löß.
2 = Grassteppen auf Löß.
3 = Feld- und alkalischer Ahornholzwald.
4 = Keimblattpflanzen auf Solonetzboden.
5 = Keimblattpflanzen auf Solontschakboden.
6 = Auenwald und Sumpfpflanzen.
7 = Tiefländische Hainbuchen-Eichenwälder.
8 = Moorwiesen mit Moorwäldern.
9 = Karstwälder und kontinentalisch-wollige Eichenwälder.
10 = Eichenschälwälder.
11 = Bergische Hainbuchen-Eichenwälder.
12 = Submontan- und Montan-Buchenwälder.
13 = Buchenwälder und Hainbuchen-Eichenwälder.
14 = Eichenwälder mit Kiefernholz.
15 = Kiefernholzwälder und Tannenholz-Fichtenholzwälder
16 = Restkiefernwälder
17 = Übergangsmoor- und Torfmoorgebiet.

Die Senkung des Grundwasserstandes gefährdet die Moorwälder (Alnetea glutinosae). Wegen der Belastung der Flußufer wurde auch das Gebiet der Busch-weiden (Salicetalia purpurae) und der Auenwälder (Alno-Padion) kleiner. Die Wälder auf sauren Böden (Quecertea robori-petraeae) werden durch die aus der Atmosphäre stammenden Stickstoffe gefährdet. Geschädigt werden auf dem Alföld die Lößeichen (Aceri tataico-Quercetum), die Sandeichen (Festuco rupicolae-Quercetum), (Convallario-Quercetum), die Wacholder (Junipero-Population) und die Wälder auf Salzböden (Galatello-Quercetum, Festuco pseudovinae-Quarcetum).

3. Zusammenfassung

Zusammenfassend kann man feststellen, daß neben den direkten anthropogenen Wirkungen (Pestizide, intensive Bodennutzung) auch die indirekte Beschädigung der Vegetation eine große Rolle spielt. Zu diesen indirekten Faktoren gehören die Bodenverschmutzung, die Veränderung der Bodenfruchtbarkeit, die Senkung des Grundwasserstandes sowie die übermäßige Akkumulation der Nährstoffe im Boden. All diese Veränderungen spielen sich im Boden- und Vegetationssystem in engem Zusammenhang ab. Bei der Vorbeugung wird die Tatsache problematisch, daß sich die Mehrheit dieser Faktoren indirekt zeigt, weshalb ihre Prognostizierung bzw. rechtzeitige Erkennung nicht immer möglich ist.

Die reziproke Entwicklung von Boden und Vegetation bzw. ihre Umweltprobleme sind lokal auf verschiedene Art vertreten. Die Pufferkapazität der auf anderen Grundgesteinen entstandenen Böden ist ebenfalls unterschiedlich. Auf Karbonatgesteinen, aufgrund der Gesteinseigenschaften, gehen einige Vorgänge, z.B. die Versauerung, eine Zeit lang etwas langsamer vor sich. Dauerhaft ungünstige Wirkungen verringern aber auch auf diesen Gebieten die Pufferkapazität der Böden. Deshalb ist die ausführliche ökologische Analyse der Gebiete, die jeweils anders strukturiert sind und unter unterschiedlichen anthropogenen Einwirkungen stehen, notwendig. Das Erkennen der Beschaffenheit und der Dynamik der Vorgänge in der Landschaftsentwicklung ist unentbehrlich, wenn man die Vorbeugung projektieren will.

4. Literaturverzeichnis

HAZÁNK KÖRNYEZETI ÁLLAPOTÁNAK MUTATÓI. (Verzeichnisse zum Umweltstand in Ungarn, 1994): Körnzeyetvédelmi és Teröletfejlesztési Minisztérium. Budapest p.67.

TANULMÁNYOK HAZÁNK KÖRNYEZETI ÁLLAPOTÁRÓL. (Aufsätze über den Umweltstand von unserer Heimat, 1989): Környezetpolitika. Budapest.

Dr. Ilona Bárány-Kevei
Lehrstuhl für Physische Geographie
der Universität Szeged
Ungarn

REGIONALE UNTERSUCHUNGEN VON BODENSCHWERMETALLEN
(KAUSALSTUDIE IN MÁTRA)

von
ANDREA FARSANG, SZEGED

mit
2 Tabellen und 13 Abbildungen

1. Einführung

Metalle und darunter Schwermetalle sind natürliche Bestandteile unserer Umwelt, der Atmosphäre, des Bodens und des Wassernetzes. Dennoch scheint es laut Prognosen, daß sie in den nächsten Jahrzehnten zu bestimmenden Streßfaktoren der Umwelt werden. Schwermetalle können sich nämlich infolge der Veränderungen physischer, biologischer, chemischer Parameter (pH-Wert, Temperatur usw.) oder z.B. der Landschaftsnutzung (REICHE, 1992; FILIUS, RICHTER, 1991) remobilisieren, an manchen Orten sogar in einem den gesundheitlichen Grenzwert überschreitenden Maße akkumulieren. Menschliche Tätigkeiten (in der Landschaft regelmäßig verwendete Natur- und Kunstdünger, kommunale Abfälle, Metallhütten, Luftverschmutzung durch Chemiefabriken, Bleiemission des Verkehrs usw.) tragen grundlegend zur Akkumulation von Schwermetallen bei (FIEDLER, RÖSLER, 1993). Die Gründe erfordern ihre ausführliche Analyse sowie die Erschließung ihrer Verhältnisse zu anderen Landschaftskomponenten in der Umwelt.

In dieser Studie wird versucht, ein hinsichtlich seiner wirtschaftlichen Nutzung (Forst-, Landwirtschaft, Abbau) heterogenes Gebiet zu untersuchen. Eingegangen wird dabei auf die lokale Verteilung der Metallionen im Boden des Einzugsgebietes, sowie die darin bestehenden Gesetzmäßigkeiten. Als erstes bei der Erschließung der Wechselbeziehungen zwischen Landschaftskomponenten wurde die Beziehung dieser wichtigen, auf die Umweltveränderungen so empfindlich reagierenden Elemente mit anderen meßbaren Parametern der Bodenkunde und der Orographie untersucht. Die gemessenen Werte wurden mit dem europäischen Durchschnitt bzw. mit dem gesundheitlichen Grenzwert verglichen.

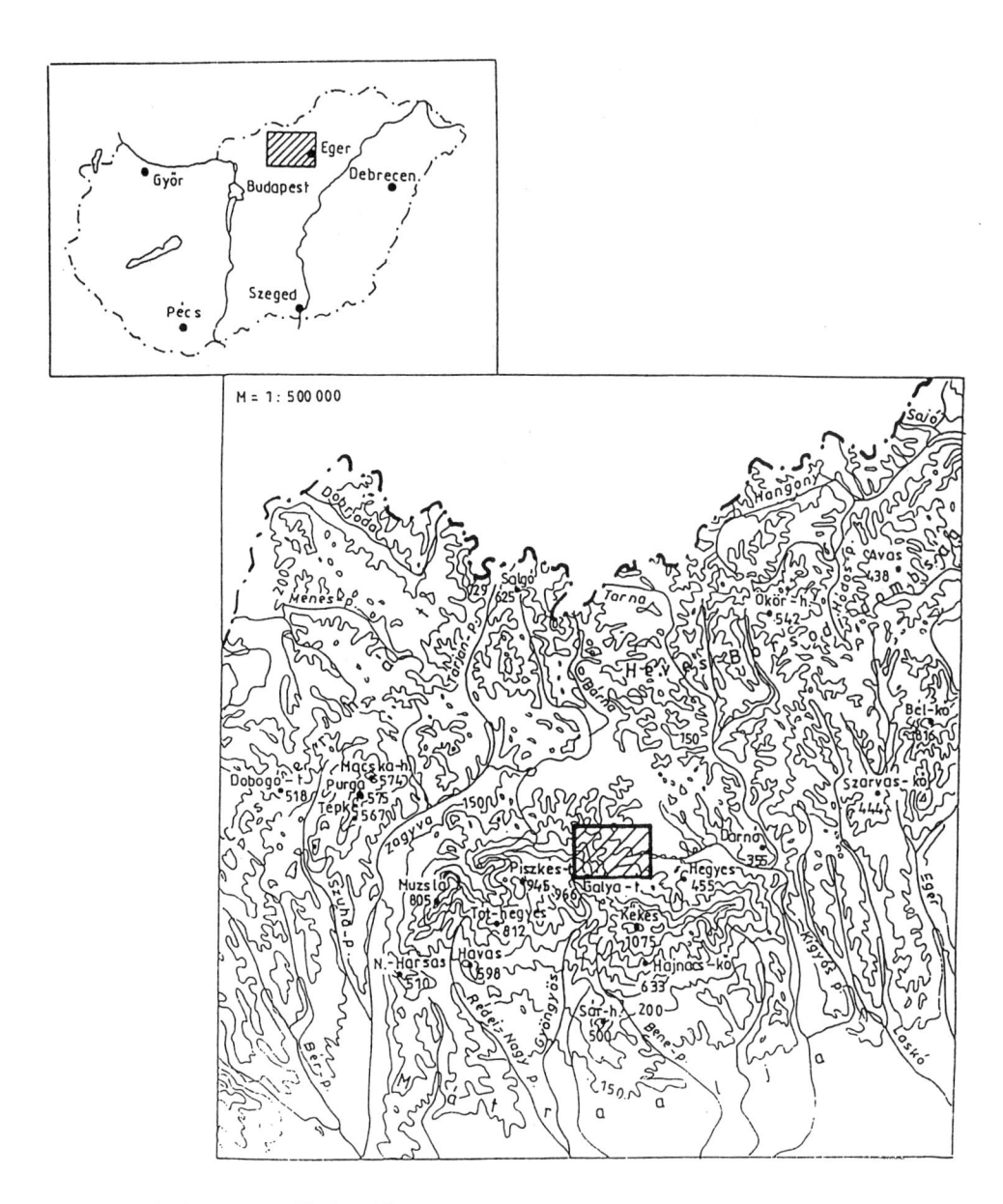

Abb. 1: Die Lage des Flußgebietes

2. Geographische Abgrenzung des untersuchten Gebietes

Bei der detaillierten Analyse der Beziehungen zwischen den verschiedenen Landschaftskomponenten wurde ein Gebiet ausgewählt, das hydrogeographisch einheitlich, aber geologisch, orographisch sowie angesichts seiner Landschaftsnutzung abwechslungsreich ist. Es erstreckt sich im nordöstlichen Teil des Mátragebirges, in der Kleinlandschaft am Fuß des Mátra und auf dem Gebiet des Parád-Recsk-Beckens (Abb.1). Zentrale Siedlung des ca. 6 km langen und 3-3,5 km breiten Einzugsgebietes ist Bodony. Abgegrenzt wird das Gebiet von der Wasserscheide, die das Einzugsgebiet des Balátabachs, des Kata-réti-Bachs und des Áldozó-Bachs von den Wasserläufen der umliegenden Gebiete trennt (Abb.2).

3. Probennahme, Methoden der Materialprüfung

Auf dem ca. 20 km^2 großen Gebiet wurden im Sommer 1992 und im Herbst 1994 mehr als 150 Bodenproben gesammelt. In Anbetracht der Homogenität des Gebietes wurde versucht, möglichst dicht aneinander liegende und gemessen an unseren Möglichkeiten gleichmäßige Probenahmen durchzuführen. Die Orte der Probenahmen liegen durchschnittlich 200-400 m voneinander entfernt. Die Untersuchungen über den Schwermetallgehalt, den pH-Wert und die hydrolytische Acidität der Böden wurden an Proben durchgeführt, die aus einer Tiefe von 30-40 cm entnommen worden sind. Der vertikale Schwermetallgehalt der Bodenprofile zeigt (FRÜHAUF, 1992), daß der lithogene Anteil des Metallgehalts schon in Proben aus dieser Tiefe nachweisbar ist. Es traten darüber hinaus anthropogene Verschmutzungen auf, die auf das Gebiet gewirkt haben. Der ausführlichen Analyse wurden 123 Proben unterzogen.

Die Messung des pH-Wertes (H_2O) wurde mit elektronischen pH-Meßgeräten durchgeführt. Die hydrolytische Acidität (y_1-Wert) ließ sich in Kalziumazetatlösung mit Phenolphtalein durch Titration bestimmen. Die Analyse des Bodenmetallgehalts wurde bei 9 Elementen (Co, Cu, Fe, Al, Cd, Mn, Ni, Pb, Zn) durchgeführt. Bei der Auswahl der Elemente spielten mehrere Faktoren mit. Unter Berücksichtigung des Grundgesteins (Andesit) mußte die Analyse der davon stammenden Elemente unbedingt gemacht werden (Cd, Cu, Ni, Zn). Die Bindung der Schwermetalle wird durch die Qualität der Eisen-, Mangan- und Aluminium-Oxide im Boden stark beeinflußt. Dies erklärt die Notwendigkeit der quantitativen Bestimmung dieser Elemente. Die Messungen des Blei- und Kadmiumgehalts der Böden waren andererseits zur Feststellung von etwaigen anthropogenen Verschmutzungen nötig. Anhand der Verteilungsuntersuchung von Variablen (Al, Cd, Co, Cu, Fe, Mn, Ni, Pb, Zn, pH, hydr. Acid.) wurden die Proben, die vom Durchschnittswert in großem Maße abwichen, von den weiteren Bewertungen ausgenommen.

Abb. 2: Die topographische Karte des Gebietes

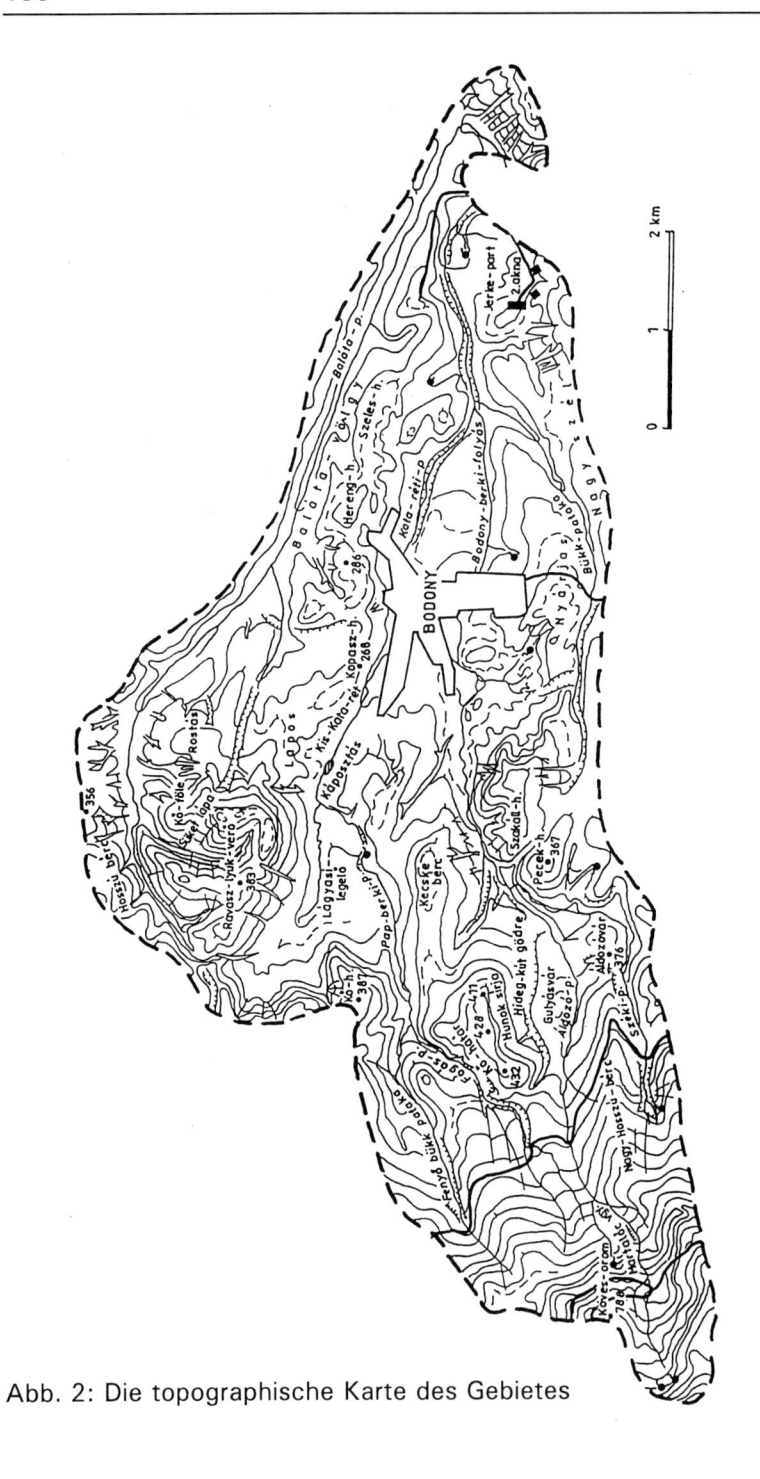

4. Bewertung der Ergebnisse

Der Bodenmetallgehalt wurde bislang vor allem angesichts der biologischen Rolle der Metalle analysiert. Es ist uns bekannt, wie diese Spurenelemente aus den wichtigsten natürlichen und anthropogenen Quellen in die Umwelt kommen (PAPP, 1983). Wir kennen ferner den globalen biochemischen Kreislauf einiger Metalle (PAPP, KÜMMEL, 1992). Es scheint aber wichtig zu sein, auch die räumliche Verteilung dieser Elemente zu analysieren. Was ist der Zusammenhang zwischen diesen und anderen innerhalb dieses kleinen Gebietes vorhandenen inkonstanten Faktoren?

Die Durchschnittswerte des Bodenmetallgehalts sind den vom Gebiet eingesammelten Proben nach wie folgt: (ppm) Al: 22246, Cd: 2.2, Co: 9.9, Cu: 14.2, Fe: 25441, Mn: 899, Ni: 26, Pb: 17, Zn: 61. Diese Werte entsprechen den Durchschnittswerten eines von anthropogenen Faktoren nicht oder mäßig belasteten Bodens (BRÜMMER ET AL., 1991) (z.B. Cu: 2-40 ppm, Ni: 5-50 ppm, Pb: 2-60 ppm, Zn: 10-80 ppm). Aber im Falle des Kadmiums liegt dieser Durchschnittswert zwischen 0.1-0.6 ppm. Der Wert auf dem untersuchten Gebiet ist mehrfach so groß (Abb.3), er nähert sich sogar dem gesundheitlichen Schwellenwert (3 ppm) (BRÜMMER ET AL., 1991). Die Quantität des Kadmiums in den untersuchten Böden wird in erster Linie durch das Grundgestein bestimmt. Bei anthropogener Belastung kommt ca. 2/3 des Kadmiums infolge der Verarbeitung von Nichteisenmetallen (Zink, Kupfer) in die Luft und dann aus der Luft durch trockene oder nasse Ablagerung weiter in den Boden (MÉSZÁROS et al., 1993). Als weitere anthropogene Quelle gilt die Müllverbrennung und die Herstellung von Phosphatdüngern.

Die gewonnenen Daten weisen aber auf nicht-anthropogene Verschmutzung hin. Die gemessenen Werte zeigen die ständige Korrelation zwischen Zink und Kadmium (Korrelationskoeffizienz: 0.69), die auf der Signifikanzebene von 0.001 eine signifikante Beziehung andeutet. Die Anhäufung von Zink auf dem Untersuchungsgebiet ist bekannt, der Zinkabbau war mehrere Jahre im Gange. Daher ist es also anzunehmen, daß der hohe Kadmiumgehalt vor allem auf die Qualität des Grundgesteins zurückzuführen ist.

Die Kadmiumverbindungen wirken giftig auf Warmblüter. In der Nahrungskette können sie relativ leicht zum Menschen gelangen, ihr gesundheitlicher Schwellenwert auf Menschen ist außerordentlich niedrig. Die Tatsache, daß sich dieses Element in diesem Maße angehäuft hat, erfordert unbedingt weitere Untersuchungen.

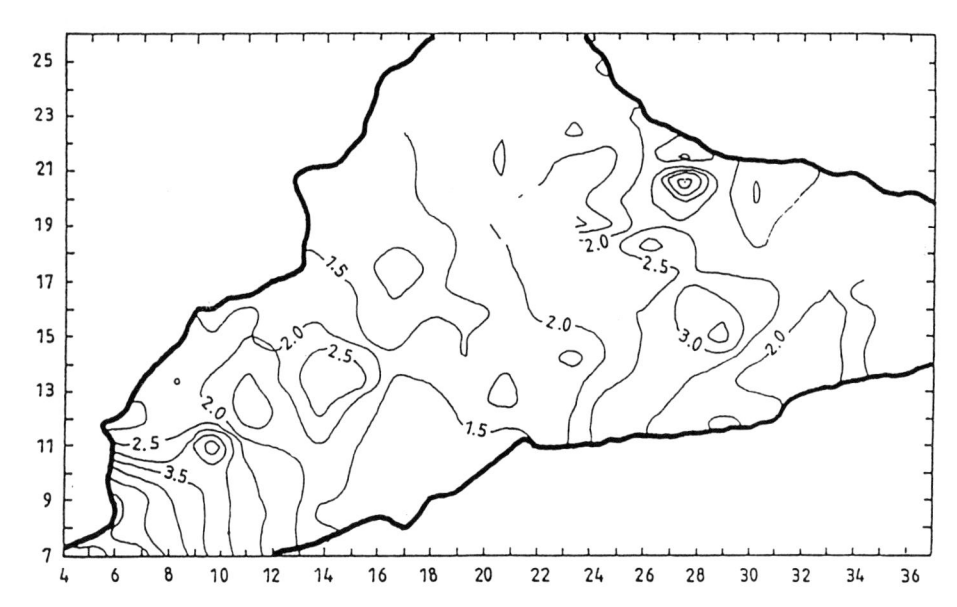

Abb. 3: Cd-Gehalt des Bodens

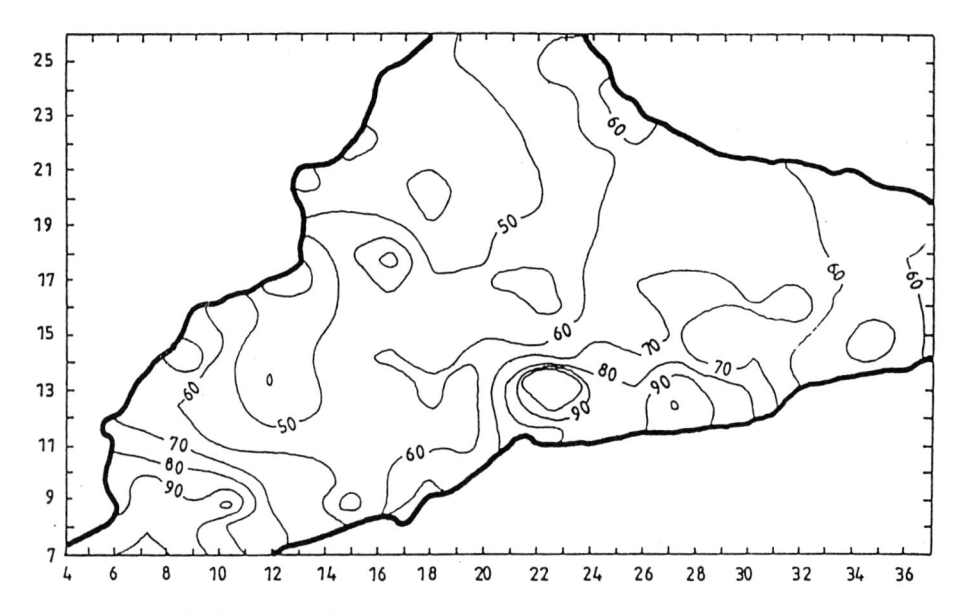

Abb. 4: Zn-Gehalt des Bodens (ppm)

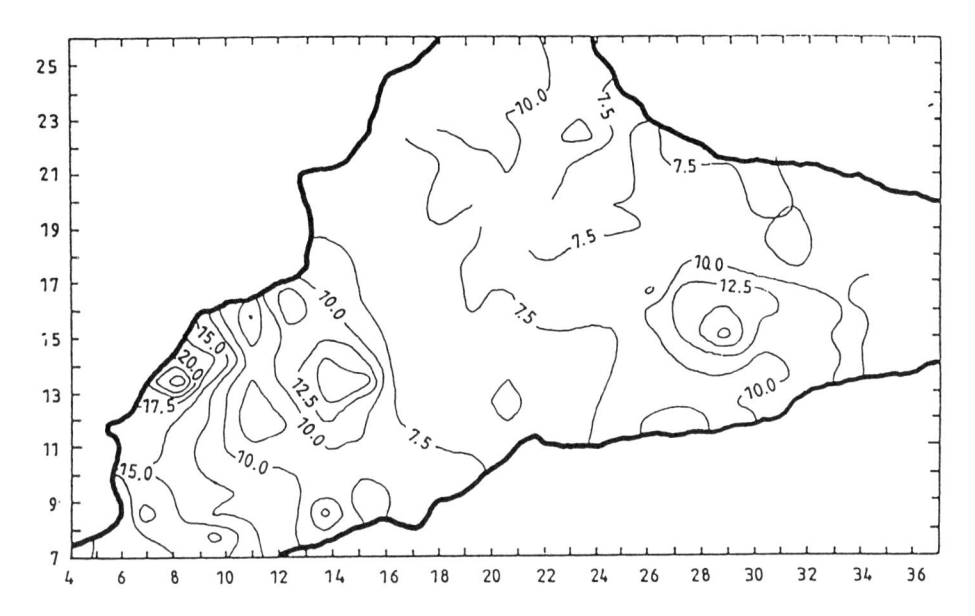

Abb. 5: Co-Gehalt des Bodens (ppm)

Auf der beigelegten Karte kann die räumliche Verteilung der Metallgehalte gut beobachtet werden (Abb.3.4.5). Wenn man sie mit der Niveaulinienkarte des Gebietes vergleicht, sieht man ihren engen Zusammenhang mit dem Georelief. Dies wird ferner durch die sichtbare Korrelation zwischen der Meereshöhe der Orte der Probenahme und den gemessenen Metallkonzentrationen unterstützt. Außer bei Kupfer ist die Relation zwischen allen Metallen und der Meereshöhe auf der Signifikanzebene von 0.001 signifikant (Abb.6.7). Dies kann natürlich mit Hilfe eines dritten Faktors, nämlich des numerisch nicht charakterisierbaren Grundgesteins erklärt werden. In den Tälern der Wasserläufe sind niedrigere, in Richtung der Wasserscheide höhere Werte des Metallgehalts zu finden. Besonders auffällig ist dies im südöstlichen Teil des Gebietes, wo die Reliefenergie am größten ist (auf dem Gipfel Galyatető zieht sich die Wasserscheide hin), auf dem Gebiet der Berge Pecek (367 m ü.d.M.) und Kecskebérc (340 m ü.d.M.). Die Böden der obengenannten Gebiete haben sich auf Andesit und auf dessen Tuffen gebildet. Hier ist die Bodenmächtigkeit wegen des größeren Abdeckungswinkels kleiner (auf der Bergseite von Galyatető oft nicht einmal 30-40 cm) als in den Becken. Auf diesen überwiegend lithomorphen Böden kommt die Wirkung des Grundgesteins auf den Metallgehalt viel mehr zur Geltung.

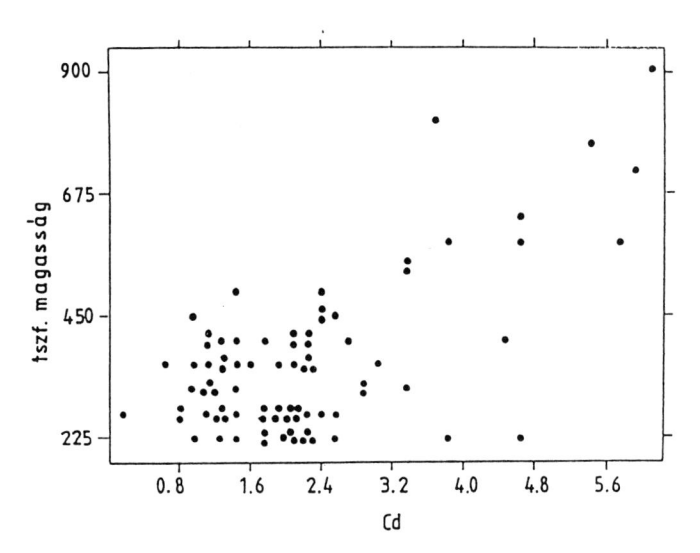

Abb. 6: Die Höhe (ü.M.) - Cd Diagramm

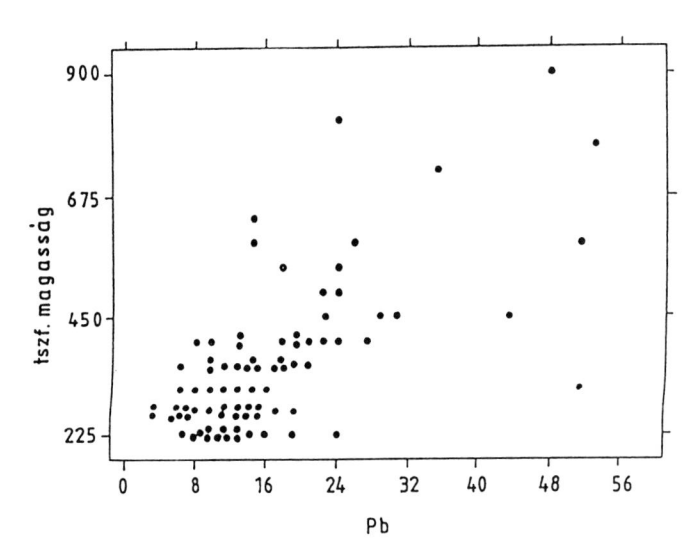

Abb. 7: Die Höhe (ü.M.) - Pb Diagramm

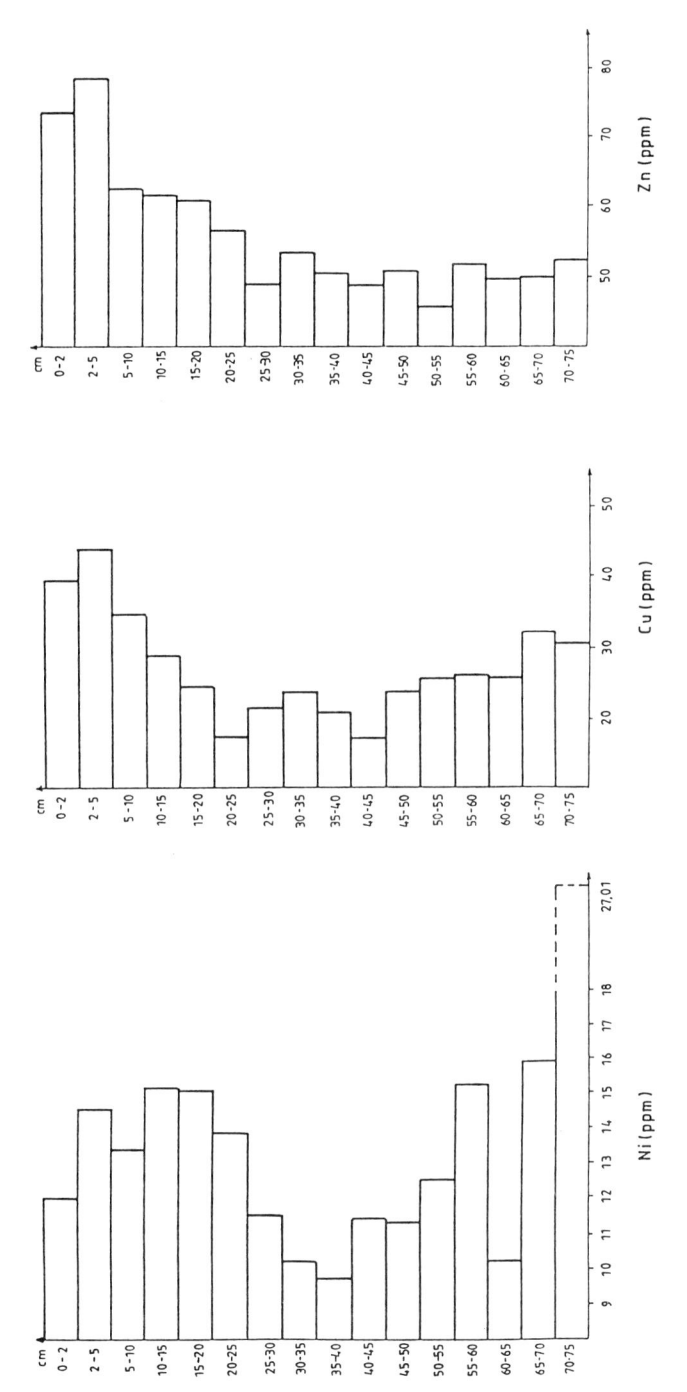

Abb. 8: Die Veränderung von Ni, Cu, Zn im Bodenprofil

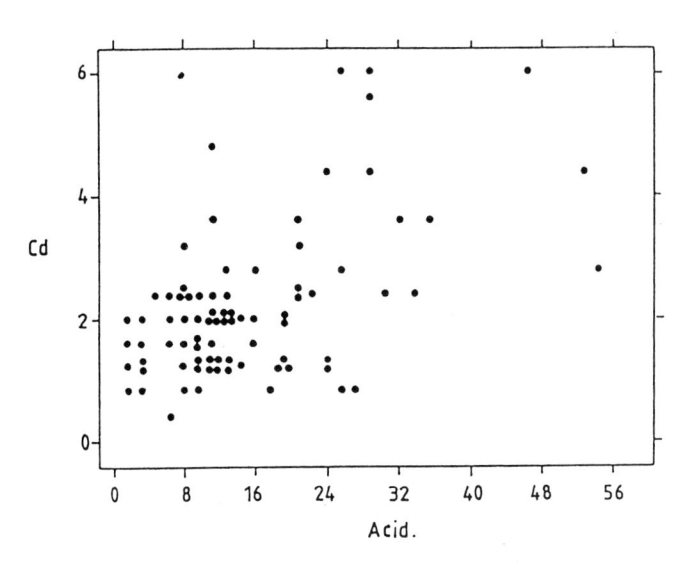

Abb. 9: Cd - hydrologische Acidität Diagramm

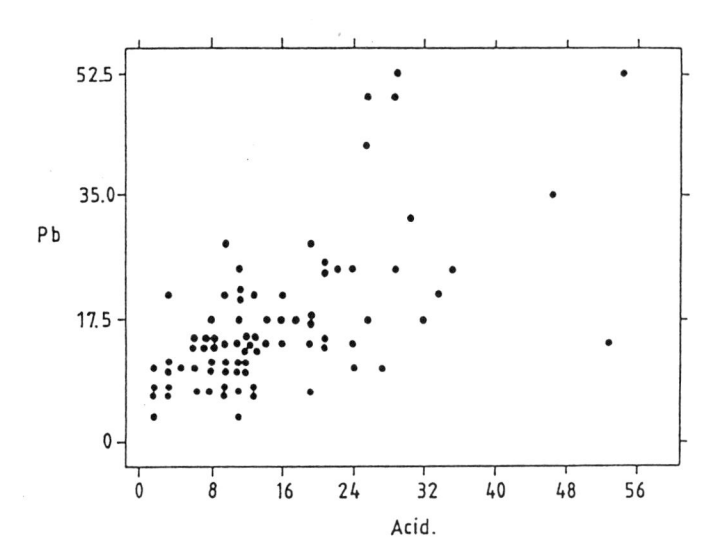

Abb.10: Pb - hydrologische Acidität Diagramm

Der Zusammenhang zwischen dem größeren Metallgehalt auf dem östlichen Teil des Gebietes und dem Relief sowie dem Grundgestein wird durch zahlreiche andere Faktoren modifiziert. Der von seiner Umgebung herausragende Jerkepart (250 m ü.d.M), ferner sein Grundgestein (Andesit) beeinflussen auch hier die Metallkonzentrationen. In diesem Teil des Gebietes befindet sich aber der Minenschacht 2 des Erzbergwerkes von Recsk und dessen Halde. Dies hat Auswirkungen auf die Böden der Umgebung. In der Nähe der Halde sowie in unterschiedlichen Entfernungen von ihr wurde die ausführliche Analyse dreier Bodenprofile durchgeführt. Abb.8 stellt die Veränderungen des Schwermetallgehalts innerhalb des Profils dar. Man kann leicht erkennen, daß mit der Tiefenveränderung 2 Akkumulationshorizonte entstehen. Die obere, oberflächennahe Akkumulation wird von dem Metallgehalt verursacht, den die auf der Oberfläche abfließenden und später hinabsickernden Niederschlagswässer aus der Halde ausspülen. Für die Akkumulation im unteren Horizont C ist die aus dem Grundgestein stammende, durch dessen Verwitterung entstehende Metallmenge verantwortlich.

Die Metallaufnahme des Bodens, die Mobilität des Bodenmetallgehalts und dadurch der Bodenmetallgehalt selbst werden unter den Bodenfaktoren vom pH-Wert des Bodens am stärksten beeinflußt. (VERMES ET AL., 1993). Tabelle 1 stellt den Zusammenhang zwischen der Bindung der untersuchten Metalle und dem pH-Wert des Bodens dar (MARKS ET AL., 1989). Die Bindungswerte sind wie folgt dargelegt: 0: keine Bindung; 1: sehr geringe Bindung; 2: niedrig; 3: mittelstark; 4: stark; 5: sehr stark.

Der Boden-pH kann aber auch auf andere Art und Weise charakterisiert werden. In den Proben, deren Metallgehalt untersucht wurde, wurde auch der Wert der hydrolytischen Acidität bestimmt. Man fand eine positive Korrelation zwischen diesen Werten und den Metallkonzentrationen. Die Diagramme der Abb.9 u. 10 stellen diese beinahe lineare Korrelation dar. Dieser Zusammenhang besteht außerdem auch räumlich. Der Boden-pH verändert sich fast parallel zu den Höhenlinien. Dies reicht aber unter Berücksichtigung der unteren Tabelle noch lange nicht aus, um die räumliche Metallverteilung zu beeinflussen (abgesehen von etwaigen lokalen Unterschieden), da die für das Gebiet charakteristischen pH-Werte zwischen 5.5-6.5 liegen. Die Wirkung des Boden-pH auf den Anstieg der Mobilisation setzt erst bei einem pH-Wert von 6.6 (Tab.1) oder mehr ein (BROMMER ET AL., 1991).

In dem Gebiet dominieren die Veränderungen des Grades orographischer, geologischer und anthropogener Verschmutzungen in O-W- bzw. NO-SW-Richtung. Deshalb scheint es sinnvoll, auch die Veränderungen der Metallkonzentrationen im selben Schnitt zu untersuchen. Im Vergleich mit dem orographischen Schnitt werden wohl bei Zn, Pb und Cd (Abb.11) die oben skizzierten Schwermetallkonzentrationen-Relief-Zusammenhänge genauso erscheinen wie durch das Relief die Schwermetallkonzentrationen-Grundgestein-Zusammenhänge.

Im Falle der 3 Schwermetalle sind die 3 übergroßen Werte auf die erwähnten orographischenEinheiten zurückzuführen. Das plötzliche Ansteigen der Werte nach O zeigt schon einen Übergang zum Gebiet des Lahócaberges, aus dem aber keine Bodenproben genommen worden sind.

Metalle	pH (CaCl$_2$)								
	2,5	3	3,5	4	4,5	5	5,5	6	6,5	7
Cd	0	0-1	1	1-2	2	3	3-4	4	4-5	5
Mn	0	1	1-2	2	3	3-4	4	4-5	5	5
Ni	0	1	1-2	2	3	3-4	4	4-5	5	5
Co	0	1	1-2	2	3	3-4	4	4-5	5	5
Zn	0	1	1-2	2	3	3-4	4	4-5	5	5
Al	1	1-2	2	3	4	4-5	5	5	5	5
Cu	1	1-2	2	3	4	4-5	5	5	5	5
Pb	1	2	3	4	5	5	5	5	5	5
Fe^{3+}	1-2	2-3	3-4	5	5	5	5	5	5	5

Tabelle 1: Wirkung des Boden-pH auf die Metallionen im Boden

Als letzter Schritt der die Erschließung dieses Verknüpfungssystems erzielenden Analyse wurde eine Clusteranalyse durchgeführt, die alle 10 Variablen (Al, Cd, Co, Cu, Fe, Mn, Ni, Pb, Zn, hydr. Acid.) mit berücksichtigt, die bei der räumlichen Klassifikation der Probenahmen relevant sind. Das Ziel dieser Untersuchung war es, nach der räumlichen Darstellung der Probeklassen (Clusterkarte), die Zusammenhänge mit dem Grundgestein und dem Relief auch auf diese Weise zu unterstützen. Die Probeklassen wurden nach dem euklidischen Maß, der Methode der weitesten Nachbarn gebildet. Abb.12 zeigt das vereinfachte Dendrogramm der erhaltenen Klassifikation.

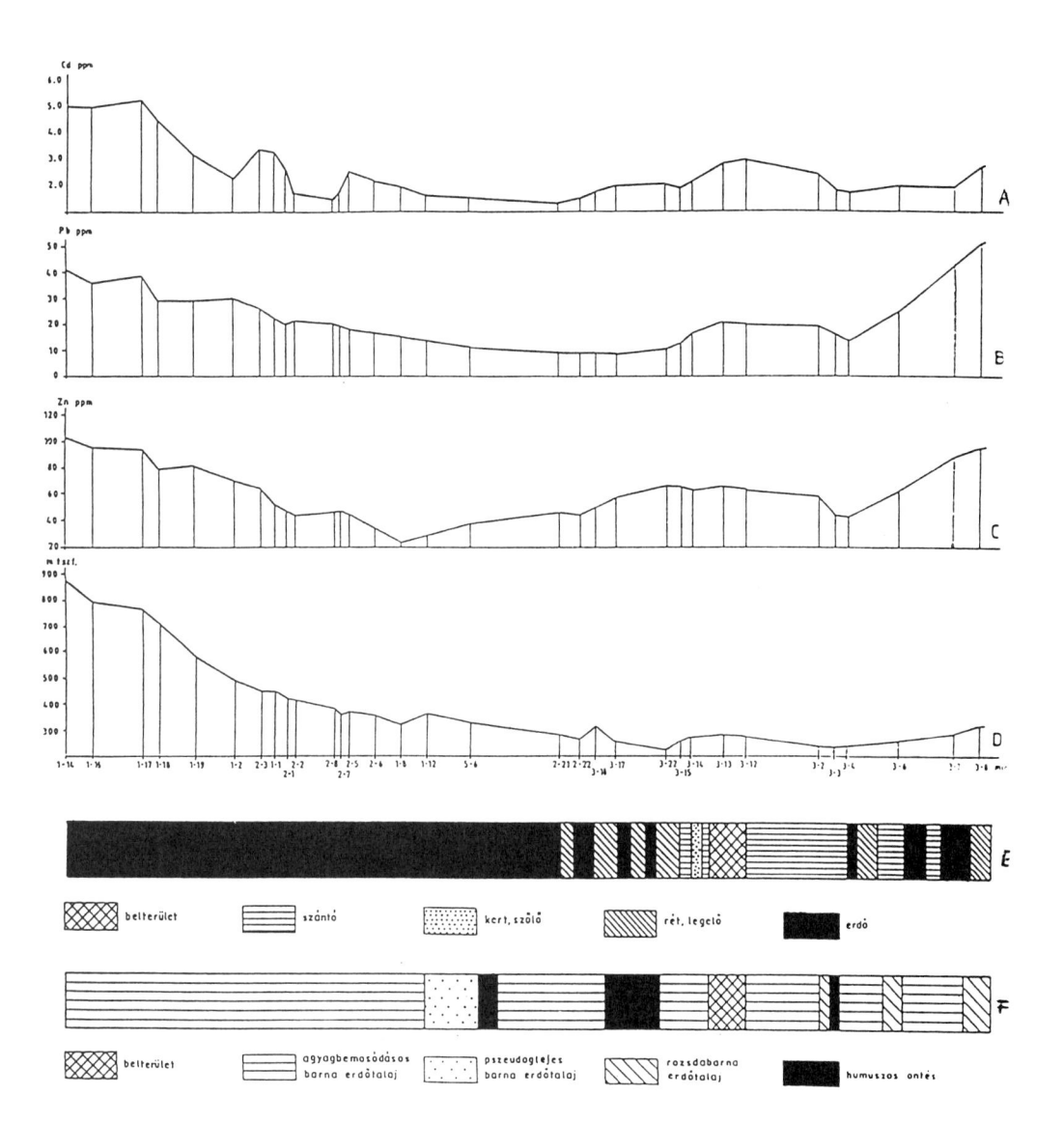

REGIONALE UNTERSUCHUNGEN VON BODENSCHWERMETALLEN 147

Abb.11: O - W Profil des Einzugsgebietes
   A-B-C : Cd, Pb, Zn Veränderung
   D : Das Relief
   E : Die Landnutzung
   F : Der Bodentyp

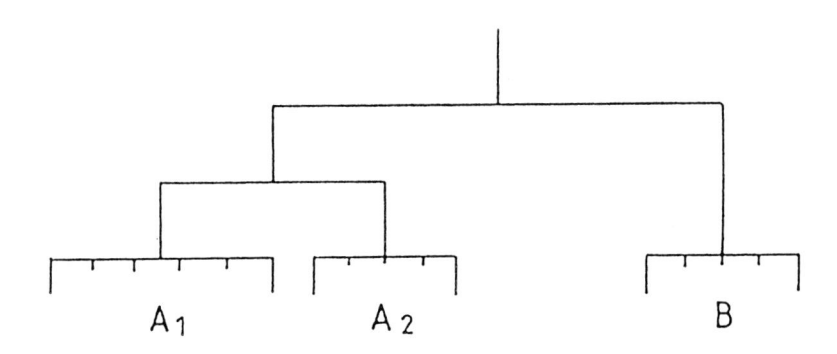

Abb.12: Das Diagramm der Cluster-Analyse

Die 3 Hauptprobeklassen (A_1, A_2, B) sind im Raum deutlich getrennt, kartierbar (Abb.13) und zeigen einen engen Zusammenhang mit dem Relief. Die Unterschiede innerhalb der klassencharakteristischen Durchschnittswerte sind von den Daten der Tabelle 2 abzulesen.

Die Probeklassen der Clusterkarte entsprechen den wichtigsten orographischen Einheiten des untersuchten Gebietes. Ein Teil der Proben aus der Klasse B ist auf der nach Galyatető stark ansteigenden Bergseite, ein anderer Teil in der Nähe der Halde zu finden, die zum Minenschacht 2 des Kupfererzbergwerks von Recsk gehört. Die meisten Proben aus der Klasse A_1 befinden sich in Becken, während diejenigen aus der Klasse A_2 in Hügellandschaften zu finden sind.

Metall	A_1	A_2	B
Zn	61.6	45.1	82.6
Cd	2.0	1.17	3.9
Cu	13.8	15.4	13.8
Pb	15.7	13.2	24.1
Co	9.7	6.7	13.9
Ni	28.5	25.1	22.0
Fe	24509.3	14364.8	40588.9
Mn	706.5	1090.0	1132.6
Al	21184.4	14922.4	33327.8
Hydr. Acid.	12.8	12.6	25.1

Tabelle 2: Durchschnittswerte des Metallgehalts in den Probeklassen

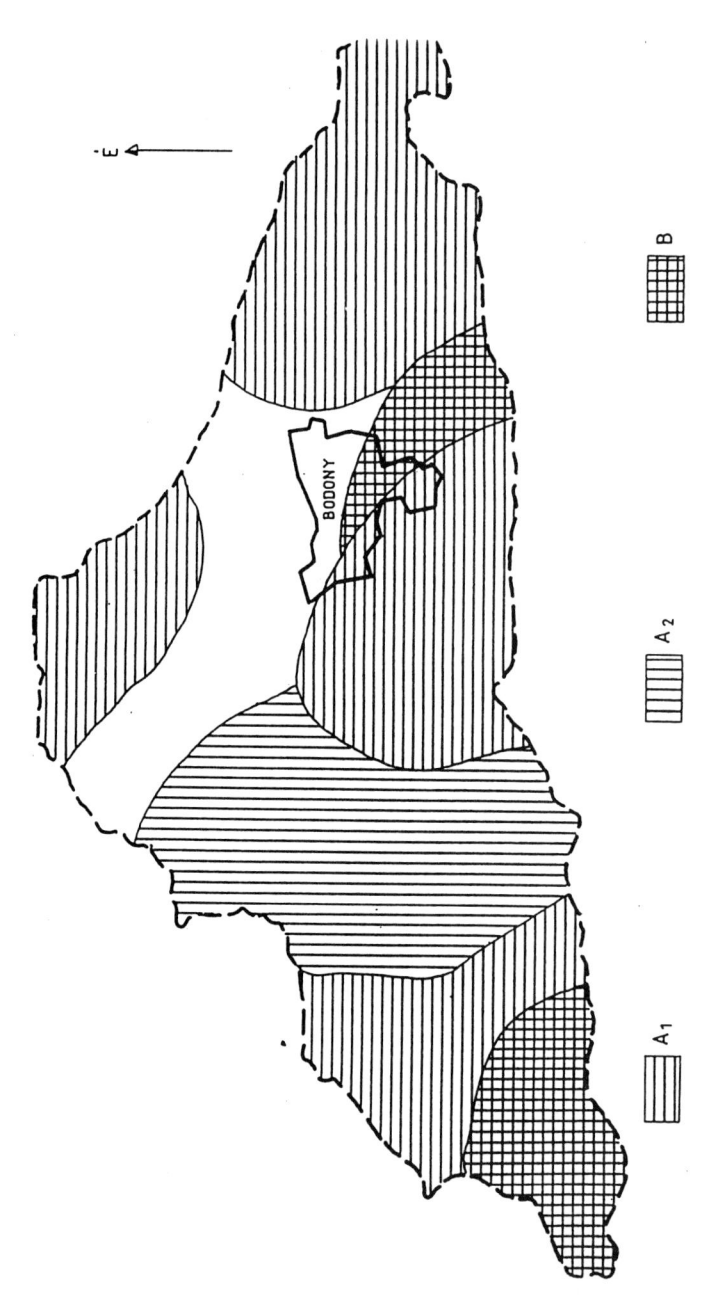

Abb.13: Die Clusterkarte des Einzugsgebietes

5. Zusammenfassung

Diese Studie untersucht innerhalb des Verknüpfungssystems der Landschaftskomponenten den Zusammenhang des Bodenmetallgehalts mit dem Relief und dem Boden-pH sowie die räumliche Anordnung dieser Komponenten. Anhand der obigen Ergebnisse kann man feststellen, daß die räumliche Verteilung der Metallionen im Boden des Gebietes nicht nur durch den Boden-pH und den Ton- und Humusgehalt des Bodens, sondern vor allem bei neutralen oder leicht sauren Böden auch durch das Grundgestein bestimmt wird. Der Zusammenhang zwischen dem Grundgestein, das eine numerisch nicht charakterisierbare Landschaftskomponente ist, und der Meereshöhe kann auf dem untersuchten Gebiet nachgewiesen werden. Daraus folgt die virtuale Verknüpfung des Bodenmetallgehalts mit der Meereshöhe von den Orten der Probenahmen. Zum Nachweis des anthropogenen Anteils am Metallgehalt sind weitere ausführliche Analysen über die vertikalen Bodenprofile der verschmutzten Gebiete im Gange. Ebenso bedarf die Bestimmung gegenseitiger Beziehungen zwischen dem Bodenmetallgehalt und anderen Landschaftskomponenten weiterer Analysen.

ABSTRACT: Areal distribution of metal elements in the soil of a small drainage basin of Mátra mountains has been examined. In addition to the concentration of the elements (Cd, Pb, Zn, Fe, Al, Cu, Co, Ni, Mn), pH values and hydrolytic acidity were used as well as petrological and relief data. The result shows tight connection between lithology and metal concentrations referring to the mainly lithogenic source of the examined elements. Cluster analysis was applied to determine the chemically uniform subareas. Results confirm significant relationship among soil chemistry, lithology and relief.

6. Literaturverzeichnis

BRÜMMER G.W., HORNBURG V., HILLER D.A (1991): Schwermetallbelastung von Böden - Mitteilung Dt. Bodenkundliche Gesellschaft 1991/63.pp.31-42

FIEDLER H.J., RÖSLER H.J. (1993): Spurenelemente in der Umwelt - Gustav Fischer Verlag Jena, Stuttgart.p.385

FILIUS A., RICHTER J. (1991): Desorption und Verlagerung von Schwermetal len in Abhängigkeit vom pH-Wert - Mitteilungen Dt. Bodenkundl. Gesellschaft 1991/66.pp.299-301

FRÜHAUF M. (1992): Zur Problematik und Methodik der Getrennterfassung geogener und anthropogener Schwermetallgehalte in Böden - Geoökodynamik, Band XIII.pp.97-120

MARKS R., MÜLLER M.J., LESER H., KLINK H.J.(1989): Anleitung zur Bewertung des Leistungsvermögens des Landschaftshaushaltes. Zentralausschuß für deutsche Landeskunde, Selbstverlag Trier.p.222

MÉSZÁROS E., MOLNÁR Á., HORVÁTH ZS. (1993): Atmosphärische Ablagerung von Mikroelementen in Ungarn. Agrochemie und Bodenkunde 1993/3.- 4.pp.221-228

PAPP S. (1983): Anorganische Chemie II. - Tankönyvkiadó Budapest.p.570

PAPP S., KÜMMEL R. (1992): Umweltchemie - Tankönyvkiadó Budapest.p.359

REICHE E.W. (1992): Regionalisierende Auswertung des Schwermetallkatasters Schleswig-Holsteins auf der Grundlage eines Geographischen Informationssystems - Kieler Geographische Studien, Band 85.pp.42-58

SOMOGYI S. ET AL. (1990): Kataster der ungarischen Kleinlandschaften 2. Ungarische Akademie der Wissenschaften, Geographisches Forschungsinstitut

VERMES L., PETHÖ E., PETRASOVITS I., CSEKÖ G., MARTH P. (1993): Untersuchungen des Kadmiumvorkommens im Komitat Pest - Agrochemie und Bodenkunde 1993/3.-4.pp.229-244

Andrea Farsang
Institut für Physische Geographie
der Universität Szeged
Ungarn

ÄNDERUNGEN DER LANDSCHAFT HERVORGERUFEN DURCH DIE WIRTSCHAFTLICHEN AKTIVITÄTEN DES MENSCHEN IN DER OBEREN NEUTRA

von
JOZEF JAKÁL, BRATISLAVA

mit
2 Tabellen und 2 Abbildungen

1. Einführung

Das Becken der Oberen Neutra (Horná Nitra) erstreckt sich im mittelslowakischen Gebiet und ist vom neovulkanischen Gebirge Vtáčnik und den Kerngebirgen Strážovské vrchy, Tribeč und der kleinen Fatra, hauptsächlich von ihren mesozoischen Karbonatgesteinen, umschlossen. Der Boden des tektonischen Beckens ist mit neogenen Sedimenten ausgefüllt, in denen sich Braunkohlen- und Lignitflöze befinden. Diese bildeten die Basis für die Entwicklung der Industrie der ganzen Region. Die Bergbau-, Energie-, chemische und Baumaterialindustrie sind die grundlegenden Industriezweige, die die Umwelt der Region veränderten.

2. Entwicklung der Industrie und ihre Folgen für die Umwelt der Oberen Neutra

Die Braunkohle- und Lignitressourcen bedingten die Entwicklung der Industrie der Oberen Neutra seit den vierziger Jahren unseres Jahrhunderts, in denen sich die Förderungsindustrie zu entfalten begann, die den Ausgangspunkt der energetischen Kette Kohleförderung - Veredelung und Lagerung - Transport - Transformation der Kohle als Energiequelle - Energieverteilung - Endverbrauch der Energie (SZÖLLÖS, J., 1993) darstellt. Die einzelnen Teile dieser Kette bewirken in dieser Region ernste Umweltprobleme. Im Entwicklungsprozeß der Energiekette blieb der Aufbau ihrer ökologischen Glieder zurück. Die hohe räumliche Konzentration der ganzen Kette in den südlichen Teil des Beckens der Oberen Neutra, der qualitativ minderwertige Grundrohstoff Braunkohle und Lignit mit einem hohen Schadstoff- und Ascheanteil und die veraltete Technologie der Umwandlung der Kohle in sekundäre Energie, führten zu einem hohen Grad der Umweltbelastung in der

Region. Die Umweltbelastung wird noch durch die chemische Industrie potenziert, die der Endabnehmer der Energie ist. Ein wesentlicher Teil der Energie wird an Stellen außerhalb der Region befördert. Für die weitere Entwicklung der Existenz der ganzen Kette kommt gerade dem ökologischen Glied eine Schlüsselposition zu. Sein weiterer Ausbau würde die günstige Entwicklung der Region ausgeprägt beeinflussen. Den Anfang würde der Aufbau von Einrichtungen für eine Entschwefelung der Verbrennungsprodukte der zwei Blöcke des Elektrizitätswerks Novaky und der Ersatz der älteren Kessel mit einem Übergang auf eine Fluidverbrennung machen. Es wurden einige Produktionsbetriebe eliminiert und ein moderner, umweltfreundlicherer Produktionsprozeß in der chemischen Industrie eingeleitet.

Die Landschaft der Oberen Neutra hat sich im südlichen Teil aus einer ursprünglich ausgeprägten Agrarlandschaft in eine stark industrialisierte Landschaft mit Unterdrückung ihrer Agrarfunktion verwandelt.

Die Landschaft wurde stark von den nachstehenden Änderungen betroffen, die eine Folge des Aufbaus der Energiekette sind:

a) Die Kohleförderung:
- der Untertagebau bewirkt Reliefdeformationen an der Landschaftsoberfläche, welche Auswirkungen auf das hydrologische und das Bodensystem der Landschaft haben,
- der Tagebau mit Umgestaltung der Terrainoberfläche und seiner Auswirkung auf den Boden und das hydrologische System.

b) Die Veredelung der Kohle, besonders die Sortierung und die Reinigung der Kohle erfordern die Aufschüttung von Abraumhalden und die Anlage von Kohlestaubdeponien.

c) Der Transport der Kohle bedingte den Aufbau eines Verkehrsnetzes, insbesondere eines Eisenbahnnetzes, das die Rohstoffquelle mit dem Kraftwerk verbindet.

d) Durch die Erzeugung von Elektrizität und Wärme, d.h. durch die Kohletransformation, wird die Umwelt am ausgeprägtesten beeinträchtigt:
   1) Durch primäre Emissionen verschmutzt sie die Atmosphäre, den Boden, das Wasser und die Biokomponenten mit Auswirkungen auf die Gesundheit der Bevölkerung;
   2) Durch den Aufbau von Ascheentschlämmungsanlagen ändert sich die Beschaffenheit der Landschaft; durch sekundäre Verschmutzung und Verstaubung werden eine Reihe von Veränderungen in der Landschaft hervorgerufen.

e) Die Energieverteilung erforderte den Aufbau eines dichten Netzes von Hochspannungsfernleitungen außerhalb der Region der Oberen Neutra und eine Wärmeverteilung durch ein Rohrleitungssystem innerhalb der Region.

3. Durch die Bergbautätigkeit hervorgerufene Landschaftsveränderungen

Das Kohlebecken der Oberen Neutra ist das größte auf dem Territorium der Slowakei. Die Braunkohlelagerstätten stammen aus dem Sarmat und liegen auf vulkanischen Gesteinen. Sie sind überlagert von einer detritischen vulkanischen Formation, sowie von darübergelagerten Tonschichten, auf welchen quartäre Sedimente von Schwemmkegeln und Flußauen liegen. Das Becken besteht aus zwei Lagerstätten, und zwar a) der Nováky- und b) der Handlová-Lagerstätte, die durch eine Zone nichtproduktiver Gesteine voneinander getrennt sind. Die Nováky-Lagerstätte gehört zum Nováky-Förderrevier und liegt unter dem Grund des Beckens der Oberen Neutra. Die Handlová-Lagerstätte gehört zum Förderrevier von Cígel' und Handlová. Die Handlová-Lagerstätte liegt in einer großen Ausdehnung bereits unter den Vulkaniten des Vtáčnik-Gebirges. Das Objekt unserer Forschung sind das Nováky- und Cígel'-Revier, die zum Becken der Oberen Neutra inklinieren.

Die junge Schollentektonik mit Senkungscharakter, die sich nach der sarmatischen Periode bemerkbar machte, differenzierte den Beckenboden in einzelne, unterschiedlich abgesunkene Schollen, wodurch die Kohleflöze in unterschiedliche Tiefen gelangten. Diese Tatsache beeinflußte nicht nur die Kohleförderung, sondern auch die Auswirkungen der Förderung auf der Terrainoberfläche.

Die unterschiedlichen geologischen Bedingungen des Fördergebiets von Nováky gegenüber dem Cígel'-Fördergebiet, jedoch auch die unterschiedlichen geomorphologischen Verhältnisse auf der Terrainoberfläche, führten zu typenmäßig unterschiedlichen Reliefdeformationen auf der Landschaftsoberfläche (Abb.1). Über der Nováky-Lagerstätte, die eine Flöztiefe von 80-200 m unter der Oberfläche und eine Mächtigkeit von 8-10 m aufweist, liegt das ebene Relief der Flußaue des Neutra-Flusses und der Schwemmkegel. Nach Osten hin wird das Relief mäßig bis mittelmäßig wellig mit einer Nivellierung von 30-100 m. Im Cígel'-Revier liegt das Flöz 60-470 m tief mit einer Mächtigkeit von 8-12 m. Darüber liegt ein stark bis mittelmäßig welliges, zerschnittenes Relief mit einer Nivellierung von 100-180 m, das die westliche Fußfläche des Vtáčnik-Gebirges einnimmt und in Richtung Osten in das eigentliche Gebirge übergeht.

Die Veränderungen an der Landschaftsoberfläche infolge des unterirdischen Abbaus werden besonders durch die Tiefe der Lagerstätte unter der Terrainoberfläche, die Mächtigkeit des Kohleflözes, die morphologischen Parameter des Landschaftsreliefs und die geologischen Eigenschaften der Überlagerung der

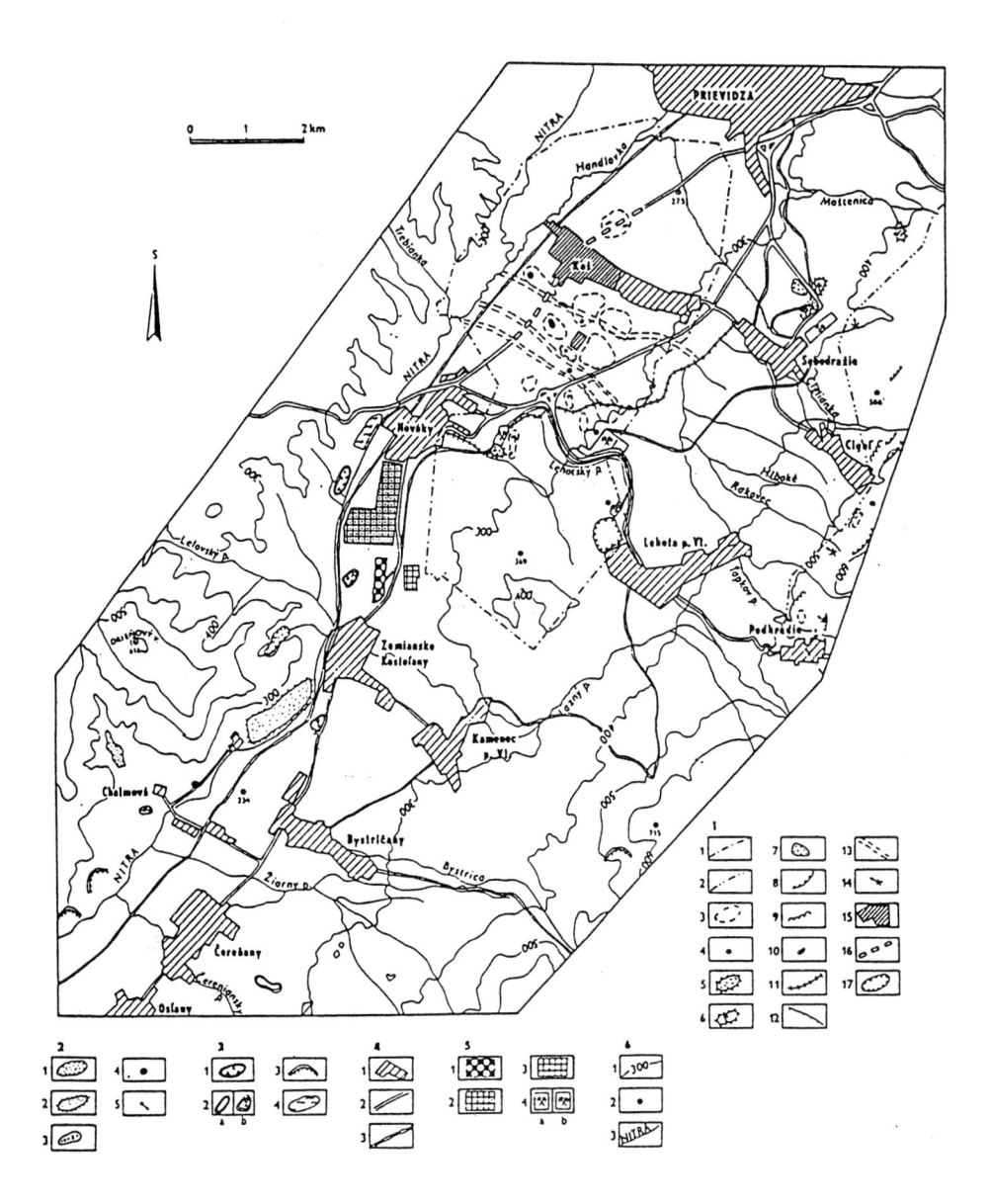

Abb. 1: Die Veränderungen der Landschaft im Industriegebiet von Nováky
(JAKÁL, J. 1995)

Legende:

1 Durch die Bergbautätigkeit hervorgerufene Veränderungen
   1 Grenze des Fördergebietes - Nováky
   2 Grenze des Fördergebietes - Cígel
   3 Senkungsdepressionen
   4 Pingen
   5 Halden von taubem Gestein
   6 Aufgeforstete, rekultivierte Halden von taubem Gestein
   7 Kohlenstaubentschlämmungsanlage
   8 Aktivierte Gravitationsstörungen auf den Abhängen
   9 Gepreßte Wälle
   10 Seen und Senkungsdepressionen
   11 Auffang-Entwässerungskanal
   12 Kanal des Bergbauwassers
   13 Trockene Becken der entwässerten Täler
   14 Versiegte Quellen
   15 Aufgegebene, untergebaute Siedlungen und Bauernhöfe
   16 Deformierte Straßen
   17 Tagebau

2 Durch die Energiewirtschaft hervorgerufene Veränderungen
   1 Ascheentschlämmungsanlagen der abgedämmten Täler
   2 Geschüttete Entschlämmungsanlagen
   3 Neuentstandene Sümpfe
   4 Einsturzdolinen
   5 Thermalquellen mit einem Rückgang der Wassertemperatur

3 Durch andere Industrieaktivität hervorgerufene Veränderungen
   4 Ablagen chemischer Abfälle
   5 Ablagen von Baumaterialabfällen a) aktive, b) rekultivierte
   6 Steinbrüche
   7 Wasserbecken

4 Sonstige anthropogen bedingte Erscheinungen
   1 Siedlungen
   2 Straßen
   3 Eisenbahnen

5 Industriebetriebe
   1 Elektráreň Nováky
   2 Chemické závody Nováky
   3 Porobetón Zemianske Kostol'any
   4 Bergbaubetriebe: a) aktive
                     b) stillgelegte

6 Sonstige
   Schichtlinien
   Koten
   Flußläufe

Kohleflöze beeinflußt, wobei vor allem die Mächtigkeit und die Lage der undurch lässigen Tone eine Rolle spielen. Die Oberflächendeformationen und ihre Gestalt hängen auch von der Förderungsart ab, je nachdem, ob die Kohle durch den Kammerbau oder durch den Strebbau auf den Bruch gefördert wird.

Das Fördergebiet von Nováky ist am meisten von ausgedehnten abflußlosen Senkungsdepressionen betroffen, die auf einer Fläche von einigen hundert Metern im Durchschnitt eine Tiefe von 2-8 m erreichen. Ihr Grund ist für gewöhnlich mit einem See ausgefüllt. Am ausgeprägtesten haben sich diese Formen in der Region zwischen den Städten Nováky und Prievidza herausgebildet. Keine seltene Erscheinung sind Pingen, durch ein plötzliches Absacken entstandene trichterförmige Depressionen, die im Durchschnitt 8-15 m breit und 5-8 m tief sind. Der unterirdische Abbau innerhalb des Terrains rief an der Oberfläche Deformationen der Straßen hervor, z.B. ein Herabsinken der Straße Koš - Prievidza im Laufe von 2 Jahren um 1,6 m. Aus einigen Gemeindeteilen, z.B. von Koš und Laskár und aus einigen landwirtschaftlichen Höfen mußten die Bewohner ausgesiedelt werden.

Seen mit einem freien Wasserspiegel liegen in verschiedenen Höhenlagen:
a) Am Grund von Senkungsdepressionen werden sie oft durch das Regenwasser gebildet; nur selten sind sie mit dem Grundwasser verbunden, das über den undurchlässigen Tonen liegt,
b) Sie füllen Pingen aus, in der Regel in Anknüpfung an das Grundwasser,
c) am Grund alter verlassener Flußtäler in ihren herabgesunkenen Teilen, jedoch auch in der Elevationslage gegenüber dem benachbarten, relativ intensiv herabgesunkenen Territorium.

Das Fördergebiet von Cígel' erstreckt sich am Rande des Gebirges unter einem gegliederten Relief. Ein natürlicher exogener geodynamischer Prozeß am Rande eines Gebirges ist die Rutschung. Durch den unterirdischen Abtrag im Bereich instabiler Abhänge am Bergfuß des Vtáčnik kommt es zu einer Reaktivierung der Hangbewegungen, zur Entstehung von Rutschungen.

Des weiteren entstehen in den höheren Abhangbereichen Dehnungsdeformationen mit 0,2-4 m breiten Spalten. Stellenweise bilden sich längliche, durch die Bruchtektonik angelegte Versenkungen im festen Andesit, wobei die größten eine Länge von 50 m, eine Breite von 2-10 m und eine Tiefe von 15 m aufweisen. Die Flöztiefe von 10 m zeugt davon, daß es im Untergrund zu einer Überschiebung kommen mußte. Die Senkungsdepressionen sind im Vergleich mit dem Nováky-Fördergebiet kleiner. Eine besondere Erscheinung sind gepreßte Wälle, die durch ein Zusammenrücken der Oberfläche entstanden (MAGLOT, J., BALIAK, F., MAHR, T., 1983).

Der Kohletagebau im Nováky-Revier, der einzige, der sich in der Region Lehota pod Vtáčnikom in der Slowakei befindet (Förderung in den Jahren 1980-1988), hinterließ eine tiefe Fördergrube, die eine Fläche von mehr als 90 ha einnimmt. Es wurden 1 613 Tausend Tonnen Braunkohle gefördert. Heute ist der Raum in Gestalt einer trockenen, entwässerten, mit Boden bedeckten Depression rekultiviert, die der landwirtschaftlichen Nutzung zurückgeführt wurde.

Zu den morphologischen Neubildungen beider Förderreviere gehören zahlreiche Abraumhalden. Die morphologisch Ausgeprägteste liegt bei der Stadt Nováky mit einem Umfang von 1 220 m^3 (Angabe aus dem Jahr 1993). Zahlreiche Halden wurden sukzessive entfernt und ihr Material wurde bei der Rekultivierung der Senkungsdepressionen und der Pingen genutzt. Im Revier der Grube Cígel' wurden die alten Halden aufgeforstet. Es entstehen jedoch weiterhin neue Halden.

3.1 Änderungen im hydrologischen Regime der Kohlebecken

Zu ausgeprägten Veränderungen in der Umwelt kam es infolge des Herabsinkens des natürlichen Grundwasserspiegels unter das Niveau der Fördergänge. Es entstanden Entwässerungskanäle des Bergbauwassers. Auch das Gewässernetz an der Oberfläche änderte sich. Die ausgedehntesten Änderungen wurden durch einen Auffangkanal bewirkt, der das Wasser von fünf aus dem Vtáčnik-Gebirge fließenden Bächen sammelt, die ursprünglich in den Neutra-Fluß mündeten. Auf dem Beckengrund entstanden verlassene, trockene Betten. Am westlichen Bergfuß des Vtáčnik-Gebirges kam es zu einem Wasserverlust an einigen Schuttquellen. Eine neue hydrologische Erscheinung sind die bereits erwähnten zahlreichen Seen, die die niedrigsten Teile der Senkungsdepressionen ausfüllen. In den Senkungsdepressionen kommt es zu einer Devastation des landwirtschaftlichen Bodens als Folge der Änderung des Bodenregimes. Der Boden ist durchnäßt und sowohl seine Reaktionen als auch seine physikalisch-mechanischen Eigenschaften verändern sich. Zu weiteren Veränderungen kommt es in der Rekultivierungsphase des landwirtschaftlichen Bodens.

3.2 Vorhersehbare Veränderungen in der Landschaft nach der Beendigung der Kohleförderung

a) Nach der Beendigung der Kohleförderung im Revier Nováky wird es zu einer sukzessiven Rückkehr des natürlichen Grundwasserspiegels zum ursprünglichen Niveau kommen. Trotz der Seichtheit der Senkungsdepressionen, die durch ihre Rekultivierungsverlandung und Ausfüllung des Bodens entstanden, kann es zu ihrer Vernässung kommen, die sich an den Grundwasserspiegel knüpfen wird. Diesen Prozeß können wir besonders in den im ebenen Teil des Beckenbodens, im Niveau der Flußauen und der niedrigen Terrassen liegenden Depressionen erwarten.

b) Die Rückkehr des Wassers in die neu entstandenen trockenen Flußbetten, die zur Zeit an einigen Abschnitten in einer hängenden Position über den Senkungsdepressionen liegen, wird problematisch sein. Günstiger erscheint ihre Adaptierung und ihre Verschmelzung mit der umliegenden Agrarlandschaft.

4. Durch die Energie- und Chemische Industrie hervorgerufene Veränderungen der Landschaft

Die Energieindustrie und die an sie anknüpfende Baumaterialienindustrie (Erzeugung von Porenbeton aus Elektrizitätswerksasche) sind auf dem relativ kleinen Gebiet des Beckens der Oberen Neutra konzentriert. Die ökologische Belastung der Umwelt beruht nicht nur auf der primären Verschmutzung der Landschaft durch Emissionen, sondern auch auf dem Einfluß von Einrichtungen für die Abfallagerung aus diesen Unternehmen (Ascheentschlämmungsanlagen, Ablagen anderer Industrieabfälle), die eine sekundäre Quelle der ökologischen Probleme in der Landschaft darstellen. Es geht also um eine Kumulation der primären Quellen der Verschmutzung der Atmosphäre, des Wassers, des Bodens, der Biokomponente und der Umwelt des Menschen mit sekundären Quellen, die die angeführten Einflüsse potenzieren.

Der größte Verschmutzer der Atmosphäre und Produzent der Ascheabfälle im Gebiet der Oberen Neutra ist das Wärmekraftwerk Nováky, welches insbesondere große Mengen von Schwefeloxiden, Stickoxiden, Kohlenmonoxid, Arsen und Asche emittiert. Die Umweltbelastung wird durch die Nutzung der lokalen Kohleressourcen noch verstärkt, welche von niedriger Qualität sind. Die geringe Qualität beruht auf hohen Schwefel- und Arsengehalten sowie hohen Ascheanteilen bei der Verbrennung.

Tab. 1: Qualität der Kohle (BRODŇANOVÁ, E., BRODŇAN, M., 1983)

Lagerstätte	Wassergehalt in %	Aschegehalt in %	Schwefelgehalt in %	Arsengehalt $g.t^{-1}$	Heizkraft $MJ.kg^{-1}$
Revier Cígel'	25.21	22.43	2.03	55	14.65
Revier Nováky	35.13	23.75	3.77	585	11.57

Die Installierung moderner, umweltschonenderer Einrichtungen führt zu einer sukzessiven Verminderung des Ascheaustritts. Gegenüber dem Jahr 1980 verringerte sich der Ascheaustritt um 60 % und die Oxidemissionen um 50 %. Der gegenwärtige Übergang zu einer fluiden Verbrennung und die Montage einer Entschwefelungsanlage wird die Lage noch verbessern.

Die Novácke chemické závody emittieren Schadstoffe wie Karbidstaub, Kalkstaub, Staub aus PVC, Äthylenoxid, Azeton, Quecksilber und weitere Stoffe. Ökologisch gefährlich sind auch die Deponien von Karbidkalk, die das Grundwasser und die Oberflächengewässer verschmutzen. Die Schließung mehrerer Betriebsstätten und die Modernisierung der Produktion z.B. von Kalkkarbid verringern die Emissionen. In den vorhergehenden Jahren kam es zu einer sukzessiven Verringerung der Emissionen in der Region der Oberen Neutra (Abb. 2).

Ein ausgeprägter Eingriff in die Umwelt ist die Anlage von Deponien für Asche, die bei der Energiegewinnung entsteht, für Abfälle der chemischen Industrie sowie der Bauindustrie und für Hausmüll. Viele von ihnen verändern nicht nur die ästhetische Gestalt der Landschaft, sondern sie beeinflussen auch direkt den Verlauf der natürlichen Prozesse in der Landschaft und belasten die Landschaft als sekundäre Quellen der Verschmutzung der Atmosphäre, des Wassers, des Bodens und der Biokomponente.

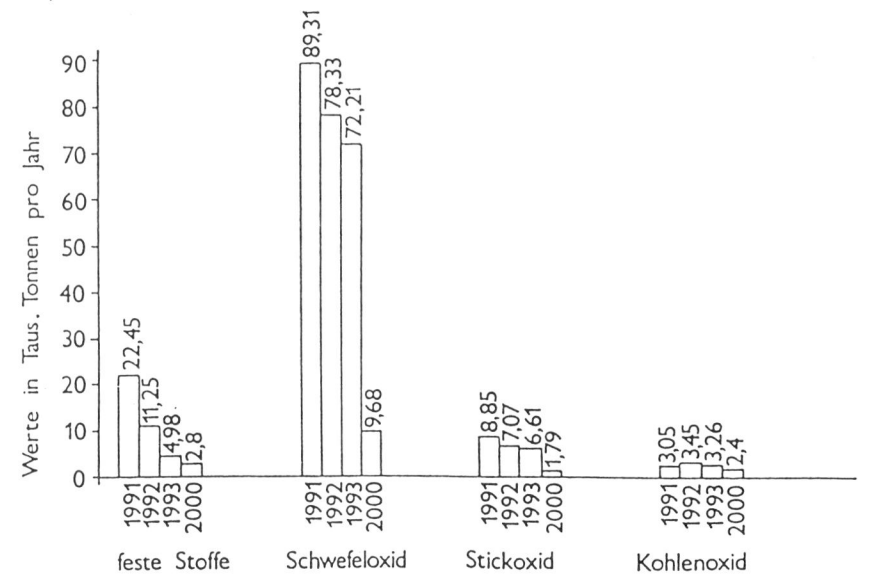

Stand: 1991, 1992, 1993, Voraussetzung für das Jahr 2000

Abb. 2. Emissionen der grundlegenden Schadstoffe (Obere Neutra)

Für die bei der Stromerzeugung anfallende Asche wurden nach und nach an drei verschiedenen Standorten Entschlämmungsanlagen errichtet, welche immer mit dem Auftreten neuer ökologischer Probleme verbunden waren.

I. Die ursprüngliche Entschlämmungsanlage befindet sich im Tal des dolomitischen Massivs Drienok und wurde in der Form eines Staubeckens aufgebaut. Der Talboden ist in undurchlässige Werfenschiefer und in Sandstein eingeschnitten. Im Jahr 1965 kam es zu einem plötzlichen Dammbruch und zur Überflutung eines ausgedehnten Bereiches mit Ascheschlamm, insbesondere entlang der Flußaue der Neutra. Die Altarme wurden mit Asche angefüllt und die umliegenden landwirtschaftlichen Nutzflächen mit einer Ascheschicht bedeckt. Es kam zu einer Kontamination des Bodens, zu einer Verschmutzung der Oberflächengewässer und des Grundwassers sowie zu einer Erhöhung der Staubkonzentration in der gesamten Umgebung. Die Aschereste wurden mechanisch entfernt, der Boden rekultiviert.

II. Eine provisorische Aschedeponie wurde in Form eines Damms auf dem rechten Ufer der Neutra-Aue am Bergfuß des Drienok-Massivs aufgebaut, etwa 100 m nördlich der natürlichen Thermalquellen von Bad Chalmova. Die Deponie war von 1965-1990 in Betrieb und erreichte auf einer Fläche von 73 ha eine Höhe von 36 m. Die ungeheuer großen Mengen an Asche, die im Verhältnis 1:15 mit Hilfe des Wassers durch die Rohrleitungen geschwemmt wurden, entwickelten ihre *eigene hydraulische Dynamik* und ihren eigenen Grundwasserspiegel. Die hydraulischen Beziehungen zwischen dem Wasser der Deponie und dem natürlichen Grundwasser der Neutra-Aue bewirkten einen Anstieg dessen um 90 cm über den Wasserspiegel des Flusses. Dadurch wurden auch die Thermalquellen beeinflußt, in denen die Wassertemperatur sank (Tab. 2).

Tab. 2: Rückgang der Wassertemperatur der Thermalquellen Chalmová in den Jahren 1972-1976

Jahr	Bohrung	Inneres Bassin A	Inneres Bassin B
1972	26.0 °C	31.5 °C	38.5 °C
1976	25.5 °C	27.0 °C	35.4 0C

Durch die ausgedehnte Fläche der Aschedeponie konnte aufkommender Wind die Asche leicht ausblasen und verursachte damit eine erhöhte Staubkonzentration.

III. Der Standort der fest angelegten Asche-Entschlämmungsanlage von Chalmová befindet sich in einer Karstdepression, die aus mesozoischen Dolomiten, Kalksteinen und dolomitischen Sanden herausgebildet ist. Das Gebiet ist verkarstet und weist unterirdische Hohlräume auf. Die Entschlämmungsanlage ist in Gestalt eines Staubeckens gebaut. Der Boden des Beckens wurde isoliert. Nach der Inbetriebnahme und dem Schlämmen der mit Wasser verdünnten und durch ein geschlossenes Rohrleitungszirkulationssystem beförderten Asche kam es zu Veränderungen in der Landschaft infolge der Durchsickerung eines Teiles des technischen Wassers auf den Beckenabhängen in das umgebende Gestein.

Es kam zu einem Anstieg des natürlichen Grundwasserspiegels der Flußaue und zur Bildung von Sümpfen. Die Wurzelsysteme seltener exotischer Bäume im Park Chalmová wurden vernäßt.

Es entstand eine Einsturzdoline mit einem Absacken des Asphaltweges. Der hydrostatische Druck in der Sickerlinie hat Einwirkungen auf die Decken der unterirdischen Karsthohlräume. Der Lastkraftwagenverkehr initiierte die Entstehung einer Versenkung (Breite 12 m, Tiefe 3,6 m).

Zum Auffangen des in den Untergrund infiltrierten technischen Wassers wurde ein 40 m tiefer Brunnen angelegt, in welchem dieses Wasser in das Rohrleitungssystem zurückgepumpt wird. Dadurch wird die Zirkulation des unterirdischen Karstwassers beschleunigt, und der Korrosions- und Erosionseffekt des Grundwassers wird intensiviert, was die Stabilität der Entschlämmungsanlage selbst bedroht. Zur Zeit wird ein neues technologisches Verfahren für die Ascheablagerung in fester Form, eventuell ihre Deponierung in verlassenen Bergwerksteilen, angestrebt.

5. Schlußfolgerung

Die ausgeprägtesten Veränderungen der Landschaft der Oberen Neutra sind durch die Bergbautätigkeit, die Energieversorgungsunternehmen, die chemische Industrie und durch die Lagerung der in diesen Bereichen anfallenden Abfälle bedingt. Die ökologischen Glieder der Energiekette wurden in den letzten Jahren ergänzt und werden zu ihrem Bestandteil.

Die sukzessive Rekultivierung des Tagebaus, der Senkungsdepressionen und der Entschlämmungsanlagen der Asche ermöglicht zwar keine Rückkehr zum ursprünglichen Zustand der ökologischen Stabilität des Territoriums, unter den geänderten Bedingungen erneuern sich jedoch die natürlichen Interaktionen zwischen den Eigenschaften der natürlichen Komponenten der Landschaft: dem Relief, dem Wasser, dem Boden und der Biokomponente. Der Übergang zu moderneren ökologischen Technologien in der Energieversorgung und der chemischen Industrie, verbunden mit einer Verringerung der Bergbautätigkeit, wird eine günstigere Entwicklung der Region ermöglichen.

6. Literatur

BRODNANOVA, E., BRODNAN, M. (1988): Geologická stavba a uholné ložiská Hornonitrianskej kotliny. Horná Nitra. 13. Vlastivedný zborník. Prievidza, S. 27-60.

DRDOS, J., JAKAL, J. (1992): Das Becken der Oberen Neutra. Österreichische Osthefte, 34, Wien, S. 430-451.

FRANO, O. (1970): Bojnické termálne vody a ich vzt'ah k t'ažbe uhlia na Nováckom ložisku. Geologické práce. Správy 52. Bratislava, S. 59-156.

IVANICKA, K. (1959): Príspevok k niektorým zmenám geografického prostredia na Hornej Nitre. Geografický časopis, 3, Bratislava, S. 207-221.

JAKAL, J. (1993): Vplyv odkalísk popola na krajinu v oblasti Chalmovej na Hornej Nitre. Geografický časopis, 45, Bratislava, S. 67-79.
Malgot, J., Baljak, F., Mahr, Z. (1983): Mapa svahových porúch Vtáčnika. Mierka 1:10 000. Bratislava.

SZÖLLÖS, J. (1993): Analýza funkčnej a priestorovej štrktúry hnedouholného energetického ret'azca Hornej Nitry. Geografický časopis, 1, Bratislava, S. 29-40.

Jozef Jakál
Institute of Geography
Slovak Academy of Science
Stefánikova 49
81473 Bratislava
Slovakia

Die Dynamik der Ökologischen Prozesse im Gebiet der Mittelelbe

von
Petr Novotný, Prag

mit
2 Abbildungen

1. Einleitung

Unser Forschungsauftrag ist Bestandteil des Projektes "Projekt Labe" und beschäftigt sich mit dem Schutz der Elbe und ihrer Nebenflüsse. Die Regierung der ČSFR ratifizierte dieses Projekt im Jahr 1990 mit dem Beschluß Nr. 254/1990.

Das Hauptziel des Projektes ist das systematische Monitoring der ökologischen Prozesse in dieser Region und die Verbesserung der Wasserqualität in der Elbe. Die Forschungsarbeit ist auf vier Jahre verteilt. Das Flußbett der Elbe in der Tschechischen Republik wird an 20 Kontrollprofilen überwacht.

An diesen Kontrollprofilen sind folgende Hauptindizes zu verfolgen:

- Wasserqualität
- Flußsedimente und Biomasse
- Primäre Verunreinigungsquellen
- Sekundäre Verunreinigungsquellen
- Schiffbetrieb und Flußwasser
- Grundsorten der chemischen Abfälle
- Andere ökologische Aspekte.

Unser Arbeitsteam an der Abteilung für Chemie der Fakultät für Pädagogik der Karls-Universität in Prag (der verantwortliche Leiter Prof. Vulterin) im Rahmen "Projekt Labe" stellt sich auf langfristige Untersuchung und Bewertung der Wasserqualität im Oberteil der Mittelelbe ein, konkret im Gebiet der Stadt Čelákovice (siehe Abb. 2).

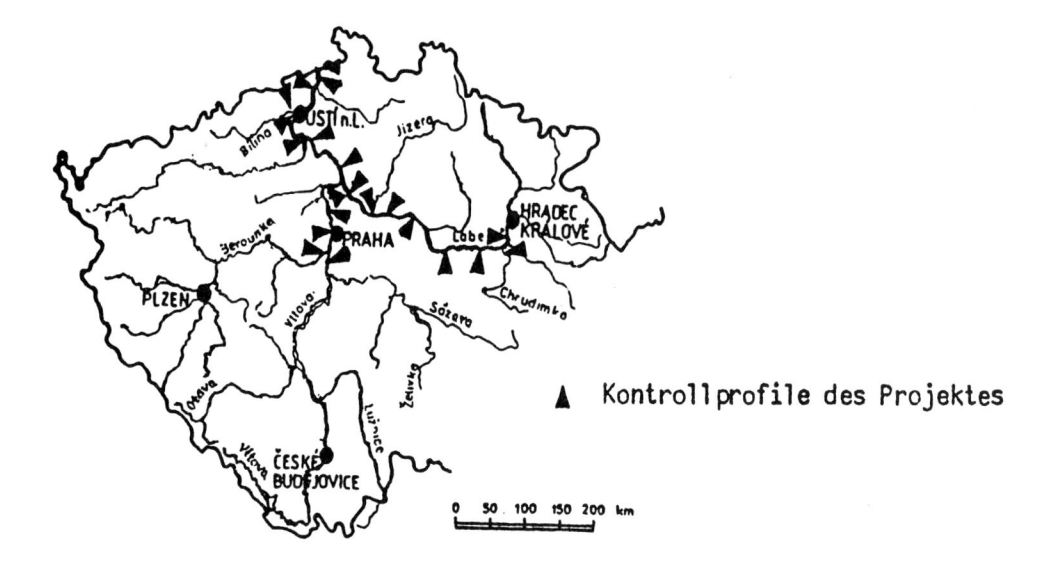

Abb. 1 Kontrollprofile der Elbe in der Tschechischen Republik

In diesem Gebiet haben wir sechs Beprobungsstellen:

1. Abwasserkanal des Betriebes "Kovohutě" in der Stadt Čelákovice
2. Die Elbe etwa 1 km unter dem Abwasserkanal aus "Kovohutě"
3. Der Bach "Výmola" (an der Mündung in die Elbe)
4. "Grado" - Altarm der Elbe
5. "Labíčko" - Altarm der Elbe
6. Die Flußüberfuhr beim Dorf "Sedlčánky".

Die Entnahme von Wasserproben an den obengenannten Plätzen erfolgte zeitgleich seit 1992; das Jahr 1991 war zur Erprobung der Methoden. Für die Entnahme galt: aus 30 bis 40 cm unterhalb der Wasseroberfläche wurden einmal monatlich Wasserproben in Polyäthylenflaschen entnommen. Die Wasserproben wurden dann zur chemischen Analyse weggegeben. Analyse und Bewertung der Waserqualität erfolgten nach der Norm "Einheitsmethoden zur chemischen Wasseranalyse" (Anordnung der Regierung ČSFR Nr. 171/1992).

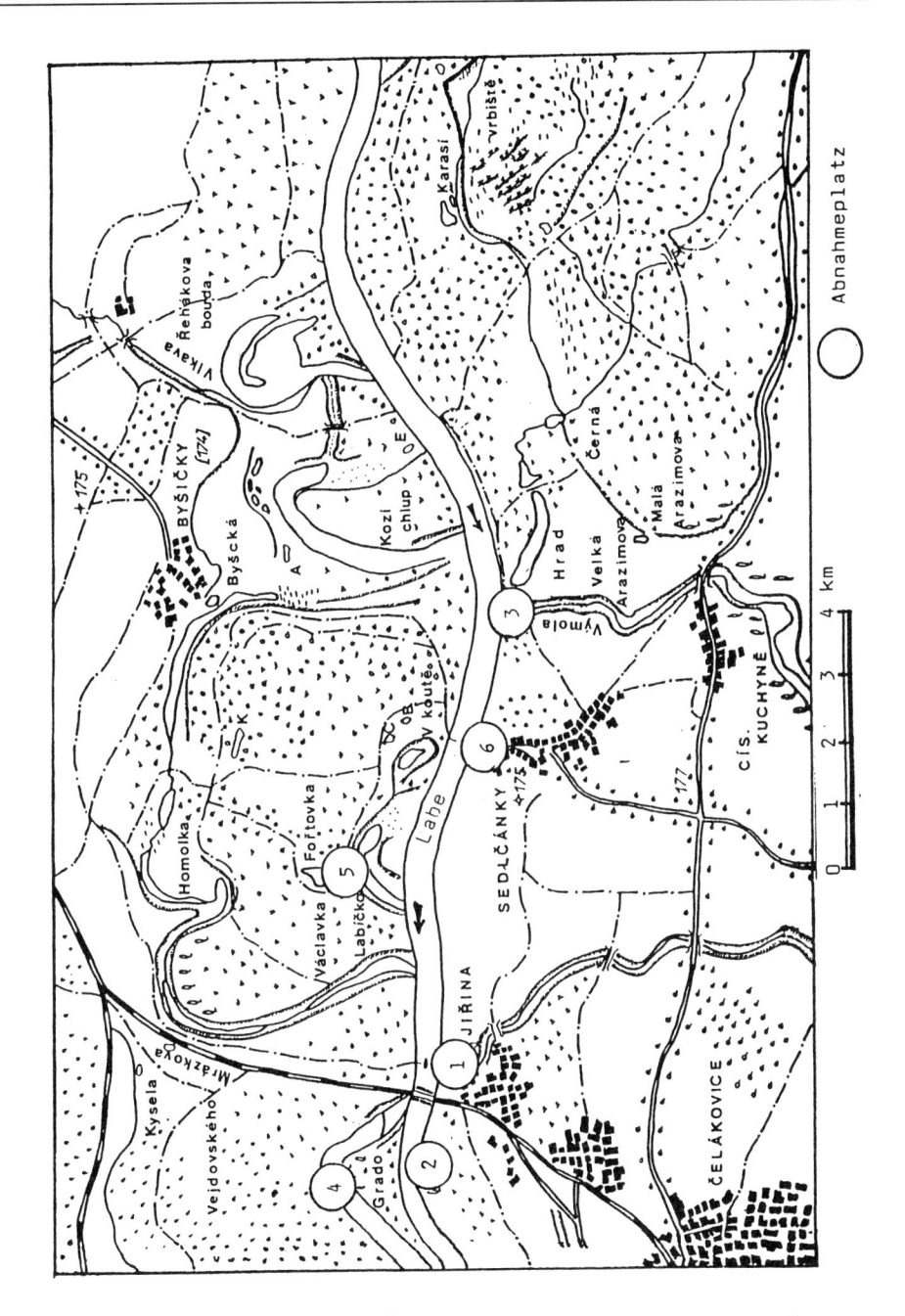

Abb.2 Das Gebiet der Stadt Čelákovice mit den Beprobungsstellen

Es wurden nachfolgende Bestimmungen gemacht:

1. Kupfer - nur an den Beprobungsstellen 1 und 2
2. Stickstoff wie Nitrat NO_3^- - alle Beprobungsstellen
3. Phosphor wie Phosphat PO_4^{3-} - alle Beprobungsstellen
4. Löslicher Sauerstoff - alle Beprobungsstellen
5. pH-Wert-Bestimmung - alle Beprobungsstellen
6. Beweise der laufenden Kationen: Fe^{3+}, Al^{3+}, Mn^{2+}.

Das Resümee der Ergebnisse für den Zeitraum von 1992 bis 1994 ist in der folgenden Übersicht dargestellt.

A. Bestimmung des Kupfers

Methode:
Spektrofotometrisches Messen mit 0,3 % Äthanol-Lösung des Dikuprals (Tetraethylthiuram bisulfid).

Norm für Kupfer:
Zulässiger Maximalwert der Kupferkonzentration für Abwasser ist:
- für hüttenmännische Industrie max. 1 mg/dm³
- für sonstiges oberirdisches Wasser max. 0,1 mg/dm³.

Entnahmeperiode	Ergebnisse der Bestimmung
1992 - 1993	Beprobungsstelle 1 (Kovohutě): Am Anfang des Jahres 1993 wurde die zulässige Konzentration überschritten - bis 1,7 mg/dm³ Beprobungsstelle 2 (Labe): Alle Meßwerte waren unterhalb der Norm oder an der Grenze zulässiger Konzentration
1993 - 1994	Beprobungsstelle 1: Die Werte wurden bei keiner Probe überschritten: von 0,06 bis 0,80 mg/dm³ Beprobungsstelle 2: Die zulässige Konzentration wurde nur im Frühling 1994 fast zweimal überschritten - von 0,13 bis 0,19 mg/dm³

Die Ergebnisse lassen sich mit Messungen der Kupferkonzentration aus den Jahren 1978 bis 1979 vergleichen (Werte aus einer Diplomarbeit):
Beprobungsstelle 1 (Kovohutě): Im September und Oktober 1978 war die zulässige Kupferkonzentration fast vierzigmal überschritten.
Beprobungsstelle 2: In allen Wasserproben war der Kupfergehalt ungefähr doppelt so hoch wie die Norm.
Daraus ergibt sich, daß sich die Wasserqualität der Elbe hinsichtlich der Kupferkonzentration in den letzten Jahren verbessert hat.

B. Bestimmung des Stickstoffs wie Nitrat NO_3^-

Methode:
Spektrofotometrisches Messen mit Natriumsalicylat.

Norm für Nitrat:
im oberirdisch fließenden Wasser max. 11 mg/dm^3.

Entnahmeperiode	Ergebnisse der Bestimmung
1992 - 1993	Die Norm wurde an der Beprobungsstelle 1 (Kovohutě) in der ganzen Periode überschritten - Werte von 11,5 bis 15,3 mg/dm^3 An den sonstigen Beprobungsstellen 2 bis 6 war die Konzentration unterhalb der Norm
1993 - 1994	Die Werte an der Beprobungsstelle 1 (Kovohutě) wurden ganzjährig überschritten - von 14,0 bis 15,9 mg/dm^3 Beprobungsstelle 2: unter der Norm - von 8,20 bis 9,25 mg/dm^3 Beprobungsstelle 3 (Výmola): die zulässige Konzentration wurde überschritten - von 11,7 bis 14,3 mg/dm^3 Die Werte an den sonstigen Beprobungsstellen wurden nicht überschritten - bis max. 9,15 mg/dm^3

C. Bestimmung des gesamten Phosphors wie Phosphat PO_4^{3-}

Methode:
Spektrofotometrische Bestimmung mit Ammoniummolybdenat nach vorhergehender Reduktion mit Ascorbinsäure.

Norm für Phosphat:
für oberirdisch fließendes Wasser max. 0,4 mg/dm³.

Entnahmeperiode	Ergebnisse der Bestimmung
1992 - 1993	Die Werte wurden an allen Beprobungsstellen 1 bis 6 insgesamt überschritten; z.B. an den Beprobungsstellen 1 und 2 von 0,53 bis 0,70 mg/dm³; an der Beprobungsstelle 3 (Výmola) fast doppelt so hoch. An den Beprobungsstellen 4 (Grado) und 5 (Labíčko) wurden die Werte ebenfalls überschritten - von 0,5 bis 0,76 mg/dm³
1993 - 1994	Beprobungsstelle 1: über oder meistens an der Grenze der Norm - Maximalwert im April 0,50 mg/dm³ Beprobungsstelle 2 (Labe): alle Meßwerte waren an der Grenze - von 0,36 bis 0,41 mg/dm³ Die sonstigen Beprobungsstellen waren an der Grenze oder geringfügig über der Norm

D. Bestimmung des löslichen Sauerstoffs

Methode:
Alle Messungen wurden mit einem Oxymether ausgeführt. Typ: CXY-1; Erzeuger: Monokrystaly Turnov.
Norm:
für löslichen Sauerstoff mind. 4 mg/dm³.

Entnahmeperiode	Ergebnisse der Bestimmung
1992 - 1993	Die Norm wurde an den Beprobungsstellen 2 (Labe) und 6 (Sedlčánky) nicht eingehalten, und zwar im Winter - um 3 mg/dm^3. Die sonstigen Beprobungsstellen waren in Ordnung - über der Norm
1993 - 1994	Die Norm war an allen Beprobungsstellen erfüllt. Nur an den Beprobungsstellen 2, 4 und 6 (Sedlčánky) war die Menge des Sauerstoffes in den Wintermonaten nur halb so hoch wie die Norm

Man kann sagen, daß sich die gesamte Sauerstoffbilanz hauptsächlich in abgeschlossenen Wassersystemen verschlechtert hat.

E. Bestimmung des pH-Wertes

Methode:
Potentiometrisches Messen mit glass-KAL Elektrodesystem.

Norm für pH:
für oberirdisches Wasser in der Spanne von 6 bis 9.

An allen Beprobungsstellen wurde bei keiner Messung die Norm überschritten. Bei abgeschlossenen Wassersystemen ergab sich eine typische Verschiebung hin zum alkalischen Bereich, vor allem an der Beprobungsstelle 4 (Grado).

Alle Bestimmungen wurden auch im Jahr 1995 fortgesetzt.

Dr. Petr Novotný
Katedra chemie
Pedagogická fakulta UK
M.D. Rettigové 4
116 39 Praha 1
Tschechische Republik

FORSCHUNGEN IN WALDÖKOSYSTEMEN

GEOWISSENSCHAFTLICHE PARAMETER IN DEN WALDÖKOSYSTEMEN

von
KARL-HEINZ PFEFFER, TÜBINGEN

mit
7 Abbildungen und 2 Tabellen

1 Elemente des Waldökosystems

Waldökosysteme werden von drei großen, untereinander in Wechselbeziehungen stehenden, Parametergruppen beeinflußt.

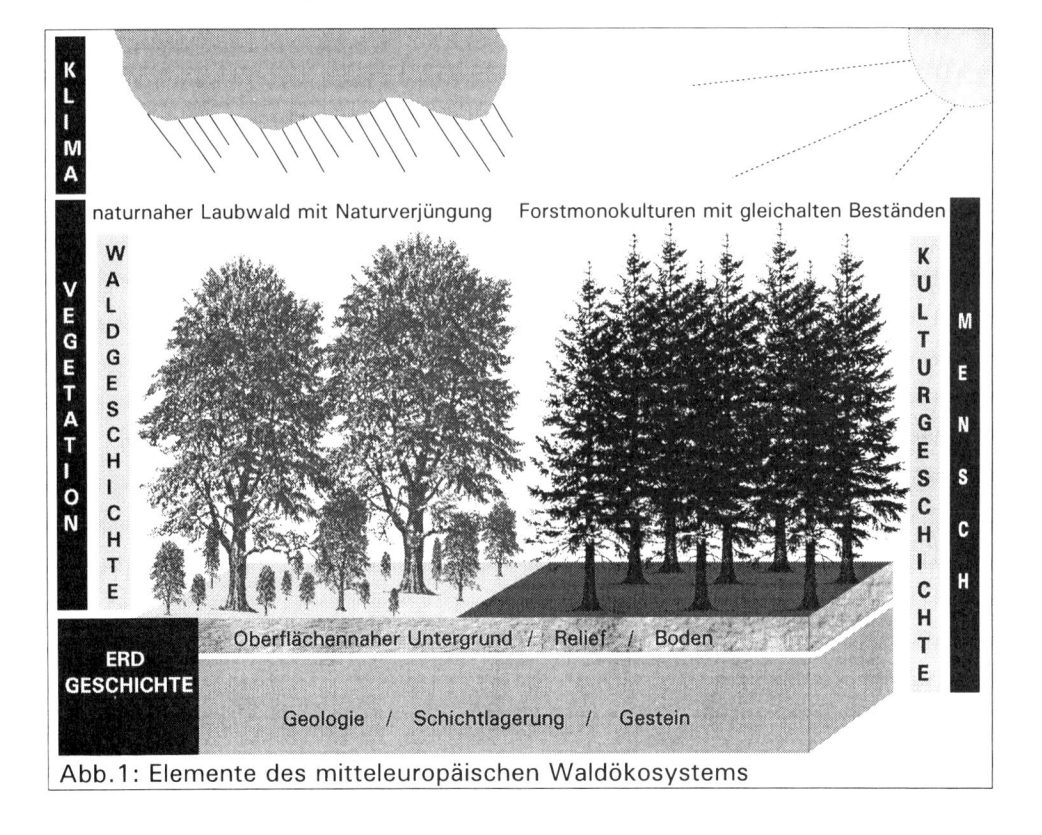

Abb.1: Elemente des mitteleuropäischen Waldökosystems

- Die von der Erdgeschichte bestimmte Gruppe mit Geologie, Schichtlagerung, Gestein, oberflächennahem Untergrund, Reliefgeschichte, Paläoklima, Relief und Böden.

- Die vom aktuellen Klima gesteuerte Gruppe mit Temperatur, Niederschlag, Vegetationsperiode und Wasserhaushalt.

- Die auf menschliche Einflüsse zurückgehende Gruppe mit Rodungen, Bodenerosion, Wald- und Forstwirtschaft sowie Stoffeinträgen.

2 Relief und Reliefgeschichte

Das Relief Mitteleuropas kann im Formenschatz und in der Landschaftsgeschichte in drei große Regionen aufgeteilt werden.

- Das Gebiet nördlich der Mittelgebirge, das im Eiszeitalter vom nordeuropäischen Inlandeis erreicht und von glaziären und fluvioglaziären Prozessen geformt wurde.

- Die Mittelgebirgsregion mit einer Landschaftsgeschichte vom ausgehenden Mesozoikum bis zum Quartär, mit einer Vielzahl von vorzeitlichen Formen und Verwitterungsrelikten.

- Der von Talgletschern im Eiszeitalter überformte Raum der Alpen und des nördlichen Alpenvorlandes.

Für ökologische Fragestellungen ist aber in allen Teilräumen die pleistozäne Landschaftsgeschichte von größter Bedeutung, da sie den oberflächennahen Untergrund prägte und durch Reliefformung und Sedimente die Voraussetzungen für die nach- eiszeitliche Bodenentwicklung schuf.

3 Relief und oberflächennaher Untergrund

Auf periglaziäre Prozesse zurückgehende Verlagerungen, Abtragungen und Akkumulationen haben im gesamten Mitteleuropa den oberflächennahen Untergrund verändert, und in geologischen Karten oft nicht erfaßte periglaziäre Lagen überziehen das anstehende Gestein. Diese Deckschichten sind unterschiedlich in ihrer Zusammensetzung, die Mittel- und Hauptlagen enthalten ortsfremde äolische Beimengungen mit einem breiten Mineralspektrum (Kalk, Feldspat, Glimmer) und einer für die Bodenbildung günstigen Korngröße (Schluffdominanz).

Tabelle 1: Diagnostische Geländemerkmale periglaziärer Lagen, AG BODEN 1994, 365.

Bezeichnung der Lage	Kriterien		Geländemerkmale
OBERLAGE (LO)	Verbreitung		Mittelgebirge, Hartgesteinsdurchragungen
	Mächtigkeit		meist < 10 dm
	Körnung		Gesteinsschutt, feinerdearm
	weitere Merkmale u. Besonderheiten		z.T. in Taschen und Keilen ins Liegende reichend, starke Mächtigkeitsschwankungen
HAUPTLAGE (LH)	Verbreitung		oberflächenbildend außerhalb holozäner Abtragung und Akkumulation und der Verbreitung der Oberlage
	Mächtigkeit		in der Regel 3 - 7 dm
	Körnung	Feinerde	schluffhaltige/ -reiche Feinerde; **bei schluffig-toniger LM bzw. LB:** schluff- u. tonärmer als LM/LB; **bei sandiger LM bzw. LB:** schluff- u. tonreicher als LM/LB;
		Skelett	skelettfrei bis skelettreich; **Mittelgebirge:** deutl. skelettärmer als LO, skelettreicher als LM; **Tiefland:** meist skelettreicher als LM/LB
	weitere Merkmale und Besonderheiten		häufig Steinsohle/Steinanreicherung an der Basis; z.T. in Taschen und Keilen uns Liegende reichend; bei fehlender LM markante Substratunterschiede zur LB
MITTELLAGE (LM)	Verbreitung		im Berg- und Hügelland nur in erosionsgeschützten Positionen, in anderen Gebieten häufig nicht sicher von LH und LB abgrenzbar
	Mächtigkeit		meist < 5 dm
	Körnung	Feinerde	schluffhaltige/ - reiche Feinerde; **bei schluffig-toniger LH:** schluff- u. tonreicher als LH; **bei schluff- u. tonärmer LH und lehmig-toniger LB:** deutlich sandiger als LB;
		Skelett	skeletthaltig bis skelettfrei, in der Regel skelettärmer als LH
	weitere Merkmale und Besonderheiten		häufig Steinsohle/Steinanreicherung an der Basis; z.T. in Taschen und Keilen ins Liegende reichend; Solifluktionsmerkmale; häufig dichter als LH; markante Substratunterschiede zur LB
BASISLAGE (LB)	Verbreitung		fast flächendeckend über von der Lagenbildung unbeeinflußten Gesteinen
	Mächtigkeit		in der Regel 2 - 10 dm
	Körnung		stark schwankend: von unterlagernden oder in Nachbarschaft hangaufwärts vorkommenden Gesteinen abhängig (auch die Färbung)
	weitere Merkmale und Besonderheiten		Taschen, Keile, Solifluktionsmerkmale, fossile Bodenreste möglich; Längsachsen des Skeletts meist in Hangrichtung eingeregelt; z.T. stark verdichtet gegenüber LH/LM oder liegendem Gestein

Durch diese, oft nur wenige Dezimeter mächtige Deckschichten werden die mineralogischen und granulometrischen Ausgangssubstrate für die Bodenbildung völlig verändert und über für die Bodenbildung eigentlich ungünstigen Gesteinen konnten sich in den Deckschichten in den 10.000 Jahren des Holozäns tiefgründige nährstoffreiche Böden mit günstigem pH Wert und Wasserhaushalt entwickeln.

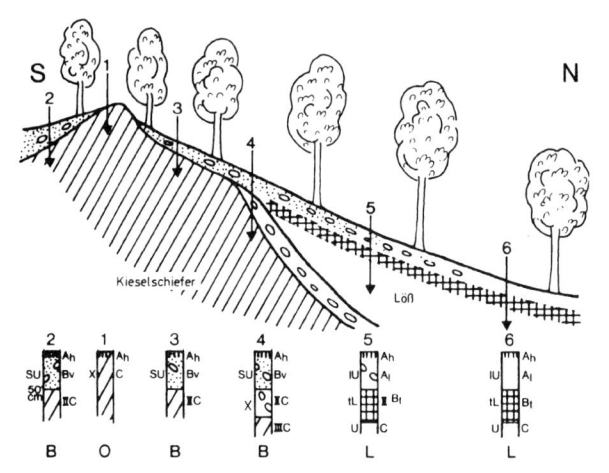

Bodenabfolge im Grundgebirge; NE-Rand des Rhein. Schiefergebirges (SEMMEL 1983). Profil 1 = O = Ranker aus Kieselschiefer; Profil 2 und Profil 3 = B = Braunerde aus Deckschutt; Profil 4 = B = Braunerde aus Deckschutt über Basisschutt; Profil 5 = L = (Phäno-)Parabraunerde aus Deckschutt über Löß; Profil 6 = L = Parabraunerde aus Löß. Symbole rechts der Profile = Horizontsymbole, links = Bodenarten, X = stark steinig.

Abb.2: Bodenabfolge im Grundgebirge, KUNTZE et al. 1994, 314 nach SEMMEL

Das auf eiszeitliche Formungsprozesse zurückgehende Kleinrelief in den ehemals vergletscherten Regionen beeinflußt durch Substratwechsel und lokalem Grundwasserstand den Wasserhaushalt und steuert somit die Bodenentwicklung.

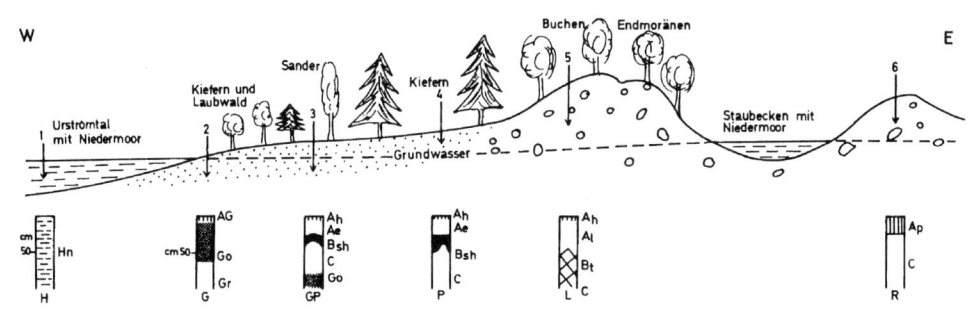

Böden auf der „glazialen Serie" der Jungmoränenlandschaft (Schleswig-Holstein)
Prof. 1 = H_n = Niedermoor; Prof. 2 = G = Gley im Übergangsbereich Sander/Moor; Prof. 3 = GP = Gley-Podsol auf den tieferen Teilen des Sanders; Prof. 4 = P = Podsol auf den höheren Teilen des Sanders; Prof. 5 = L = Parabraunerde aus Geschiebemergel; Prof. 6 = R = Kultorendzina aus Geschiebemergel (durch anthropogene Bodenerosion entstanden)

Abb. 3: Bodenverteilung in der glazialen Serie, SEMMEL 1977, 62.

4 Bodenparameter und Vegetation

Das mitteleuropäische Klima (Cfb nach KÖPPEN) wird nach TROLL (in BLÜTHGEN 1966,538), beschrieben als subozeanisches Klima (Jahresschwankung 16-25°C) mit milden bis mäßig kalten Wintern (Kältester Monat +2° bis -3°C), Herbst bis Sommerniederschlagsmaximum, mäßig warmen bis warmen und langen Sommern und einer Vegetationsdauer von über 200 Tagen. Dieses Klima bringt einen subozeanischen Fallaub und Mischwald hervor. Neben den klimatischen Faktoren und den Lichtverhältnissen des Standortes bewirken die von Boden und Wasserhaushalt gesteuerten Standortfaktoren für die einzelnen Baumarten unterschiedlich günstige Wachstums- und Durchsetzungsmöglichkeiten. Diese sind von ELLENBERG in Ökogrammen (Abb.4) dargestellt worden.

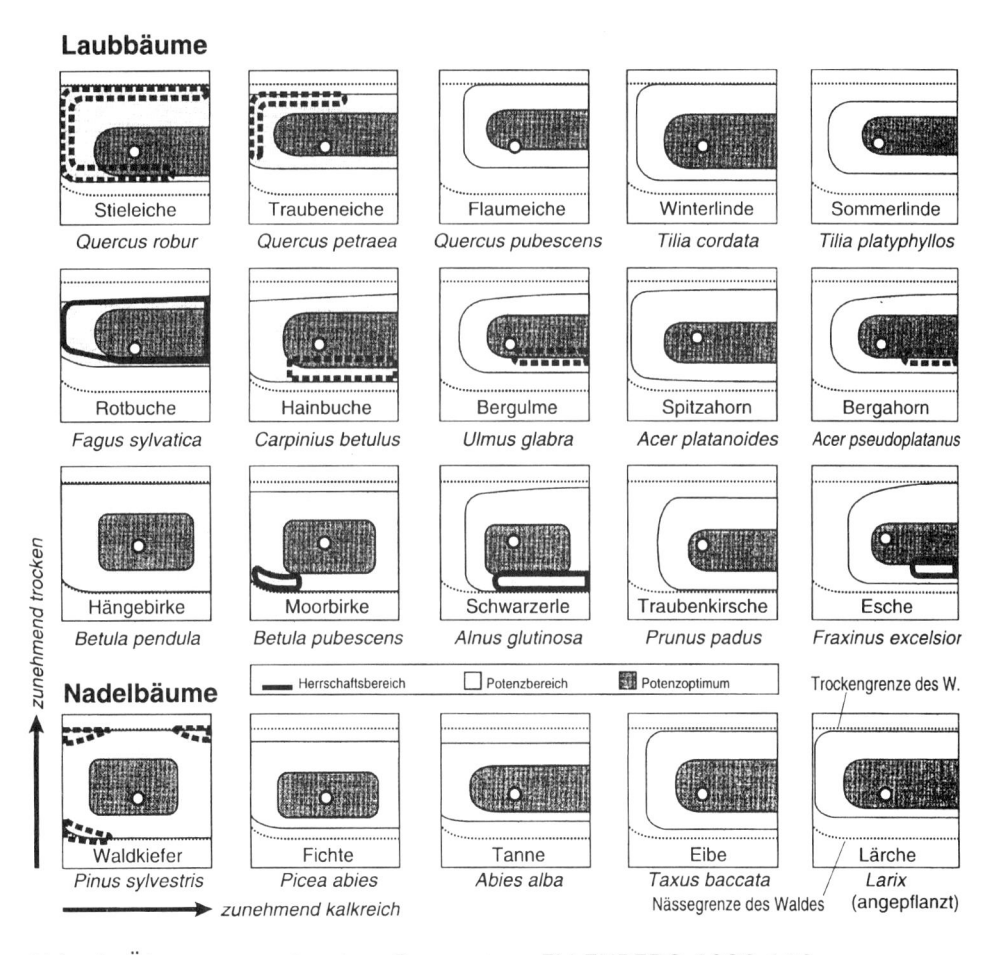

Laubbäume

Stieleiche	Traubeneiche	Flaumeiche	Winterlinde	Sommerlinde
Quercus robur	*Quercus petraea*	*Quercus pubescens*	*Tilia cordata*	*Tilia platyphyllos*
Rotbuche	Hainbuche	Bergulme	Spitzahorn	Bergahorn
Fagus sylvatica	*Carpinius betulus*	*Ulmus glabra*	*Acer platanoides*	*Acer pseudoplatanus*
Hängebirke	Moorbirke	Schwarzerle	Traubenkirsche	Esche
Betula pendula	*Betula pubescens*	*Alnus glutinosa*	*Prunus padus*	*Fraxinus excelsior*

— Herrschaftsbereich   ☐ Potenzbereich   ▨ Potenzoptimum   Trockengrenze des W.

Nadelbäume

Waldkiefer	Fichte	Tanne	Eibe	Lärche
Pinus sylvestris	*Picea abies*	*Abies alba*	*Taxus baccata* Nässegrenze des Waldes	*Larix* (angepflanzt)

↑ zunehmend trocken   → zunehmend kalkreich

Abb. 4: Ökogramme einzelner Baumarten, ELLENBERG 1996,118

Aus diesen für einzelne Baumarten günstigen Standortsbedingungen und den unterschiedlichen Bereichen konnte Ellenberg ein Verbreitungsmuster einzelner Baumarten in Mitteleuropa ableiten.

Tabelle 2: Verbreitungsmuster der herrschenden Baumarten, ELLENBERG 1996, 113.

STANDORTS-CHARAKTER	ALLGEMEIN	ZONAL			EXTRA-ZONAL		AZONAL				
	KURZ-BEZEICHNUNG	SAND S	LEHM L	KALK K	SCHATT-HANG	SONN-HANG	FLUSSAUE	DÜNE	BRUCH	MOOR	SEE
	Ausgangs-gesteine	Sand Sandstein u.a.	Löß Moräne Silikat-gesteine	Kalkstein Dolomit			Aue-lehm bis Fein-sand	Aue-sand, Kies	Flug-sand Trophiegrad	(Torf)	(Torf)	(Wasser)
	Reife Bodentypen	stark saure Braunerde	Parabr.-u. Braunerde	Rendzina	S L K	S L K	Vega	Paternia	Ranker Podsol	ol mes eu Carr Fen	ol mes eu Hoch-moor	ol mes eu Nieder-moor
	Humusform unter Laubwald	Moder	Mull	Mull	Mod Mull	Mod Mull	Mull	(Mull)	Mör	Mor Br.-torf		
± SUBOZEANISCH	HÖHENSTUFE subalpin	Fi	Ah Fi Bu	Ah Bu	Fi	(Fi) Ah Bu	—	Grün-erle	—	Fi Ta Fi	—	
	montan	Ta Fi Bu	Ta Bu	(Ta) Bu	Fi Ta	Bu(Fi)Ta (Kie)(Ta) Bu	(Esche)	Grau-erle	(Bi) Fi	Ta Fi Berg-Kie	(Fi)	oligotroph
	submontan	Ei Bu	Bu	Bu	Bu Ta	Ta Bu (Kie) Ei Bu	(Esche) Ei	Wei	Ei	Fi (Fi) (Kie)Schwarz-Bi erle	(Kie) Kie Bi	
	collin-planar	Ei Bu	(Ei) Bu	Bu	Bu (Bu)	Li u.a. (Kie) Submedit. Ei-Mischw.	(Ulm) Ei	Wei	(Kie) Ei	(Kie)(Bi) Bi Schwarz-erle	(Kie) (Bi)	mesotroph
± KONTINENTAL	HÖHENSTUFE montan	(Bu)(Ta)Fi	(Bu)TaFi	(Fi)Ta Bu	Fi	(Kie)Ta Fi	Fi (Esche)	Grau-erle	—	(Kie) Fi	Fi Berg-Kie	eutroph
	submontan	EiBuKie	KieFiEiBu	Ei Bu	Fi Kie FiTaBu Bu	Kie Ei Kie Ei	(Esche) Ei	Wei	(Ei)Kie	(Bi)(Bi) (Fi) Schwarz-(Kie) erle	Kie	
	collin-planar	(Ei)Kie	Li Ei Hb	Ei Hb	(Bu) (Bu) Ei FiHb Kie	Kie kontin. Ei-Mischw.	(Ulm) Ei	Wei	Kie	(Bi)(Bi) Schwarz-erle	Kie	

Ah=Bergahorn, Bi=Moorbirke, Bu=Rotbuche, Ei=Eichen, Fi=Fichte, Kie=Waldkiefer, Hb=Hainbuche, Li=Linden, Ta=Weißtanne, Wei=Weiden

Herrschende Baumarten in der zonalen, extrazonalen und azonalen Vegetation von der Ebene bis ins Gebirge im westlichen (subozeanischen) und östlichen (mehr oder minder kontinentalen) Bereich Mitteleuropas. (Nähere Erläuterung im Text.)
Br.-torf = Bruchwaldtorf, Mör = Rohhumus.

Aus geomorphologischen Daten zur Reliefgenese und zur Substratverteilung, sowie Bodentypen, Wasserhaushalt und Ökogrammen nebst Klimadaten kann auch für Gebiete, die schon seit langem durch die menschliche Nutzung waldfrei sind, die natürliche Vegetation rekonstruiert werden. Dies erlaubt eine Beurteilung des ökologischen Potentials sowie Einschätzungen für die Ertragsfähigkeit der einzelnen Naturraumeinheiten. Ein Beispiel für eine solche ökologische Bestandsaufnahme wird, für das Kendel und Donkenland am Niederrhein vorgestellt wird (Abb. 5)

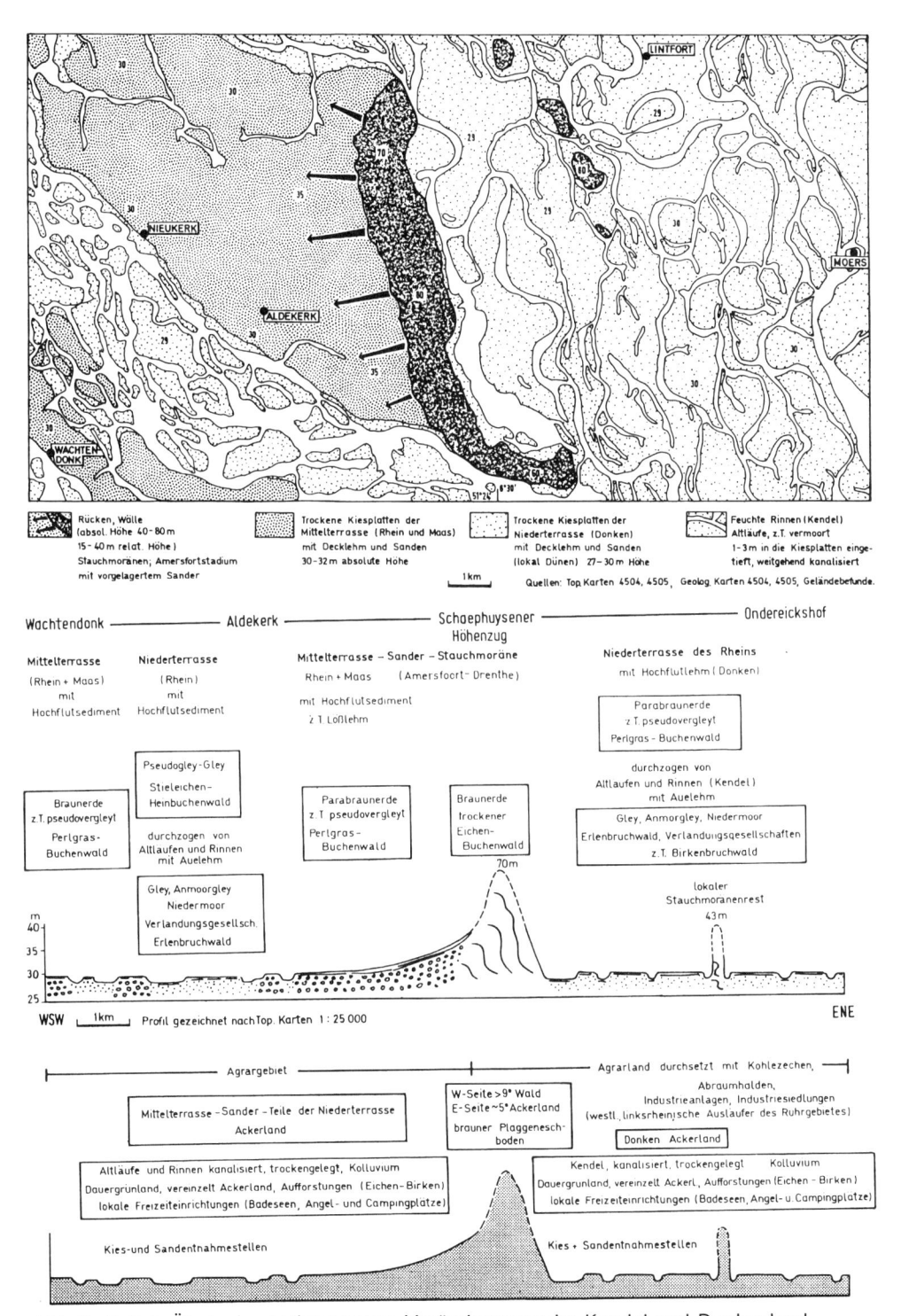

GEOWISSENSCHAFTLICHE PARAMETER IN DEN WALDÖKOSYSTEMEN 181

Rücken, Wälle
(absol. Höhe 40-80 m
15-40 m relat. Höhe)
Stauchmoränen; Amersfortstadium
mit vorgelagertem Sander

Trockene Kiesplatten der
Mittelterrasse (Rhein und Maas)
mit Decklehm und Sanden
30-32 m absolute Höhe

Trockene Kiesplatten der
Niederterrasse (Donken)
mit Decklehm und Sanden
(lokal Dünen) 27-30 m Höhe

Feuchte Rinnen (Kendel)
Altläufe, z.T. vermoort
1-3 m in die Kiesplatten eingetieft, weitgehend kanalisiert

Quellen: Top. Karten 4504, 4505, Geolog. Karten 4504, 4505, Geländebefunde.

Wachtendonk — Aldekerk — Schaephuysener Höhenzug — Ondereickshof

Mittelterrasse (Rhein + Maas) mit Hochflutsediment

Niederterrasse (Rhein) mit Hochflutsediment

Mittelterrasse – Sander – Stauchmoräne Rhein + Maas (Amersfoort-Drenthe) mit Hochflutsediment z.T. Lößlehm

Niederterrasse des Rheins mit Hochflutlehm (Donken)

Braunerde z.T. pseudovergleyt
Perlgras-Buchenwald

Pseudogley-Gley
Stieleichen-Hainbuchenwald

durchzogen von Altläufen und Rinnen mit Auelehm

Gley, Anmoorgley
Niedermoor
Verlandungsgesellsch.
Erlenbruchwald

Parabraunerde z.T. pseudovergleyt
Perlgras-Buchenwald

Braunerde trockener Eichen-Buchenwald
70 m

Parabraunerde z.T. pseudovergleyt
Perlgras-Buchenwald

durchzogen von Altläufen und Rinnen (Kendel) mit Auelehm

Gley, Anmorgley, Niedermoor
Erlenbruchwald, Verlandungsgesellschaften
z.T. Birkenbruchwald

lokaler Stauchmoränenrest 43 m

WSW — 1km — Profil gezeichnet nach Top. Karten 1:25 000 — ENE

Agrargebiet — Agrarland durchsetzt mit Kohlezechen, Abraumhalden, Industrieanlagen, Industriesiedlungen (westl. linksrheinische Ausläufer des Ruhrgebietes)

Mittelterrasse – Sander – Teile der Niederterrasse
Ackerland

W-Seite >9° Wald
E-Seite ~5° Ackerland
brauner Plaggeneschboden

Donken Ackerland

Altläufe und Rinnen kanalisiert, trockengelegt, Kolluvium
Dauergrünland, vereinzelt Ackerland, Aufforstungen (Eichen-Birken)
lokale Freizeiteinrichtungen (Badeseen, Angel- und Campingplätze)

Kendel, kanalisiert, trockengelegt Kolluvium
Dauergrünland, vereinzelt Ackerl., Aufforstungen (Eichen-Birken)
lokale Freizeiteinrichtungen (Badeseen, Angel- u. Campingplätze)

Kies- und Sandentnahmestellen

Kies + Sandentnahmestellen

Abb. 5: Relief, Ökologie, anthropogene Veränderungen im Kendel und Donkenland

5 Die Auswirkungen des Menschen auf den Wald

Ein heutiger Wald ist kein Urwald im Sinne eines vom Menschen unbeeinflußten Ökosystems, vielmehr hat der Mensch schon in praehistorischer Zeit sehr stark auf die Waldverbreitung und auf die Zusammensetzung des Waldes eingegriffen.

Ob der mittelsteinzeitlich nur jagende Mensch den Wald durch Anlegen von zur Jagd günstigen Lichtungen verändert hat, ist fraglich. Mit dem Neolithikum und dem Beginn des Ackerbaus in Mitteleuropa greift der Mensch in das Waldökosystem ein. Es erfolgten Rodungen für die Anlage der Feldfluren, aber der Wald diente auch als Rohstoffquelle und als Weide.

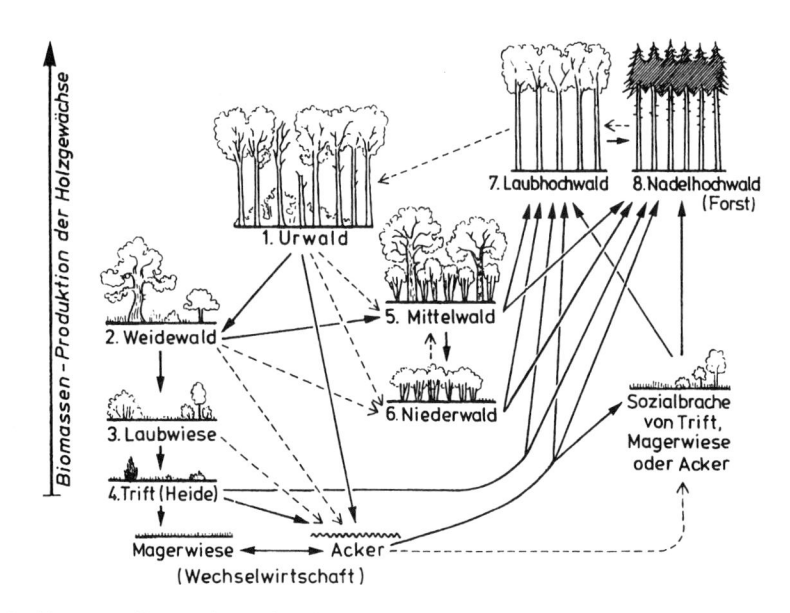

Abb. 6: Umwandlung des mitteleuropäischen Urwaldes der submontanen Stufe durch Weide, Acker und Waldwirtschaft, ELLENBERG 1996, 56.

Mit dem Aufkommen der Metallzeit wird der Wald bis ins letzte Jahrhundert zur Energiequelle für die Verhüttungen. Auch für die Glasproduktion ist der Wald Rohstoff- und Energiequelle.

Die Rodungen führten zu großflächiger Bodenerosion, so daß an den primären Waldstandorten die oberen periglaziären Lagen abgetragen wurden und von den Böden nur gekappte Profile übrigblieben. Somit wurde eine deutliche Verschlechterung des Standortfaktors mit den Rodungen eingeleitet. Dies wird bei geoökologischen Kartierungen in vielen Gebieten offenkundig.

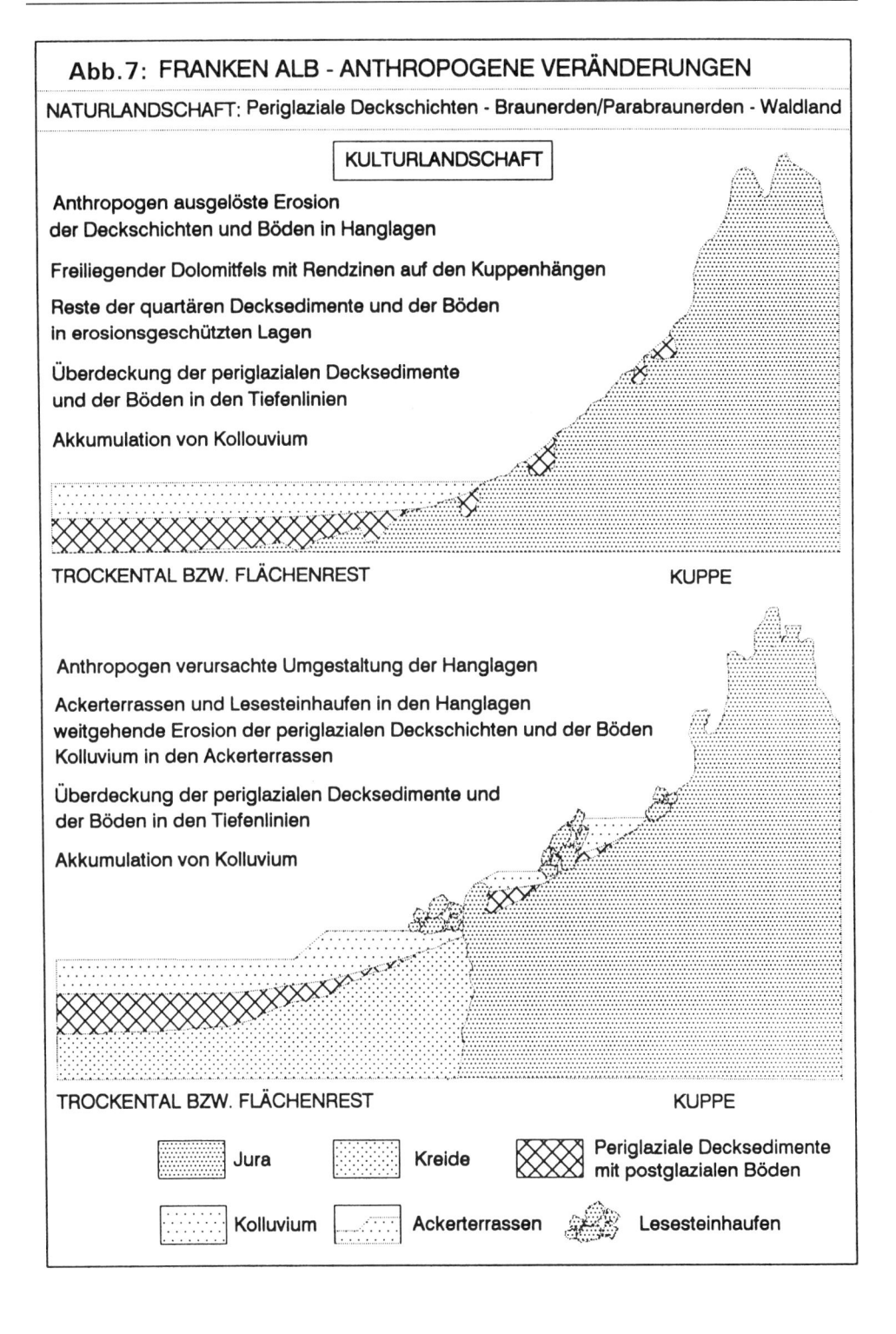

Abb.7: FRANKEN ALB - ANTHROPOGENE VERÄNDERUNGEN

NATURLANDSCHAFT: Periglaziale Deckschichten - Braunerden/Parabraunerden - Waldland

KULTURLANDSCHAFT

Anthropogen ausgelöste Erosion
der Deckschichten und Böden in Hanglagen

Freiliegender Dolomitfels mit Rendzinen auf den Kuppenhängen

Reste der quartären Decksedimente und der Böden
in erosionsgeschützten Lagen

Überdeckung der periglazialen Decksedimente
und der Böden in den Tiefenlinien

Akkumulation von Kollouvium

TROCKENTAL BZW. FLÄCHENREST   KUPPE

Anthropogen verursachte Umgestaltung der Hanglagen

Ackerterrassen und Lesesteinhaufen in den Hanglagen
weitgehende Erosion der periglazialen Deckschichten und der Böden
Kolluvium in den Ackerterrassen

Überdeckung der periglazialen Decksedimente und
der Böden in den Tiefenlinien

Akkumulation von Kolluvium

TROCKENTAL BZW. FLÄCHENREST   KUPPE

Jura	Kreide	Periglaziale Decksedimente mit postglazialen Böden
Kolluvium	Ackerterrassen	Lesesteinhaufen

Diese vielfältigen Eingriffe des Menschen führten letzlich dazu, daß viele uns heute als Waldgebirge bekannte Mittelgebirge waldfrei wurden bzw. sich als lichte Weidewälder präsentierten. Erst mit dem Aufkommen der Forstwirtschaft und großflächigen Aufforstungen im letzten Jahrhundert sind die uns heute bekannten großen Waldgebiete entstanden. Allerdings wurden für die Aufforstungen standortfremde Fichten in großflächigen Monokulturen angepflanzt. Diese sind gegenüber Schädlingen, Stoffeinträgen und Stürmen sehr anfällig und haben zusätzlich zur Verarmung der Bodenfaunen und Floren sowie zur Bodenversauerung beigetragen.

Die moderne ökologisch orientierte Forstwirtschaft hat mit Änderungen der Bestockungen und der Beachtung geoökologischer Parameter begonnen, diese für das Waldökosystem negativen Auswirkungen zurückzudrängen.

6 Literatur

AG BODEN, 1994: Bodenkundliche Kartieranleitung. 4. Aufl., 392 S., Schweizerbart, Stuttgart.

BLÜTHGEN, J. 1966: Allgemeine Klimageographie. 2.Aufl. 720 S., De Gruyter, Berlin.

ELLENBERG, H. 1996: Vegetation Mitteleuropas mit den Alpen. 5.Aufl., 1095 S., Ulmer, Stuttgart.

KUNTZE, H., ROESCHMANN, G. & SCHWERDTFEGER, G. 1994: Bodenkunde. 5.Aufl., 424 S., Ulmer, Stuttgart.

SEMMEL, A. 1977: Grundzüge der Bodengeographie. 120 S., Teubner, Stuttgart.

Anschrift des Verfassers:
Prof. Dr. Karl-Heinz Pfeffer
Geographisches Institut
Universität Tübingen
Hölderlinstr. 12
72074 Tübingen

PILZ-BAUMWURZELSYMBIOSEN ALS ÖKOLOGISCHER FAKTOR IN MITTELEUROPÄISCHEN WÄLDERN

BEDEUTUNG UND NUTZUNG DER EKTOMYKORRHIZA INSBESONDERE BEI STEIGENDER STICKSTOFFBELASTUNG

von
SUSANNE BECKMANN, INGRID KOTTKE, FRANZ OBERWINKLER, TÜBINGEN

mit
3 Abbildungen

1. Einleitung

Die stetig steigenden Einträge von Stickstoffverbindungen aus Landwirtschaft und Verkehr bedeuten insbesondere für nährstoffarme Standorte eine nicht zu unterschätzende Belastung. In der Waldschadensforschung wurde der Wurzelraum bislang zumeist als Black Box bilanziert. Um jedoch ein Verständnis der biologischen Interaktionen zu entwickeln, ist es notwendig, sich mit den Organismen im Bodenraum, insbesondere mit Bakterien (wie WÖLFLSCHNEIDER 1994) und zersetzenden und symbiontischen Pilzen, zu befassen. Möglicherweise kommt hier den Mykorrhizapilzen eine besondere Rolle zu, da sie die Nährstoffaufnahme der Bäume aus dem Boden vermitteln. Eine nicht nur die Nährstoffaufnahme fördernde sondern regulierende Funktion der Baumwurzelsymbiosen unserer Wälder wird diskutiert.

2. Struktur der Ektomykorrhiza

Mykorrhiza, ein schon 1885 von FRANK geprägter Begriff, bedeutet Pilz-Wurzel. Es handelt sich dabei um eine Symbiose von Pilzen mit Wurzeln höherer Pflanzen. Die Ektomykorrhiza tritt bei Bäumen und Sträuchern insbesondere der Pinaceen (Kieferngewächse einschließlich Tannen und Fichten) und Fagales (Birken, Buchen, Eichen) vor allem in borealen und gemäßigten Breiten auf. Die beteiligten Pilze sind Ständerpilze, Basidiomyceten, wie Steinpilz, Fliegenpilz etc. und Schlauchpilze, Ascomyceten, wie z.B. Trüffel.

An den Langwurzeln der heimischen Kiefern- und Buchengewächse bilden sich seitlich Kurzwurzeln von begrenzter Lebensdauer, die zu Mykorrhizen werden. Fast das gesamte Feinstwurzelsystem ist unter natürlichen Bedingungen mykorrhiziert. Diese Spitzen sind mehr oder weniger keulig angeschwollen (Abbildung 1) und haben im Gegensatz zu unmykorrhizierten Wurzelspitzen keine Wurzelhaare. Die Pilzfäden, Hyphen, wachsen nicht in die Zellen der Wurzel hinein. Sie umgeben die Wurzel mit einem oft hochkomplexen Hyphenmantel. Nach innen dringen die Hyphen radiär zwischen den Rindenzellen der Wurzel vor, wobei sie lappen- und fingerförmige Gebilde formen, die die innere Kontakt-Oberfläche zwischen Pilz und Pflanze vergrößern (BLASIUS ET AL. 1986). Dadurch daß die Hyphen die Rindenzellen umgeben, entsteht im Längs- oder Querschnitt ein netzförmiges Bild (Hartigsches Netz, Abbildung 2).

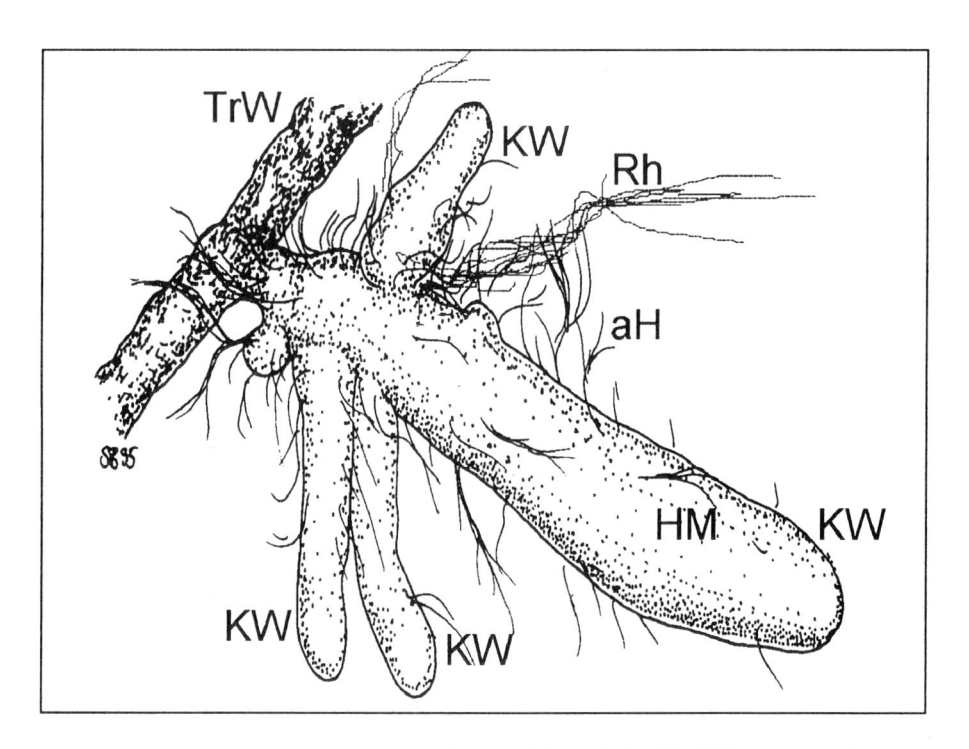

Abb. 1: Habitusbild einer mykorrhizierten Wurzel; TrW: Trägerwurzel = Langwurzel, KW: Kurzwurzel, HM: Hyphenmantel, aH: abgehende Hyphen, Rh: Rhizomorphe

Hyphenfrei sind die Endodermis der Wurzel, die die Stoffaufnahme in die Leitgewebe kontrolliert, und das Meristem als das aktive Teilungszentrum der Wurzelspitze. Oft strahlen abgehende Hyphen und Rhizomorphen in den umgebenden Bodenraum ab und verbessern durch eine stark vergrößerte Oberfläche die Erschließung des Wurzelraumes.

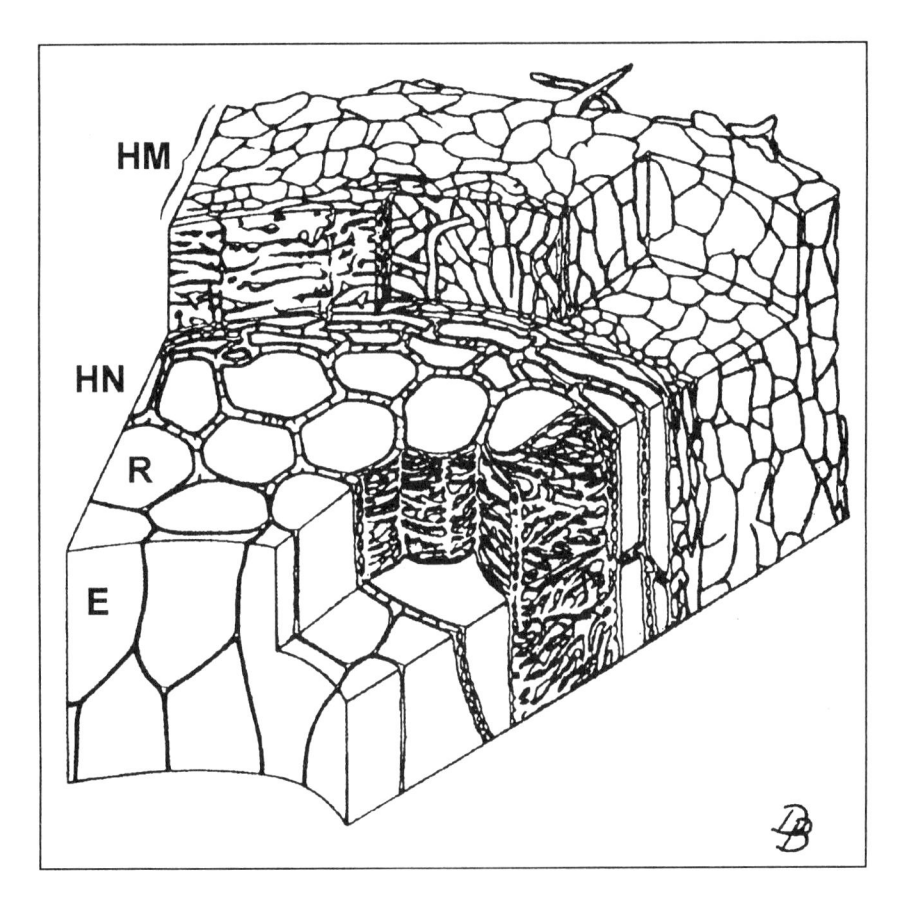

Abb. 2: Blockdiagramm einer Ektomykorrhiza, BLASIUS ET AL. 1986; HM: Hyphenmantel des Pilzes, HN: Hartigsches Netz, E: Endodermis, R: Rindenzellen der Wurzel

3. Funktion der Ektomykorrhiza für die Interaktion Pilz-Baum

Durch die feinfädige Beschaffenheit der Pilzhyphen vergrößern Mykorrhizen sehr effektiv die Wurzeloberfläche (READ 1986), sie können noch in kleine Porenräume bis 2 μm vordringen und dort Wasser und Nährsalze aufnehmen. Die Pilzpartner können durch Enzyme, die sie nach außen ausscheiden, Nährelemente wie Kalium (RYGIEWICZ und BLEDSOE 1984), Phosphor (HARLEY und SMITH 1983, u.a.) und Stickstoff erschließen. Viele Mykorrhizapilze können auch organisch gebundenen Stickstoff nutzen, zu dem die Pflanze selbst keinen Zugang hat (ABUZINADAH und READ 1986). So kommt Ektomykorrhizen in den borealen Laub- und Nadelwäldern, wo die N-Verfügbarkeit oft der wachstumsbegrenzende Faktor ist, vor allem die Rolle zu, die N-Versorgung der Bäume zu gewährleisten (BÅÅTH u. SÖDERSTRÖM 1979). Zusätzlich sind Mykorrhizapilze in der Lage, Schwermetalle wie Zink, Nickel, Kupfer und Cadmium sowie Aluminium zu akkumulieren (TURNAU et al. 1993). Ob sie dadurch einem Spurenelementmangel nicht nur des Pilzes sondern auch des Baumes vorbeugen können, ist nicht belegt. Möglicherweise können sie toxische Effekte dieser Elemente mindern oder verhindern (HOLOPAINEN et al. 1992). Bekanntlich sind Pilze in der Lage, zahlreiche hochwirksame Sekundärstoffe zu synthetisieren (Penizilline, Phalloidine). So konnte für Mykorrhizapilze auch eine antibiotische und antipathogene Wirkung nachgewiesen werden (MARX 1972, TSANTRIZOS ET AL. 1991). Vitale Hyphenmäntel werden in der Regel nur oberflächlich von Bodenpilzen und Bakterien besiedelt (QIAN ET AL. 1996). Eine systemische, also den allgemeinen Gesundheitszustand und Ernährungsstatus betreffende, und daher indirekte Steigerung der Pathogenresistenz wurde wiederholt nachgewiesen (CHAKRAVARTY und UNESTAM 1987, HERRMANN ET AL. 1992, KOTTKE und HÖNIG 1996). Die chitinhaltigen Zellwände der Hyphenmäntel, sowie Metacutin- und Tannin-Barrieren in der Wurzel bieten mechanischen Widerstand und Schutz vor Austrocknung.
Die Mykorrhiza dient also in erster Linie der Verbesserung der Wasser- und Nährstoffversorgung, der Milderung zahlreicher abiotischer und biotischer Streßfaktoren sowie der Pathogenabwehr des Baumes.
Vom Baum erhält der Mykorrhizapilz seinerseits Kohlenhydrate, die die Energieversorgung des heterotrophen Pilzpartners sicherstellen (FINLAY und READ 1986). Viele Mykorrhiza-Pilzarten sind so stark auf ihren Baumpartner angewiesen, daß sie ohne ihn nicht lebensfähig sind. Sie sind obligate Symbionten.

4. Anwendung der Ektomykorrhiza in der Forstpraxis

Als Mittler zwischen Boden und Baum kommt der Mykorrhiza in unseren Wäldern eine hervorragende Rolle zu (KOTTKE 1995). Anhand von Beobachtungen an Mykorrhizen lassen sich Aussagen über die Wachstumsbedingungen der Bäume an

einem Standort machen (QIAN ET AL. 1993, QIAN ET AL. 1996).
Bereits erprobt und in Frankreich, in den USA und Schweden in größerem Maßstab forsttechnisch angewandt, ist die Inokulation, Beimpfung, von Keimlingen von Douglasie, Sitkafichte, Eiche, Buche und Eucalyptus (GARBAYE und PERRIN 1986) zur Aufforstung von Problemstandorten wie Deponien, ehemaligen Ackerflächen (HERRMANN ET AL. 1992), Sturmwurf- und anderen Waldschadensflächen.
Bei Versuchen unserer Arbeitsgruppe zeigten in Foliengewächshäusern vorgezogene Buchen- und Eichenkeimlinge nach Inokulation mit *Paxillus involutus* ein gedüngten Pflanzen gegenüber ebenbürtiges Wachstum bei deutlich verbessertem Gesundheitszustand, starker Pathogenresistenz und deutlich vermindertem Pflanzschock. Entscheidend ist insbesondere die große Konkurrenzkraft der jungen Bäume gegenüber Gräsern (*Calamagrostis epigejos*, HERRMANN ET AL. 1992, HÖNIG Diss. 1995, KOTTKE und HÖNIG 1996). Dies ist von besonderer Bedeutung, da infolge der verbreiteten Stickstoff-Eutrophierung Vergrasung auftritt, die durch Wurzelkonkurrenz heute eines der größten Probleme der Forstwirtschaft bei der Naturverjüngung darstellt. Durch Anwendung von Mykorrhizapilzen zur Vormykorrhizierung von Keimlingen könnten in der Forstpraxis wesentlich geringere Ausfälle erreicht und erhebliche Mengen an Pestiziden und Dünger eingespart werden.

5. Rolle der Ektomykorrhizen bei einer erhöhten N-Belastung von Waldstandorten

5.1. Die aktuelle Stickstoffbelastung

Hauptverursacher der erhöhten N- Einträge sind die Landwirtschaft (ISERMANN und ISERMANN 1995) und der Verkehr. Die aktuellen N-Gesamt-Einträge in der Bundesrepublik werden mit durchschnittlich 20-70 kg/(ha a) (UBA, 1995) angegeben. Hinzu kommt ein Netto-Zugewinn von 50-100 kg N/(ha a) durch mikrobielle Nitrifikation (MATZNER ET AL. 1995, 30-100 kg N/(ha a) nach KREUTZER 1992). Dagegen beträgt der Nutzungsentzug heutzutage nur noch 2-8 kg/(ha a) durch die Extensivierung der Bewirtschaftung unserer einheimischen Wälder (KREUTZER 1992), inbesondere durch Einstellung der Streunutzung - im Vergleich zu 10-30 kg/(ha a) im vorigen Jahrhundert. So überwiegen bei dem Element Stickstoff seit den 60er Jahren in Mitteleuropa die Einträge weiträumig die Austräge. Dadurch kommt es zu einer großflächigen Überdüngung, die vor allem Biotope mit begrenzter Nährstoffverfügbarkeit in ihrer charakteristischen Artenzusammensetzung verändert oder gefährdet, wie Moore, Heiden und karge Waldtypen wie den Flechten-Kiefernwald oder den Hagermoos-Kiefernforst (HOFMANN 1995) im nordost-deutschen Tiefland. Als critical loads, unterhalb derer langfristig keine nachteiligen Folgen zu erwarten sind, wurden für Waldökosysteme

10-15 kg N/(ha a) ermittelt (UBA 1995). Dieser Wert wird in Deutschland weiträumig überschritten (ULRICH 1995). Ökologisch entscheidend ist daher nicht allein die momentan aktuelle Schädigung durch dieses Ungleichgewicht. Vielmehr sind die langfristigen Folgen einer ungebremsten Weiterentwicklung dieser Tendenz von erheblicher Bedeutung.

5.2. Bedeutung der N-Einträge für das Waldökosystem

Der Einfluß atmosphärischer N-Einträge wurde neben direkten Beobachtungen in Belastungsgebieten vielfach modellhaft durch experimentelle Düngungsversuche in Labor, Gewächshaus und Freiland untersucht.
Zunächst wirkt Ammonium- oder Nitrat-Stickstoff im Wald als Dünger, da der pflanzenverfügbare Stickstoff dort zumeist im Minimum vorliegt. Die Stoffwechselaktivität und der Ertrag der Bäume und Pilze wird gesteigert. Wenn eine kritische Dosis überschritten wird (ihre Höhe ist artspezifisch und umweltabhängig) treten jedoch zunehmend nachteilige Folgen auf, die durch Imbalancen im Nährstoffhaushalt und Organismengefüge verursacht werden (JOCHHEIM ET AL. 1995).

Um den Einfluß vermehrten N-Eintrages auf Waldökosysteme genauer zu untersuchen, wurde im Rahmen des ARINUS-Projektes (ARINUS = Auswirkungen von Restabilisierungsmaßnahmen und Immissionen auf den N- und S-Haushalt der Öko- und Hydrosphäre von Schwarzwaldstandorten) von der Arbeitsgruppe ZÖTTL/FEGER (Freiburg) ein Düngeexperiment auf zwei nach Bodenstruktur, Wasserhaushalt und Nährstoffversorgung der Bäume deutlich unterschiedlichen Standorten im
Schwarzwald durchgeführt (Schluchsee und Villingen). Es wurden experimentell Kalkungen, Ammonium- und Magnesium-Düngungen durchgeführt (ZÖTTL ET AL. 1987). Die experimentelle Ammoniumsulfat-Düngung im Juni 1988 von 150 kg N/ha wurde zweimal wiederholt (Juni 1991, Mai 1994).
Auf den Flächen des ARINUS-Projektes wurden zahlreiche Untersuchungen durchgeführt: Arbeitsgruppe ZÖTTL/FEGER (Freiburg): Nährstoffbilanzierung und -dynamik in Boden und Wasserhaushalt; Arbeitsgruppe RENNENBERG (Garmisch-Partenkirchen): Stickstoffphysiologie der Bäume; Arbeitsgruppe KOTTKE, Tübingen: Haug: Bestandsaufnahme der Mykorrhizatypen, PRITSCH: Nährelementgehalte Mykorrhizatypen; FREUND (Arbeitsgruppe FINK, Freiburg / WINKELMANN, Tübingen): Assoziation von Mykorrhizen mit Bakterien. Einige der Ergebnisse sollen hier vorgestellt werden.

5.3. Einflüsse des N-Eintrages auf den Baum

Bäume können Stickstoff über die Mykorrhiza in Form von NH_4^+ und NO_3^- aber auch als Aminosäuren aufnehmen. Eine noch zuträgliche N-Düngergabe fördert zunächst das Wachstum der Bäume, wobei das des Sprosses stärker gefördert wird als das der Wurzel (KOTTKE 1995). Teilweise wurde auf den ARINUS-Flächen nach der Düngung eine vermehrte Feinwurzelmasse beobachtet (RASPE 1992), durch die verstärkte Förderung des Langwurzelwachstums entsteht aber eine verminderte Verzweigungsdichte der Wurzeln (BJÖRKMAN 1942, HAUG ET AL. 1992). Der Stickstoffgehalt von Nadeln, Stamm und Wurzeln nimmt zu (KOTTKE 1995). Die vermehrte Verarbeitung der N-Verbindungen im Stoffwechsel der Pflanze (Assimilation) führt zunächst durch eine Förderung der Photosynthese zu einer allgemeinen Erhöhung der Stoffwechselaktivität.

Wird nun die förderliche Dosis überschritten, treten zunehmend Imbalancen auf. Durch eine Anhäufung von Aminosäuren durch die Assimilation kann die Attraktivität des Baumes für Schädlinge wie z.B. Läuse (Aphiden) erhöht werden (KREUTZER 1992).

Ob nun NH_4^+ über die Atmosphäre oder über den Boden aufgenommen wurde, die Assimilation von Ammonium, führt zu Protonenabgabe oder Anionen-Aufnahme an der Wurzel. Dies und auch die verstärkte Nitrifizierung (Bildung von NO_3^- aus NH_4^+) durch Mikroorganismen im Boden führt zu einer Bodenversauerung. Die Auswaschung von Nährsalzen aus dem Boden und der Pflanze ("leaching") wird gefördert und kann durch Kalium-, Calcium-, Magnesium-, sowie Bor- und Kupfer-Verluste zu einem akuten Nährstoff-, d.h. vor allem Basen-Mangel, führen. Wachstumsdepressionen und hauptsächlich durch Mg-Mangel verursachte "Montane Vergilbung" (ZECH und POPP 1985, KREUTZER ET AL. 1989) können die Folge sein. Insgesamt kann es, abhängig von einer Reihe ökologischer Faktoren wie Klima, Pufferkapazität der Böden, Nährstoffverfügbarkeit, Basennachlieferung des Gesteins, Mikrobielle Aktivität des Bodens etc. zu Wuchshemmungen (TAMM 1991) bis hin zu starken Verlichtungen kommen (HOFMANN ET AL. 1990). Die durch die Verlichtung geförderte Vergrasung wiederum ist durch Wurzelkonkurrenz mit den Baumkeimlingen ein entscheidendes Hindernis der Naturverjüngung in Wäldern.

5.4. Einfluß des N-Eintrages auf die Mykorrhiza

Nach Beobachtungen von HAUG ET AL. (1992) auf den ARINUS-Flächen führt eine Stickstoff-Gabe abhängig von Boden- und Standortfaktoren zunächst zu einer Erhöhung der relativen Mykorrhiza-Häufigkeit (Anzahl der Spitzen pro 100 mg Wurzeltrockengewicht). Die Mykorrhizadichte im Bodenvolumen kann dagegen deutlich verringert sein (WÖLLMER Diss. 1995, ARINUS). Auch eine Verlängerung

der Lebensdauer der einzelnen Spitzen wurde beschrieben (ALEXANDER UND FAIRLEY 1983).
Nach Überschreiten der kritischen N-Dosis, die standortabhängig ist, nimmt der Mykorrhizierungsgrad oft drastisch ab (ALEXANDER UND FAIRLEY 1983, BOXMAN ET AL. 1991, KOTTKE und HÖNIG 1996). Die Ursachen hierfür sind noch nicht vollständig geklärt. Eine Verringerung der Mykorrhizaspitzen-Anzahl bedeutet jedoch eine allgemeine Schwächung des Wurzelsystems, die sich in Dürreperioden besonders stark auswirkt. Außerdem kann ein verstärkter Verbrauch von Kohlenhydraten für die Assimilation von N-Verbindungen in den Blättern zur Folge haben, daß weniger Kohlenhydrate für das Wachstum von Wurzeln und Mykorrhizen zur Verfügung gestellt werden können (GIVAN 1979). Wurzelwachstum und Wurzelverzweigung würden dadurch veringert. Hinweise hierfür finden sich in Untersuchungen von belasteten Standorten in Nordost-Deutschland (WEBER ET AL. 1992, MÜNZENBERGER mündl. Mitteilung). Ein anderer wesentlicher Aspekt einer N-Überdüngung ist eine mögliche Verschiebung im Artenspektrum der Mykorrhiza-Pilze, die mit einer Artenverarmung verbunden sein kann. Arten mit einer breiten ökologischen Amplitude (wie *Tylospora fibrillosa* auf den ARINUS-Flächen, HAUG ET AL. 1992) werden dabei offenbar stärker gefördert, spezialisierte Arten wie z.B. Cortinarius-Mykorrhizen gehen zurück (KUYPER 1989, TERMORSHUIZEN und SCHAFFERS 1987, HAUG ET AL. 1992). Dieser Effekt ist vergleichbar mit der Ruderalisierung bei höheren Pflanzen durch Eutrophierung (HOFMANN ET AL. 1990).

5.5. Einfluß der Ektomykorrhiza auf die Stickstoffwirkung

Durch die hohe absorptive Potenz und Säuretoleranz der Pilzpartner kann die Mykorrhiza bei geringeren N-Einträgen Mangel an anderen Nährstoffen im Baum hinauszögern (READ 1991). Die durch die Düngewirkung verstärkte Pathogen-(Krankheits-)Anfälligkeit wird durch Mykorrhizierung nachweislich verringert (HERRMANN ET AL. 1992). Der aufgrund von Kulturversuchen postulierte toxische Effekt von Aluminium auf die Wurzeln wird im Freiland nicht beobachtet (RASPE 1992), offensichtlich wird er durch die Mykorrhizen stark vermindert (KOTTKE 1995, ULRICH 1995, JOCHHEIM ET AL. 1995).
Eigene Untersuchungen geben Hinweise dafür, daß Stickstoff zu einem bedeutenden Anteil in den Hyphenmänteln der Mykorrhizen organisch gebunden und somit dem Nährstoffkreislauf temporär entzogen werden kann (BECKMANN UND KOTTKE 1994).

Hinweise für eine N-Akkumulation in den Hyphenmänteln der Mykorrhizen geben folgende Ergebnisse unterschiedlicher Autoren:
- Die höchsten N-Gehalte der verschiedenen Wurzelduchmesserklassen bei

Fichte wies RASPE 1992 im Freiland in allen Bodenhorizonten in der Feinwurzelfraktion (< 2 mm) nach. Auf der ARINUS-Fläche Schluchsee beispielsweise erreichten sie einen Gesamtwert von 37,18 kg N/ha gegenüber 8,01 kg N/ha in den Mittelwurzeln (5-10 mm).
- Nach einer experimentellen Ammoniumsulfat-Düngung konnte HAUG ET AL. 1992 eine vorübergehende Erhöhung des N-Gehaltes in den Feinstwurzeln (< 1 mm) von Fichten (ebenfalls ARINUS-Projekt) nachweisen.
- Anhand von Mykorrhiza-Kulturexperimenten mit Kiefer (*Pinus sylvestris*, FINLAY ET AL. 1988) und Buche (*Fagus sylvatica*, FINLAY ET AL. 1989) konnten FINLAY und Mitarbeiter feststellen, daß bei ^{15}N-Düngung mit Ammonium- oder Nitrat-Stickstoff der weitaus größte Teil des aufgenommenen ^{15}N in Aminosäuren und Proteinen in den Mykorrhizen nachgewiesen werden konnte, gegenüber erheblich geringeren Anteilen in allen anderen Organen der Bäumchen.
- KOTTKE ET AL. (1995) gelang es erstmals stickstoffhaltige Granula in den Vakuolen der Hyphenmäntel der Pilzpartner nachzuweisen. Dies war möglich durch die Anwendung der Elektronen-Energie-Verlust-Spektroskopie EELS mit Hilfe des Transmissionselektronenmikroskops EM 902 Zeiss (KOTTKE 1994). Verwendet wurden Topfkulturen von *Pinus sylvestris* (Kiefer) inokuliert mit dem Ascomyceten *Cenococcum geophilum*. Durch Erhöhung der NH_4^+-Gabe konnte sowohl die Anzahl als auch der Stickstoffgehalt der Granula deutlich gesteigert werden.

Daher wurde die <u>Hypothese</u> aufgestellt, daß die Mykorrhizen nicht nur für die N-Versorgung der Fichten von Bedeutung sind, sondern durch temporäre Deposition von Stickstoffverbindungen eine regulatorische Pufferfunktion übernehmen können, indem sie Stickstoff durch Akkumulation in Polyphosphaten oder/und Proteinbodies in den Vakuolen ihrer Hyphenmäntel immobilisieren, vermutlich überwiegend in Form von Aminosäuren wie Glutamin, Asparagin und Arginin.
Dies für das Freiland zu prüfen und die Rolle unterschiedlicher Mykorrhizapilztypen unter dem Einfluß unterschiedlicher Standortfaktoren abzuschätzen, ist Ziel von zur Zeit laufenden Untersuchungen.
So wurden von den Ammoniumsulfatdüngungsflächen und Kontrollflächen der Standorte Schluchsee und Villingen des ARINUS- Projektes im Schwarzwald wiederholt Mykorrhizaproben untersucht. Die Probenahme der mykorrhizierten Wurzeln erfolgte mit Bohrstöcken bis in 20 cm Tiefe und zwar einmal vor, sowie zweimal nach der Düngung im Sommer 1994 (I: September 1993, II: Juni 1994, III: September 1994). Die Mykorrhizen wurden nach Bodenhorizonten getrennt (Ol + Of, Oh, Ah und B) erfaßt und nach Präparation lichtmikroskopisch (quantitative Auszählung der Granula pro mm² Hyphenmantelfläche) und elektronenmikroskopisch auf stickstoffhaltige Granula untersucht. Die vakuolären Granula enthielten Stickstoff, wie stichprobenartig mit Hilfe der Elektronen-

Energie-Verlust-Spektroskopie (EELS) am Transmissionselektronenmikroskop (TEM 902, Zeiss) an mehreren Typen festgestellt wurde (BECKMANN UND KOTTKE 1994). Es wurden zwei verschiedene Typen von Granula beobachtet, N-reiche, P-arme, große helle Granula mit unregelmäßigem Rand, möglicherweise identisch mit "Proteinbodies" und N-arme, P-reiche, kleine dunkle mit glattem Rand, vermutlich "Polyphosphatgranula" (ASHFORD ET AL. 1986, ORLOVICH ET AL. 1989). Alle acht eingehend untersuchten Mykorrhizatypen waren in der Lage, N-haltige Granula zu bilden (BECKMANN UND KOTTKE 1995).

Die Reaktion auf die Düngegabe in Form einer Akkumulation war in Stetigkeit, Zeitpunkt und Menge typenspezifisch. Die statistische Auswertung dieses Experiments ist noch nicht abgeschlossen, jedoch lassen sich nach den bisherigen Tendenzen typenspezifische und standortspezifische Unterschiede in der Akkumulationskapazität der verschiedenen Mykorrhizatypen erwarten.
Diese Eigenschaften der Pilzpartner könnten möglicherweise durch Auswahl besonders stark akkumulierender Mykorrhizapilze in der Praxis Anwendung finden. Mit ihnen könnten junge Bäume für die Bepflanzung von stark mit Stickstoff belasteten Standorten beimpft werden. Auch könnte die Akkumulation von stickstoffhaltigen Grana evtl. als Bioindikator eingesetzt werden.

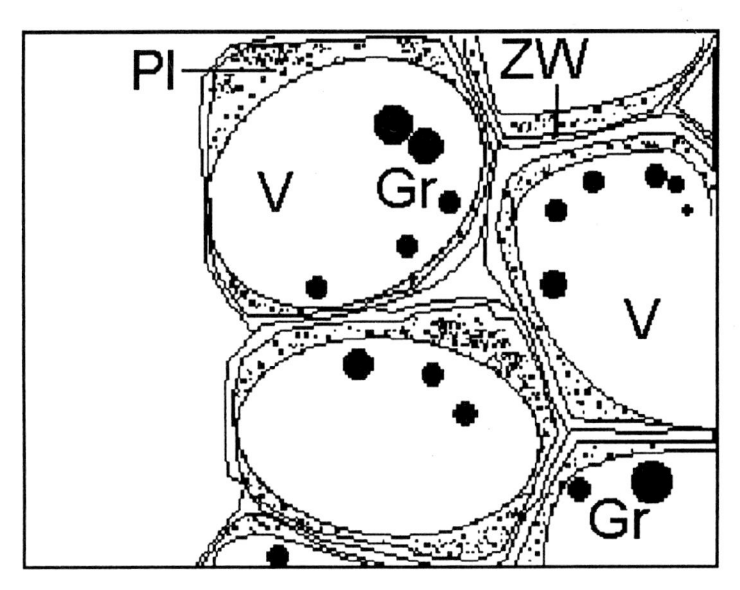

Abb. 3: Halbschematische Darstellung (S.B.) Granuläre stickstoffhaltige Ablagerungen im Hyphenmantel von Mykorrhizen, V: Vakuole, Pl: Cytoplasma, ZW: Zellwand, Gr: Granulum

6. Zusammenfassung

Die weiträumigen Einträge von Stickstoff aus Landwirtschaft und Verkehr stellen eine problematische Tatsache dar. Die langfristigen Folgen für unsere Wälder sind noch nicht abzuschätzen.

Da unsere einheimischen Baumarten mit dem Boden fast ausschließlich über symbiontische Pilze in Kontakt treten, sind diese Mykorrhizapilze für die Regulation der Aufnahme von Nährstoffen von entscheidender Bedeutung. Spezifische Strukturen intensivieren durch eine enorme Oberflächenvergrößerung den Kontakt Baum-Pilz (Hartigsches Netz) und Baum-Boden (abgehende Hyphen, Rhizomorphen). Dadurch wird die Nährstoff- und Wasserversorgung des Baumes verbessert. Mykorrhizen bieten aber auch einen verstärkten Schutz vor physikalischem Streß und vor Pathogenen.

Die Mykorrhiza scheint nicht nur für die N-Ernährung der Bäume von Bedeutung zu sein, sondern es wird auch eine regulatorische Funktion, möglicherweise eine Pufferfunktion für den Stickstoffhaushalt der Wälder diskutiert. Bei einer Überdüngung findet eine Akkumulation von granulären Ablagerungen in den Hyphen statt. Die beobachteten Granula in den Vakuolen konnten als stickstoffhaltig nachgewiesen werden. Es wurden zwei Typen von Polyphosphat- und/oder Proteinkörpern beobachtet. Alle untersuchten Mykorrhizatypen waren in der Lage, diese Granula zu bilden. Düngung vermehrte die Granula gegenüber der Kontrolle bei allen Typen, abhängig vom Nährstoffstatus des Standortes, jedoch in typenspezifischem unterschiedlichem Ausmaß. Der Nachweis der Stickstoffakkumulation war möglich durch die Anwendung der Elektronen-Energie-Verlust-Spektroskopie, EELS, am Transmissionselektronenmikroskop, TEM 902 Zeiss, der derzeit einzigen Methode, die bei einer so genauen Lokalisation einen quantitativen Nachweis von Stickstoff in den Zellen ermöglicht.

Eine Nutzung des akkumulierenden Effektes durch die Auswahl besonders wirkungsvoller Pilzpartner zur Beimpfung von Bäumchen bei der Anzucht für Standorte mit starker Stickstoffbelastung sollte erprobt werden.

7. Literatur

ABUZINADAH, R.A., READ, D.J. (1986): The role of proteins in the nitrogen nutrition of ectomycorrhizal plants. I. Utilization of peptides and proteins by ectomycorrhizal fungi. New Phytol. 103, 481-493

ALEXANDER, I.J., FAIRLEY, R.I. (1983): Effects of N fertilization on populations of fine roots and mycorrhizas in spruce humus. Plant Soil 71, 49-53

ASHFORD A.E., PETERSON R.L., DWARTE D., CHILVERS G.A. (1986): Polyphosphate granules in eucalypt mycorrhizas: determination by dispersive x-ray microanalysis. Can. J. Bot. 64, 677-687

BÅÅTH E., SÖDERSTRÖM B. (1979): Fungal biomass and fungal immobilisation of plants nutrients in swedish coniferous forest soil. Rev. Ecol. Biol. Sol. 16, 477-489

BECKMANN S., KOTTKE I. (1994): Stickstoffdeposition in Ektomykorrhizen der Fichte (*Picea abies* L. Karst.) auf gedüngten und auf gekalkten Standorten im Schwarzwald (ARINUS-Projekt). KfK-PEF 117, Kernforschungszentrum Karlsruhe, 101-110

BECKMANN S., KOTTKE I. (1995): Stickstoffdeposition in Ektomykorrhizen der Fichte (*Picea abies* L. Karst.) auf NH_4^+-gedüngten Standorten im Schwarzwald (ARINUS-Projekt). FZKA-PEF, 130, Forschungszentrum Karlsruhe, 105-114

BJÖRKMAN E (1942): Über die Bedingungen der Mykorrhizabildung bei der Kiefer und Fichte. Symb. Bot. Ups. 6, 1-90

BLASIUS D., FEIL W., KOTTKE I., OBERWINKLER F. (1986): Hartig net structure and formation in fully ensheated ectomycorrhizas. Nord. J. Bot. 6, 837-842

BOXMAN A.W., KRABBENDAM H., BELLEMAKERS M.J., ROELFS G.M. (1991): Effects of ammonium and aluminium on the development and nutrition of *Pinus nigra* in hydroculture. Environ. Pollution 73, 119-136

CHAKRAVARTY P, UNESTAM T. (1987): Mycorrhizal fungi prevent disease in stressed pine seedlings. J Phytopathology, 335-340

FINLAY R.D., READ D.J. (1986): The structure and function of the vegetative mycelium of ectomycorrhizal plants. II. The uptake and distribution of phosphorus by mycelial strands interconnecting host plants. New Phytol. 103, 157-165

FINLAY R.D., EK H., ODHAM G., SÖDERSTRÖM B. (1988): Mycelial uptake, translocation and assimilation of nitrogen from ^{15}N-labelled ammonium by *Pinus sylvestris* plants infected with four different ectomycorrhizal fungi. New Phytol. 110, 59-66

FINLAY R.D., EK H., ODHAM G., SÖDERSTRÖM B. (1989): Uptake, translocation and assimilation of nitrogen from ^{15}N-labelled ammonium and nitrate sources by intact ectomycorrhizal systems of *Fagus sylvatica* infected with *Paxillus involutus*. New Phytol. 113, 47-55

FRANK, B. (1885): Über die auf Wurzelsymbiose beruhende Ernährung gewisser Bäume durch unterirdische Pilze. Ber. Deutsch. Bot. Ges. 3, 128-145.

GARBAYE, J., PERRIN, R. (1986): L'inoculation ectomycorhizienne des plants sur tourbe fertilisée: résultats sur chêne pédonculé (*Quercus robur* L.) avec quatres souches fongiques. Eur. J. For. Path. 16, 239-246

GIVAN C.V.(1979): Metabolic Detoxification of ammonia in tissues of higher Plants. Phytochemistry 18, 375-382

HARLEY J.L., SMITH S.E. (1983): Mycorrhizal Symbiosis. Academic Press, London, New York.

HAUG I., PRITSCH K., OBERWINKLER F. (1992): Der Einfluss von Düngung auf Feinwurzeln und Mykorrhizen im Kulturversuch und im Freiland. Forschungsbericht KfK-PEF 97 Kernforschungszentrum Karlsruhe

HERRMANN S., RITTER TH., KOTTKE I., OBERWINKLER F. (1992): Steigerung der Leistungsfähigkeit von Forstpflanzen (*Fagus silvatica* L. und *Quercus robur* L.) durch kontrollierte Mykorrhizierung. Allg. Forst- u. J.-Ztg. 163, 72-79

HOFMANN G., HEINSDORF D., KRAUß H.H. (1990): Wirkung atmogener Stickstoffeinträge auf Produktivität und Stabilität von Kiefern-Forstökosystemen. Beitr. Forstwirtschaft 24, 59-73

HOFMANN G.(1995): Zur Wirkung von Stickstoffeinträgen auf die Vegetation nordostdeutscher Kiefernwaldungen. In: IMA-Querschnittseminar Wirkungskomplex Stickstoff und Wald,Texte 28/95, UBA (Ed.), 131-140

HOLOPAINEN T., ANTTONEN S., WULFF A., PALOMÄKI V., KÄRENLAMPI (1992): Comparative evaluation of the effects of gaseous pollutants, acidic deposition and mineral deficiencies: structural changes in the cells of forest plants. Agriculture, Ecosystems and Environment, 42, 365-398

HÖNIG K. (1995): Inokulierung von Eichen- (*Quercus robur*) und Buchen- (*Fagus sylvatica*) Sämlingen im Gewächshaus und die Charakterisierung von zehn Stämmen von *Paxillus involutus* (Batsch) Fr. mit den molekularbiologischen Methoden PCR (polymerase chain reaction) und RFLP (restriction fragment lenght polymorphism). Diss. Tübingen

ISERMANN K., ISERMANN R. (1995): Die Landwirtschaft als einer der Hauptverursacher der neuartigen Waldschäden. AFZ 1995, 2-6

JOCHHEIM H., GERKE H.H., HÜTTL R.F. (1995): Auswirkungen von Stickstoff auf den Ernährungszustand von Waldbeständen. In: IMA-Querschnittseminar Wirkungskomplex Stickstoff und Wald, Texte 28/95, UBA (Ed.), 107-119

KOTTKE, I. (1994): Localization and identification of elements in mycorrhizas. Advantages and limits of electron energy-loss spectroscopy. Acta bot. Gallica 141

KOTTKE I. (1995): Wirkungskomplex Stickstoff und Wald, Wurzelproduktion, Wurzelsysteme und Mykorrhizaentwicklung. In: IMA-Querschnittseminar Wirkungskomplex Stickstoff und Wald, Texte 28/95, UBA (Ed.), 97-106

KOTTKE I., HOLOPAINEN T., ALANEN E., TURNAU K. (1995): Deposition of nitrogen in vacuolar bodies of *Cenococcum geophilum* Fr. mycorrhizas as detected by electron energy loss spectroscopy. New Phytol 129, 6pp

KOTTKE I., HÖNIG K. (im Druck): Improvement of maintenance and autochthones mycorrhization of beech (*Fagus sylvatica* L.) and oak (*Quercus robur* L.) plantlets by premycorrhization with *Paxillus involutus* (Batsch) Fr. in: Misra A. (Ed.) problems of Wasteland Developement and Role of Microbes

KOTTKE I., OBERWINKLER F. (1986): Mycohrhiza of forest trees - structure and function. Trees (1986), 1-24

KREUTZER K. (1989): Änderungen im Stickstoffhaushalt der Wälder und die dadurch verursachten Auswirkungen auf die Qualität des Sickerwassers. DVWK-Mitteilungen Nr. 17, 121-132

KREUTZER K.(1992): Changes in the role of nitrogen in central european forests. In: Huettl R.F., Mueller-Dombois D.(Eds.) Forest Decline in the Atlantic and Pacific Regions, Springer, Berlin, Heidelberg, New York, 82-96

KUYPER TH.W. (1989): Auswirkungen der Walddüngung auf die Mykoflora. Beitr. Kenntnis Pilze Mitteleuropas, 5, 5-20

MARX D.H. (1971): Ectomycorrhizae as biological deferrents to pathogenic root infections. In: Mycorrhizae, Hacskaylo, E. (Ed.) Washington, 81- 96

MATZNER E., Stuhrmann, M. Manderscheid B.(1995): Wirkung von N-Einträgen auf Bodenprozesse des N-Haushalts von Waldökosystemen. In: IMA-Querschnittseminar Wirkungskomplex Stickstoff und Wald, Texte 28/95, UBA (Ed.), 97-106

ORLOVICH D.A., ASHFORD A.E., COX G.C. (1989): A reassessment of Polyphosphate granule composition in the ectomycorrhizal fungus *Pisolithus tinctorius*. Aust. J. Plant Physiol. 16, 107-115.

QIAN X.M., EL-ASHKAR A., KOTTKE I., OBERWINKLER F. (1993): Vergleichende Untersuchungen an Mykorrhizen und Mikropilzen der Rhizosphäre nach saurer Beregnung und Kalkung im Fichtenbestand "Höglwald". BMFT Projekt 0339175E, 83 S.

QIAN X.M., KOTTKE I., OBERWINKLER F. (im Druck): Influene of liming and acidification on the vitality of the mycorrhizal populations in a *Picea abies* (Karst.) stand. Plant and Soil

RASPE S. (1992): Biomasse und Mineralstoffgehalte der Wurzeln von Fichtenbeständen (Picea abies Karst.) des Schwarzwaldes und Veränderungen nach Düngung. Diss. Freiburg

READ D.J.(1986): Non-nutritional effects of mycorrhizal infection. In: Gianinazzi-Pearson V., Gianinazzi S. (Eds.): Physiological and genetical aspects of Mycorrhizae, 169-177

READ D.J. (1991): Mycorrhiza in ecosystems. In: Hawksworth DL (ed) Frontiers in Mycology, 101-130, CAB International, Wallingsford, UK

RYGIEWICZ P.T., BLEDSOE C.S. (1984): Mycorrhizal effects on potassium fluxes by northwest coniferous seedlings. Plant Physiol. 76, 918-923

TAMM C.O.(1991): Nitrogen in terrestrial ecosystem. Ecol. Studies 81, 1-115

TERMORSHUIZEN A.J., SCHAFFERS A.P. (1987): Occurence of carpophores of ectomycorrhizal fungi in selected stands of *Pinus sylvestris* in the Netherlands in relation to stand vitality and air pollution. Plant Soil 104, 209-217

TURNAU K., KOTTKE I., OBERWINKLER F.(1993): *Paxillus involutus-Pinus sylvestris* mykorrhizae from heavily polluted forest. I. Element localisation using electron energy loss spectroscopy and imaging. Botanica Acta 106, 313-219

TSANTRIZOS Y.S., KOPE H.H., FORTIN J.A., OGILVIE K.K. (1991): Antifungal Antibiotics from *Pisolithus tinktorius*. Phytochemistry 30, No. 4, 1113-1118

UBA (Ed.) (1995): Executive Summary, IMA-Querschnittseminar Wirkungskomplex Stickstoff und Wald, Texte 28/95, 1-7

ULRICH B. (1995): Die Entwicklung der Waldschäden aus ökosystemarer Sicht. In: IMA-Querschnittseminar Wirkungskomplex Stickstoff und Wald, Texte 28/95, UBA (Ed.), 9-19

WEBER R., KOTTKE I., OBERWINKLER F. (1992): Fluoreszenzmikroskopische Untersuchungen zur Vitalität von Mykorrhizen an Fichten (*Picea abies* L. Karst.) verschiedener Schadklassen am Standort "Postturm", Forstamt Farchau/Ratzeburg. in: Michaelis W., Bauch J. (Eds.): Luftverunreinigungen und Waldschäden am Standort "Postturm", Forstamt Farchau/Ratzeburg. GKSS Forschungszentrum Geesthacht, GKSS 92/E/100, 187-211

WÖLFELSCHNEIDER A. (1994): Einflußgrößen der Stickstoff- und Schwefel-Mineralisierung auf unterschiedlich behandelten Fichtenstandorten im Südschwarzwald Diss. Freiburg

WÖLLMER H. (1996): Rhizoskopische Untersuchungen zur Entwicklung und Ökologie von Mykorrhizen der Fichte (*Picea abies* L. Karst.). Diss. Hohenheim

ZECH, POPP (1985): Magnesiummangel, einer der Gründe für das Fichten- und Tannensterben in NO-Bayern. Forstw. Cbl. 102, 50-55

ZÖTTL H.W., FEGER K.-H., BRAHMER G. (1987): Projekt ARINUS: I. Zielsetzung und Ausgangslage. KfK-PEF 12 (1), 269-281.

Prof. Dr. Franz Oberwinkler
PD. Dr. Ingrid Kottke
Dipl. Biol. Susanne Beckmann

Eberhard-Karls-Universität Tübingen
Botanisches Institut
Spezielle Botanik und Mykologie
Auf der Morgenstelle 1
72076 Tübingen

Aktuelle Geowissenschaftliche Forschungen auf Sturmwurfflächen in Baden-Württemberg

von

Karl-Heinz Pfeffer, Tübingen

mit
11 Abbildungen und 6 Tabellen

1 Einführung

Die Orkanzyklonen Vivien und Wibke verursachten am 26.02. und 28.02.1990 im Gebiet der Bundesrepublik große Sturmschäden.

Abb.1: Sturmwurffläche bei Langenau

Abb.2 : Luftbildausschnitt der Sturmwurffläche südlich des Lonetales bei Langenau.
Bildausschnitt ca. 140 x 200m, Original Kodak IR2443, Befliegungsmaßstab 1:5000, Delta Survey, Erzhausen, Befliegung 20.04.93

In den Forsten kam es zu 72,5 Millionen m^3 Schadholz. Für Baden-Württemberg entstanden 15 Millionen m^3 Schadholz, wobei 3 Millionen m^3 im Bereich der Forstdirektion Tübingen anfielen. Besonders stark wirkten sich die Sturmwürfe bei Fichtenmonokulturen aus, von dem Sturmwurfholz stammt 86 % von Fichten (UMWELTMINISTERIUM BADEN-WÜRTTEMBERG 1992, CIV, 18).

Die Räumung der Sturmwurfflächen und die nachfolgende Aufforstung verursachte große Kosten, wobei sich forstwirtschaftlich besonders negativ auswirkte, daß zugleich mit dem großen sturmwurfbedingten Holzanfall durch Niedrigpreisangebote aus Osteuropa die Holzerlöse drastisch sanken.

Aus der Praxis stellte sich daher die Frage, ob bei den niedrigen Holzerlösen mit sich selbst überlassenen Sturmwurfflächen hohe Kosten für die Räumung erspart werden und durch eine ungesteuerte, sich selbst überlassene Sukzession auch die Kosten für die Aufforstung gespart werden könnten.

Eine Konzeptidee, die von der bisherigen forstwirtschaflichen Praxis abwich , die aber bei weiteren prognostizierten Orkanzyklonen mit zu erwartenden Sturmschäden eine hohe Praxisrelevanz hat.

Unbestritten ist aus der bisherigen Sukzessionsforschung, daß die sich selbst überlassenen Flächen letztlich mit einem Wald überzogen werden. Die bisherigen Erfahrungswerte beruhen aber entweder auf geräumten Flächen oder aufgegebenen Ackerflächen. Wie aber eine Sukzession mit großen Mengen Totholz auf den Flächen abläuft, mit welchen Interaktionen aus botanischen und zoologischen Bereichen zwischen totholzreichen, sich selbst überlassenen Arealen und angrenzenden Forsten - oft mit Monokulturen bestockt - zu rechnen ist, war unerforscht. Ebenso war unbekannt, welche Standortbeeinflussungen durch zeitgleich beginnenden Abbau einer großen Biomasse erfolgen. Hier bestand Forschungsbedarf.

2 Sukzessionsforschung im Rahmen des Projektes Angewandte Ökologie (PAÖ)

Das Land Baden-Württemberg hat im Umweltministerium ein von der Landesanstalt für Umwelt (FfU) betreutes Projekt Angewandte Ökologie (PAÖ) aufgelegt. Im Rahmen diese Projektes wurde ein Forschungsbereich "Sukzession" genehmigt und in Zusammenarbeit mit dem Ministerium für den Ländlichen Raum (MLR) und der Forstdirektion Tübingen wurden 3 Sturmwurfflächen ausgewiesen, die nicht geräumt und für Forschungen reserviert wurden.

Die Sukzessionsforschung wurde interdisziplinär angesetzt. Ürsprünglich waren an dem Projekt 10 Institutionen beteiligt (Tabelle 1). Im Laufe der Untersuchungen kam noch die Arbeitsgruppe von Frau Prof. O. WILMANNS aus Freiburg hinzu.

Tabelle 1: Übersicht über die an der Sukzessionsforschung beteiligten Institutionen (ZELESNY 1993, 348)

Beteiligte Institute			
Forschungsinstitut	Themenbereich	tätig in	gefördert durch
Universität Ulm, Professor Funke	Entomologie	Langenau	PAÖ
Universität Freiburg, Professor Huss	Vegetationskunde	Bebenhausen, Langenau, Bad Waldsee	PAÖ
Universität Freiburg, Professor Reif	Vegetationskunde	Bebenhausen, Langenau, Bad Waldsee	PAÖ
Universität Tübingen, Professor Pfeffer	Bodenkunde	Bebenhausen, Langenau, Bad Waldsee	PAÖ
Universität Freiburg, Professor Oesten	Luftbilderkundung	Bebenhausen, Langenau, Bad Waldsee	PAÖ
Universität Tübingen, Professor Oberwinkler	Mykologie	Bebenhausen, Langenau, Bad Waldsee	MLR
FVA Freiburg, Dr. Schröter	Entomologie	Bebenhausen, Langenau, Bad Waldsee	(MLR)
FVA Freiburg, Dr. Bücking	Botanik und Standortskunde	Bebenhausen, Langenau, Bad Waldsee	(MLR)
LfU Karlsruhe	Koordination, Finanzierung	Bebenhausen, Langenau, Bad Waldsee	
Forstdirektion Tübingen	Koordination, Karten, Vermessungen	Bebenhausen, Langenau, Bad Waldsee	

Die Koordination erfolgte zuerst über die LFU und die Forstdirektion Tübingen. Dann konnte das Land Prof. Dr. A. FISCHER von der LMU München als Koordinator gewinnen, der dann die praxisorientierte Zielsetzung formulierte (Tabelle 2).

Tabelle 2: Angewandte Zielsetzungen des Sturmwurfforschungsprojektes FISCHER 1995,67

Praxisrelevanter Aspekt, zu dem die PAÖ-Sturmwurfflächenforschung Beiträge liefert:	*Angesprochener Bereich der Wald- bzw. Landnutzung*
Sturmwurfflächen-Bodenvegetation als "Konkurrenzvegetation" für Gehölze	Waldbau
Wiederbestockung von Sturmwurfflächen: Natürliche Wiederbesiedlung versus Wiederaufforstung	Waldbau
Sturmwurfflächen-Bodenvegetation als Schutz vor Bodendegradation	Bodenschutz/Waldschutz
Potential an tierischen "Nutz-" bzw. "Schad-"organismen (Beeinflussung der umgebenden Waldbestände)	Waldschutz/Forstwirtschaft
Potential an "Nutzpilzen" (Mykorrhiza) bzw. an "Schadpilzen" (Beeinflussung der umgebenden Waldbestände)	Waldschutz/Waldbau/Forstwirtschaft
Strukturreichtum, Nischenreichtum, Artenreichtum und Naturnähe der Sturmwurfflächen	Naturschutz
Refugium für seltene bzw. bedrohte Tier- und Pflanzenarten	Naturschutz

3 Der Geowissenschaftliche Ansatz im Rahmen der Sukzessionsforschung

Die Standortkunde lehrt, daß im Rahmen einer Sukzession die in Konkurrenzsituation stehenden Pflanzen unterschiedliche Ansprüche an den Standort stellen und je nach Gegebenheit sich einzelne Arten durchsetzen.

Nach Ökogrammen und Zeigerwerten (ELLENBERG 1996, 1991) sind hierfür die in Tabelle 2 aufgelisteten Standortparameter entscheidend.

> **Tablle 3: STANDORTPARAMETER**
>
> (nach Ökogrammen und Zeigerwerten
> ELLENBERG, 1996, 1991)
>
> LICHT
> (Tiefschattenpflanze - Vollichtpflanze)
>
> TEMPERATUR
> (Kältezeiger - extremer Wärmezeiger)
>
> KONTINENTALITÄT
> (euozeanisch - eukontinental)
>
> FEUCHTE
> (Starktrockniszeiger - Nässezeiger)
>
> ACIDITÄT
> (Starksäurezeiger - Basen und Kalkzeiger)
>
> NÄHRSTOFFE
> (Stickstoffärmste - stickstoffreiche Standorte)

Hierbei sind einige Parameter in den Schichten des oberflächennahen Untergrundes und den in diesen entwickelten Böden quantifizierbar. Dies war der Ansatz für eine Arbeitsgruppe des Lehrstuhles für Physische Geographie der Universität Tübingen (Prof. PFEFFER), im Rahmen des Forschungsvorhabens den oberflächennahen Untergrund und die Böden aufzunehmen, sowie in Laborarbeiten die ökologisch relevanten Paramter der Böden zu ermitteln.

4 Die Sturmwurfflächen des Forschungsprojektes

Die Untersuchungsflächen des Forschungsprojektes liegen im Gebiet der Forstdirektion Tübingen.

Das Gebiet im **SCHÖNBUCH** liegt 8 km nord-nordwestlich von Tübingen, auf dem südöstlichen Teil des Brombergriedels. Es ist eine fast ebene, nach Nordost schwach geneigte Ebenheit mit einem sehr flachen Beginn einer Dellenform.

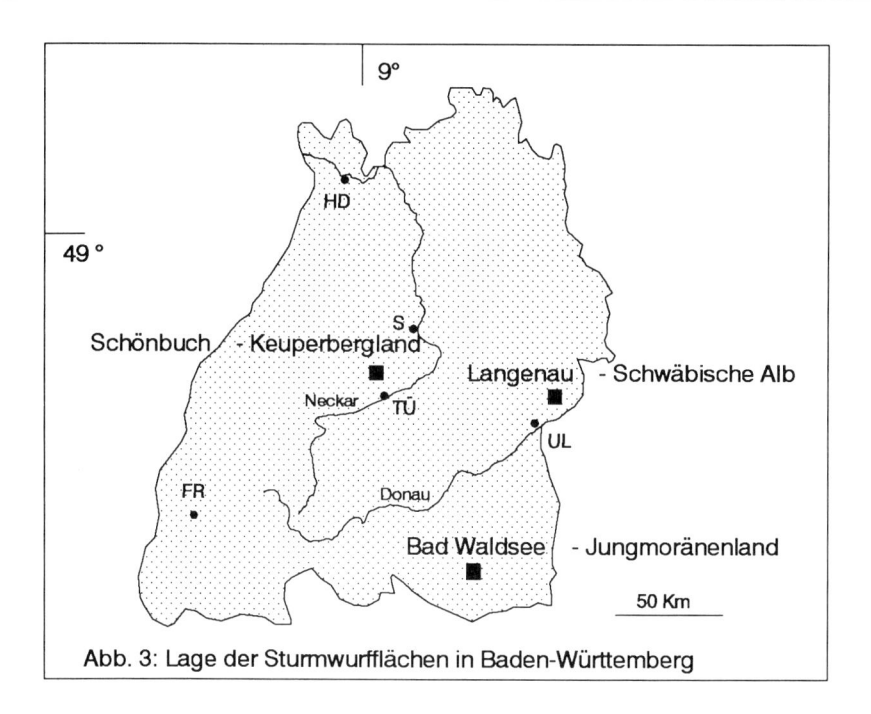

Abb. 3: Lage der Sturmwurfflächen in Baden-Württemberg

	Schönbuch	Langenau	Bad Waldsee
Forstbezirk Staatswald Abteilung Sturmfläche 90	Bebenhausen Distr. 4 68 3 ha	Langenau Distr. 24 24/25 6 ha	Bad Waldsee Distr. 8 20 11 ha betroffen, Nester / Einzelwürfe
Top. Karte 1 : 50 000	L 7520 Reutlingen	L 7526 Günzburg	L 8122 Weingarten
Koordinaten			
Rechtswert	35 01 - 35 02	35 77 - 35 78	35 48
Hochwert	53 82 - 53 84	53 75 - 53 77	53 06 - 53 08
Naturräumliche Einordnung nach HUTTENLOCHER (1953)	Schönbuch und Glemswald	Mittlere Flächenalb	Oberschwäbisches Hügelland

Tabelle 4: Daten zu den Sturmwurfflächen

Das Untersuchungsgebiet bei **LANGENAU** ist südlich des Lonetals auf der Flächenalb, oberhalb der Fohlenhaus Höhle gelegen. Es ist zum größten Teil eben, nur nahe des Lonetals erfaßt die Sturmwurffläche einen nach Westen abfallenden muldenförmigen Beginn eines trockenen Loneseitentalanfanges.

Die Fläche bei **BAD WALDSEE** liegt im Jungmoränengebiet, innerhalb der inneren Jungendmoräne, 6 km südlich von Aulendorf. Das Relief ist das einer unruhigen, kuppigen Grundmoräne mit feuchten - vermoorten Hohlformen.

5 Methoden und Material

Die Sturmwurfflächen wurden 1992 begangen und der durch die umgestürzten Wurzelteller aufgeschlossene oberflächennahe Untergrund erkundet und im räumlichen Muster erfaßt.

Die Vielzahl der Aufschlüsse durch die herausgerissenen Wurzelteller erleichterte die Bodenansprache und erlaubte zusätzlich eine flächenhafte Beurteilung der vorhandenen Böden. Die Profilgruben für die Bodenanalytik wurden in Absprache mit der Arbeitsgruppe "Spezielle Botanik/Mykologie (Prof. OBERWINKLER)" unmittelbar an den für Untersuchungen herangezogenen umgestürzten Fichten im ehemaligen Wurzeltellerbereich angelegt.

Die Profilgruben wurden quartärgeologisch angesprochen, bodenkundlich erfaßt und schichten- bzw. bodenhorizontspezifisch beprobt.

Das Probenmaterial wurde gemäß den in der Bodenkunde üblichen Verfahren und den auf das Labor des Geographischen Institutes zugeschnittenen Arbeitsweisen analysiert (BECK, BURGER & PFEFFER 1995). Für die Auswertungen wurden die in AG BODEN 1994 und bei SCHLICHTING, BLUME & STAHR 1995 angegebenen Grenzwerte herangezogen und in Diagramme umgesetzt.

Bereits nach den ersten Geländebegehungen bestand bei allen beteiligten Forschungsgruppen die einhellige Meinung, daß zur Dokumentation des doch im Gelände recht unübersichtlichen Terrains Luftbilder erforderlich seien.

Im Frühjahr 1993 erfolgte eine Befliegung der Sturmwurfflächen und am Institut für Forsteinrichtung und Forstliche Betriebswirtschaft, Abteilung für Luftbildmessung und Fernerkundung der Universität Freiburg wurden die Luftbilder ausgewertet. Eine der Auswertungen zeigte die genaue Lage der geworfenen Bäume. Damit war eine exakte Dokumentation der Geländebefunde möglich.

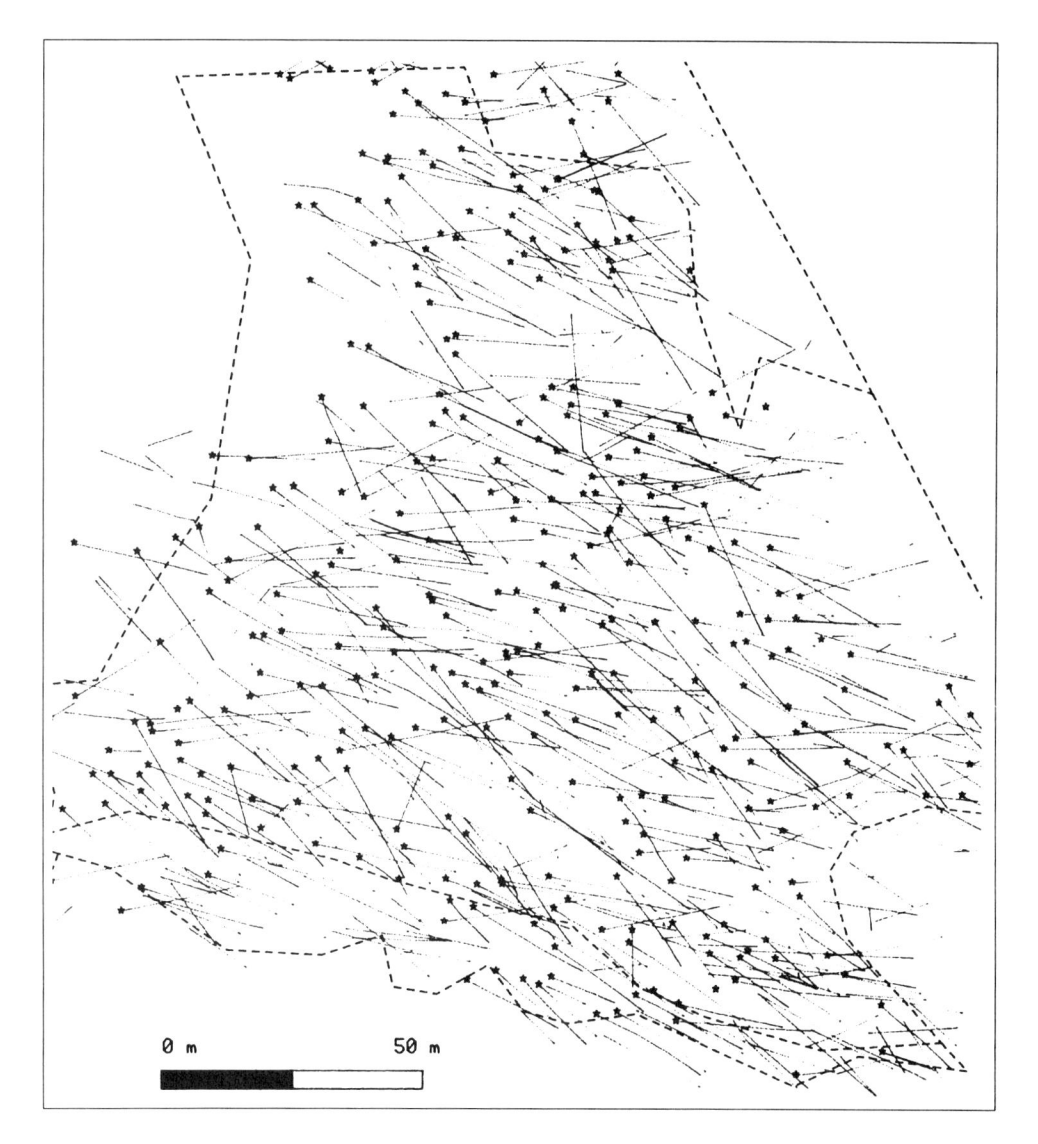

GEOWISSENSCHAFTLICHE FORSCHUNGEN AUF STURMWURFFLÄCHEN IN BADEN-WÜRTTEMBERG 209

Abb. 4 : Ausschnitt aus der Kartierung der geworfenen Bäume im Schönbuch. Die * geben jeweils den Wurzelteller an (PRÖBSTING UND MÜNCH 1994, 387)

6 Quartärgeologische Befunde

Die quartärgeologischen Erkundungen ergaben, daß - bis auf anthropogen stark gestörte Profile in Langenau - alle nach den geologischen Karten anstehenden Gesteine (Keupersandsteine im Schönbuch, Jurakalke in Langenau, Jungmoräne in Bad Waldsee) mit periglaziären Schuttdecken überzogen sind.

Diese sind mehrschichtig, wobei die hangenden Schuttdecken in ihrer mineralogischen und granulometrischen Zusammensetzung mit ortsfremden Mineralen und erhöhtem Schluffanteil erkennen lassen, daß Fremdmaterial äolischen Ursprungs (Löß) an ihrer Zusammensetzung beteiligt ist.

Die oberste periglaziäre Deckschicht weist bei nicht erodierten Bodenprofilen eine hohe Schluffkomponente auf und ist skelettfrei. Eine Verifizierung als Deckschutt (i. S. von SEMMEL 1964) ist nicht erfolgt. Die skeletthaltige tiefere, schluffreiche Schicht ist Mittelschutt (i. S. von SEMMEL 1964).

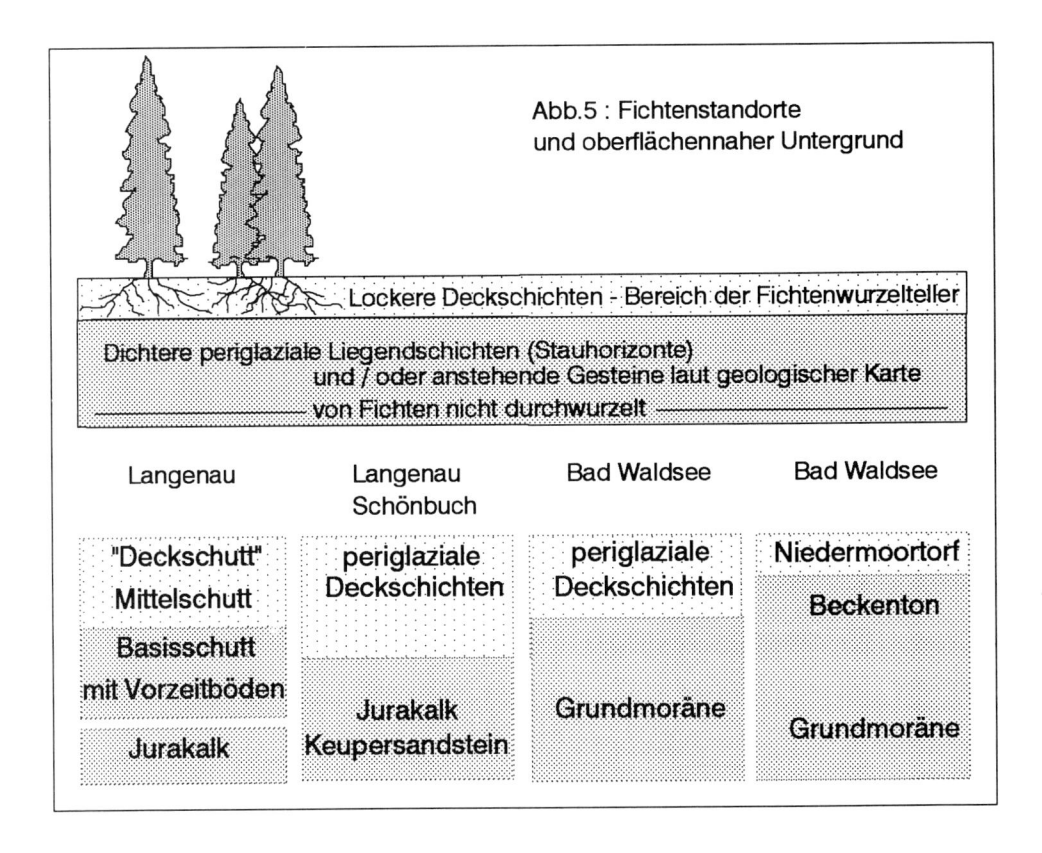

Abb.5 : Fichtenstandorte und oberflächennaher Untergrund

Lockere Deckschichten - Bereich der Fichtenwurzelteller

Dichtere periglaziale Liegendschichten (Stauhorizonte) und / oder anstehende Gesteine laut geologischer Karte von Fichten nicht durchwurzelt

Langenau	Langenau Schönbuch	Bad Waldsee	Bad Waldsee
"Deckschutt" Mittelschutt Basisschutt mit Vorzeitböden Jurakalk	periglaziale Deckschichten Jurakalk Keupersandstein	periglaziale Deckschichten Grundmoräne	Niedermoortorf Beckenton Grundmoräne

Die liegenden Schuttdecken in Langenau und Bad Waldsee enthalten nur Komponenten des unmittelbar Anstehenden (Basisschutt i. S. von SEMMEL 1964), wobei in Langenau der hohe Anteil von Vorzeitböden (Bohnerztone, Terra fusca) mit wasserstauenden Eigenschaften im Basisschutt auffällig ist.

Durch Interflow oberhalb des Basisschuttes waren in Langenau, trotz verkarsteter Juragesteine im Untergrund, die Profilgruben im Winterhalbjahr mehrfach völlig wassergefüllt.

Auch in Bad Waldsee konnten oberhalb der dichten Moränen Interflowwasserbewegungen und wassergefüllte Profilgruben beobachtet werden.

Aus den Wurzeltellern der geworfenen Fichten wurde deutlich, daß die Wurzeln nicht in die dichteren (wasserstauenden Horizonte) eingedrungen waren. Im Gegensatz zu den flachwurzelnden - auf die periglazialen Deckschichten beschränkten - Fichten überstanden die Erlen an den hydromorphen Standorten in Bad Waldsee unbeschadet die Orkanböen. Sachverhalte, die in den geräumten Sturmwurfflächen früherer Jahre im Areal Bad Waldsee mehrfach verifiziert werden konnten.

7 Bodenkundliche Befunde

Die bodenkundlichen Aufnahmen ergaben zonale Braunerden und Parabraunerden in allen Sturmwurfflächen.

Reliefbedingt hat sich in Bad Waldsee eine hydromorphe Catena entwickelt.

In Langenau sind in einem Ansatz eines Seitentales zur Lone hin teilweise die periglazialen Deckschichten erodiert, und nach der Erosion haben sich Rendzinen entwickelt. Auch im Schönbuch weisen gekappte Parabraunerdeprofile sowie Steinpflaster und lokale Steinanreicherungen an der Oberfläche auf anthropogen verursachte Bodenerosion hin.

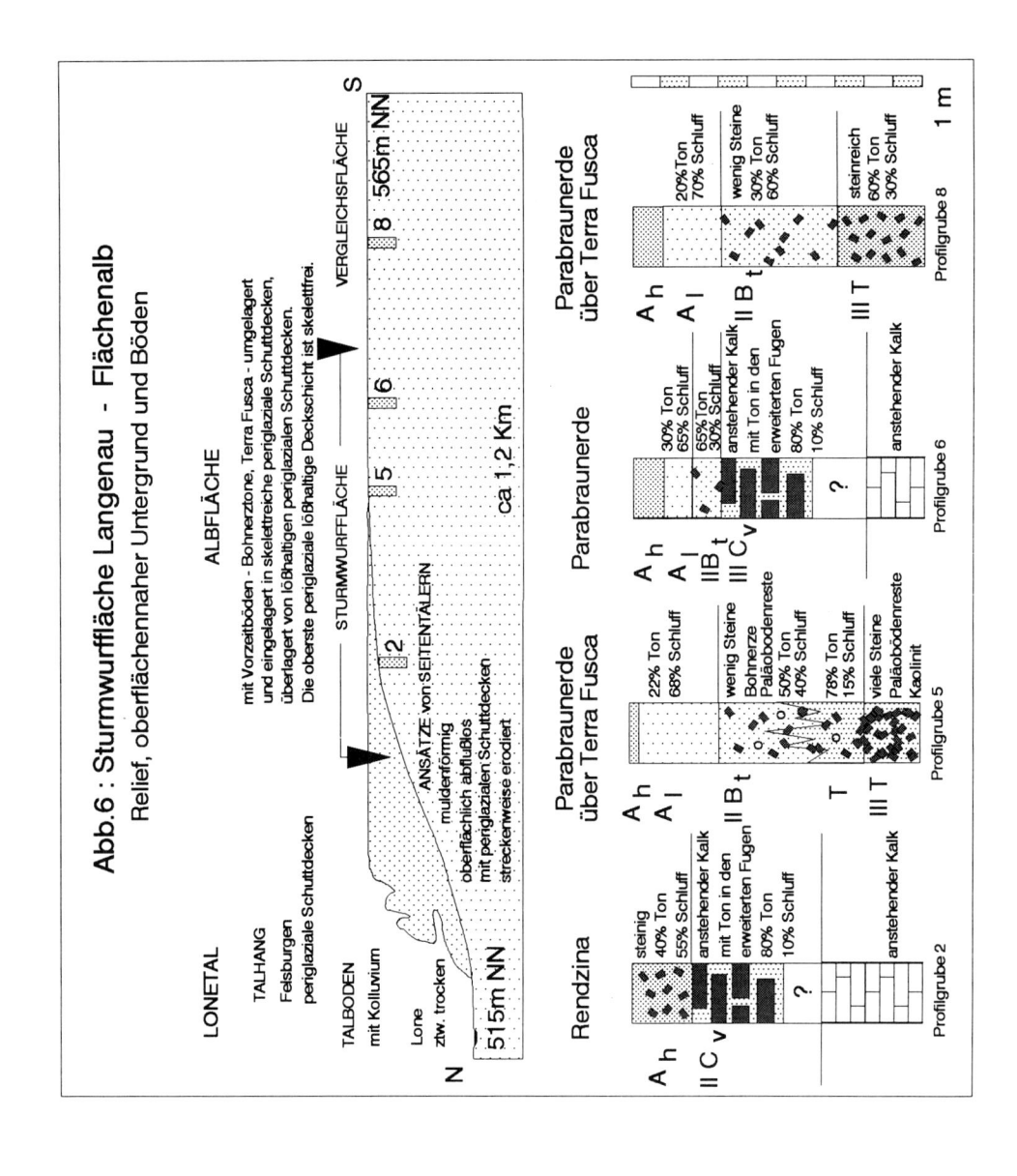

Abb.6 : Sturmwurffläche Langenau - Flächenalb
Relief, oberflächennaher Untergrund und Böden

LONETAL

TALHANG
Felsburgen
periglaziale Schuttdecken

TALBODEN
mit Kolluvium

Lone
ztw. trocken

515m NN

ANSÄTZE von SEITENTÄLERN
muldenförmig
oberflächlich abflußlos
mit periglazialen Schuttdecken
streckenweise erodiert

ALBFLÄCHE

mit Vorzeitböden - Bohnerztone, Terra Fusca - umgelagert und eingelagert in skelettreiche periglaziale Schuttdecken, überlagert von lößhaltigen periglazialen Schuttdecken. Die oberste periglaziale lößhaltige Deckschicht ist skelettfrei.

STURMWURFFLÄCHE — VERGLEICHSFLÄCHE

ca. 1,2 Km

565m NN S

Rendzina

A h
II C v

steinig
40% Ton
55% Schluff

anstehender Kalk
mit Ton in den
erweiterten Fugen
80% Ton
10% Schluff

anstehender Kalk

Profilgrube 2

Parabraunerde über Terra Fusca

A h
A l
II B t
III T

22% Ton
68% Schluff

wenig Steine
Bohnerze
Paläobodenreste
50% Ton
40% Schluff

78% Ton
15% Schluff
viele Steine
Paläobodenreste
Kaolinit

Profilgrube 5

Parabraunerde

A h
A l
II B t
III C v

30% Ton
65% Schluff
65% Ton
30% Schluff
anstehender Kalk
mit Ton in den
erweiterten Fugen
80% Ton
10% Schluff

anstehender Kalk

Profilgrube 6

Parabraunerde über Terra Fusca

A h
A l
II B t
III T

20% Ton
70% Schluff
wenig Steine
30% Ton
60% Schluff
steinreich
60% Ton
30% Schluff

Profilgrube 8

1 m

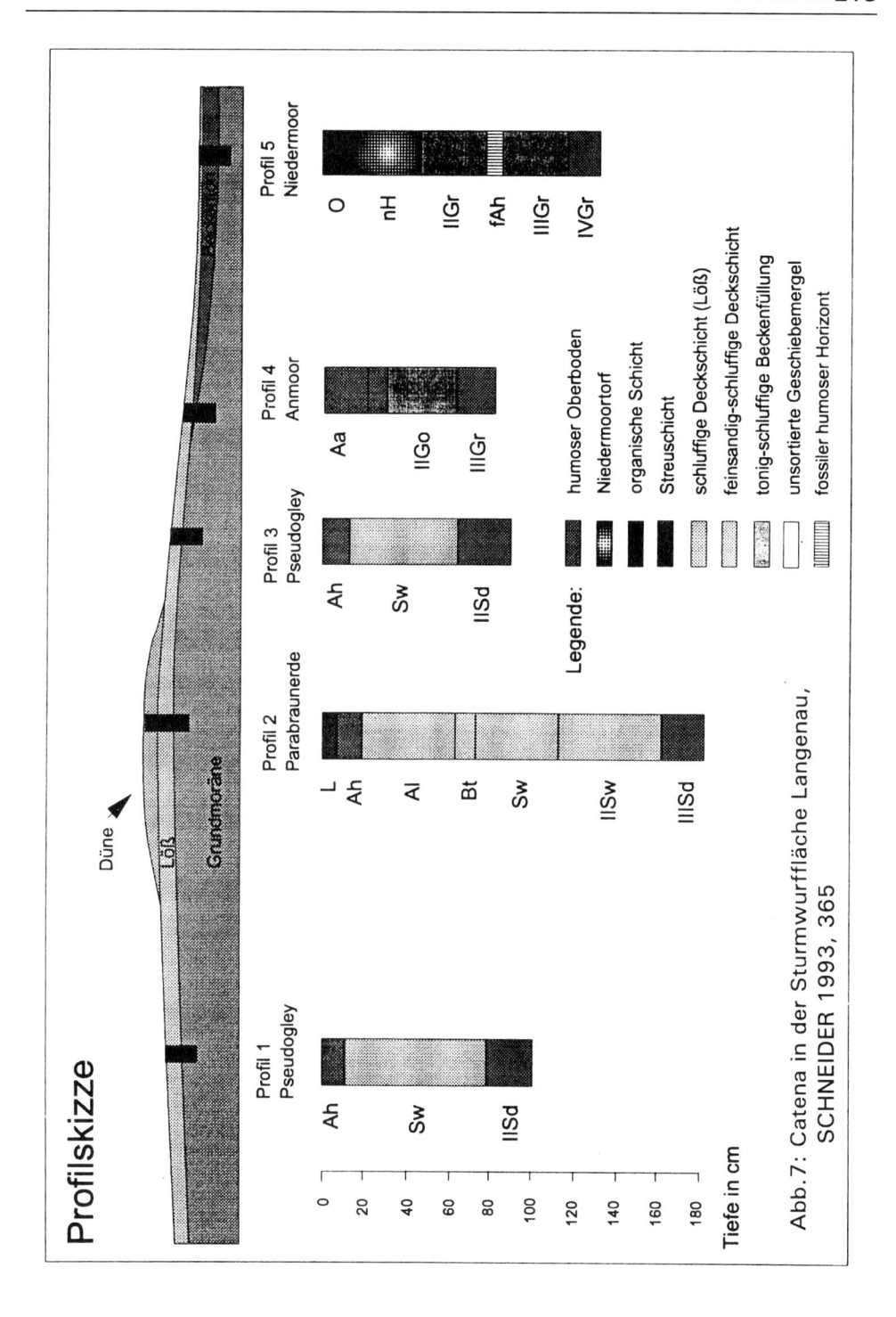

Abb.7: Catena in der Sturmwurffläche Langenau, SCHNEIDER 1993, 365

Die Profilaufnahmen und die Labordaten wurden in Bewertungsdiagramme umgesetzt.

BEWERTUNG (AG Boden 1994, Schlichting, Blume & Stahr 1995)	☐	☐	▦	☐	■	■	
pH Wert	sehr schwach	schwach	mittel	stark	sehr stark	äußerst	SAUER
Organische Substanz	sehr schwach	schwach	mittel	stark	sehr stark	äußerst	HUMOS
Stickstoffgehalt / Humusqualität (C/N) Pflanzenverfügbarkeit, Gehalt in Gleichgewichtslösung	sehr gering	gering	mittel	erhöht	hoch	sehr hoch	
potentielle Kationenaustauschkapazität	sehr gering	gering	mittel	hoch	sehr hoch	äußerst hoch	

Abb. 8 Bewertungsdiagramm

Besonders auffallend war bereits bei den ersten Analysen, daß sich die Fichtenmonokultur auf den Boden doch recht deutlich ausgewirkt hat.

Die Auswirkungen der Fichtenmonokultur vor dem Sturmwurf sind in den Streuauflagen in teilweiser Podsolierung der Oberböden und generell in den Boden-pH-Werten erkennbar.

Die Acidität ist für die vorhandenen Bodentypen zu groß, einzig bei den Mittelschuttlagen mit Kalkskelettanteil in Langenau erfolgt eine Pufferung.

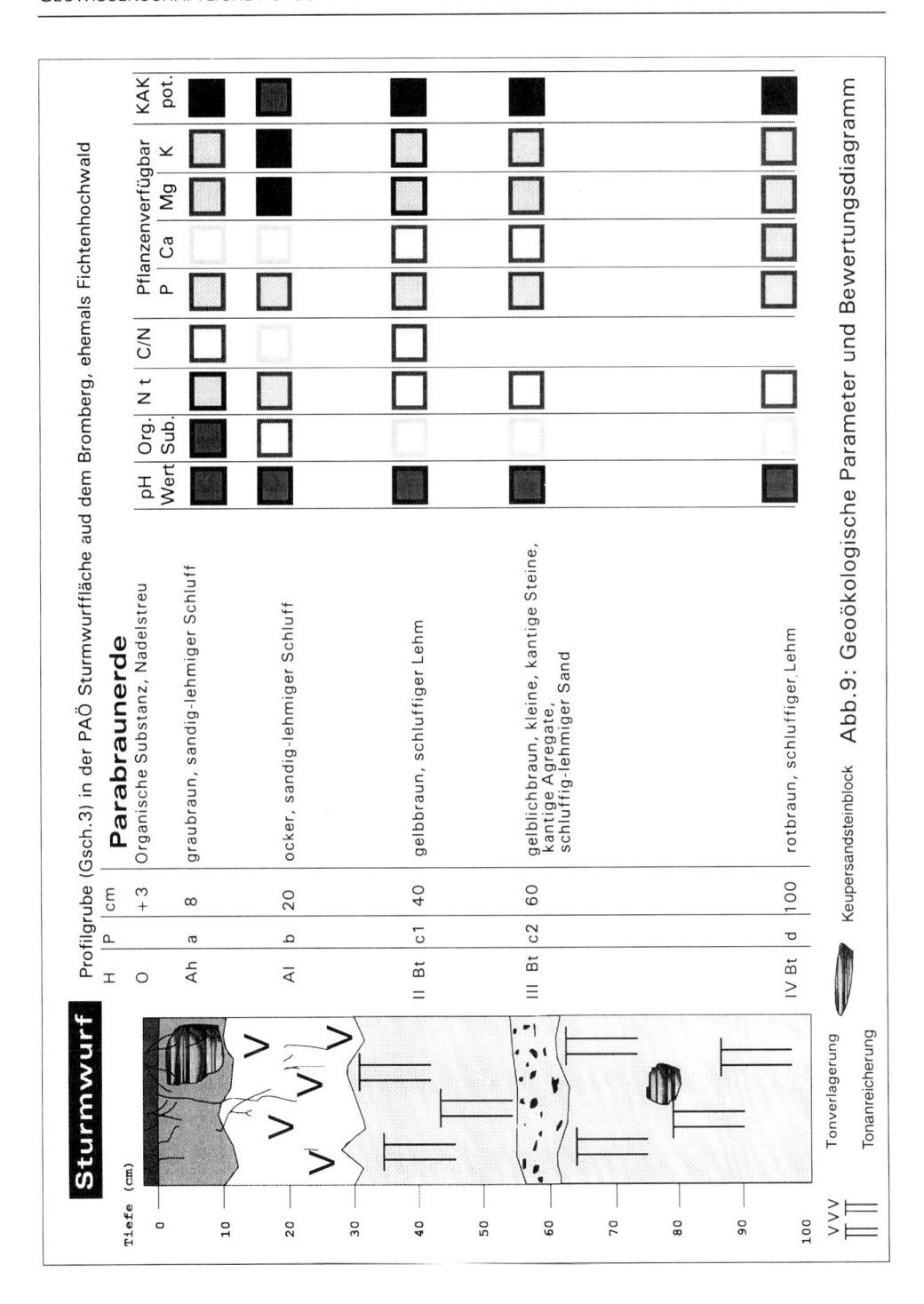

Sturmwurf

Profilgrube (Gsch.3) in der PAÖ Sturmwurffläche aud dem Bromberg, ehemals Fichtenhochwald

Parabraunerde

Tiefe (cm)	H	P	cm		pH Wert	Org. Sub.	N t	C/N	Pflanzenverfügbar P	Ca	Mg	K	KAK pot.
	O		+3	Organische Substanz, Nadelstreu									■
	Ah	a	8	graubraun, sandig-lehmiger Schluff	■	■	■		□	□	■	■	■
					■	□	□	□	□	□	■	■	■
	Al	b	20	ocker, sandig-lehmiger Schluff									
	II Bt	c1	40	gelbbraun, schluffiger Lehm	■	□	□	□	□	□	□	□	■
	III Bt	c2	60	gelblichbraun, kleine, kantige Steine, kantige Agregate, schluffig-lehmiger Sand	■	□	□	□	□	□	□	□	■
	IV Bt	d	100	rotbraun, schluffiger Lehm	■		□		□	□	□	□	■

Keupersandsteinblock

VVV Tonverlagerung
⊤⊤ Tonanreicherung

Abb.9: Geoökologische Parameter und Bewertungsdiagramm

Tablle 5: pH Werte ausgewählter Profile

pH Werte Podsolierte Braunerde Schönbuch		pH Werte Parabraunerde Schönbuch		pH Werte Parabraunerde Langenau		pH Werte Parabraunerde über Terra fusca Langenau	
Ae	2,8	Ah	3,5	Ah	3,4	Ah	3,2
Bv	3,5	Al	4,0	Al	4,3	Al	3,5 3,7
II Bv Mittelschutt	3,8	II Bt Mittelschutt	3,9	II Bt Mittelschutt mit Kalkskelett	6,5	II Bt Mittelschutt geringer Kalkskelettanteil	4,0 4,6
III Bv Basisschutt	3,6	III Bt Lößlehm	3,4			III T Basisschutt Kalkskelettreich	7,1

Die ermittelten Werte der ersten Untersuchungsreihe wichen vielfach deutlich von den in der Literatur enthaltenen Werten ab. Es zeigte sich auch, daß Vergleichswerte aus den angrenzenden Forsten ohne Sturmschäden fehlten. Daher wurde in den folgenden Jahren im Rahmen von Diplomarbeiten systematisch begonnen, aus angrenzenden Beständen, gleich ob naturnaher Buchenwald oder Fichtenmonokultur, Vergleichsprofile zu untersuchen.

8. Die Kontrolluntersuchung 1994

1994 wurden die Profilgruben erneut beprobt, um eventuelle Veränderungen in den Bodenparametern im Laufe der Sukzession festzuhalten.

Die Ergebnisse waren überraschend. Bereits in der kurzen Zeit der Sukzession gab es in den Oberböden deutliche Abweichungen.

Die pH Werte zeigten im Oberboden von 1992 bis 1994 deutliche Anstiege

Tabelle 6: pH Anstieg im Oberboden der Profile 1992- 1994, BECK 1995,70.

	Mittel	Maximum	Minimum
Langenau	0,2	0,4	0,1
Schönbuch	0,6	1,0	0,3
Bad Waldsee	0,4	0,6	0,1

Profilgrube 4
schwach podsolierte Braunerde
1992 1994

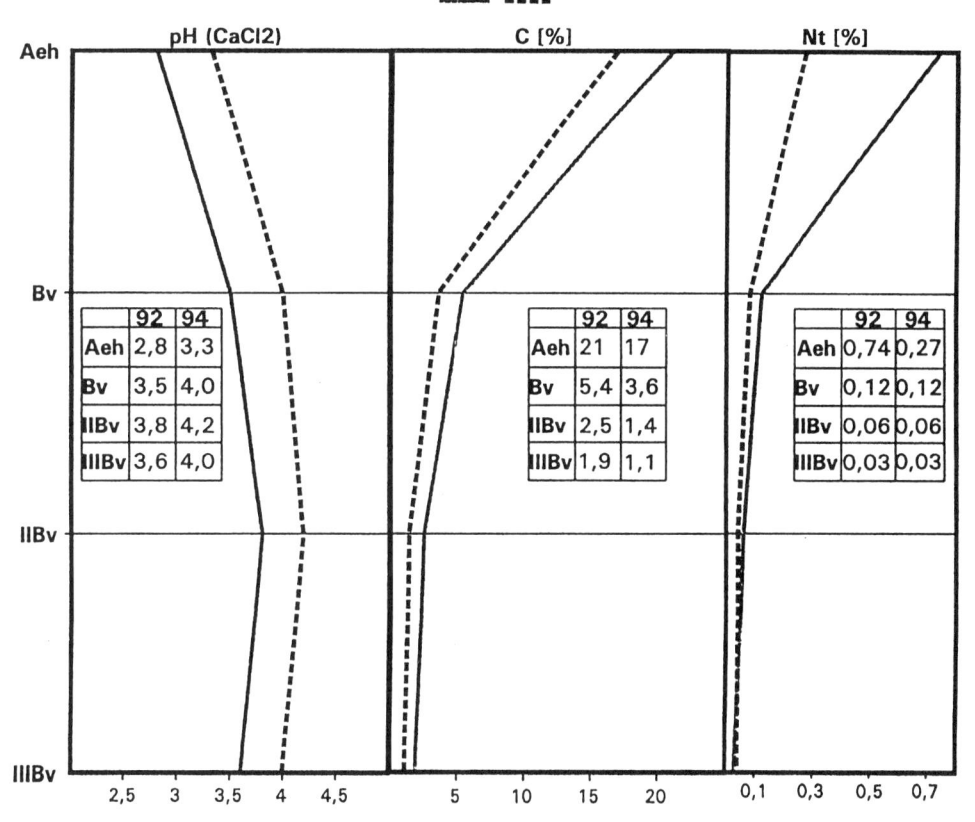

pH (CaCl2)

	92	94
Aeh	2,8	3,3
Bv	3,5	4,0
IIBv	3,8	4,2
IIIBv	3,6	4,0

C [%]

	92	94
Aeh	21	17
Bv	5,4	3,6
IIBv	2,5	1,4
IIIBv	1,9	1,1

Nt [%]

	92	94
Aeh	0,74	0,27
Bv	0,12	0,12
IIBv	0,06	0,06
IIIBv	0,03	0,03

Abb. 10: Veränderungen von ausgewählten Bodenparametern im Schönbuch. BECK 1995, 71

Und auch bei einer Reihe von Profilen waren Veränderungen im Humus- und Stickstoffhaushalt erkennbar.

Aus diesen Werten folgerte Beck auf Veränderungen in der Bodenchemie.

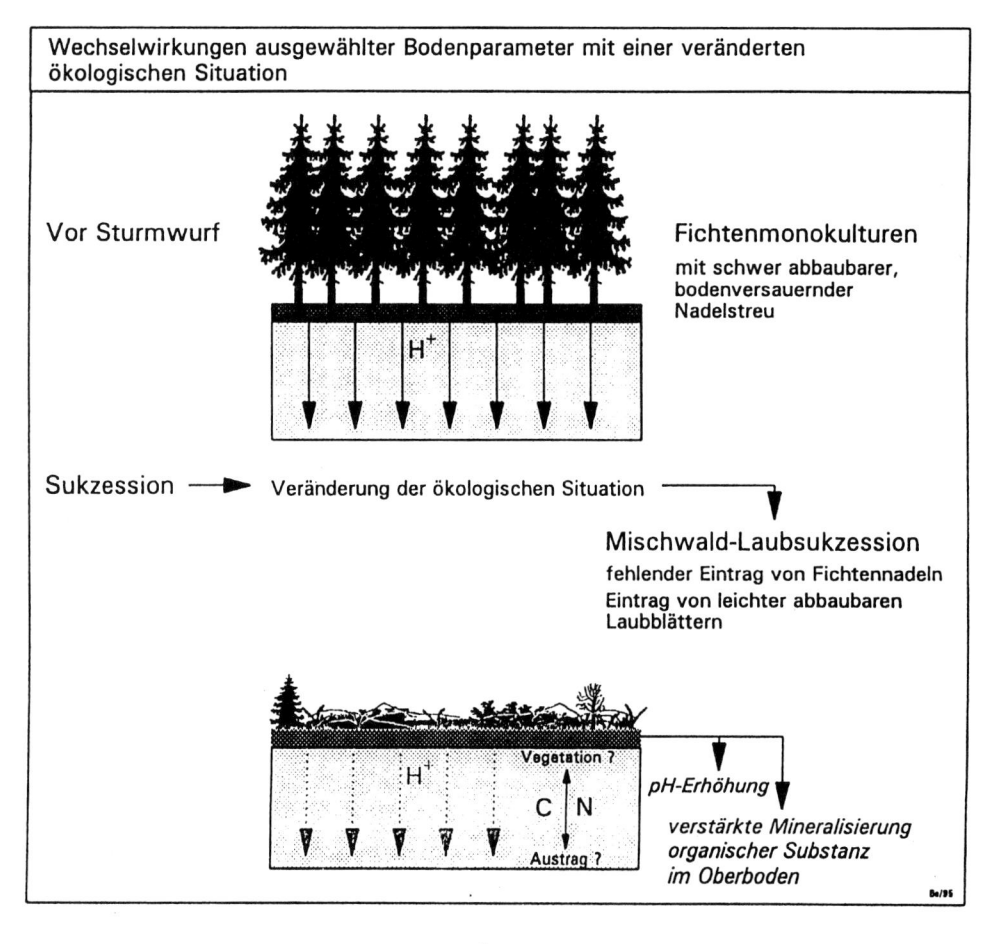

Abb. 11: Modellvorstellungen zu den Änderungen einzelner Bodenparameter, Beck, 1995, 75

9 Ausblick

Die überraschenden Ergebnisse von 1994 haben dazu geführt, daß 1996 erneut eine Kontrollbeprobung durchgeführt wurde, ebenso eine erneute Befliegung, um über Luftbildauswertungen auch den Fortgang der Sukzession zu erfassen.

Diese Arbeiten sind im Gange und die Ergebnisse werden mit Spannung erwartet.

10 Literatur

AG BODEN, 1994: Bodenkundliche Kartieranleitung. 4. Aufl., ., Schweizerbart, Stuttgart.

BECK, R. 1995: Veränderungen einzelner geoökologischer Parameter im Verlauf der Sukzession auf den Sturmwurfflächen. Veröffentlichungen Projekt "Angewandte Ökologie", Band 12, 69-76, LfU, Ettlingen

BECK,R., BURGER,D. & PFEFFER, K.-H. 1995: Laborskript. 2.Aufl., Kleinere Arbeiten aus dem Geographischen Institut der Universität Tübingen, Heft 11, Tübingen.

ELLENBERG, H. (1996): Vegetation Mitteleuropas mit den Alpen aus ökologischer Sicht. 5. Auflage, Stuttgart.

ELLENBERG, H. et al. (1991): Zeigerwerte von Pflanzen in Mitteleuropa.
Scripta Geobotanica 18, Göttingen.

FISCHER, A. 1995: Untersuchungen Auf Sturmwurfflächen In Baden-Württemberg - Das Paö Sturmwurfflächenprojekt-. Veröffentlichungen Projekt "Angewandte Ökologie", Band 12, 61-68, LfU, Ettlingen
Huttenlocher, F. (1953):Schönbuch und Glemswald
        Lonetal-Flächenalb (Niedere Alb)
        Oberschwäbisches Hügelland (Stockach-Waldseer-Hügelland)
in: MEYNEN, E. & SCHMITTHÜSEN, J. (1953): Handbuch der naturräumlichen Gliederung Deutschlands. 1. - 5. Lieferung, S. 172-174, 162-163 und 84-86, Bundesanstalt für Landeskunde und Zentralausschuß für deutsche Landeskunde, Remagen.

PRÖBSTING, T. & MÜNCH, D. 1994: Photogrammetrische Kartierung der Stammverteilung von Sturmwurfflächen aus Luftbildern. Veröffentlichungen Projekt "Angewandte Ökologie", Band 8, 381-3388, LfU, Ettlingen.

SCHNEIDER, O. 1993: Der oberflächennahe Untergrun er Sturmwurffläche Bad Waldsee - Eine von hydromorphen Bedingungen geprägte Catena im Jungmoränengebiet Oberschwabens. Veröffentlichungen Projekt "Angewandte Ökologie", Band 7, 363-372, LfU, Ettlingen

SCHLICHTING, E., BLUME, H.P. & STAHR, K.1995: Bodenkundliches Praktikum. 2. Aufl., Parey, Berlin.

SEMMEL, A. (1964): Junge Schuttdecken in hessischen Mittelgebirgen. Notizb. hess. L.-Amt Bodenforschung 92, 275-285, Wiesbaden.

UMWELTMINISTERIUM BADEN-WÜRTTEMBERG (HRSG.) (1992): Umweltdaten 91/92.

ZELESNY, H. 1993: Gesamtkonzept "Wissenschaftliche Begleitforschung auf Sturmwurfflächen im Bereich der Forstdirektion Tübingen". Veröffentlichungen Projekt "Angewandte Ökologie", Band 7, 347-349, LfU, Ettlingen

Anschrift des Verfassers:
Prof. Dr. Karl-Heinz Pfeffer
Geographisches Institut
Universität Tübingen
Hölderlinstr. 12
72074 Tübingen

STURMWURF: EINE CHANCE FÜR DIE WALDÖKOSYSTEMFORSCHUNG

von

CLAUDIA GÖRKE, ANGELIKA HONOLD & FRANZ OBERWINKLER, TÜBINGEN

mit
1 Abbildung und 2 Tabellen

1. Einleitung

Natürliche, vom Menschen nicht beeinflußte Wälder existieren in Mitteleuropa nicht mehr. An ihre Stelle sind Wirtschaftswälder getreten, die der Holzproduktion, der Jagd und, in der Nähe von Ballungsgebieten, der Erholung dienen. In Deutschland hat die moderne Waldwirtschaft sich Wälder zum Ziel gesetzt, die sich im ökologischen Gleichgewicht befinden und einem natürlichen Wald möglichst nahe kommen, ohne daß auf die regelmäßige Lieferung von Wertholz verzichtet werden muß. Nicht Holznutzung um jeden Preis ist die Devise des naturnahen Waldbaus, sondern Holznutzung möglichst preiswert und ohne die biologischen Abläufe zu stören. Ein schwerwiegendes Problem stellt die Tatsache dar, daß unsere Kenntnis über das angestrebte ökologische Gleichgewicht sehr lückenhaft ist. Die nach Stürmen einsetzende Sukzession bietet die Möglichkeit neue Einblicke zu gewinnen.

Werden durch Stürme die Bäume auf großen Flächen geworfen, stellt dies aus wirtschaftlicher Sicht eine Katastrophe dar. So fielen durch die Stürme 1990 in der Bundesrepublik 72,5 Millionen Festmeter Schadholz an. Die riesigen Holzmengen waren kaum zu bewältigen, der Holzpreis rutschte in den Keller. Zusätzlich wurden die Kosten zur Wiederaufforstung der Kahlflächen allein in Baden-Württemberg auf mind. 400 Mio. DM geschätzt (Umweltministerium Baden-Württemberg 1990). Die Borkenkäferpopulationen expandierten, was weiteres Totholz zur Folge hatte. In Baden-Württemberg handeltete sich bei 86 % der gefallenen Bäume um Fichten (Umweltministerium Baden-Württemberg 1992). Die Fichte ist schnellwüchsig und auf dem Markt nach wie vor sehr gefragt. Sie wurde deshalb im großen Umfang auch auf Standorten angepflanzt, auf denen sie natürlicherweise nicht vorkommen würde. Hinzu kommt, daß die Fichte ein flach ausgebreitetes Wurzelsystem besitzt, das sie für Windwurf besonders anfällig macht.

Katastrophen wie der Sturmwurf sind von der Natur durchaus vorgesehen. Sie bieten die Möglichkeit einer Verjüngung des Waldes. Für die Forschung stellen sie die einmalige Gelegenheit dar die einsetzenden Sukzessionprozesse zu studieren und die Entwicklung eines Waldes zu beobachten, der nicht vom Menschen beeinflußt wurde.

In Baden-Württemberg wurde diese Chance genutzt und von der Forstdirektion Tübingen drei Sturmwurfflächen für Forschungsprojekte zur Verfügung gestellt. Diese Flächen haben inzwischen den Status eines Bannwaldes. In einem Bannwald sind keine Eingriffe von Seiten des Menschen erlaubt. Auf diesen Flächen sind Forschungsvorhaben verschiedenster Disziplinen angesiedelt, die untereinander abgestimmt sind und sich ergänzen. Ähnliche Projekte sind z. B. in der Schweiz angelaufen, wo den Gebirgswäldern eine wichtige Schutzfunktion (Erosion, Steinschlag, Lawinen) zukommt (SCHÖNENBERGER, KUHN & LÄSSIG 1995).

2. Sukzessionsforschung auf Sturmwurfflächen in Baden-Württemberg

Arbeitsgruppen unterschiedlicher Richtungen haben die einmalige Gelegenheit wahrgenommen, auf den Sturmwurfflächen Sukzessionsstudien zu betreiben.

Die Flächen wurden zunächst vermessen. Eine Luftbildauswertung ermöglichte es, die Lage einzelner Stämme exakt festzulegen, so daß auch noch nach mehreren Jahrzehnten eine genaue Zuordnung möglich sein wird. Dabei wurde stets ein lebender Fichtenbestand in der Nachbarschaft mit in die Untersuchungen einbezogen, um Vergleiche anstellen zu können.

In Absprache mit anderen Arbeitsgruppen wurden auf ausgewählten Arealen die Bodenprofile angelegt. Die Analyse von Bodenproben im Labor ergab Aufschluß über chemische Parameter, wie pH-Werte, C-, N- und Nährstoffgehalt der Böden. (PFEFFER 1996). Vegetationsaufnahmen wurden auf den gesamten Bannwaldflächen durchgeführt. An den exakt eingemessenen Rasterpunkten der forstlichen Grundaufnahme (Entfernung 50x50 m im Gauss-Krüger-Koordinatensystem) wurden 10x10 m große Probenflächen markiert. Es wurden neben der Erfassung der Arten die Deckung der Baum-, Strauch-, Kraut- und Moosschicht geschätzt, sowie zusätzlich die Deckung von Stamm- und Astholz und offenem Mineralboden. Von den Entomologen wurden die Arthropodengesellschaften untersucht. Im Mittelpunkt standen vor allem die Raubarthropoden der Bodenoberfläche und die epigäischen xylobionten Arthropoden. Ein besonderes Augenmerk galt natürlich der Entwicklung der Borkenkäferpopulationen. Ziel der Mykologen war es, die Sukzession der Mykorrhizapilze, streuzersetzenden Pilze und der Pilze in und auf Totholz zu dokumentieren.

3. Pilz-Baum-Interaktionen in Sturmwurfflächen und stehenden Nachbarbeständen

Das Ökosystem "Wald" ist ohne Pilze nicht lebensfähig. Pilze spielen eine vielfältige Rolle. Auf der einen Seite sind alle Pflanzen von einer Symbiose mit Pilzen abhängig. Der aufkommende Jungwuchs der Gehölze ist ohne Mykorrhizapilze nicht konkurrenzfähig. Auf der anderen Seite sorgen Pilze zusammen mit Bakterien für den Abbau des anfallenden toten Materials. Sie bauen das Totholz ab und sind involviert in die bodenbildenden Prozesse. Selbst Parasiten üben eine wichtige Funktion aus. Sie greifen Exemplare an, deren ökologisches Gleichgewicht gestört ist und sorgen so für eine Selektion widerstandsfähiger Individuen einer Population unter den gegebenen Standortsbedingungen.

Es wurden elf Dauerbeobachtungsflächen mit je einem ha in drei Untersuchungsgebieten ausgewiesen. Auf diesen Flächen wird detailliert die Sukzession der Pilze verfolgt. Die Zahl der dabei auf den Sturmwurfflächen gefundenen Arten ist deutlich höher als in den stehenden Kontrollbeständen. Die fortschreitende Sukzession auf den Sturmwurfflächen führt zu einer rasch wechselnden Zusammensetzung der Mykozönosen. Das auf den Sturmwurfflächen entstandene kleinräumige Mosaik von Spezialstandorten bietet zahlreichen Arten einen Lebensraum, die in den monotonen Wirtschaftswäldern selten geworden sind.

3.1 Mykorrhiza-Pilze

Der aufkommende Jungwuchs der Sturmwurfflächen ist auf die im Boden vorhandenen Mycelien der Mykorrhizapilze angewiesen. Der Pilzpartner bietet den Pflanzen mancherlei Vorteile: Die Hyphen der Pilze dringen in Kapillarräume der Böden vor, die die Wurzeln selbst nie erreichen könnten; die zur Aufnahme der Nährstoffe verfügbare Oberfläche wird um ein Vielfaches erhöht; die Hyphenmäntel die sich um die Wurzeln bilden, bieten Schutz vor Parasiten. Ohne einen geeigneten Mykorrhizapartner sind die Jungpflanzen nicht konkurrenzfähig. Tockenstreß, Nährstoffmangel und Pathogene verhindern, daß nichtmykorrhizierte Pflanzen überleben können. Damit stellt das Angebot an Mykorrhizapilzen im Boden einen wesentlichen biotischen Standortsfaktor dar.

Im Vergleich zu den stehenden Kontrollbeständen ist das Spektrum der zur Verfügung stehenden Arten auf den Sturmwurfflächen deutlich eingeschränkt. Allerdings handelt es sich dabei um Arten, die den extremen klimatischen Bedingungen einer Sturmwurffläche gewachsen sind. Solche Arten eignen sich besonders für die künstliche Inokulation von Baumschulpflanzen. Es zeigte sich, daß vormykorrhizierte Pflanzen den Pflanzschock weit besser überstehen, als nicht mykorrhizierte Pflanzen (HÖNIG 1996) und gegenüber Parasiten weit weniger anfällig sind. Besonders geeignet sind solche Pflanzen für die Wiederbewaldung von belasteten Böden.

3.2 Streuzersetzende Pilze

Beim Abbau und der Mineralsierung der Streu spielen Pilze eine entscheidende Rolle. Ihre Fähigkeit auch komplexe Moleküle wie Lignin abzubauen, sowie die Eigenschaft Nährelemente wie Stickstoff zu immobilisieren, weist ihnen eine Schlüsselposition im Kreislauf der Nährstoffe zu. Da es unter den Streuzersetzern hochspezifische Arten gibt, läßt sich anhand des Auftretens und Verschwindens solcher Spezialisten auf das Fortschreiten von Abbauprozessen in Boden und Streu schließen. Mit dem letzten Fichtenzapfen verschwinden z.B. auch die Arten, die sich auf dieses Substrat spezialisiert haben. Sind diese Arten nicht mehr nachzuweisen, sind auch die letzten Reste der ursprünglichen Nadelstreu und damit auch in tieferen Lagen der Humusauflage liegende Fichtenzapfen abgebaut. Pilzarten, die an der Umwandlung der Streu direkt beteiligt sind, eignen sich hervorragend als Bioindikatoren für den Status der Streuzersetzung.

3.3 Pilze der lebenden und toten Fichte

Bäume, die absterben, weil sie die natürliche Altersgrenze erreicht haben, gibt es im Wirtschaftswald nicht. Die Bäume werden vorher gefällt. Damit fehlt unseren Wäldern ein wichtiger Abschnitt, die Zerfallsphase des Holzes. Es ist bekannt, daß ein kleinräumiges Mosaik von Standorten eine große Artenfülle ermöglicht. Ein solches Mosaik wird durch einen umgestürzten Baum geschaffen. Es gibt Tiere und Pilze, die an das Leben auf und in toten Bäumen angepaßt sind. Ein totholzarmer Wirtschaftswald weist ein bis fünf Festmeter pro ha, ein totholzreicher 30 fm/ha auf. In den Urwaldbeständen und Naturwäldern Mittel- und Südosteuropas beläuft sich das Totholz auf 50-210 fm/ha (DETSCH, KÖLBEL & SCHULZ 1994). An dem Recycling dieses Substrates sind in Deutschland etwa 1500 Pilze und 1343 Käferarten beteiligt (GEISER, 1989). Um seiner Aufgabe als Nutzholzlieferant weiterhin gerecht zu werden, müssen dem Wald Nährstoffe zugeführt werden. Der natürlichste Weg ist das Verbleiben von Totholz im Wald.

Dem steht jedoch die Befürchtung entgegen, daß dieses Totholz eine Brutstätte für Parasiten darstellt. Die Sturmwurfflächen bieten die einmalige Gelegenheit, die Sukzession holzabbauender Pilze zu beobachten. Natürliche Biozönosen sind durch ein Gleichgewicht zwischen Parasiten und ihren Antagonisten ausgezeichnet. Es soll deshalb geklärt werden, ob sich im Laufe der natürlichen Sukzession dieses Gleichgewicht einstellen kann. Sollte dies der Fall sein, würde ein höherer Totholzanteil in unseren Wäldern einen naturnahen Waldbau ermöglichen. Zum Studium der Sukzession von Pilzen an Totholz wurde bisher die Fruchtkörperbildung herangezogen. Es sind jedoch die Mycelien und nicht die Fruchtkörper, die für die Aktivität der Pilze im Holz ausschlaggebend sind. Um Aussagen über die Sukzession der Mycelien machen zu können, werden Daten mit Hilfe von Bohrkernen gewonnen.

3.3.1 Bohrkernentnahme

Zur Bohrkernentnahme wird die Borke mit einem Schälmesser entfernt und mit 70 %igem Alkohol besprüht. Dann wird ein abgeflammter Zuwachsbohrer ins Holz gedreht. Der mit Hilfe einer desinfizierten Metallzunge herausgezogene Holzkern wird in ein steriles Reagenzglas gegeben. Das Bohrloch wird mit Wundwachs versorgt. Im Labor werden die Bohrkerne in der Clean-Bench mit einem sterilen Skalpell in 2-5 mm große Stücke zerteilt und durch die Flamme gezogen. Die Teilstückchen werden auf den Nährmedien MYP (Malz, Hefe und Pepton (BANDONI, PARSONS, REDHEAD 1975)) und MYP mit Tetracyclin (0,25 g/l) ausgelegt. Innerhalb von vier Tagen sind die ersten schnellwüchsigen Pilze zu beobachten, die langsam wachsenden Arten benötigen oftmals mehrere Wochen, bis sie ausgehend von der Holzprobe auf das Nährmedium übergehen. Zum Bestimmen werden Reinkulturen auf Malzagar (GAMS ET AL. 1980) angelegt.

3.3.2 Fruchtkörper und Bohrkernisolate

Am Beispiel der Fläche bei Bad Waldsee werden die Ergebnisse der ersten Probephase vorgestellt. Auf der Kontrollfläche wurden 68 Proben aus 13 Fichten, auf der Sturmwurffläche 59 aus acht Bäumen (Nr. 1-5 und 7-9, Nr. 6 = *Alnus*) entnommen. In 46 % der lebenden Bäume konnte mit Hilfe der Bohrkerne kein Pilz nachgewiesen werden. In den restlichen Fichten der Kontrollfläche waren es pro Baum höchstens vier Arten. Die wichtigste Art ist hier *Armillaria ostoyea* (Romagnesi) Herink, der Hallimasch. Die exakte Bestimmung erfolgte durch Kreuzungstests (NEPOMUCENO 1994). Befällt er die kambiale Zone zwischen Rinde und Holz, kann er den Baum töten.

Ein anderes Bild zeigt sich bei den liegenden Fichten der Sturmwurffläche. Hier konnte mit Hilfe der Bohrkerne aus jedem Baum mindestens zwei Arten isoliert werden. In Baum 9 konnten neun Arten nachgewiesen werden. Auch auf den Stämmen zeigt sich eine große Vielfalt an Fruchtkörpern (Tab. 1).

Tab. 1: Nachgewiesene Arten auf der Sturmwurffläche bei Bad Waldsee

Baum	Bohrkernisolate	Fruchtkörper
1	*Amylostereum areolatum* *Cylindrobasidium evolvens* *Heterobasidion annosum* *Lecythophora hoffmannii-Gruppe* ***Stereum sanguinolentum*** *Trichoderma pseudokoningii* *Trichoderm viride*	*Armillaria mellea-Agg.* *Exidia glandulosa* *Exidia pithya* *Panellus mitis* ***Stereum sanguninolentum***
2	*Acremonium butyri* *Amylostereum areolatum/chailletii* *Heterobasidion annosum* *Lecythophora hoffmannii-Gruppe* ***Stereum sanguinolentum***	*Exidia glandulosa* *Exidia pithya* *Fomitopsis pinicola* *Trichaptum abietinum* ***Stereum sanguinolentum***
3	*Trichoderma viride* *Fomitopsis pinicola*	*Armillaria mellea-Agg.* *Athelia arachoidea* *Exidia glandulosa* *Exidia pithya* *Fomitopsis pinicola* *Gloeophyllum sepiarum* ***Stereum sanguinolentum*** *Trichaptum abietinum*
4	*Acremonium butyri* *Amylostereum areolatum* *Lecythophora hoffmannii-Gruppe* *Leptographium sp.* *Mariannea elegans var. elegans* *Ophiostoma piceae* ***Stereum sanguinolentum*** *Trichoderma koningii*	*Armillaria mellea-Agg.* *Exidia glandulosa* *Exidia pithya* *Schizophyllum commune* *Sistotrema brinkmanni* ***Stereum sanguinolentum*** *Trichaptum abietinum*

Baum	Bohrkernisolate	Fruchtkörper
5	*Chalara sp.* *Nectria fuckeliana* *Ophiostoma piceae* *Trichoderma polysporum* *Trichoderma viride*	*Exidia glandulosa* **Stereum sanguinolentum** *Trichaptum abietinum*
7	*Acremonium butyri* *Cladosporium herbarum* *Exophiala sp.* *Heterobasidion annosum* *Hormonema dematioides* *Ophiostoma penicillatum* *Sesquicillium candelabrum* **Stereum sanguinolentum** *Trichoderma viride*	*Exidia glandulosa* *Exidia pithya* *Gymnopilus penetrans* **Stereum sanguinolentum** *Trichaptum abietinum*
8	*Cladosporium herbarum* *Heterobasidium annosum* *Trichoderma pseudokoningii* *Beauveria bassiana*	*Exidia glandulosa* *Exidia pithya* *Panellus mitis* *Schizophyllum commune* **Stereum sanguinolentum** *Trichaptum abietinum* *Tyromyces stipticus*
9	*Acremonium butyri* *Amylostereum areolatum* *Chaetomium spinosum* *Ophiostoma pieceae* **Stereum sanguinolentum** *Trichoderma polysporum* *Trichoderma pseudokoningii* *Trichoderma viride* *Xylaria cf. hypoxylon*	*Exidia glandulosa* *Exidia pithya* *Trichaptum abietinum*

Auf allen Stämmen wuchs *Exidia glandulosa*, (Bull. ex St. Amans) Fr., der Gemeine Drüsling (Hexenbutter). Fruchtkörper von *Exidia pithya*, A. & S.: Fr. (Teerflecken-Drüsling) und *Trichaptum abietinum* (Fr.) Ryv. (Gemeiner Violettporling) konnten auf 7 von 8 Fichten nachgewiesen werden. Diese Arten konnten mit Hilfe der Bohrkerne nicht isoliert werden. Aus 50 % der gefallenen Bäume konnten Isolate von *Acremonium butyri* (van Beyma) W. Gams, *Amylostereum areolatum* (Chaill.: Fr.) Boid. (Braunfilziger Schichtpilz) und *Heterobasidion annosum* (Fr.) Bref. (= Fomes annosus (Fr.) Cooke, Wurzelschwamm) gewonnen werden, die jedoch zu diesem Zeitpunkt noch nicht fruktifizierten. Durch Daten von Bohrkernisolaten wird der Zeitpunkt, zu dem eine Pilzart nachgewiesen werden kann, verschoben.

Außerdem werden Arten erfaßt, die nie oder nur mit mikroskopisch kleinen Fruchtkörpern fruktifizieren. Zu diesen Arten gehören z.B. *Hormonema dematioides* Lagerberg & Melin, *Cladosporium herbarum* (Pers.) Link ex S. F. Gray und *Ophiostoma piceae* (Münch) H. et P. Sydow. Diese Arten sind zu den Bläuepilzen zu zählen. Sie rufen eine blaue bis bläulich-graue Verfärbung des Holzes hervor. Dies kann zu erheblichen Einbußen beim Verkauf des Holzes führen und spielt vor allem bei der Kiefer eine wichtige wirtschaftliche Rolle. Voraussetzung ist ein mittlerer Feuchtigkeitsgehalt von 30-120 % des Trockengewichtes (BUTIN 1989). *Ophiostoma*-Arten werden sehr häufig durch Borkenkäfer übertragen. So konnte aus 37 % der gefallenen Fichten *Ophiostoma piceae* isoliert werden.

Stereum sanguinolentum (Alb. & Schw.: Fr.) Fr. konnte bei 50 % der gefallenen Fichten sowohl durch Bohrkernisolate als auch durch Fruchtkörper nachgewiesen werden. Dieser Pilz dominierte in der ersten Phase der Sukzession.

3.3.3 Ökologie von *Stereum sanguinolentum*

Stereum sanguinolentum, der *Blutende Schichtpilz* (s. Abb. 1) stellt für die Forstwirtschaft einen bedeutenden Schädling an Koniferen dar. Zum einen ist er der häufigste Erreger von Wundfäulen, zum anderen ruft er an Lagerholz die Rotstreifigkeit hervor. Als solche bezeichnet man die rötliche Verfärbung von Lagerholz. Sie breitet sich meist ausgehend von den Stammenden und der Mantelfläche in das Stammholz aus. Das Holz muß dadurch ein bis zwei Güteklassen zurückgestuft werden. PECHMANN, AUFSESS, LIESE & AMMER haben 1967 umfangreiche Untersuchungen zur Rotstreifigkeit des Fichtenholzes vorgelegt. Danach ist *Stereum sanguinolentum* der wichtigste Rotstreifepilz. Er ist nach ihren Studien frühstens nach fünf Wochen Lagerung nachzuweisen. Nach zwei Monaten hat das gelagerte Splintholz je nach Pilzstamm bis zu 50 % der Festigkeit und nach sechs Monaten bis zu 20 % des Gewichtes verloren.

In stehenden Beständen kann *Stereum sanguinolentum* die Bäume durch Wunden infizieren und verursacht dort eine Weißfäule, aufgrund des Infektionsortes auch Wundfäule genannt. Die jährlichen Verluste durch Wundfäule werden auf ca. 90 Mio. DM geschätzt (BÜCKING 1981). Diese Summe erklärt sich dadurch, daß bis zu 72 % der Bäume eines Bestandes Verletzungen aufweisen können (DIMITRI 1978). Diese entstehen hauptsächlich durch Rückearbeiten, aber auch durch das Rotwild. Der häufigste Erreger dieser Fäule ist der *Blutende Schichtpilz*.

In 30 % der von PECHMANN, AUFSESS & REHFUESS (1973) untersuchten Stämme erreichte *Stereum sanguinolentum* dabei eine Höhe von vier Metern, in weniger als fünf Prozent zehn Meter, selten bis fünfzehn Meter. Es breitet sich 40 - 60 cm pro Jahr in vertikaler Richtung aus (ROLL-HANSEN & ROLL-HANSEN 1980 bzw. KOCH & THONGJIEM 1989).

In der Natur werden Parasiten von Antagonisten in ihrer Ausbreitung gehemmt. Bei *Heterobasidion* auf Kiefer hat dieses Wissen nach JEFFRIES & YOUNG (1994) eine praxisrelevante Anwendung gefunden: Frische, unbefallene Kiefernstümpfe werden mit einer Sporensuspension von *Phlebiopsis gigantea* (Fr.) Jül. (Großer Zystidenrindenpilz) behandelt. Für *Stereum sanguinolentum* fehlt bisher ein solches System.

Die antagonistischen Eigenschaften möglicher Gegenspieler können anhand von Dualkulturen überprüft werden.

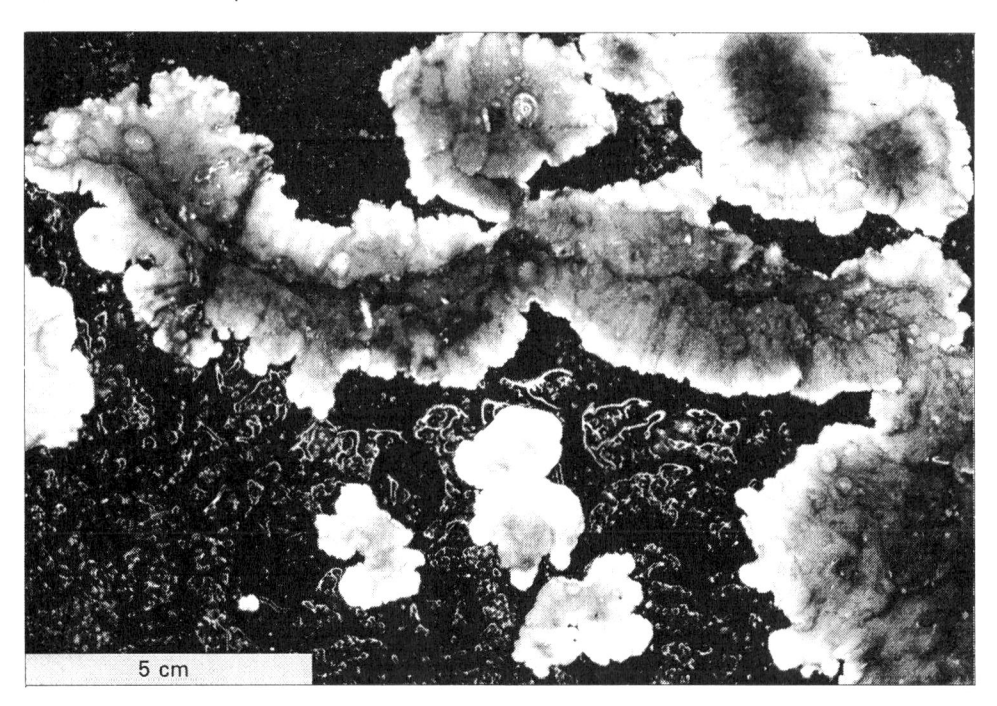

Abb. 1: Fruchtkörper von *Stereum sanguinolentum*

3.3.3.1 Dualkulturen

Für die Dualkulturen wurden Petrischalen mit drei verschiedenen Agarmedien: MEA (GAMS ET AL.1980), MYP (BANDONI, PARSONS, REDHEAD 1975) und Holzagar (Fichtensägemehl mit Wasseragar (PFEFFER 1993)) verwendet. Aus ca. 3 Wochen alten Kulturen zweier Pilzstämme wurden mit einer sterilen Pasteurpipette (FORTUNA) flache Mycelzylinder mit einem Radius von 0,3 cm ausgestochen und mit großem Abstand auf den Agar gesetzt. Zusätzlich wurden Kontrollkulturen mit nur einem der beiden Pilze angelegt. Die Kulturen wurden bei 20 °C und 13 h Licht kultiviert. Die Ansätze wurden regelmäßig (alle vier Tage) kontrolliert, die Wuchsgeschwindigkeit verglichen und das Verhalten der Pilze beobachtet (PFEFFER 1993).

Die Auswahl der zu testenden potentiellen Antagonisten erfolgte nach verschiedenen Kriterien. *Acremonium butyri* wurde für die Dualkulturen ausgewählt, da von ihm bekannt ist, daß es auf anderen Pilzen parasitiert. *Beauveria bassiana* (Bals.) Vuill., ein insektenpathogender Pilz, der in der biologischen Schädlingsbekämpfung angewendet wird, kann *Heterobasidion annosum* hemmen (LAINE & NUORTEVA 1970). *Nectria fuckeliana* Booth hemmt laut BÜCKING (1981) den *Blutenden Schichtpilz*. AUFSESS (1976) dagegen berichtet, daß *Nectria fuckeliana* keinen Einfluß auf eine nachfolgende Infektion durch *Stereum sanguinolentum* hat. Aufgrund dieser widersprüchlichen Aussagen wurde *Nectria fuckeliana* in die Tests mit einbezogen. *Phlebiobsis gigantea*, der *Große Zystidenpilz*, wurde von RUNGE (1978) als regelmäßiger Besiedler der Primärphase von Kiefernstümpfen gefunden. Da dieser Pilz *Heterobasidion annosum* hemmt, und in der Forstwirtschaft als Schutz bei Kiefern ausgebracht wird, sollte das Verhältnis von *Stereum sanguinolentum* zum *Großen Zystidenrindenpilz* untersucht werden. AUFSESS (1976) zeigt, daß *Sistotrema brinkmannii* (Bres.) Eriss. (Brinkmann's-Rindenpilz) in Deckglaskulturen und in kleinen Holzproben Hyphen von *Stereum sanguinolentum* abtötet. Sie verfärben sich bei Annäherung von *Sistotrema brinkmannii* gelb und verklumpen stark (AUFSESS 1976).

3.3.3.2 Ergebnisse der Dualkulturen

Bei *Stereum sanguinolentum/Acremonium butyri* zeigte sich auf MEA ein deutlicher Hemmhof. Der *Blutende Schichtpilz* überwächst *Acremonium butyri* zwar minimal, doch kann letzterer aufgrund der starken Hemmung als Antagonist gewertet werden. Auf dem Holzagar ist die Wirkung auf *Stereum sanguinolentum* nicht so deutlich sichtbar. Dieser wird hauptsächlich im verfärbten Agarbereich gehemmt. Vielleicht ist dies ein Grund dafür, daß die antagonistische Wirkung auf dem Holzmedium schlechter ausgeprägt ist. Hier ist die Diffussion eingeschränkt. Im Holz ist jedoch mit den Holzfasern eine Vorzugsrichtung vorgegeben, so daß hier in Längsrichtung eine ähnliche Hemmung wie auf MEA zu vermuten ist. Auch auf MYP kann *Acremonium butyri* als klarer Antagonist zu *Stereum sanguinolentum* gelten. Der Pilz stellt das Wachstum ein und wird offensichtlich von *Acremonium butyri* geschädigt.

Auf den verschiedenen Medien wirkt *Beauveria bassiana* hemmend auf den *Blutenden* erst wenn sich die Pilze fast berühren. Da es sich bei dies *Schichtpilz*, allerdings em Pilz um eine insektenpathogene Art handelt, geht von diesem Pilz wohl nur eine geringe Gefahr für das Holz aus. Aufgrund der sehr hohen Konidienzahl könnte *Beauveria bassiana* in Sporensuspensionen eingesetzt werden. Allerdings sollte vorher die Gefahr für Nutzinsekten abgeklärt werden.

Die widersprüchlichen Beobachtungen, die obengenannten Autoren für die Interaktion von *Stereum sanguinolentum* mit *Nectria fuckeliana* gemacht haben, lassen sich möglicherweise durch den Einfluß verschiedener Substrate erklären. Der *Blutende Schichtpilz* wird gehemmt - sowohl auf MEA als auch auf MYP - und überwächst schließlich *Nectria fuckeliana* - auf dem Holzmedium und auf MEA. Dieses zeigt, daß das Medium einen großen Einfluß auf die Interaktionen der Pilze hat. *Nectria fuckelina* ist zur Bekämpfung des *Blutenden Schichtpilzes* wohl kaum geeignet.

Bei *Stereum sanguinolentum/Phlebiopsis gigantea* wird der *Blutende Schichtpilz* wird nur leicht überwachsen, *Phlebiobsis gigantea* kann hier im Gegensatz zur Interaktion mit *Heterobasidion annosum* allerdings nur als schwacher Antagonist gelten.

Die starke antagonistische Wirkung von *Sistotrema brinkmanii* konnte auf allen drei Medien bestätigt werden. Auch die Abtötung der Hyphen wurde nachgewiesen.

Auf allen allen drei Medien zeigt nur *Sistotrema brinkmanii* deutliche antagonistische Eigenschaften. Es muß berücksichtigt werden, daß sich der Interaktionstyp mit dem Nährmedium, den Kulturbedingungen und dem Alter der Kultur, sowie dem eventuell gewählten Wachstumsvorsprung, ändern kann. Sogar eine Umkehr der Hemmwirkung kann auftreten, da die antagonistische Wirkung des Pilzes, der an die betreffenden Kulturbedingungen besser ange-paßt ist, verstärkt wird.

So stellt sich die Frage nach der Bedeutung der Ergebnisse von Dualkulturen. Es kann dabei weder der Einfluß der vielffältigen abiotischen noch der biotischen Faktoren des natürlichen Habitats berücksichtigt werden. Hier ist, vor allem bei lebenden Bäumen, der Wirt mit einzubeziehen. Doch kann mit solchen Tests eine Vorauswahl getroffen werden. Mit den in vitro bestimmten Antagonisten können dann Dreierkulturen (Wirt-Parasit-Antagonist) angelegt werden.

Tab.2 : Übersicht über die verschiedenen Ergebnisse der Dualkulturen

	Stereum sanguinolentum		
	MEA	MYP	HOLZAGAR
Acremonium butyri	⊕ S S ✿	⊕ U O O	O O O O
Beauveria bassiana	⊕ O B ✿	⊕ O B O	O O S O
Nectria fuckeliana	+ S B ✿	+ A O O	O S S O
Phlebiobsis gigantea	O A S ✿	O O A O	O A O O
Sistotrema brinkmannii	O A S ✿	O A S ✿	O A O O

SYMBOLE IN DER TABELLE

1. SYMBOLSPALTE:

O — Keine Hemmwirkung auf weite Entfernung und keine Hemmhofausbildung

⊕ — Hemmhofausbildung, aber keine Hemmwirkung auf weite Entfernung

+ — Der getestete Pilz wirkt auf weite Entfernung und Hemmhofausbildung

2. SYMBOLSPALTE:

O — keiner der Pilze überwächst den anderen
S — *Stereum sanguinolentum* überwächst den getesteten Pilz
A — Der getestete Pilz überwächst *Stereum sanguinolentum*
U — Der getestete Pilz unterwächst *Stereum sanguinolentum*

3. SYMBOLSPALTE:

O — Keiner der beiden Pilze verändert sein Kulturaussehen
S — *Stereum sanguinolentum* verändert sich (z.B. Hemmwall- oder Exudatbildung)
A — Der getestete Pilz verändert sich
B — Beide Pilze verändern sich

4. SYMBOLSPALTE:

O — Keine deutliche Farbverfärbung der Kultur von *Stereum sanguinolentum*
✿ — *Stereum sanguinolentum* bildet viel Exudat oder die Kultur zeigt verschiedene Gelbtöne

3.3.3.3 Ausblick

Im Jahr nach der extremen Fruktidikation von *Stereum sanguinolentum* nahm die Zahl der Fruchtkörper rapide ab. Trotz drei Jahre massiver Sporenproduktion konnte der *Blutende Schichtpilz* nicht in den Nachbarbeständen nachgewiesen werden. Dies muß weiter kontrolliert werden, doch scheint bei einem Verzicht auf Durchforstungsmaßnahmen in den ersten drei bis vier Jahren keine Gefahr von *Stereum sanguinolentum* auf die Nachbarbestände auszugehen.

Für weitere Aussagen, auch über andere Parasiten, ist die Beobachtungsphase noch zu kurz. Es müssen langfristige Datenreihen erhoben werden, um Strategien für eine naturverträgliche Waldnutzung entwickeln zu können. Das Sturmwurfprojekt bietet hier eine Chance, die weiter genutzt werden sollte. Außerdem wäre ein Vergleich mit autochthonen Wälder, wie sie in Osteuropa noch zur Verfügung stehen, wünschenswert.

4. Literatur

AUFSESS H. V. (1976): Über die Wirkung verschiedener Antagonisten auf das Mycelwachstum von einigen Stammfäulepilzen. Material und Organismen, Bd. 13, (11,3): 183-196

BANDONI, R. J.; PARSONS, J. & REDHEAD, A. (1975): Agar "baits" for the collection of aquatic fungi. Mycologia 67: 1020-1024

BÜCKING, E. (1981): Referat über die Verhandlungen der 5. Internationalen Konferenz über Probleme der Wurzel- und Kernfäule von Koniferen. Mitteilungen des Vereins für Forst- und Standortskunde 29: 79-81

BUTIN, H. (1989): Krankheiten der Wald- und Parkbäume. 2. Aufl., Georg Thieme Verlag Stuttgart, New York, 216 S.

DETSCH, R., KÖLBEL, M. & SCHULZ, U. (1994): Totholz - vielseitiger Lebensraum in naturnahen Wäldern. AFZ 11: 586-591

DIMITRI, L. (1978): Stand der Kenntnisse über Wurzel- und Stammfäulen. Von einer internationalen Konferenz der Forstpathologen in Kassel. Holz-Zentralblatt Nr. 114: 1735-1737

GAMS ET AL. (1980): CBS-Course of mycology. Centraalbureau voor Schimmelcultures, Baarn, 109 pp.

GEISER, R. (1989): Spezielle Käfer-Biotope, welche für die meisten übrigen Tiergruppen weniger relevant sind und daher in der Naturschutzpraxis zumeist übergangen werden. Schriftreihe für Landschaftspflege und Naturschutz 29: 268-276

HÖNIG, K. (1996): Inokulierung von Eichen- (Quercus robur L.) und Buchen- (Fagus sylvatica L.) Sämlingen im Gewächshaus und Charakterisierung von zehn Stämmen von Paxillus involutus (Batsch) Fr. mit den molekularbiologischen Methoden PCR (polymerase chain reaction) und RFLP (restriction fragment length poly morphisms). Dissertation Universität Tübingen.

JEFFRIES & YOUNG (1994): Interfungal parasitic relationships, CAB International, University Press, Cambridge, 296 S.

KOCH, J. & THONGJIEM, N. (1989): Wound and rot damage in Norway spruce following mechanical thinning. Opera Bot. 100: 153-162

LAINE, L. & NUORTEVA, M. (1970): Über die antagonistische Einwirkung der insektenpathogenen Pilze *Beauveria bassiana* (Bals.) Vuill. und *B. tenella* (Delacr.) Siem. auf den Wurzelschwamm (*Fomes annosus* (Fr.) Cooke). Acta Forestalia Fennica 111: 1-15

NEPOMUCENO (1994): Studium zur Biologie von Armillaria-Arten auf den Sturmwurfflächen. Diplomarbeit Tübingen

PECHMANN, H. V.; AUFSESS, H. V.; LIESE, W. & AMMER, U. (1967): Untersuchungen über die Rotstreifigkeit des Fichtenholzes. Forstwiss. Centralbl. Beih. Nr. 27: 1-112

PECHMANN, H. V.; AUFSESS, H. V. & REHFUESS (1973): Ursachen und Ausmaß von Stammfäulen in Fichtenbeständen auf verschiedenen Standorten. Forstw. Cbl. 92: 68-89

PFEFFER, C. (1993): Zum Verhalten von *Stereum sanguinolentum* (Alb & Schw.: Fr.) Fr. Diplomarbeit Tübingen (Zukünftige Publikationen werden unter C. Görke veröffentlicht.)

PFEFFER, K.-H. (1996): Aktuelle geowissenschaftliche Forschungen auf Sturmwurfflächen in Baden-Württemberg. Tübinger Geographische Studien Heft 116: 201-220

ROLL-HANSEN, F. & ROLL-HANSEN, H. (1980): Microorganisms which invade Picea abies in seasonal stem wounds. I. General aspects. Hymenomycetes. Eur. J. For. Path. 10: 321-339

RUNGE, A. (1978): Pilzsukzession auf Kiefernstümpfen. Z. für Mykologie 44 (2): 295-301

RYPÁČEK, V. (1966): Biologie holzzerstörender Pilze. VEB Gustav Fischer Verlag Jena

SCHÖNENBERGER, W., KUHN, N. & LÄSSIG, R. (1995): Forschungsziele und -projekte auf Windwurfflächen in der Schweiz. Schweiz. Z. Forstwes. 146 (11): 859-862

UMWELTMINISTERIUM BADEN-WÜRTTEMBERG (HRSG.) (1990): Umweltdaten 89/90

UMWELTMINISTERIUM BADEN-WÜRTTEMBERG (HRSG.) (1992): Umweltdaten 91/92

Prof. Dr. Franz Oberwinkler
Dr. Angelika Honold
Dipl. Biol. Claudia Görke

Lehrstuhl für Spezielle Botanik/Mykologie
Universität Tübingen
Auf der Morgenstelle
72076 Tübingen

ZUR THEORIE UND PRAXIS STADTÖKOLOGISCHER PROBLEME

STADT- UND GLOBALPLANUNG AUS BIOPOLITISCHER SICHT

von
ALEXANDER OLESKIN, MOSKAU

In letzter Zeit haben die Sozialanwendungen der Biologie, darunter auch *die Biopolitik* (FLOHR, H. u. TÖNNESMANN W.; VLAVIANOS-ARVANITIS, A.; VLAVIANOS-ARVANITIS, A. u. OLCSKIN, A.V.; MASTERS, R.D.), beträchtlich an Bedeutung zugenommen. Obgleich die Biopolitik noch relativ jung an Jahren ist (das erste internationale Symposium mit Biopolitik-Referaten fand 1975 statt), hat sie sich schon als besondere Forschungsrichtung an der Grenze zwischen den Natur- und Sozialwissenschaften etabliert. Die Biopolitik befaßt sich mit der Sozialorganisation von lebenden Organismen (vom *Bios* [VLAVIANOS-ARVANITIS, A.]) und ist von besonderem Interesse im Zusammenhang mit (FLOHR, H. u. TÖNNESMANN, W.) dem Problem der Unterhaltung beiderseitig akzeptabler Beziehungen zwischen der Biosphäre und der Menschheit, den zwei globalen Sozialstrukturen und Bestandteilen von planetaren *Bios* und (VLAVIANOS-ARVANITIS, A.) der Erarbeitung von politischen Prognosen, Schätzungen und Empfehlungen, basierend auf vergleichenden Studien zur Evolution von menschlichem Sozialverhalten und dem anderer Lebewesen [FLOHR, H. u. TÖNNESMANN, W.; MASTERS, R.D.].

Ein wichtiger Bestandteil der Biopolitik ist *die Bioarchitektur*, die einen für diese Konferenz relevanten Themenkreis, *Stadt- und Globalplanung aus biopolitischer Sicht*, inkorporiert. In Übereinstimmung mit den Bedürfnissen von Bios, der sowohl *die Bio-Umwelt*, als auch die Menschheit einschließt, können neue Städte, Stadtkomplexe und endlich Globalinfrastrukturen zustande kommen. Unerläßliche Voraussetzung für die Erarbeitung einer Bios-Planungsstrategie ist die Entwicklung der Bioästhetik. Dieser Forschungsbereich sucht nach Schönheitsmustern in der Biologie und entwickelt architektonische Modelle auf dieser Basis (als architektonisch interessant gelten viele biologische Strukturen, z.B. das Spinnengewebe, die Bienenwaben, der Ameisenhaufen, der Siliziumschwamm, die Zellmembran). Auch Landschaften, die Bios (Flora, Fauna) neben leblosen Körpern (z.B. geologischen Strukturen) umfassen, können vom bioarchitektonischen und bioästhetischen Standpunkt aus betrachtet werden. Die Eigenschaften einer Landschaft können nicht nur nach physikalisch-geographischen und ökonomischen, sondern auch nach bioästhetischen Kriterien bewertet werden, um die *bio-umwelt*freundliche

Bewirtschaftung dieser Landschaft zu fördern. Und auch nach der Bewirtschaftung sollte die Landschaft vom bioästhetischen Stand aus attraktiv wirken. Daß das Rekultivierungs- und Renaturierungsprogramm im Ruhrgebiet Deutschlands sich als erfolgreich erwiesen hat, folgt nicht nur aus statistischen Daten (Schadstoffkonzentration in der Luft und im Boden usw.). Ein wichtiger Beweis dafür ist auch die bioästhetische Wirkung dieser Region mit ihrer wiederhergestellten Flora. Eine Großstadt ist gekennzeichnet durch im höchsten Grad materialisierte Interaktion zwischen Natur und Gesellschaft. In einer Stadt beschränkt sich die Biopolitik nicht nur auf die von den "Grünen" oder "Ökologen" gepredigten Maßnahmen, obwohl sie eine äußerst wichtige Rolle im Kampf für die Erhaltung des Großstadt-Bios spielen sollen. Die Biopolitik berücksichtigt neben "dem Biologischen außerhalb des Menschen" (*der Bio-Umwelt*) auch "das Biologische innerhalb des Menschen" (die biologische, evolutionsbedingte Basis seiner Verhaltenstendenzen, Neigungen, Bedürfnisse und Präferenzen). Die beiden Aspekte des Bios werden von der Bioarchitektur zur Geltung gebracht. Einerseits bedeutet die Umstrukturierung von Städten nach biopolitischen Prinzipien, daß Maßnahmen zur Energie- und Wassereinsparung, Müllrecycling, effektive Abgasentsorgung usw. ergriffen werden. In diesem Zusammenhang gilt als Symbol der biopolitischen Planungsstrategie die Züchtung von Pflanzen nicht nur auf unbebauten Flächen, sondern auf Hausdächern und an Häuswänden und -terrassen (Kletterpflanzenzüchtung). "Die Terrassen ziehen das Grüne bis zum 14. Stock" [EIBL-EIBESFELDT, I., HASS, H., FREISITZER, K., GEHMACHER, K. und GLÜCK, H.]. Auf diese Weise können u.a. folgende Nutzeffekte erzielt werden [VLAVIANOS-ARVANITIS, A. u. OLCSKIN, A.V.; EIBL-EIBESFELDT, I., HASS, H., FREISITZER, K., GEHMACHER, K. und GLÜCK, H.]:
- Die Grünfläche in der Stadt wird wesentlich (maximal um das Zehnfache) vergrößert;
- Staub, Schadstoffe anthropogener Herkunft und Schall werden absorbiert;
- Die Sauerstoffkonzentration und das Feuchtigkeitsniveau werden erhöht;

Neben dieser Beeinflussung des Stadtmilieus und der Bio-Umwelt wirkt sich die Bepflanzung von Dächern und Wänden (als Bestandteil eines biopolitischen Aktionsprogramms) sehr positiv auf das biologische Element der Menschennatur aus. Und "Stadtplaner und Architekten müssen scheitern, wenn sie die Natur des Menschen in ihre Planungen nicht berücksichtigen" [EIBL-EIBESFELDT, I., HASS, H., FREISITZER, K., GEHMACHER, K. und GLÜCK, H.]. In diesem Zusammenhang ist auf die Wirkung des Grünen auf die Augen und das Gehirn hinzuweisen. Diese Farbe entspricht der für den Gesichtssinn optimalen Zone des Lichtspektrums, sie wird unterschwellig wahrgenommen als "message" aus jener Epoche, in der unsere Vorfahren sich in einer grünen Bios-Umgebung befanden. Das oben erwähnte *biopolitische Aktionsprogramm* beschränkt sich nicht nur auf Pflanzenzüchtung in einer Großstadt. Es handelt sich um ein System von gestapelten Einfamilienhäusern, mit Schwimmbädern, Dachgärten und Räumen für Spiel und Geselligkeit, die

alten Wiener Gemeindebauten ähneln sollten. Dabei ist vor allem an folgende Sozialeffekte zu denken:
- Die Kommunikation zwischen Hausbewohnern wird gefördert sowie ihre Identifikation mit der Lokalgemeinschaft;
- Bei Züchtung von Salat und anderen Gemüsepflanzen kann die Lokalgemeinschaft teilweise ökonomisch unabhängig werden;
- Es werden Voraussetzungen für die Realisierung der *creative mix*-Idee geschaffen, die eine Kombination von Wohnräumen, Werkstätten, Wissenschafts-, Kultur- und Erholungseinrichtungen in jedem Stadtviertel oder in jeder Gemeinde vorsieht;
- Das Erscheinungsbild der Stadt wird in Einklang mit bioästhetischen Prinzipien gebracht.

Es ist hinzuzufügen, daß jede Stadt ihre kultur-historische Identität und Individualität erhalten muß und daß das biopolitische Aktionsprogramm auch zur Erreichung dieses Ziels beitragen könnte, da es gegen die Verwandlung von Lokalgemeinschaften in eine "anonyme Massengesellschaft" [EIBL-EIBESFELDT, I., HASS, H., FREISITZER, K., GEHMACHER, K. und GLÜCK, H.] ohne Identifikation gerichtet ist.

Eine der wichtigsten Aufgaben der Biopolitik ist die zukunftsorientierte *Globalplanung*. Es ist angesichts der sich drastisch vergrößernden Menschenpopulation anzunehmen, daß die Menschheit in relativ naher Zukunft die ganze Erdoberfläche urbanisieren wird. Also wird notwendigerweise eine Globalstadt, die *Ecumenopolis (Ecp)*, entstehen [PAPAIOANNOU, J.D.]. Der griechische Biopolitiker Prof. Dr. Papaioannou hat eine Optimalstrategie der Ecp-Entwicklung erarbeitet [PAPAIOANNOU, J.D.]. Nach seiner Ansicht soll neben der Ecp ein Globalgarten, der *Ecumenokepos (Eck)* entstehen. Zu diesem Zweck sollen alle Zwischenräume zwischen bebauten Flächen eine ganzheitliche Struktur bilden. Diese Eck-Struktur soll hierarchisch organisiert werden, angefangen von kleinen Einzelgärten (oder sogar Blumentöpfen) bis hin zu großen unbesiedelten Erdzonen. Entsprechend dieser Konzeption soll der Eck eine kontinuierliche Struktur darstellen.

Im Kontrast zu anderen Zweigen moderner Biopolitik, die die Herstellung einer *funktionellen* Harmonie zwischen der Gesellschaft und dem Bios (sowohl außerhalb als auch innerhalb des Menschen) zum Zweck haben, strebt die in diesem Referat betrachtete Bioarchitektur eine *strukturelle*, sichtbare Bios-Gesellschafts-Harmonie an. Die antike Kultur verglich die Erde mit einem einheitlichen architektonischen Werk, einem Heiligtum. Die Biopolitiker hoffen darauf, daß dieser metaphorische Vergleich im 21. Jahrhundert wieder aktuell wird.

Literatur:

EIBL-EIBESFELDT, I., HASS, H., FREISITZER, K., GEHMACHER, K. und GLÜCK, H. (1985): Stadt und Lebensqualität. Neue Konzepte auf dem Prüfstand der Humanethologie und der Bewohnerurteile. Stuttgart und Wien.

FLOHR, H. und TÖNNESMANN, W. (1983): Selbstverständnis und Grundlagen von Biopolitics. In: Politik und Biologie. Berlin; Hamburg, S.11-31.

MASTERS, R.D. (1989): The Nature of Politics. Yale University.

PAPAIOANNOU, J.D. (1989): Environment and the Role of Ekistics. In: Biopolitics - The Bio-Environment. Biopolitics International Organization, Athens, vol.2, p.206-233.

VLAVIANOS-ARVANITIS, A. (1985): Biopolitics - Dimensions of Biology. Biopolitics International Organization, Athens.

VLAVIANOS-ARVANITIS, A. und OLCSKIN, A.V. (1992): Biopolitics - The Bio-Environment, Biopolitics International Organization, Athens.

Dr. Alexander Oleskin
Fakultät für Biologie
Lomonosov Universität
Moskau, Vorobjevberge
119899 Moskau Rußland

VOM KOMMUNALEN UMWELTSCHUTZ ZUR ANGEWANDTEN STADTÖKOLOGIE
- PROBLEME UND PERSPEKTIVEN - [1]

von

JOACHIM VOGT, TÜBINGEN

mit
3 Abbildungen

1. Die Entwicklung des Umweltschutzes von der lokalen zur globalen Perspektive

Als Folge der hohen Wachstumsraten der Volkswirtschaften, der sich verändernden Rahmenbedingungen, insbesondere der Individualmotorisierung, sowie der Bevölkerungsvertreibungen und des Wiederaufbaus nach dem zweiten Weltkrieg haben sich in Mitteleuropa in der Nachkriegszeit die Raumstrukturen in einem Maße verändert, wie dies nur mit der Epoche der industriellen Revolution im 19. Jahrhundert vergleichbar ist. Es ist ein in vielen Ländern beneideter individueller Wohlstand erreicht, jedoch besonders im Umweltbereich auch Folgewirkungen, die aus heutiger Sicht die bisher zugrunde liegenden Ziele und das Maß staatlicher Einflußnahme in Frage stellen lassen.

Vergleichbare Entwicklungen wie in den fünfziger und sechziger Jahren westlich des eisernen Vorhanges finden heute nach dem Zusammenbruch des Ostblocks infolge wirtschaftlicher und politischer Liberalisierungen in den Ländern Ostmittel- und Osteuropas statt. Es erscheint daher sinnvoll, die Probleme und Erfahrungen, die sich in West- und Mitteleuropa ergeben haben und die sich daraus für die Raumplanung ergebenden Konsequenzen aufzuzeigen, denn allzu leicht sieht man aus der aktuellen osteuropäischen Perspektive nur das Ergebnis, nicht die Wege und Irrwege, die auf dem Weg dorthin beschritten wurden.

---

[1] Der Beitrag ist der dritte Baustein planungsbezogener Beiträge des Verf. in der Veranstaltungsfolge des IZ "Interaktion von Ökologie und Umwelt mit Ökonomie und Raumplanung". Nach der Bearbeitung der Themenkomplexe "Instrumentarien räumlicher Umweltplanung in Mitteleuropa" (Blaubeuren 1993), sowie "Einführung in den Aufbau des Planungssystems und das Instrumentarium der Umweltplanungen in der Bundesrepublik Deutschland" (Tübingen 1994) werden nun aktuelle Probleme und sich abzeichnende Entwicklungen diskutiert.

Mit der stürmischen wirtschaftlichen Entwicklung der Nachkriegszeit einher ging eine Veränderung der Qualitäten und Quantitäten der Umweltbelastung und insbesondere eine gegenüber der ersten industriellen Revolution des 19. Jahrhunderts veränderte Wahrnehmung und Bewertung dieses Problems. Umweltbelastung wird heute nicht mehr als zwingende und in Kauf zu nehmende Folge der wirtschaftlichen Entwicklung verstanden, sondern als Fehlentwicklung
o einer zu optimistischen Auffassung von der Unbegrenztheit natürlicher Ressourcen und ihrer Belastbarkeit sowie
o einer zu liberalistischen Staatsauffassung, die es gestattete, Kosten der Produktion über die Belastung der Umwelt auf die Allgemeinheit abzuwälzen.

Die wirtschaftlichen und gesellschaftlichen Krisen seit Ende der sechziger Jahre machten diese Fehleinschätzungen zunehmend deutlich, vor allem auf öffentlichen Druck hin wurden sie korrigiert, in einigen Ländern in einem allmählichen Prozeß des Umdenkens, in anderen mit abrupteren Paradigmenwechseln. Seitdem wurde auf die Belastung der Umwelt zunehmend mit Umweltschutzmaßnahmen reagiert. Die staatliche Einflußnahme auf die verschiedenen wirtschaftlichen Aktivitäten, auch auf Standortentscheidungen von Unternehmen, wird intensiviert und um Umweltschutzaspekte erweitert. Sie wird nicht mehr allein als Suche nach günstigen wirtschaftlichen Rahmenbedingungen angesehen, sondern als Kompromißsuche zwischen ökonomischen und ökologischen Zielen, wobei die öffentlichen Träger sich in der Rolle des Vermittlers finden. Die Gewichtungen sind dabei zwischen Staaten und Regionen, teilweise sogar zwischen benachbarten Gemeinden, unterschiedlich. Sie begründen heute wesentliche Unterschiede in den Standortbedingungen.

Auch die räumliche Entwicklung ist daher nicht mehr ausschließlich aus wirtschaftlichen Determinanten heraus erklärbar, sondern ebenso als Folge von Steuerungsmaßnahmen des Staates auf dem Sektor des Umweltschutzes. Diese haben u.a. das Ziel, den wirtschaftenden Betrieben diejenigen Grenzen der Beeinträchtigung der Umwelt vorzugeben, die sich aus der Kompromißsuche zwischen ökonomischen und ökologischen Zielen ergeben, die als der wirtschaftlich noch vertretbare und politisch zumutbare Preis des Wirtschaftens angesehen werden. Denn der Staat verfolgt nicht das Ziel, die Nutzung natürlicher Ressourcen zu verhindern. Im Gegenteil, er ist daran sogar sehr interessiert, aber er definiert durch ein umfangreiches Verordnungsrecht die zumutbaren Grenzen dieser Nutzung. Er bestimmt z.B. die Grenzwerte möglicher Emissionen in die Umweltmedien oder er schreibt bei der Nutzung von Bodenschätzen Folgenutzungen vor, die nach dem Abbau durch Rekultivierungen herbeigeführt werden müssen. Diese Vorgaben ergeben sich daher nicht nur aus naturwissenschaftlich begründeten Grenzwerten, sondern auch aus ökonomischen und gesellschaftspolitischen Bewertungen, die sehr unterschiedlich ausfallen (J. VOGT 1994b).

Dabei hat sich auch eine Verschiebung der Ziele ergeben. Während früher der Schutz des unmittelbaren Umlandes eines Emittenten im Vordergrund der Bemühungen stand, rückte zunehmend eine globale Perspektive in das Blickfeld. Sie wird unterstützt durch programmatische Analysen im globalen Maßstab, z.B. "The State of the World 1992" des WORLDWATCH INSTITUTE (1992), das aus seiner Perspektive heraus eine fundamentale "ökologische Revolution" fordert. Während früher das lokale Handeln im Bereich des Umweltschutzes auch mit lokalem Denken und lokalen, unmittelbar spür- und meßbaren Wirkungen verbunden war, heißt nun der Slogan "global denken und lokal handeln". Das globale Denken entspricht zwar der Vorstellung einer "globalisierten Weltgesellschaft" (W. KNAPP 1995), doch es vereinfacht bei aller Plausibilität die Argumentation bei lokalen Zielkonflikten nur wenig. Daher macht das Schlagwort die Diskrepanz zwischen angemahntem örtlichem Handeln und meist fehlenden örtlichen Wirkungen deutlich. Dem Umweltschützer, der global argumentiert, wird oft polemisch-abfällig begegnet, z.B. durch die Bemerkung, er wolle eine globale Klimakatastrophe durch eine örtliche Verkehrsberuhigung verhindern.

Der Anteil der europäischen Länder an der globalen Umweltbelastung ist trotz sektoraler Erfolge nach wie vor hoch. So schätzt der 1994 vorgelegte DOBRIS-Bericht (EEA-TF 1994) über die Umweltbelastung in Europa, daß eine durchschnittliche europäische Stadt mit 1 Million Einwohnern jeden Tag im Mittel 11.500 Tonnen fossiler Brennstoffe, 320.000 Tonnen Wasser und 2.000 Tonnen Nahrungsmittel verbraucht. Dabei erzeugt sie 1.500 Tonnen Abgase, 300.000 Tonnen Abwasser und 1.600 Tonnen Feststoffabfall. Zwar waren die Anstrengungen, die in den zurückliegenden Jahrzehnten zur Verringerung schädlicher Auswirkungen auf die Umwelt unternommen wurden, enorm. Auch haben sie lokale Entlastungen zur Folge gehabt, so daß die Feststellung, daß das klassische Instrumentarium wirkungslos geblieben sei, nicht haltbar ist. Auch der Vorwurf, das Erreichte sei nur durch Verteilung der Immissionen auf größere Flächen möglich geworden, z.B. mit der Politik der hohen Schornsteine, ist in dieser Pauschalität nicht haltbar. Gerade anlagebezogen konnten entscheidende Verbesserungen erzielt werden. Daher drängt sich die Frage auf, warum trotz der hohen Investitionen in den Umweltschutz und unbestreitbarer Erfolge das Problem nach wie vor so gravierend ist und sich die Konflikte um Planungen im lokalen Bereich gegenwärtig sogar verschärfen.

Angesichts der besonders im Blickfeld stehenden globalen Umweltprobleme ist es heute für die lokale Umweltpolitik trotz gestiegener Sensibilitäten der Bewohner aus drei Gründen ungleich schwieriger geworden, Ziele durchzusetzen. Erstens, weil Wirkungen nicht mehr unmittelbar im räumlichen Umfeld der Entscheidungsträger spürbar sind. Zweitens, weil heutige Maßnahmen für das einzelne Individuum weitreichender sind als früher. Die heute erforderlichen

Maßnahmen haben nicht mehr einzelne Objekte und ihre Emissionen, sondern die Raumstruktur zum Gegenstand. Sie stellen damit stets auch eine Einschränkung von liebgewonnenen Freiheiten dar, sei es die Mobilität des Individuums oder sei es die Ansiedlungs- und Gewerbefreiheit eines Unternehmens. Hinzu tritt ein drittes Problem, das sich aus der zunehmenden internationalen Verflechtung der Wirtschaft ergibt: Da das unternehmerische Handeln auf dem Prinzip der Konkurrenz, immer mehr im globalen Maßstab, aufgebaut ist, gerät die Umweltpolitik in den Konflikt zwischen der Sicherung der Wettbewerbsfreiheit lokaler oder nationaler Unternehmen einerseits und Umweltqualitätszielen andererseits. Angesichts der Tatsache, daß der postindustriellen Gesellschaft die Arbeit auszugehen droht, wird der Verlust von Arbeitsplätzen ein immer gewichtigeres Argument zur Verhinderung möglicher Produktionseinschränkungen, auch wenn sie aus Umweltschutzgründen erfolgen sollen.

2. Die klassischen Instrumentarien des Umweltschutzes

Vor dem Hintergrund veränderter Probleme und Folgen ist auch der Wandel der Instrumentarien des öffentlichen Umweltschutzes zu verstehen. Diejenigen Umweltprobleme, die zuerst bewußt wahrgenommen wurden, waren lokale Belastungen und Schädigungen im Umfeld eines Emittenten mit eindeutiger Ursache-Wirkung-Beziehung. Das daraufhin entwickelte klassische und bis heute überwiegend eingesetzte Instrumentarium ist emissions-, also anlagebezogen und damit in der Regel auch sektoral auf ein Schutzgut begrenzt. Mit den Mitteln des Immissionsschutzrechtes wurde und wird z.B. die Schadstoff- und Wärmeabgabe von Emittenten erfolgreich begrenzt, insbesondere bei Großemittenten wie Kraftwerken und industriellen Anlagen. Ihre Wirkungsweise ist nach vielen Novellierungen heute sehr komplex, denn es wird beispielsweise nicht nur mit Grenzwerten sowie einem ordnungsrechtlichen Instrumentarium der Ge- und Verbote gearbeitet, sondern darüber hinaus mit planungsrechtlichen und kooperativen Instrumenten, die es in dieser Form in anderen Rechtsgebieten nicht gibt. Staatliche und private Träger legen z.B. in Kommissionen gemeinsam Grenzwerte fest, und die Überwachung erfolgt teilweise mit den betroffenen Unternehmen gemeinsam, indem z.B. das deutsche Immissionsschutzrecht "Betriebsbeauftragte für den Immissionsschutz" kennt, die die Verbindungspersonen zur Gewerbeaufsicht darstellen und Kontrollmessungen durchführen oder amtliche Messungen unterstützen. Der naheliegende Verdacht, daß das so in die Unternehmen gesetzte Vertrauen mißbraucht werden würde, hat sich im allgemeinen nicht bestätigt. Im Gegenteil, das Konzept der Kooperation im Umweltschutz hat dazu geführt, daß in den betroffenen großindustriellen Bereichen in den zurückliegenden Jahrzehnten nicht nur eine wesentliche Verminderung der Emissionen erreicht wurde, sondern daß diese Maßnahmen auch von den Unternehmen überwiegend positiv bewertet werden. Dieser klassische anlagebezogene Umweltschutz war jedoch immer separativ, also auf die einzelne Emissionsquelle oder den einzelnen industriellen Sektor bezogen. Dies spiegelt sich in der Rechtsordnung wider, indem der Schutz der Umweltmedien in auf diese zugeschnittenen speziellen Fachgesetzen geregelt ist, und auch die Lehrbücher des Umweltrechts folgen diesem Ansatz.

Relativ geringer sind die erzielten Erfolge in vielen kleingewerblichen Bereichen insbesondere im Verkehrssektor. In letzterem wurde zwar für das einzelne Fahrzeug eine Verringerung der Emissionen erreicht, die jedoch einer starken Zunahme des Verkehrsaufkommens gegenüberstand. Die Gesamtemissionen des Verkehrs sind damit im Gegensatz zu Hausbrand, Gewerbe und Industrie konstant geblieben oder gestiegen (S. SCHMITZ 1991) und werden auch durch weitere technische Maßnahmen am Emittenten nicht wesentlich zu vermindern sein (N. GORISSEN 1991). In der Summe ist eine Verschiebung der gesamten Umweltbelastung von der industriell-gewerblichen zur Verkehrsemission erfolgt. Da in der Individualmotorisierung schon lange nahezu eine Sättigung erreicht ist, liegen die Gründe in der Zunahme der Transportleistungen. In der industriellen Produktion ist es die Verlagerung der Transporte auf die Straße und die Just-In-time-Produktion, die die Lagerhaltungskosten zu Lasten des Verkehrsaufkommens verringert. Im privaten Bereich sind vor allem die zurückzulegenden Strecken zwischen Wohn- und Arbeitsplatz größer geworden, indem Städte und Agglomerationen mit großräumigen Funktionstrennungen zwischen Wohngebieten und Arbeitsplätzen entstanden sind. Empirische Untersuchungen in Mitteleuropa zeigen, daß es besonders die Ballungsräume sind, in denen der Kraftstoffverbrauch - und damit verbunden die Schadstoffemission - pro Einwohner am größten ist (W. MOEWES / J. VOGT 1983, P. NEWMAN / J.R. KENWORTHY 1989). Die mit steigendem Wohlstand erfolgte Zunahme des individuellen Flächenbedarfs durch größere Wohnungen und Freiflächen hat die Wohnfunktionen immer weiter vom Zentrum oder Agglomerationskern nach außen verlagert. Mit dem Wachstum in die Fläche wurde die Erschließung mit öffentlichem Personennahverkehr immer problematischer, die Siedlungsstruktur entwickelte sich unter der fast selbstverständlichen Prämisse der Verfügbarkeit des Autos als Individualverkehrsmittel.

Der scheinbare Widerspruch zwischen Erfolgen des staatlichen und nichtstaatlichen Umweltschutzes einerseits und der weiterhin hohen Belastung andererseits ergibt sich also als Folge der wirtschaftlichen und räumlichen Umstrukturierung sowie der Wechselwirkungen zwischen beteiligten Faktoren. Darüber hinaus hat sich die Beweislast für den Umweltschutz erschwert, denn auch bei den Immissionen ist eine Verschiebung von den Primär- zu den Sekundärschadstoffen eingetreten, wofür das bodennahe Ozon ein Beispiel ist. Primärer Verursacher des Ozons ist der Verkehr, doch nicht im Bereich der Schadstoffquelle, sondern weit davon entfernt ist die Ozonkonzentration am höchsten. Es ist daher erklärbar, wenn die momentane Diskussion um Ozongrenzwerte und ihre Folgen in Deutschland kontroverser erfolgt als entsprechende Diskussionen um Primärschadstoffe in den zurückliegenden Jahrzehnten.

3. Forderungen nach integrierenden Konzepten: Integrierende Bauleitplanung und angewandte Stadtökologie als Konzepte

Der staatliche Umweltschutz in europäischen Ländern steht daher an einem Punkt, an dem die Möglichkeiten dieses klassischen anlagenbezogenen, sektoral arbeitenden Instrumentariums weitgehend ausgeschöpft sind. Bestehende Belastungen sind nicht mehr nur als durch die einzelnen Emittenten bewirkten Folgen zu verstehen und zu vermindern, sondern sie sind das Ergebnis des Zusammenwirkens von Einzelfaktoren auf unterschiedlichen sachlichen und räumlichen Ebenen sowie als Folge der entstandenen komplexen Raumstrukturen, und gerade letztere lassen sich bei vorhandenen räumlichen Mustern kaum ändern, lediglich in ihren langfristigen Entwicklungstendenzen innerhalb enger Grenzen beeinflussen (J. VOGT 1994a, S. 167ff.). Die weitere Verringerung der Umweltbelastung ist nicht mehr durch Anwendung sektoral wirkender Instrumente, sondern nur mit integrierenden Konzepten möglich, welche die vielschichtigen Wechselbeziehungen zwischen den beteiligten Faktoren berücksichtigen. Sie bauen auf sektoralen Analysen und Instrumenten auf, verknüpfen sie und setzen sie unter Anwendung gesamträumlicher überfachlicher Steuerungsinstrumente um.

Zwei wesentliche Wurzeln hat eine solche Betrachtungsweise, eine planungsrechtliche und eine wissenschaftlich-theoretische. Die planungsrechtliche stammt aus dem Verständnis des Planungsprozesses als Abwägungsvorgang zwischen verschiedenen öffentlichen und privaten Interessen, die rechtlich als "Belange" bezeichnet werden. Dieses Verständnis liegt den öffentlichen Planungen von der kommunalen Planung (in Deutschland der "Bauleitplanung") bis zu regionalen und gesamtstaatlichen Planungen zugrunde, seine Wurzel hat es in der Stadtplanung. Unter den vielen Belangen, die dabei zu berücksichtigen sind, finden sich auch die Belange von Natur und Landschaft, der Biotop- und Artenschutz, der Schutz des Klimas usw., also die Bereiche des Umweltschutzes. Das Verständnis der Bauleitplanung wie auch der Stadtentwicklungsplanung war also stets ein integrierendes, auch wenn die Praxis zuweilen anders aussah. In J. VOGT (1988) ist am Beispiel der Bundesrepublik Deutschland dargelegt, wie die verschiedenen, von außen kaum zu verstehenden Planungsstufen und Planungsarten - man hat von "lokalen Planungskulturen" gesprochen - gerade auf kommunaler Ebene nichts anderes sind als die stets neue Suche, dem Anspruch der vollständigen Integration aller Belange im Rahmen des Abwägungsprozesses zu einem in sich stimmigen Gesamtkonzept gerecht zu werden. Daß die Planungspraxis diesem Anspruch nur teilweise gerecht werden konnte, also z.B. ökonomische Belange stärker gewichtet wurden als ökologische, ist unbestritten. Aber das Bewußtsein, dafür um eines kurzfristigen wirtschaftlichen Erfolges willen eine längerfristige ökologische Belastung in Kauf zu nehmen, ist stärker geworden und mit ihm die Erkenntnisse offensichtlicher Defizite, die die Planungsträger bereit machten für neue Konzepte.

Eines dieser Konzepte entstammte der wissenschaftlich-theoretischen Diskussion, wobei unterschiedliche Disziplinen beteiligt waren, unter ihnen die Geographie, die sich stets bemüht hat, komplexe räumliche Strukturen zu beschreiben und kausal zu erklären. Die Adaption des Ökologiebegriffes in der Landschaftsökologie (C. TROLL 1939) erfolgte allerdings zunächst ausschließlich bezogen auf naturwissenschaftliche Methoden und Inhalte. In einer wissenschaftshistorisch interessanten, sehr breit angelegten und rund 40 Jahre dauernden Diskussion ist dann der Prozeß zu beobachten, daß zunehmend sozioökonomische Einflußgrößen sowie sozialwissenschaftliche Methoden Eingang finden und eine beide Bereiche umfassende Landschaftsökologie begründen, um die sich vor allem H. UHLIG von theoretischer und L. FINKE von praktischer Seite her verdient gemacht haben. Sie konnte sich auf die nordamerikanische Adaption des Ökologiebegriffes beziehen, die anders als in Europa verlief und vor allem mit Bezug auf H. H. BARROWS (1923) sozioökonomische Prozesse umfassend verstand. Von ihm stammte der in der späteren europäischen Diskussion so gern zitierte Topos der "geography as human ecology". So wurde eine Stadtökologie als "urban ecology" in Nordamerika begründet, welche mit den Ansätzen der Soziologie und Sozialgeographie die gesellschaftlichen Beziehungen in der Stadt untersuchte.

Die Rezeption nordamerikanischer sozialwissenschaftlicher Ansätze, vor allem der Sozialraumökologie der Chicagoer Schule, durch die europäische Wirtschafts- und Sozialgeographie und ihre Nachbardisziplinen führte dann zur Übernahme ihrer Begriffe, Inhalte und Methoden. In den siebziger und achtziger Jahren entstand der Ansatz eines fächerübergreifenden Konzeptes, das sich am Modell des Ökosystems orientierte, wenn es darum ging, komplexe Systeme zu erfassen, häufig unter Verwendung von Begriffen aus Systemtheorie und Kybernetik. Beispielsweise wurde - dem Konzept der Ecological Psychology (R.G. BARKER 1968) folgend - aus der Umweltpsychologie eine "Ökopsychologie" (G. KAMINSKI 1976), der Begriff der Sozialökologie fand Eingang in die Stadtforschung (A. SCHULLER 1990) und P. WEICHHART (1975) entwickelte das theoretische Konzept einer "Ökogeographie".

Inzwischen hatten die Defizite der Städte im Umweltbereich, zunehmender öffentlicher Druck und die relative Hilflosigkeit vieler Planer zu einer Flut von Einzelanalysen und Gutachten geführt, die zuweilen ohne Auswirkungen blieben, andernorts zu weitreichenden Korrekturen der Planungsziele Anlaß gaben, jedoch in ihrer Summe auch erreichten, daß das Interesse der um die Erkenntnis ökologischer Zusammenhänge bemühten Naturwissenschaftler nachhaltig auf die Städte als - auch materiell im Sinne der Forschungsfinanzierung - lohnendes Untersuchungsobjekt gerichtet wurde. Die Fülle inzwischen erarbeiteter Analysen zur städtischen Fauna und Flora, zum Stadtklima und städtischen Wasserhaushalt, zu städtischen Böden und ihrer Kontamination offenbarten das Defizit einer integrierenden Zusammenschau, um die sich in Deutschland vor allem H. SUKOPP bemühte. Es entstand aus den Wurzeln der Stadtbiologie (B. DE RUDDER / F. LINKE 1940) und Landschaftsökologie als neues interdiziplinär im Sinne traditioneller Wissenschaftsgliederung angelegtes Wissensgebiet eine "Stadtökologie" als Analyse der physisch-geographischen Bedingungen der Stadt in Abhängigkeit von zunächst statisch angenommenen sozioökonomischen Steuergrößen. Schon bald wurde, vor allem bei der Umsetzung in praktische Planungsaufgaben und der Integration in Entscheidungsprozesse, die Grenze zu sozialwissenschaftlichen Inhalten und Methoden weiter in Frage gestellt. Denn da der Mensch in urbanen Ökosystemen eine herausragende Rolle spielt und seine Umweltbeziehungen sich einer ausschließlich naturwissenschaftlich-ökologischen Perspektive verschließen, ist in der Stadtökologie ein erweitertes Ökologieverständnis erforderlich, das auch sozialwissenschaftliche Methoden anwendet (E. LICHTENBERGER 1993).

Parallel hierzu war das dargestellte planungspraktische Defizit der kommunalen Planungen bewußt geworden. Auch von dieser Seite wurde eine Stadtökologie gefordert und mit einem beträchtlichen materiellen und personellen Aufwand etabliert, teilweise wurden nationale Prestigeprojekte ins Leben gerufen. Die umfassendsten natur- und sozialwissenschaftliche Fragestellungen verbindenden stadtökologischen Analysen sind im Rahmen des Man-and-Biosphere-Projektes 11 der UNESCO erstellt worden, diesen folgten seit den achtziger Jahren mit dem Elan einer Modewelle Untersuchungen in fast allen Großstädten. Am konsequentesten wurde über zehn Jahre hinweg ein stadtökologisches Forschungs- und Handlungskonzept in Luzern in der Schweiz vertreten (H.-N. MÜLLER / M. MEURER 1990, M. MEURER / H.-N. MÜLLER 1992). Grundlegend war zunächst der Anspruch, die bisherigen sektoral orientierten Analysen in ein Gesamtkonzept zu integrieren, um ihre vielschichtigen Wechselwirkungen angemessen zu berücksichtigen. Es wurden, aufbauend auf Einzelanalysen, z.B. Klima-, Luft- oder Lärmgutachten, zunehmend ökologische Entwicklungsgutachten als umfassende Bestandsaufnahmen von Städten oder Agglomerationsräumen in Auftrag gegeben. Stadtökologie versteht sich dabei als ein Prozeß der Analyse und daraus abgeleitet der Steuerung der kommunalen Entwicklung mit den in der Ökosystemanalyse entwickelten Methoden, die besonderes Augenmerk auf die Wechselwirkungen der beteiligten Prozesse und Faktoren legen. In der Regel ist die spätere planungspraktische Umsetzung von Anfang an erklärtes Untersuchungsziel. Dabei wird die Stadtökologie zu einem städtebaulichen Leitbild, von M. MEURER / H.-N. MÜLLER (1992) als "Wiederherstellung und Erhaltung des städtischen Lebensraumes - menschengerechte Stadt" tituliert und in seinen sektoralen Bezügen abgeleitet. Auch in die Rechtsordnung haben diese Ziele so weit Eingang gefunden, daß M. KRAUTZBERGER (1990) die Frage aufwerfen konnte, ob die Stadtökologie das neue Leitbild des Baugesetzbuches sei.

Am Anfang der speziellen Stadtökologie steht die Sammlung ökologischer Daten, häufig dokumentiert in Form eines mehr oder weniger umfassenden kommunalen Umweltberichtes. Zuweilen liegt dieser unverkennbar ein landschaftskundliches Schema zugrunde, wobei die Landschaftsfaktoren enzyklopädisch bearbeitet werden, beginnend mit der Geologie, Geomorphologie, Hydrogeologie, Hydrologie, Klima, Flora, Fauna usw..[2] Daraus ergeben sich die potentiellen oder konkreten Gefährdungen, z.B. die möglichen Grundwasserkontaminationen, vorhandene Landschaftsschäden usw. sowie die anthropogenen Einflüsse auf die Landschaftsfaktoren, angefangen von der Land- und Forstwirtschaft über die verschiedenen Nutzungen im Innenbereich, ihre Auswirkungen und Determinanten. Dazu sind meist sehr umfassende Einzelerhebungen, flächenhafte Kartierungen oder kausale Analysen erforderlich, von den historischen Entwicklungen in der gewerblich-industriellen Produktion mit den Altlasten- oder Altlastenverdachtsflächen über die gegenwärtigen Emissions- und Immissionskataster in der Luftreinhaltung, über die Erfassung von Verkehrsströmen, verschiedene Verkehrslärmkarten bis hin zur Kartierung der Biotope und ihrer Belastung, der städtischen Avifauna, der Amphibien und Insekten. Derartiges ist, auch bei umfangreicher Vorarbeit, nicht von einem einzelnen, sondern nur von einem Mitarbeiterstab zu leisten, der sich meist aus kommunalen Angestellten und externen Gutachtern zusammensetzt. Dabei handelt es sich um die Sammlung von Grundlagendaten, die noch sehr additiven Charakter hat, noch nicht die erstrebte Verknüpfung der Einzelbereiche.

Dies war Ziel von landschaftsökologischen Modelluntersuchungen, von denen zwei als Extreme genannt werden, diejenige für Ingolstadt und diejenige für Hamburg-Finkenwerder, die beide als Auftragsarbeiten des deutschen Umwelt-

---

[2] Beispiele dafür sind: Landeshauptstadt Saarbrücken (Hrsg.): Ökologische Planungsdaten. Ein Umweltbericht der Stadt Saarbrücken. Saarbrücken 1985. Städte Nürnberg, Fürth, Erlangen (Hrsg.): Ökologisches Entwicklungsgutachten. Erlangen o.J.

bundesamtes an Forschergruppen vergeben wurden[3]. Diesen wie auch anderen stadtökologischen Ansätzen liegen Faktorwirkungsmodelle zugrunde, die die bekannten oder möglichen Interaktionen zwischen den einzelnen Parametern qualitativ beschreiben. Diese sind nun in der konkreten Anwendung zu quantifizieren und im Gefüge der städtischen Ökosysteme auch räumlich zu lokalisieren. Ein Zwischenschritt sind daher umfassende stadtökologische Kataster oder Umweltatlanten. Anschließend sind die Wirkungskomplexe, die Stoff- und Energieflüsse sektoral und räumlich hochauflösend zu bestimmen. Es ist nachvollziehbar, daß diese Aufgabe den Verfassern trotz immensen Aufwandes nicht vollständig gelingen kann. Greifen wir das Beispiel von Ingolstadt auf, dessen Ansatz am umfassendsten war und stadtökologisches Wissen anerkanntermaßen sehr vertiefte. Der "Abschlußbericht" war nach mehrjähriger Arbeit und vielen Zwischen- und Teilberichten für die beteiligten Forschergruppen aus insgesamt 15 Fachbereichen nur ein "Abbruchbericht". Der Koordinationsaufwand, die Reibungsverluste zwischen Forschern und Behörden und letztlich auch der weit gesteckte Ziel einer umfassenden Stadtökologie trugen dazu bei, das Projekt vorzeitig zu beenden. Zurück blieb eine Flut von erhobenen Daten, die wegen ihres Umfanges auf jeden, der sie erstmals in Augenschein nimmt, abschreckend wirkt. Eine Transformation in Planungsziele konnte so nicht mehr erfolgen, und sie kann auch wegen des erforderlichen Aufwandes heute in der Arbeit der täglichen Stadtplanung daraus nicht mehr abgeleitet werden. Es handelt sich um einen umfangreichen Torso einer um enzyklopädische Vollständigkeit bemühten Datensammlung, noch nicht um eine anwendungsorientierte Stadtökologie. Der Anspruch auf umfassende Datenerhebung und -synthese war so umfassend, daß er gar nicht verwirklicht werden konnte. Nicht wenige derartige Ansätze mußten deshalb während der Arbeit abgebrochen werden, u.a., weil den Städten und Gemeinden oder anderen Auftraggebern die Arbeiten zu langfristig orientiert, zu teuer und letztlich auch nicht in praktische Schritte der Planung umsetzbar erschienen. Das gilt noch mehr für rein additive Zusammenstellungen, die völlig ohne Synthese arbeiten und aus einer mehr oder weniger großen Summe von Einzelbeiträgen bestehen. In Deutschland bezeichnet man derartige Werke abschätzig als "Buchbindersynthesen", weil die Zusammenfassung einzelner Beiträge zu einem Gesamtwerk lediglich die Arbeit des Buchbinders war.

Daraus zogen andere Projekte ihre Lehren. Insbesondere das mehr als zehnköpfige Team der DORNIER GmbH legte in mehreren Projekten das Hauptgewicht

---

[3]
Umweltbundesamt (Hrsg:), BACHHUBER, R. et al. (Verf.): Landschaftsökologische Modelluntersuchung Ingolstadt. Abschlußbericht. Berlin 1985
Umweltbundesamt (Hrsg.), MÜLLER, D. et al. (Verf.): Stadtökologische Modelluntersuchung Hamburg. Pilotanwendung Finkenwerder. Berlin 1986

eindeutig auf die Umsetzung in Ziele und Maßnahmen der Stadtplanung, zuerst in einem dreibändigen "Handbuch zur ökologischen Planung" mit der Pilotanwendung Saarland (H. HANKE ET AL. 1981) und dann mit der Hamburger Modelluntersuchung und ihrer Pilotanwendung Finkenwerder. Hier wird die Erfahrung einer privaten Firma im Projektmanagement deutlich, die in der radikalen Beschränkung auf das wesentliche und das machbare, nicht in der enzyklopädischen Vollständigkeit, die Wissenschaftler so gern suchen, die einzige Möglichkeit zur Bearbeitung eines solch komplexen Auftrages sieht.

Aus derartigen Ansätzen hat man gelernt. Die spezielle Stadtökologie einer Stadt mit dem Ziel eines enzyklopädischen Abschlußberichtes ist eine kaum zu bewältigende Aufgabe von zweifelhaftem Wert und wird nicht mehr als ein Auftrag vergeben. Zudem ist vieles zum Zeitpunkt der Drucklegung schon überholt und müßte für anstehende Planungsaufgaben aktualisiert oder neu erarbeitet werden. Spezielle Stadtökologie kann daher nicht als Mammutprogramm verstanden werden, das nach einigen Jahren abgeschlossen und Anwendern verfügbar ist. Stadtökologie ist vielmehr ein gedankliches Konzept der wissenschaftlichen Analyse und der planerischen Gestaltung, das auf dem traditionellen Umweltschutz und seinen Belastungsanalysen aufbaut, darüber hinaus die wichtigen in der Stadt wirksamen sozialen und wirtschaftlichen Faktoren und Prozesse einbezieht und sie insgesamt als untrennbaren Faktorenkomplex begreift, analysiert und entsprechend steuernd eingreift. Stadtökologie ist daher keine einmalige Erhebung von Daten oder die punktuelle Beeinflussung von Planungszielen, sondern die übergreifende Konzeption für beteiligte Wissenschaften, kommunale Verwaltungen und dazwischen stehende Fachgutachter. Sie liegt der Auswahl und Erhebung von Planungsdaten, ihrer Analyse und der Ableitung von Maßnahmen zugrunde. Daher wird auch die stadtökologische Bestandsaufnahme nicht als einmaliger Vorgang verstanden, sondern als kontinuierlicher Prozeß, der die Stadtentwicklung und die Vorbereitung von Entscheidungen begleitet. Die Stadtökologie erfordert, besonderes Augenmerk auf die Wechselwirkungen der beteiligten Prozesse und Faktoren zu legen. Die Umsetzung in Planungsziele und ihre Durchsetzung gegen widerstreitende Interessen ist ihr wesentlicher Bestandteil, denn gerade in der Austragung von Zielkonflikten offenbaren sich die eminent wichtigen speziellen Interessengegensätze und Wirkungskomplexe.

Damit wird verständlich, daß die Stadtökologie in Deutschland heute nicht in erster Linie als universitäres Lehrfach weiter entwickelt wird, das in den traditionell gegliederten und sich stetig weiter spezialisierenden Fächerkanon einzuordnen wäre, sondern daß ihre Entwicklung entscheidend durch ihren konzeptionellen Anspruch sowie die Anwendung in der Praxis der kommunalen und regionalen Planung und dabei auftretende Probleme gesteuert wird.

Projektantrag
von privaten und öffentlichen Trägern,
Gemeinderat u.a.

federführendes Amt (Stadtplanungsamt)

Belange der Wirtschaft

Ziele der Raumordnung und Landesplanung

Belange der Verteidigung und des Zivilschutzes

Belange des Bildungswesens

Sicherheit der Wohn- und Arbeitsbevölkerung

Belange von Sport, Freizeit und Erholung

Belange des Städtebaus

Belange des Umweltschutzes

Belange des Verkehrs

Soziale und kulturelle Bedürfnisse der Bevölkerung

Anforderungen an gesunde Wohn- und Arbeitsverhältnisse

Belange der ...

Vorgang der Abwägung

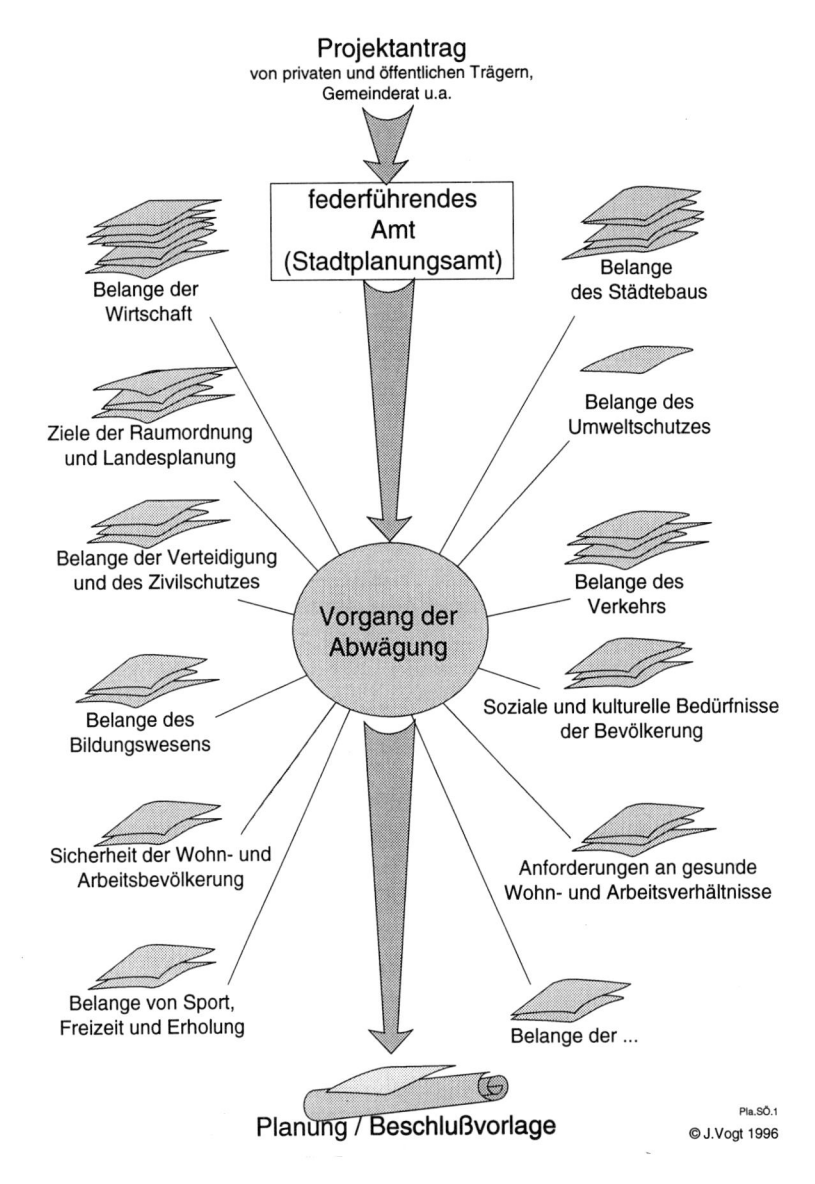

Planung / Beschlußvorlage

Pla.SÖ.1
© J.Vogt 1996

Abb. 1: Planungsvorgang als Sammlung von Belangen und Einstellung in die Abwägung, Zustand der sechziger und siebziger Jahre

Aufschlußreich ist die Beantwortung der Frage, wie sich die Veränderung von Einflußfaktoren auf den Planungsprozeß aus der Sicht einer planenden traditionellen Verwaltung darstellt. Abb. 1 veranschaulicht den Planungsvorgang, wie er seit Jahrzehnten üblich ist. Ein Projektträger, ein Ziel der Landesplanung, eine Initiative des Gemeinderates oder eine verwaltungsinterne Bedarfsanalyse geben den Anstoß zu einer Planung. Dieser wird von einem federführenden Amt, in diesem Fall sei es das Stadtplanungsamt, aufgegriffen. Der Planungsprozeß stellt sich nun als Vorgang der Abwägung dar, indem die berührten Belange, von denen einige wichtige aufgeführt sind, gesammelt und in den Abwägungsvorgang einbezogen werden. Dazu werden Stellungnahmen der betroffenen Träger eingeholt, womit die Planungsakte an Umfang wächst. Es ist durch die unterschiedliche Menge der Papiere angedeutet, daß der Umfang der beim Amt eingehenden Materialien unterschiedlich ist. Das läßt zwar keinen eindeutigen Schluß auf das Gesamtgewicht des Belanges in der Abwägung zu, eine statistische Beziehung ist jedoch nicht von der Hand zu weisen.

In den letzten Jahren hat sich nun die Papiermenge vervielfacht, wie in Abb. 2 angedeutet wird. Einige Belange haben an Gewicht verloren, z.B. die der Verteidigung und des Zivilschutzes, aber auch der Städtebau, andere haben gewonnen, so diejenigen von Freizeit und Erholhung, ganz besonders aber diejenigen des Umweltschutzes. Hier sind teilweise eigene Umweltämter entstanden, die personell und materiell relativ besser als die Planungsämter ausgestattet sind. Daraus darf nun nicht geschlossen werden, daß der Umweltschutz die Stadtentwicklung determiniert, denn in der Abwägung können auch andere Belange einen Vorrang haben, doch das Gewicht der Argumente ist mit der Anzahl der Belastungsanalysen stärker geworden. Was man früher nicht wußte und damit nicht in die Abwägung einstellen konnte, weiß man heute und muß es - teilweise zähneknirschend - berücksichtigen. In der Planungspraxis ist daher zu beobachten, daß Einzeluntersuchungen und Gutachten im Umweltschutz nicht mehr im früheren Umfang in Auftrag gegeben werden, wenn zu befürchten steht, daß das Ergebnis das erstrebte Planungsziel in Frage stellen könnte. Es ist auch nicht von der Hand zu weisen, daß in Einzelfällen bei der Vergabe von Mitteln für die Erhebung von Planungsdaten Proporzgesichtspunkte zwischen beteiligten Belangen eine Rolle spielen. An sich wenig sinnvolle Aufträge an externe Büros sind dann nur daraus erklärbar, daß ebenso teure Umweltanalysen in Auftrag gegeben wurden. Natürlich leidet unter derartigen Schachzügen die Planungskultur, wozu nicht nur das Zusammenwirken der Träger öffentlicher Belange, von Gemeinderäten und Verwaltung sowie den Ressorts der Verwaltung gehört, sondern auch das Gespräch zwischen Verwaltung und Betroffenen. Auf den meisten Kommunikationsschienen ist der Ton in den zurückliegenden Jahren um eine Nuance gereizter geworden.

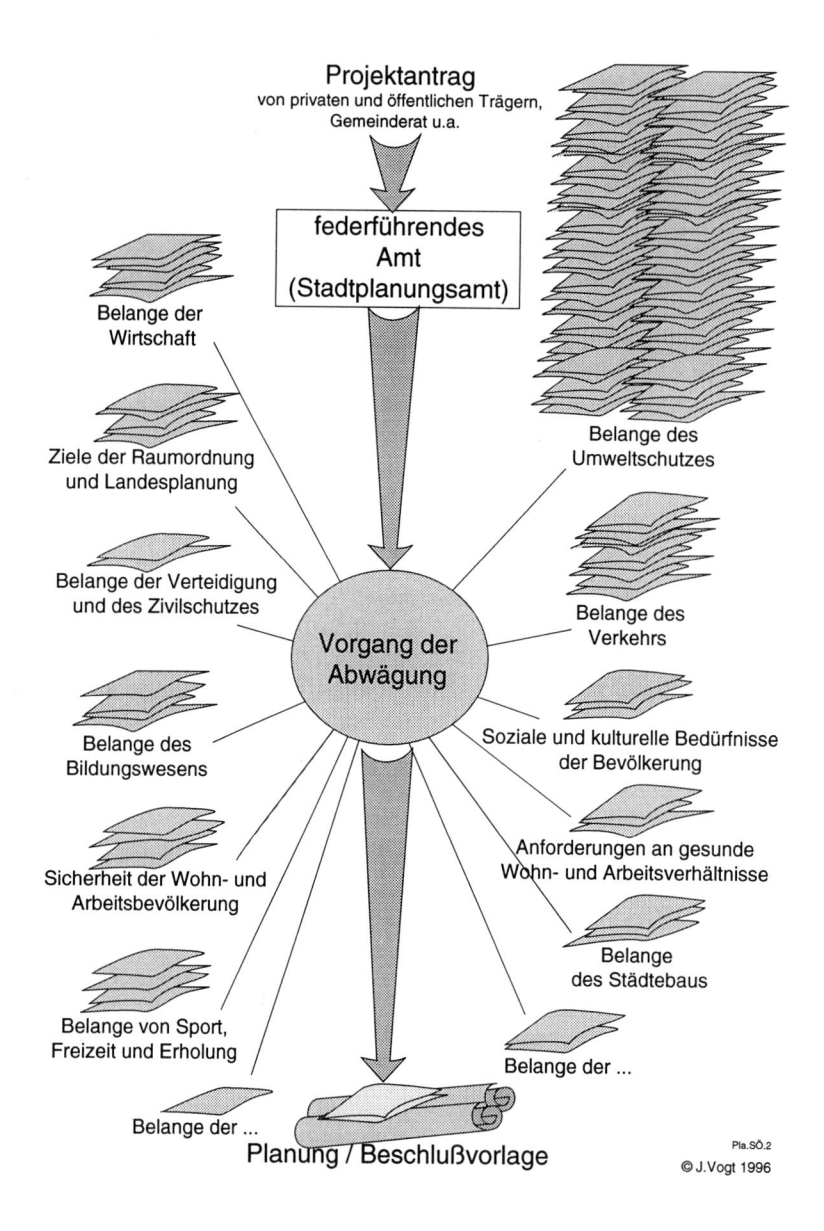

Abb. 2: Planungsvorgang als Sammlung von Belangen und Einstellung in die Abwägung, heutiger Zustand

4. Akzeptanzprobleme bei der Umsetzung stadtökologischer Ziele

Das gereizte Klima innerhalb der Verwaltungen und in der Auseinandersetzung mit dem Bürger wird verständlicher, wenn man sich die personelle Zusammensetzung von Stadtplanungsämtern vergegenwärtigt. Es handelt sich in der Regel um Städtebauer, also um Architekten, die sich plötzlich mit Hydrogeologie, Klimatologie, Luftchemie und anderen Disziplinen auseinandersetzen müssen, für die sie in der geforderten Tiefe nicht ausgebildet sind. Sie werden ferner mit einer Flut von Rechtsverordnungen überrollt, müssen Gutachten einholen, sich dann mit deren Ergebnissen und ihrer abschreckenden Fachterminologie auseinandersetzen und schließlich sehen, daß auch im Bereich der exakten Naturwissenschaften Methoden, Arbeitstechniken und Ergebnisse kontrovers diskutiert werden. Kaum ein Amtsleiter, der sich da nicht sehnsuchtsvoll der vergangenen Zeiten erinnerte, in denen er wesentlich freier von äußeren Zwängen Städtebau als gestalterische Aufgabe mit intuitiven Elementen betreiben konnte.

Doch auch aus der Sicht vieler Bürger gibt die kommunale Entwicklung zunehmend Anlaß zur kontroversen Stellungnahme. Eine zentrale Maßnahme der Stadtplanung ist die Entwicklung eines räumlichen Flächennutzungsmusters, das die verschiedenen, in der Stadt besonders konzentriert auftretenden Nutzungsansprüche von Grund und Boden koordiniert und in ein Konzept einfließen läßt, das private und öffentliche Interessen mit berücksichtigt. Ein wesentliches Merkmal städtischer Entwicklung sind dabei Flächennutzungskonflikte, die im Kern Konflikte um Standortvorteile, sei es im gewerblich-industriellen oder im privaten Bereich, z.B. bei der Wohnstandortwahl, sind. Städtische Bodenpreise sind ein guter Indikator für die Intensität von Raumansprüchen. Abgesehen von regionalen Differenzierungen und räumlichen Besonderheiten sind sie eine Funktion der Stadtgröße. In den zurückliegenden Jahrzehnten sind innerstädtische Bodenpreise in einem nie geahnten Maß gestiegen, was trotz starker Suburbanisierungsprozesse die Attraktivität der Kernstädte als Standorte belegt. Die kommunalen Planungen haben nun die Aufgabe, diese Konflikte zu entschärfen, meist durch Vorgabe eines verbindlichen Raumnutzungsgefüges im Rahmen der Planung. Bei dieser eminent schwierigen Aufgabe bestand schon immer die Tendenz, die Konflikte dadurch zu minimieren, daß städtische Raumansprüche am Stadtrand und im Umland befriedigt werden, wo die Nutzungskonkurrenz geringer ist (N. SIEBER 1995). Die hier verdrängten Nutzungen sind vordergründig Landwirtschaft, Forstwirtschaft sowie Freizeit und Erholung. Stadtökologisch handelt es sich jedoch um die wichtigen Ausgleichsflächen zu den städtischen Belastungsgebieten. Beispielsweise haben die randstädtischen Flächen für die meist in Tälern liegenden Siedlungen die Funktion, bei austauscharmen Strahlungswetterlagen durch die Bildung von bodennaher Kaltluft, die sich talwärts in Bewegung setzt, einen Luftaustausch zu bewirken und so die städtischen Belastungen zu minimieren. Ferner haben diese Räume hydrologische Funktionen, indem sie als Grundwasserspeicher ermöglichen, den stetig wachsenden Wasserbedarf zu befriedigen, was allein aus Quellen immer weniger möglich ist. Darüber hinaus seien noch die faunistischen und floristischen Funktionen genannt, deren Bedeutung angesichts zunehmend knapper werdender naturnaher Lebensräume zunimmt.

Ein weiteres Flächenwachstum der Städte durch Suburbanisierungsprozesse erhöht zudem die Belastungen des gesamten Siedlungskörpers, weil es zu einer Zunahme des Verkehrsaufkommens, damit des Flächenbedarfs für Infrastrukturen, einer zum Zentrum hin zunehmenden Luft- und Lärmbelastung sowie weiteren negativen Effekten führt. Die Umweltbelastung in den Städten ergibt sich zu einem erheblichen Teil aus ihrem starken räumlichen Wachstum und den damit verbundenen Problemen im Verkehrsbereich. Die Flächeninanspruchnahme ist darüber hinaus über die Erhöhung der strömungsphysikalischen Rauhigkeit bei Bebauung, der Abnahme der Luftfeuchtigkeit durch Versiegelung sowie weiteren Faktoren verbunden, die den stadtklimatisch-lufthygienischen Wirkungskomplex negativ beeinflussen und über dessen Verflechtungen wiederum zahllose andere Bereiche berühren. Daher ist es ein vordringliches, zuweilen jedoch utopisches Ziel, das räumliche Wachstum von Städten zu begrenzen, ohne die wirtschaftliche Entwicklung einzuschränken. Es ist offensichtlich, daß dieses Ziel gerade in denjenigen Ländern Ostmittel- und Osteuropas problematisch erscheint, in denen gerade ein Liberalisierungsprozeß eingeleitet worden ist, dessen fast zwingende Folge eine Erhöhung der Individualmotorisierung und ein solches Flächenwachstum ist.

In zwei exemplarischen Bereichen sollen nachfolgend die regelmäßig auftauchenden Konfliktfelder bei der Umsetzung stadtökologischer Ziele konkretisiert werden, denen bei der Ausweisung von Industrie- und Gewerbeflächen und denen bei der Ausweisung von Wohnbauflächen, also zwei alltäglichen Aufgaben der Stadtplanung.

Die Flächeninanspruchnahme für die Industrie und das produzierende Gewerbe ergibt sich nicht nur aus einem gesamtwirtschaftlichen Wachstum. Auch bei stagnierender und rückläufiger gesamtwirtschaftlicher Entwicklung gibt es sektoral Wachstumsbranchen. Ferner findet stets ein raumstruktureller Wandel statt, bei dem sich räumliche Schwerpunkte verlagern, neu entstehen oder andere aufgegeben werden. Auch sind die Standortansprüche verschiedener Wirtschaftsbereiche sehr unterschiedlich. Deshalb ist die Flächennachfrage auch bei stagnierendem Gesamtflächenbedarf nie ausschließlich durch das Flächenrecycling, also die Nutzung vorhandener oder ehemaliger Gewerbe- und Industrieflächen, zu befriedigen. So verbleibt der unter aktuellem Handlungsdruck - der

sich auch aus der gemeindlichen Konkurrenz um Arbeitsplätze ergibt - stehenden Verwaltung häufig nur die Lösung der Ausweisung von Flächen am Stadtrand, wobei die primären Vorgaben die verkehrsgünstige Lage und die Minimierung des Erschließungsaufwandes sind. Die Lage der Verkehrs- und Infrastrukturachsen in den Tälern sowie das Relief führen meist dazu, daß die traditionellen Industriegassen in den Tälern fortgesetzt werden und weiter radial vom Zentrum weg wachsen. Hier bestehen stadtökologische Konflikte
• wegen der zunehmenden Entfernung von den Wohn- und Versorgungsstandorten um das Zentrum herum und damit zunehmendem Verkehrsaufkommen, Lärm- und Luftbelastung,
• mit der Funktion der Täler als Grundwasserspeicher,
• mit der lufthygienischen Bedeutung der Täler sowie
• mit ihrer Bedeutung für den Arten- und Biotopschutz sowie die Naherholung.

Die Konflikte mit - insbesondere großflächigen - Ansiedlungen von Industrie oder Gewerbe beschränken sich nicht auf diejenigen mit den verdrängten oder angrenzenden Nutzungen, wie es in der Vergangenheit bei vordergründiger Betrachtung erschien. Die Sensibilisierung der Bevölkerung für die Umweltqualitäten erschließt ihnen zunehmend mittelbare Beeinträchtigungen ihrer Lebensqualität. Sie fragen nach den Auswirkungen von Planungen in den verschiedensten Sektoren in allen betroffenen Stadtvierteln. An erster Stelle sind die erforderlichen Infrastrukturmaßnahmen zu nennen. Besonders das Verkehrsaufkommen beeinträchtigt die Wohn- und Arbeitsqualität entlang der neuen oder mehr belasteten Achsen, mit der Flächennutzungsänderung ist als Folge der intensiven Verflechtungen an vielen Stellen eine Standortabwertung verbunden. Insbesondere in betroffenen Wohngebieten formiert sich regelmäßig der Protest der Bürger.

Die Täler Mitteleuropas haben traditionell eine hohe Bedeutung als Grundwasserspeicher. Häufig reiht sich Brunnen an Brunnen und Trinkwasserschutzgebiet an Trinkwasserschutzgebiet. Dies liegt einmal am gestiegenen Wasserverbrauch, dann jedoch auch an der Kontamination bestehender Brunnen oder ihre Aufgabe wegen erfolgter Überbauung der Einzugsbereiche. So kommt es fast zwangsläufig zu regelmäßigen Konflikten zwischen gewerblich-industriellen Flächennutzungsausweisungen und dem Grundwasserschutz. Auch darin wird deutlich, daß der Preis, der für die Flächenausweisung am Stadtrand gezahlt werden muß, höher ist als die Kosten des Grundstückserwerbs.

Dies gilt nicht nur für das Wasser, sondern auch für die Luft. Die Täler haben eine hohe lufthygienische Bedeutung als Transportachse für die bodennahe Kaltluft bei austauscharmen Strahlungswetterlagen, die Talachsen sind auch die Hauptachsen der Luftbewegungen infolge ihrer kanalisierenden Wirkung. Atmosphärische Emissionen werden also entlang der Talachse transportiert, die turbulente Durchmischung ist infolge verminderter Windgeschwindigkeiten geringer als auf den Höhen, die Immissionen entsprechend erhöht. Industriell-gewerbliche Flächennutzungen führten daher oft zu lufthygienischen Konflikten. Diese Art der Folgewirkung ist noch schwerer kostenmäßig zu bewerten als die Aufgabe eines Trinkwasserbrunnens.

Infolge der langen und intensiven Nutzung gibt es in Mitteleuropa nur noch wenige natürliche Täler mit einem Netz von Feuchtbiotopen in der Talaue. Flußbegradigungen und andere wasserbauliche Maßnahmen haben die Gewässer schon lange grundlegend verändert, durch Drainagen sind intensive landwirtschaftliche Nutzungsmöglichkeiten erweitert, Grundwasserabsenkungen und schließlich das dichte Netz der Infrastrukturen haben dazu beigetragen, daß Feuchtbiotope und die sie besiedelnden Arten immer seltener geworden sind. Einzelne Schutzmaßnahmen haben diesen Trend nicht aufhalten, lokal höchstens verlangsamen können. Das heißt auch, daß die verbliebenen Flächen an relativem Wert gewinnen, und so ist es nicht verwunderlich, daß sich auch die Konflikte mit dem Natur- und Artenschutz verschärfen.

Diese drei Konfliktfelder sind regelmäßig gegeben, andere treten aufgrund lokaler Besonderheiten hinzu. Die zunehmenden öffentlichen Auseinandersetzungen darum sind dabei nichts anderes als der Ausdruck der Tatsache, daß stadtökologische Zusammenhänge nicht nur in der wissenschaftlichen und planerischen Diskussion, sondern zunehmend auch bei Betroffenen bewußt werden, wenn auch nicht in dieser Form artikuliert. Die Bürger erkennen immer mehr die Zusammenhänge, die den feststellbaren Verlust an Lebensqualität bewirken, und dies sind auch diejenigen, die in den Wirkungskomplexen der Stadtökologie eine wichtige Rolle spielen.

Es gab in Deutschland einige Fälle, in denen aus den genannten Gründen Erweiterungswünschen von Unternehmen nicht entsprochen wurde. Dies hat in der Konsequenz sogar zum Rückzug des Unternehmens aus der Gemeinde geführt, häufiger jedoch nur zu der entsprechenden Drohung mit dem Ziel, die Konkurrenz von Gemeinden um Unternehmen und damit um Steuereinnahmen und Arbeitsplätze zur Erlangung möglichst günstiger Bedingungen auszunutzen. In der planungspolitischen Diskussion ist hier eine konsensfähige Grenze zwischen ökologischen und ökonomischen Belangen noch nicht gefunden.

Dieses stadtökologische Problem der Ausweisung von Gewerbe- und Industrieflächen ist auch dann gegeben, wenn der Versuch unternommen wird, vor Ort sogenannte "ökologiegerechte" oder "ökologische" Planung zu verwirklichen, wie es in zahlreichen Bau- und Planungsvorhaben dokumentiert ist, denn das prinzipielle Standortproblem bleibt bestehen. Dies ist nur dann zu umgehen, wenn sich derartige Konzeptionen mit der Nutzung von innerstädtischer Fläche, meist sog. Gewerbebrache, verbindet. In diesen Fällen wird mit der Bebauung nicht nur eine aus energetischen, wasserwirtschaftlichen, stadtklimatischen und lufthygienischen Gründen günstige Lösung verwirklicht, sondern durch die räumliche Lokalisierung sowie eine Mischung verschiedener sich ergänzender Funktionen die notwendigen räumlichen Interaktionen und damit das Verkehrsaufkommen minimiert. Damit wird die Stadt räumlich nicht größer, sondern als Folge intensiverer Bodennutzung zentrumsnaher Flächen relativ kleiner. Dabei darf nicht verkannt werden, daß die Anforderungen an die Stadtplanung steigen, denn die Anstrengungen zur Vermeidung wechselseitiger Belästigung steigen gegenüber traditionellen, raumgreifenden Lösungen.

Aus der Analyse der Konfliktfelder bei der Ausweisung gewerblich-industrieller Flächen könnte man vermuten, auf diesem Sektor seien die Schwierigkeiten der Durchsetzung stadtökologisch hergeleiteter Konzepte besonders groß, bei Wohnnutzungen hingegen geringer. Dies ist jedoch nicht generell der Fall. Die Ausweisung von Neubaugebieten greift in andere Problembereiche, weil die Standortansprüche der Nutzer andere sind. Analysiert man den Flächenzuwachs mitteleuropäischer Großstädte in der Nachkriegszeit, dann ergibt er sich in stärkerem Maße aus der Zunahme der Wohnbauflächen als aus der Zunahme der Gewerbe- und Industrieflächen. Der steigende Wohlstand führt zu einer Befriedigung erhöhter individueller Bedürfnisse im Wohn- und Wohnumfeldbereich. Das eigene Haus mit möglichst großem Garten ist ein sehr intensives und auch sozialbiologisch begründbares (W. MOEWES 1980) Bedürfnis. Schon früh entwickelt und zahlreich sind die Versuche, städtebauliche Konzepte des verdichteten Wohnens attraktiv zu machen, einerseits um die Flächenumwidmung für das Wohnen, andererseits die Kosten für die Flächen, die Erschließung etc. zu begrenzen. Das Problem dabei ist, daß diese Überlegungen theoretisch gut begründet sind, jedoch zu wenig den individuellen Wohnwünschen der meisten Stadtbewohner entsprechen. Wurden verdichtete Wohnformen realisiert, sinnvollerweise nicht zusätzlich zu aufgelockerten, sondern an deren Stelle, so reagierten bauwillige Städter, insbesondere junge Familien mit Kindern, indem sie ihren Wohnstandort über die Gemeindegrenzen hinaus in das Umland so weit verlagerten, bis sie einen ihren subjektiven Bedürfnissen entsprechenden Bauplatz fanden. Stadtökologisch ergaben sich damit fatale Konsequenzen, denn
• die Pendelwege zum Arbeitsplatz vervielfachen sich,
• die Versorgung mit öffentlichem Personennahverkehr wird für die Gemeinden immer schwieriger, immer teurer und ist letztlich kaum noch möglich,
• zu den Berufspendlern treten Familienangehörige als Versorgungspendler, die Kinder als Ausbildungspendler hinzu, der Erwerb von Zweit- und Drittwagen ist die regelmäßige Folge,

- die Zentren als die verlassenen Wohnorte verlieren die Bewohner, damit Steuereinnahmen, sie haben häufig nur noch die Lasten zu tragen, während die umliegenden Wohngemeinden einen "Speckgürtel" des relativen kommunalen Wohlstands bilden,
- Gewerbe und Dienstleistungen folgen dieser Tendenz und verlagern in das Umland.

Während es früher nur die Innenstädte waren, die sich auf diese Weise entleerten, in denen nur alte und kranke Menschen oder Ausländer zurückblieben, sind es heute schon gesamte Städte, die negative Wanderungssalden aufweisen.

Andererseits gibt es Tendenzen einer Revitalisierung der Städte für das Wohnen. Sie haben mehrere Gründe,
- die Zunahme von Einpersonenhaushalten, für welche die Vorteile innerstädtischen verdichteten Wohnens mit seinen Angeboten überwiegen,
- die Attraktivitätssteigerung von Innenstädten durch Maßnahmen der Stadtsanierung, Verkehrsberuhigung usw.,
- die stadtplanerisch gewollte Wiederherstellung multifunktionaler Zentren,
- die Zunahme von Haushalten mit mehreren Wohnungen, einer innerstädtischen und einer Wochenend- oder Ferienwohnung.

Diese Gründe, insbesondere der letztgenannte, sind bereits die Folge der Probleme der Städte mit dem individuellen und gewerblichen Straßenverkehr.

Die Prozesse, die sich daraus ergeben, sind vielfältig. Die Nutzungsumwidmung in einer innerstädtischen Gunstlage verdrängt die bisherigen Nutzungen in andere Stadtteile und löst dort wiederum Standortkonflikte aus. Doch insgesamt überwiegen die Vorteile, zumal sich damit andeutet, daß die völlige Disurbanisierung von Zentren nach nordamerikanischem Muster europäischen Großstädten erspart bleibt.

5. Die Schlüsselrolle der Verkehrsplanung

Die Konsequenzen aus stadtökologischen Konzepten sind vielfältig, im Vordergrund steht dabei der Konflikt mit dem städtischen Verkehr, insbesondere dem Individualverkehr. Der Städtebauer A. FELDTKELLER beginnt sein Buch "Die zwekkentfremdete Stadt" (1994) mit der rhetorischen Frage, ob der Städtebau heute zu einer Angelegenheit der Verkehrstechnik degeneriert sei und führt den Nachweis, daß die Verkehrsentwicklung die Stadtentwicklung bestimmt habe und der öffentliche Stadtraum durch den Individualverkehr zweckentfremdet worden ist. Er spricht daher von der "Verkehrskrise der Stadt" (ebda. S. 181). Die stadtökologische bestätigt diese städtebauliche Analyse. Nicht nur der immense Raumbedarf des Verkehrs ist die Folge dieser Entwicklung, sondern die davon ausgehenden räumlichen Sekundärwirkungen, die das flächenhafte Wachstum beschleunigen und damit eine Selbstverstärkung eingeleitet haben, die der planerischen Steuerung zu entgleiten droht. Durch den Individualverkehr ist eine so empfindliche Störung von städtischen Ökosystemen wie auch des Ökosystemgefüges "Stadt" insgesamt eingetreten, daß an diesem Element anzusetzen ist, um den stadtökologischen Circulus Vitiosus, in dem sich die Städte Europas zum überwiegenden Teil befinden, zu durchbrechen.

Stadtökologisch orientierte integrierende Konzepte sind immer dann schwerer durchsetzbar als sektorale Konzepte, wenn der Zusammenhang zwischen Maßnahme und erzielter Wirkung weniger eindeutig als bei diesen nachvollziehbar ist. Dies gilt insbesondere im Verkehrsbereich. Der einzelne Autofahrer, der Arbeitsplatz und Wohnstandort unter der Prämisse der unbeschränkten Verfügbarkeit des Autos gewählt hat, hat sich selbst mit enormen finanziellen Investitionen davon abhängig gemacht, z.B. durch den Kauf oder Bau eines Einfamilienhauses im durch öffentlichen Personennahverkehr nur gering erschlossenen und mit vertretbarem Aufwand kaum erschließbaren Stadt- oder Agglomerationsrandbereich. Er erkauft seinen Lebensstandard mit langen Pendelzeiten, seine Forderung ist der Ausbau des Straßennetzes. Einen Teil der Kosten kann er über die Umweltbelastung an die Allgemeinheit weitergeben. Ihm ist nur schwer zu vermitteln, daß er nun wegen dieses Faktors, des Flächenverbrauchs durch stehenden und fließenden Individualverkehr, wegen der Schadstoff-, Lärm- und Wärmeemission, auf sein Verkehrsmittel verzichten soll. Andererseits würde mit Zwangsmaßnahmen eine Determinante der Standortentscheidung, die meist mit hohen Investitionen verbunden war, von staatlicher Seite aus verändert, was politisch kaum durchsetzbar ist.

Der Bewohner der Kernstädte oder der Wohnsiedlungen entlang der Verkehrswege fordert hingegen eine Verringerung des Verkehrsaufkommens, mindestens aber eine Geschwindigkeitsbegrenzung zur Minderung der Lärm- und Abgasbelastung sowie Erhöhung der Verkehrssicherheit, z.B. den Rückbau der Straßen statt ihres Ausbaues. Dieser Verkehrskonflikt beherrscht die Auseinandersetzung um die Ziele und Maßnahmen der weiteren Stadtentwicklung in den meisten europäischen Städten. Die Zielrichtung stadtökologischer Argumentation ist meist der Verkehrsbereich, weshalb in diesem zur Zeit die umfangreichsten Untersuchungen laufen. Auch die Öffentlichkeitsarbeit des kommunalen Umweltschutzes ist sehr stark auf das Verkehrsverhalten der Städter hin gerichtet, wie sich sehr anschaulich an den Plakatierungen der Stadt Luzern belegen läßt (H.-N. MÜLLER 1993).

Eine große Zahl nationaler Forschungsprojekte hat sich daher der Entwicklung von umweltverträglicheren Siedlungs- und Verkehrskonzepten zugewandt. Ein

Beispiel für die Förderung von Technologien im Verkehr durch die EU ist das Gemeinschaftsprogramm THERMIE, das in drei Teilprogramme gegliedert ist:
• Das Programm JUPITER hat das Ziel, Möglichkeiten der Energieeinsparung und Verbesserung des Umweltschutzes durch Entwicklung neuer Verkehrssysteme zu erproben.
• Das Programm ENTRANCE zielt auf die Erprobung einer fortgeschrittenen Anwendung der Telematik auf Verkehrskontrolle und Verkehrslenkung ab.
• Im Programm ANTARES werden Maßnahmen unterstützt, die den Umstieg von Nutzern auf die öffentlichen Verkehrsmittel zum Ziel haben.

Im Rahmen dieser Programme und der gegenwärtigen konzeptionellen Diskussion wird die Schlüsselrolle offenkundig, welche die Verkehrsplanung für die weitere Entwicklung der Raumstrukturen hat. Das Ziel ist, wie M. HESSE (1995) vom Institut für ökologische Wirtschaftsforschung Wuppertal formuliert, eine "Verkehrswende von der Raumüberwindung zur ökologischen Strukturpolitik". Er fordert, mit Hilfe der Verkehrsplanung ein "Rahmenkonzept für einen ökologischen Strukturwandel" durchzusetzen und die Minimierung der Distanzen wieder zum Ziel der staatlichen Einflußnahme auf die Raumstruktur zu erheben. Möglichkeiten im Bereich des wohnungsnahen Einzelhandels dazu weist z.B. M. FREHN (1995) auf, wobei er auch den Nachweis erbringt, daß Verkehrsvermeidung nicht notwendig mit einer Einschränkung der persönlichen Mobilität und individueller Freiheit verbunden sein muß. Dies hat der Wiener Verkehrswissenschaftler H. KNOFLACHER schon 1993 in seiner Schrift "Zur Harmonie von Stadt und Verkehr" anschaulich belegt.

Vor diesem Hintergrund befinden sich viele Gemeinden Mittel- und Westeuropas gegenwärtig in einem Prozeß der Neudefinition von Zielen ihrer Entwicklung. In verschiedenen Szenarien werden die Auswirkungen von Verkehrsvermeidungsstrategien geprüft. Es ist das Ziel, eine Abkehr von bisherigen expansiven räumlichen Entwicklungen hin zu einer Innenentwicklung mit kurzen Wegen zu erreichen und so bei denjenigen Faktoren anzusetzen, die im stadtökologischen Wirkungsgefüge eine Schlüsselvariable darstellen.

Auch auf der Ebene übergemeindlicher Planungen besteht ein großer Handlungsbedarf, indem die Entwicklung großräumiger Siedlungsstrukturen an dem Ziel der Verkehrsvermeidung orientiert werden. Dies führt vermutlich zu einer Abkehr von den Ballungen und einer dezentral-polyzentrischen Siedlungsstruktur, wie es ansatzweise von N. SIEBER (1995) skizziert ist.

6. Überlegungen zur Aufbau- und Ablauforganisation stadtökologisch orientierter Stadtplanung

Eine stadtökologisch orientierte Stadtplanung kann nun nicht einfach einer traditionell organisierten Verwaltung als neues Paradigma ihres Handelns vorgegeben werden, denn dies ist in ganz dominanter Weise durch das Ressortprinzip bestimmt, wobei die Kompetenzen einzelner Ressorts zur Vermeidung von Zuständigkeits- und Entscheidungskonflikten möglichst scharf abgegrenzt werden. Zudem sind nicht selten sachlich benachbarte Ressorts unterschiedlichen Dezernaten zugeordnet, deren Leitung durch politische Beamte nach Proporzgesichtspunkten erfolgt. Auch ist die Forderung nach ressortübergreifendem Denken auch in der Verwaltung nicht neu, doch je größer die Verwaltung, desto umfangreicher ist der Aufwand für ressortübergreifende Organisationsformen. Die Defizite des kommunalen Umweltschutzes und der Stadtökologie liegen heute nicht im theoretischen Wissen, sondern in der Aufbau- und Ablauforganisation und damit verbunden im Stellenwert des Umweltschutzes in Planungs- und Entscheidungsprozessen (D. ZIMMERMANN 1989).

Es gibt innerhalb der kommunalen Verwaltungen unterschiedliche Formen der internen Organisation, mit denen auf das Konzept der Stadtökologie reagiert wird. Sie resultieren in ihrer Vielfalt aus der Tatsache, daß Verwaltungsstukturen nur langsam und gegen erhebliche Widerstände zu ändern sind. Allen gemeinsam ist, daß ressortübergreifende Formen in der Aufbau- und Ablauforganisation intensiviert werden. Zuweilen äußern diese sich auch nur darin, daß Vertreter stadtökologischen Denkens - sie kommen meist aus Umwelt- oder Grünflächenämtern - mit zunehmendem Eifer die Methoden und Ziele von benachbarten traditionell orientierten Ämtern in Frage stellen. Sie machen sich daher nicht selten unbeliebt und gelten als Querulanten. Doch ist dies die Voraussetzung für Umdenkungsprozesse, die nicht nur von der Verwaltungsspitze verordnet werden dürfen, sondern von unten aus Einsichten heraus wachsen müssen. Unverkennbar ist jedoch auch, daß die neue und auch modische Terminologie der Stadtökologie zuweilen nur dazu verwendet wird, um zu verschleiern, daß sich im Denken und Handeln gar nichts geändert hat.

Formen der Umsetzung äußern sich nur selten in völligen Neuorganisationen, sondern in der Regel in einer allmählichen Modifikation von Methoden, Zielen und Planungsschritten, die von außen kaum wahrgenommen werden. Im Planungssystem werden sie dann deutlicher, wenn sie in Plänen formuliert sind, z.B. Zielformulierungen einer "ökologischen Stadtplanung", die "ökologisch orientierte Stadtgestaltungsprogramme" (H. SUKOPP / R. WITTIG 1993) als Konzeptionen entwirft. Planungssystematisch handelt es sich dabei um den stadtökologischen Beitrag zur Planungsstufe der Stadtentwicklungs- und Flächennutzungsplanung.

Diese Pläne und Programme dienen der Prüfung der Verträglichkeit von Einzelmaßnahmen und der Vorbereitung nachgeordneter Planungsstufen, insbesondere der Bebauungsplanung mit der begleitenden Grünordnungsplanung. Es handelt sich um einen Zwischenschritt der Integration der Ziele verschiedener Teilbereiche des kommunalen Umweltschutzes, wobei unter Integration nicht die additive Zusammenstellung von Teilzielen zu verstehen ist, sondern die Verbindung zu einem in sich widerspruchsfreien Gesamtkonzept. Dies bildet die Grundlage für die Abstimmung mit den Zielen anderer Ressorts. Die planerische Abwägung kann dann nicht zu einem eigenen stadtökologischen Instrumentarium führen, sondern nur zu den nach Bauplanungsrecht vorgesehenen und ausschließlich verbindlichen Stufen der kommunalen Bauleitplanung. Daher sind die aus der Anwendung heraus entstandenen stadtökologisch argumentierenden Analysen als Bestandteil der Planungsstufen der Bauleitplanung, z.B. im Rahmen des Konzeptes der "integrierenden Bauleitplanung" (J. VOGT 1988) entstanden. Beispiele für die vielfältigen Möglichkeiten der Umsetzung und damit verbundene Probleme bieten die mehr als 50 vom BMBau geförderten stadtökologischen (Pilot-)Projekte (G. STEINEBACH / S. HERZ / A. JACOB 1993, P. GELFORT ET AL. 1993).

Der angewandten Stadtökologie ist nicht damit gedient, eine völlig neue Verwaltungsstruktur zu entwerfen, doch eine stadtökologisch orientierte Stadtplanung muß die fragwürdig gewordenen Grenzen zwischen den Ressorts im Denken und in der Organisationsstruktur überwinden. Dies kann jedoch nicht dadurch geschehen, daß große kaum noch überschau- und regierbare Ämter durch Zusammenlegung gebildet werden, sondern das Ressortprinzip muß durch ein aufgabenadäquateres Gliederungsschema ergänzt werden. Als ein solches bietet sich eine Gliederung in ressortübergreifende Projektgruppen an. Es ist von der Erfahrung auszugehen, daß in formalisierten Beteiligungsverfahren - schriftlich über das Instrument der Stellungnahme - sehr viel Kreativität und Kompromißpotential ungenutzt bleiben. Daher kann neben die Abgabe von Stellungnahmen, die oft genug schablonenhaft sind, die Behandlung in einer Projektgruppe in der Idealform des "runden Tisches" erfolgen. Anders als die formalisierte schriftliche Korrespondenz bietet diese Form die Chance, das Beziehungsgeflecht stadtökologischer Wirkungsprozesse zumindest ansatzweise aufzudecken und auch darauf aufbauende alternative Lösungen anzudiskutieren. Dies hat sich in vielen Bereichen der Umweltplanung, z.B. den Scoping-Verfahren der UVP, bewährt. Dabei sollte die Zusammensetzung des Gremiums sich nach der Aufgabenstellung richten, die kommunalen Ämter und externen Fachbehörden sollten ebenso vertreten sein wie die Gutachter, die vor allem in Klein- und Mittelstädten mit beschränkter Ausstattung von Ämtern stets wichtige Beteiligte bleiben werden, sowie Umweltverbände, Bürgerinitiativen, Umweltbeiräte oder Gemeinderatsausschüsse. Damit muß der Tatsache Rechnung getragen werden, daß sich in diesen, teilweise schon gesetzlich etablierten Gremien ein beträchtliches lokales Fachwissen akkumuliert hat, das nicht in einer Konfrontation mit Verwaltungsträgern verschlissen, sondern in einer Kooperation genutzt werden soll. (Abb.3) Damit wird die Entwicklungstendenz "von der Planung zur Moderation" (A. PRIEBS 1995) aufgenommen.

Ansätze für solche Organisationsformen gibt es schon vielerorts, so in Umweltbeiräten, in Umwelt- oder Verkehrsforen, in der Beteiligung von Umweltverbänden und auch einem Aufbrechen alter Ressortstrukturen durch eine aufgeschlossene Verwaltungsspitze. All dies geht nicht problemlos, und die vielfältigen Schwierigkeiten dürfen - gerade in Kenntnis der Aufgabenüberlastung und alltäglichen Frustrationserlebnisse des Planungsalltags - nicht unterschätzt werden. Auch steht das Beharrungsvermögen von einmal eingespielten Verwaltungsstrukturen demjenigen einmal geschaffener Raumstrukturen nur wenig nach. Doch wenn das Konzept der Stadtökologie in die Aufbau- und Ablauforganisation kommunaler Planungsprozesse umgesetzt werden soll, müssen kooperative Formen wie diese intensiviert werden.

Letztlich muß die Stadtökologie auch ein Gegenstand der Ausbildung in planungsbezogenen Studiengängen werden, auch wenn deren Entwicklung in Europa nach einer vergleichenden Analyse der Ausbildungsprogramme gegenwärtig noch durch eine "formalisierte Spezialisierung und zunehmende Zersplitterung" und eine "substantielle Schwächung planungsbezogener Grundausbildung" gekennzeichnet ist (K.R. KUNZMANN 1995, S. 379). Die Stimmen der Praxis fordern dagegen ein interdisziplinäres räumliches Denken und ein ressortübergreifendes Projektmanagement (z.B. J. WALTER 1995, U. STEIN 1995, S. BAUMGART 1995), das über ein "rein additives Zusammenfügen von Fachdisziplinen" hinausgeht (J. WALTER 1995). Dies gilt, auch wenn nicht explizit darauf hin formuliert, auch für die Stadtökologie.

So sind die Bemühungen zahlreich, mit dem Konzept einer angewandten Stadtökologie Lösungen für die raumstrukturellen Probleme zu finden, in die die wirtschaftliche Prosperität der zurückliegenden Jahrzehnte geführt hat. Ob dies gelingt, muß vorerst offen bleiben, denn die dagegen bestehenden Widerstände sind beträchtlich, weil die hohen öffentlichen und privaten Standortinvestitionen die bestehenden Strukturen zementiert haben. In den Ländern Ostmittel- und Osteuropas hingegen, die sich gegenwärtig in einer Aufbruchstimmung mit hohen Standortmobilitäten befinden, sollten die Chancen einer an der Stadtökologie orientierten integrierenden Planung genutzt werden. Auch ist die Möglichkeit gegeben, den Umbau der Verwaltungen und die Neudefinition von Aufgaben und Zielen unter Berücksichtigung der Erfahrungen und gegenwärtigen Entwicklungen der Stadtökologie in Mittel- und Westeuropa durchzuführen.

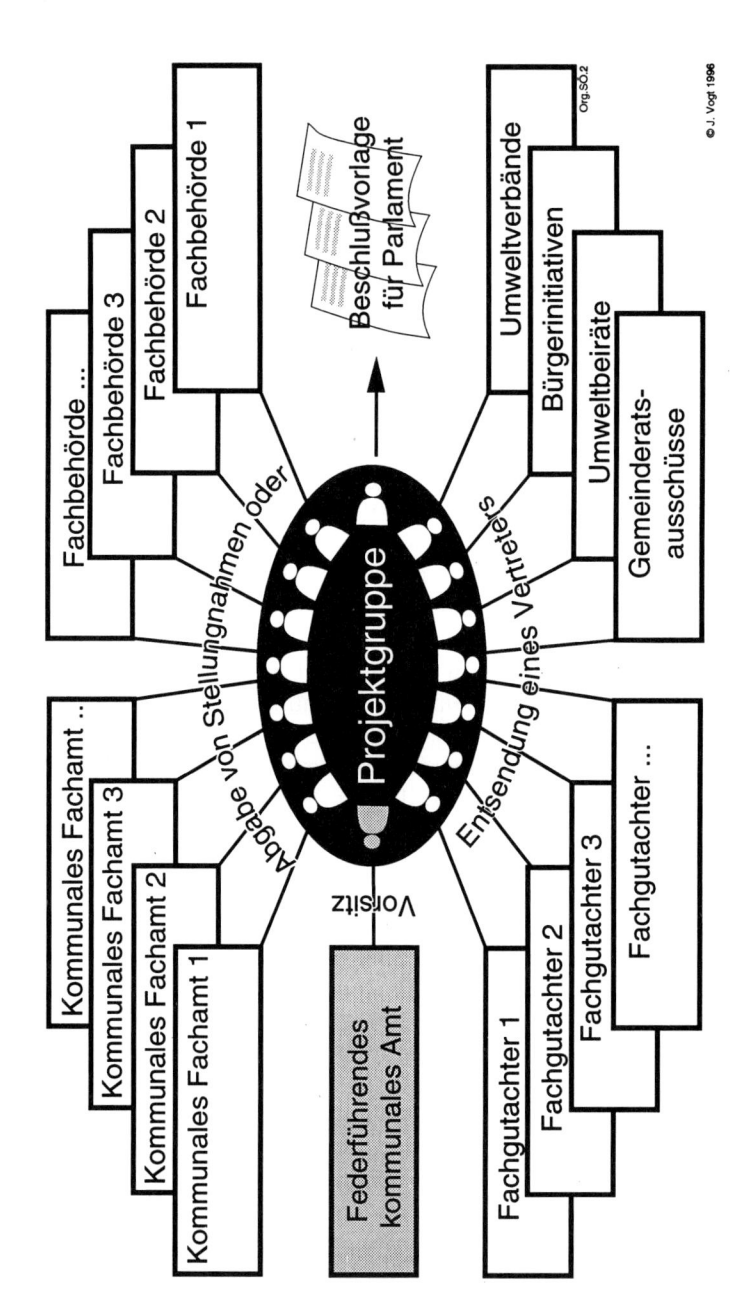

Abb. 3: Beispiel einer kooperativen Ablauforganisation zur Lösung stadtökologisch komplexer Aufgaben

7. Literatur

BARKER, R.G. (1968): Ecological psychology. Concepts and methods for studying the environment of human behavior. Stanford/California

BARROWS, H.H. (1923): Geography as human ecology. In: Annals of the Association of American Geographers 13. S. 1-14

BAUMGART, S. (1995): Anforderungen an die Raumplaner-Ausbildung aus der Sicht eines privaten Planungsbüros. In: Raumforschung und Raumordnung 53. S. 397-399

EEA-TF 1994: Europes Environment - the Dobris assessment. Brüssel

GELFORT, P. ET AL. (1993): Ökologie in den Städten. Basel, Boston, Berlin. = Stadtforschung aktuell Bd. 39

KAMINSKI, H. (Hrsg., 1976): Umweltpsychologie. Perspektiven, Praxis, Probleme. Stuttgart

KNAPP, W. (1995): "Global-lokal". Zur Diskussion postfordistischer Urbanisierungsprozesse. In: Raumforschung und Raumordnung 53. S. 294-304

KNOFLACHER, H. (1993): Zur Harmonie von Stadt und Verkehr. Freiheit vom Zwang zum Autofahren. Wien, Köln und Weimar. = Kulturstudien Sonderband 16

KRAUTZBERGER, M. (1990): Stadtökologie - ein neues städtebauliches Leitbild? In: Umwelt- und Planungsrecht 10. S. 49-55

KUNZMANN, K.R. (1995): Deutschland ist keine Insel: Das Studium der Raumplanung in Europa. In: Raumforschung und Raumordnung 53. S. 375-380

FELDTKELLER, A. (1994): Die zweckentfremdete Stadt. Frankfurt/Main

FINKE, L. (1971): Landschaftsökologie als Angewandte Geographie. In: Berichte zur Deutschen Landeskunde 45. S. 167-182

FREHN, M. (1995): Verkehrsvermeidung durch wohnungsnahe Infrastruktur. In: Raumforschung und Raumordnung 53 (1995). S. 102-101

GORISSEN, N. (1991): Möglichkeiten und Grenzen der Schadstoffminderung im Straßenverkehr durch fahrzeugtechnische Maßnahmen. In: Informationen zur Raumentwicklung 1/2.1991. S. 19-29

HANKE, H. ET AL. (1983): Handbuch zur ökologischen Planung. 3 Bde. Berlin

HESSE, M. (1995): Verkehrswende. In: Raumforschung und Raumordnung 53. S. 85-93

LICHTENBERGER, E. (1993): Stadtökologie und Sozialgeographie. In: H. SUKOPP & R. WITTIG, (Hrsg.): Stadtökologie. Stuttgart, Jena, New York. S. 10-45

MEURER, M. / MÜLLER, H.-N. (1992): Erfassung der Umweltbelastung in einem Stadtökosystem. In: Geographische Rundschau 44. S. 562-567

MOEWES, W. (1980): Grundfragen der Lebensraumgestaltung. Berlin, New York

MOEWES, W. / VOGT, J. (1983): Siedlungsstruktur und Benzinverbrauch. In: Internationales Verkehrswesen 35. S. 11-18

MÜLLER, H.-N. / MEURER, M. (1990): Stadtökologische Untersuchungen in Luzern -Konzeption der Zustandserfassung und Analyse. In: Luzerner Stadtökologische Studien 3. S. 69-88

MÜLLER, H.-N. (1993): Die Luzerner Umweltplakate 1987-1992 in ihrem umweltpolitischen Umfeld. In: MÜLLER, H.-N. (Hrsg.): Umweltplakate in der kommunalen Öffentlichkeitsarbeit. Luzern. = Luzerner stadtökologische Studien Bd. 7. S. 33-61

NEWMAN, P. / J.R. KENWORTHY (1989): Cities and automobile dependence. Aldershot, Brookfield

PRIEBS, A. (1995): Von der Planung zur Moderation. In: Geographische Rundschau 47. S. 546-550

RUDDER, B. DE / F. LINKE (Hrsg., 1940): Biologie der Großstadt.
Dresden und Leipzig. = Frankfurter Konferenzen für medizinisch-naturwissenschaftliche Zusammenarbeit

SCHMITZ, S. (1990): Schadstoffemissionen des Straßenverkehrs in der Bundesrepublik Deutschland. Bonn. = Forschungen zur Raumentwicklung Bd. 19

SCHMITZ, S. (1991): Minderung von Schadstoff- und CO2-Emissionen im Straßenverkehr - eine Herausforderung für Raumordnung und Städtebau. In: Informationen zur Raumentwicklung 1/2.1991. S. 1-18

SCHULLER, A. (1990): Sozialökologie der Großstadt. In: LAMPRECHT, I. (Hrsg.): Umweltprobleme einer Groß-Stadt. Berlin. S. 153-184

SIEBER, N. (1995): Vermeidung von Personenverkehr durch veränderte Siedlungsstrukturen. In: Raumforschung und Raumordnung 53. S. 94-101

STEIN, U. (1995): Raumplanung zwischen Staat, Markt und Gesellschaft. In: Raumforschung und Raumordnung 53. S. 393-396

STEINEBACH, G. / S. HERZ / A. JACOB (1993): Ökologie in der Stadt- und Dorfplanung. Basel, Boston, Berlin. = Stadtforschung aktuell Bd. 40

SUKOPP, H. / WITTIG., R. (Hrsg., 1993): Stadtökologie. Stuttgart, Jena, New York

TROLL, C. (1939): Luftbildplan und ökologische Bodenforschung. In: Zeitschrift der Gesellschaft für Erdkunde zu Berlin 1939. S. 241-311

UHLIG, H. (1967): Methodische Begriffe der Geographie, besonders der Landschaftskunde. Braunschweig. = Sonderdruck aus Westermanns Lexikon der Geographie

WALTER, J. (1995): Anforderungen an die Raumplaner-Ausbildung aus Sicht der Planungspraxis in den neuen Bundesländern.
In: Raumforschung und Raumordnung 53. S. 388-390

VOGT, J. (1988): Integrierende Bauleitplanung. Melle

VOGT, J. (1994a): Raumstruktur und Raumplanung. Stuttgart und Dresden. =Kurswissen Geographie

VOGT, J. (1994b): Einführung in den Aufbau des Planungssystems und das Instrumentarium der Umweltplanungen in der Bundesrepublik Deutschland. In: Internationales Zentrum, H. FÖRSTER, K.-H. PFEFFER (Hrsg.): Sommerakademie 1994. Tübingen. S. 50-121. Als Manuskript vervielfältigt.

WEICHHART, P. (1975): Geographie im Umbruch. Wien

WORLDWATCH INSTITUTE (1992): State of the World 1992. New York

ZIMMERMANN, D. (1989): Zur Implementierung des kommunalen Umweltschutzes. In: Raumforschung und Raumordnung 47. S. 225-229

Dr. Joachim Vogt
Geographisches Institut
Universität Tübingen
Hölderlinstraße 12
72074 Tübingen

ZUR AKTUELLEN ÖKOLOGISCHEN SITUATION MOSKAUS

von
Tatjana Tkačenko, Moskau

mit
2 Abbildungen und 3 Tabellen

1. Einleitung

Moskau zählt mit seinen 9 Mill. Einwohnern auf einer Fläche von 1.031 km² zu den größten Verdichtungsräumen der Welt. Als eine großstädtische Metropole ist es durch eine überaus hohe Dichte und Vielfältigkeit von Wohnbebauung, Industriebetrieben und Infrastruktureinrichtungen gekennzeichnet. Etwa 39.000 Wohngebäude und mehr als 2.800 Industriebetriebe sind im Stadtgebiet ansässig. Außer den zwölf Großkraftwerken sind hier über 2.000 kleinere Kesselanlagen in Betrieb. Das öffentliche Personenbeförderungssystem umfaßt oberirdisch 3.800-km, 239km lang ist das Netz der Untergrundbahn. Die Länge der Wasserleitungenn beträgt 8.240km, die Rohrleitungslänge für Wärme- und Heißwasserübertragung mehr als 10.000km. Das Kanalisationsnetz erstreckt sich über 5.920km und die Gasversorgung erfolgt in einem 6.077km langen Netz. Eine solch extrem hohe Konzentration an Bevölkerung, Industrieanlagen und technischer Infrastruktur wirkt sich negativ auf die gesamte ökologische Situation aus.

Zum Forschungsstand ist anzumerken, daß vor allem vom Geographischen Institut der Akademie der Wissenschaften und der Geographischen Fakultät der MGU zu dem Themenkomplex "Ökologie der Großstädte" bereits eine Fülle grundlegender Untersuchungen für Rußland erstellt wurden. Jedoch wurden sie aus Geheimhaltungsgründen bislang erst relativ wenig kartographisch erfaßt. Ende des Jahres 1995 soll der erste große ökologische Atlas Rußlands, der von der kartographischen Abteilung der Geographischen Fakultät der MGU in Zusammenarbeit mit verschiedenen zuständigen Ämtern und Instituten erstellt wurde, -zunächst in konventioneller Form, dann auch als elektronische Version- erscheinen. Was aber die kartographische Darstellung der ökologischen Situation von Großstädten in Rußland betrifft, so ist bislang erst ein Band, der ökologische Atlas von St. Petersburg, veröffentlicht worden. Ein ökologischer Atlas von

Novosibirsk wird in Bälde erscheinen. Für die Region und die Stadt Moskau wurden im Verlauf intensiver Forschungen bereits einzelne thematische Karten erstellt, sind jedoch nocht nicht in einem Gesamtband veröffentlicht.

Im Folgenden soll nun kurz auf die aktuelle ökologische Problematik Moskaus eingegangen werden, und zwar in der üblichen Reihenfolge: Luft-, Wasser-, und Bodenverschmutzung.
Nach den neuesten Angaben der Moskauer Kommission für Naturschutz werden in Moskau derzeit etwa 1,3 Mill. t Schadstoffe in die Luft abgegeben. In St. Petersburg liegen die Werte bei 0,5 Mill. t. 73% der gesamten Luftverschmutzung werden zur Zeit von Autos verursacht (in St. Petersburg nur etwa 56%), wobei die Tendenz steigend ist. Einerseits läßt sich dies durch die rapide Zunahme der PKWs erklären (um mindestens 300% in den letzten fünf Jahren), andererseits durch den schlechten Zustand des Straßennetzes: bis zu 4/5 des Verkehrs fließt über den Gartenring und durch die Innenstadt, da Ring- und Radialverbindungen in den peripheren Stadtteilen fehlen. In Spitzenzeiten übersteigt der NO_2-Gehalt die Grenzwerte um das Zehnfache. Zu Anfang der 90er Jahre schätzte man die tatsächliche Schadstoffkonzentration in der Luft im Vergleich zu den Grenzwerten folgendermaßen ein:

Tab. 1: Schadstoffemissionen in der Luft 1992

	Grenzwerte in mg/m^3	Reale Konzentration in mg/m^3
SO_2	0,05	0,02
NO_2	0,04	0,08

Die Steigerung der NO_2-Konzentration dürfte auf die Zunahme des Autoverkehrs zurückzuführen sein. SO_2 und NO_2 machen 3/5 aller Luftschadstoffe aus. Der Rest entfällt auf Staub, Schwermetalle, radioaktive Elemente u.a.
Im Bereich der Industrie sind in erster Linie die Energiebetriebe für die Luftverschmutzung verantwortlich zu machen. Die alten, in der Innenstadt angesiedelten Kraftwerke haben mit 45 bis 70m relativ niedrige Schornsteine und bilden so eine Zone erhöhter Schadstoffkonzentration in den Stadtrandbezirken, wo Kraftwerke mit höheren Schornsteinen (150-250m) und größeren Kapazitäten lokalisiert sind, ist deutlich geringer.
Untersucht wird die primäre Korrelation zwischen der Standortverteilung der Industrie und dem Grad der Luftverunreinigung. Zwischen dem hohen Besatz an Industrieanlagen im südlichen und südöstlichen Teil der Stadt, entlang der Mos-

kwa, und dem hohen Grad der Verschmutzung dieses Bereichs besteht eine typische Korrelation. Insgesamt ist die Diskrepanz zwischen den maximalen und minimalen Werten innerhalb des Stadtgebietes erheblich: von 1.000t/km² im Südosten bis 40t/km² im Südwesten reicht die Skala.

Zu einem akuten ökologischen Problem ist die rationelle Wassernutzung geworden. Quantitativ gesehen ist bei der Wasserversorgung eine zunehmend defizitäre Bilanz zu beobachten. Der Wasserverbrauch pro Tag beträgt zur Zeit insgesamt 6,4 Mill. m³/Tag, wobei eine schnell steigende Tendenz festzustellen ist. Im Laufe der letzten fünf Jahre hat sich der Wasserverbrauch um 1 Mill. m³/Tag erhöht, wobei die Grenze der Wasseraufbereitungskapazitäten bei 6,6 Mill. m³/Tag liegt. Sollte diese Tendenz anhalten, wird man die Minimalreserven ausschöpfen und so einen Wassernotstand evozieren. In den Trockenjahren der letzten Jahrzehnte traten immer wieder akute Defizitsituationen ein, so daß die Deckung aus Außengebieten notwendig wurde. Angesichts dieser Problematik sieht man eine Reduktion des Wasserverbrauchs als vordringlichste Aufgabe an. Generell gibt es drei große Verbrauchergruppen: die Wohnbevölkerung mit 63% (3,5 Mill. m³/Tag), die Industrie mit 21% (1,8 - 1,9 Mill m³/Tag) und die städtischen Wasserwerke mit 17% (1 Mill. m³/Tag).

Tab. 2: Hauptwasserverbraucher in Moskau

Hauptwasser-verbraucher	Anteil	abs. Verbrauch
Wohnbevölkerung	62%	3,5 Mio. m³/Tag
Stadtwasserwirtschaft	17%	1,0 Mio. m³/Tag
Industrie	21%	1,8-1,9 Mio. m³/Tag

Der Anteil des von der Industrie verbrauchten Wassers ging in den letzten zehn Jahren kontinuierlich zurück, dafür stieg der private Wasserverbrauch stetig an. Zur Zeit verbraucht jeder Einwohner Moskaus 390 l/Tag, wobei die von den städtischen Behörden vorgeschriebenen Richtwerte bei 235 l/Tag liegen. Im Vergleich zu anderen Metropolen liegt Moskau hinsichtlich des Wasserverbrauchs an der Spitze. Die oben erwähnte Defizitsituation ist auf diesen enorm hohen Verbrauch und auf einen hohen Netzverlust, durch den 22,4% der Gesamtwassermenge verloren geht, zurückzuführen.

In der letzten Zeit rücken auch Probleme bezüglich der Trinkwasserqualität in den Vordergrund. Moskau wird aus zwei Flußsystemen -dem Moskwa- und dem

Wolgasystem- versorgt. Bislang wurde die Trinkwasserqualität noch als befriedigend bezeichnet, es sind allerdings in den letzten Jahren zunehmend organische Verschmutzungen im Moskwawasser und eine erhöhte Konzentration an Erdölprodukten und Schwermetallen im wasser des Wolgasystems gemessen worden. Nach Angaben der städtischen Wasseraufsicht ist die Trinkwasserqualität des aufbereiteten Moskwawassers, das die südwestlichen, westlichen und nordwestlichen Stadtviertel Moskaus versorgt, besser und weniger belastet als die des Wolgawassers, das die übrigen Stadtteile versorgt.

Die Belastung der Flüsse und anderen Wasserflächen in Moskau ist enorm hoch, da die Hälfte der Abwässer ungeklärt in die Moskwa und ihre Nebenflüsse eingeleitet wird. Von den oben erwähnten 2.800 Industriebetrieben verfügen nur 800 über eigene Kläranlagen. Von diesen Betrieben erreichen wiederum nur 66 die vorgeschriebenen Reinheitsnormen. Aus Tabelle 3 ist zu entnehmen, wie sich die Schadstoffkonzentrationen der Moskwa innerhalb der Stadtgrenzen ändern. Auffällig dabei sind die erhöhten Werte der östlichen und südöstlichen Meßstationen.

Tab. 3: Schadstoffgehalt in der Moskwa 1993

Meßpunkt	Eisen	Cu	Zn	Mn	Li	Cr	Ni	Erdölprodukte
Rublewo	116,0	12,6	61,0	59,0	3,2	10,0	6,0	0,06
Shukiono	113,0	9,0	53,0	102,0	3,4	11,0	13,0	0,05
Kalinin-Brücke	231,0	10,0	42,0	132,0	4,8	7,0	29,0	0,06
Novospassky-Brücke	277,0	11,0	38,0	142,0	5,4	13,0	35,0	0,32
Kolomenskoje	179,0	18,0	31,0	136,0	6,5	14,0	11,0	0,21
Rajasancewo	479,0	25,0	84,0	166,0	7,7	28,0	29,0	0,15

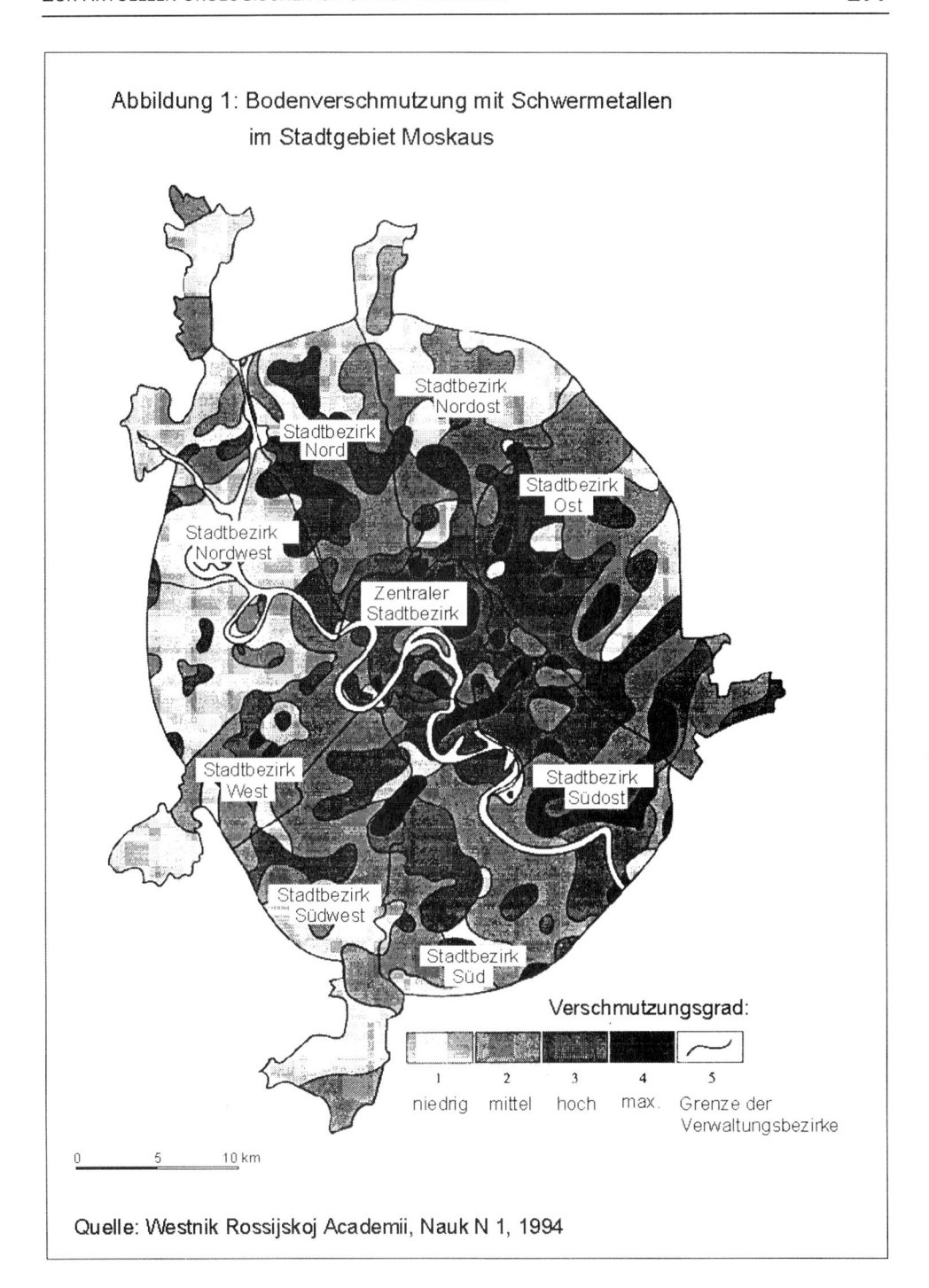

Abbildung 1: Bodenverschmutzung mit Schwermetallen im Stadtgebiet Moskaus

Verschmutzungsgrad:
1 niedrig 2 mittel 3 hoch 4 max. 5 Grenze der Verwaltungsbezirke

0 5 10 km

Quelle: Westnik Rossijskoj Academii, Nauk N 1, 1994

In engem Zusammenhang mit der Wasser- und Luftverschmutzung steht die Belastung des Bodens. Geochemische Untersuchungen werden zwar systematisch durchgeführt und kartiert, dürfen aber erst seit kurzem veröffentlicht werden. Abb. 1 zeigt deutlich die erhöhte Schwermetallkonzentration in den zentralen, östlichen und südöstlichen Stadtgebieten. Fast 50km² sind als Flächen ausgewiesen, die die Grenzwerte um das hundertfache überschreiten, was als katastrophaler ökologischer Zustand zu bezeichnen ist.

Eine wachsende Gefahr ist in der zunehmenden biogenen Bodenverunreinigung zu sehen. Die jährliche Abfallmenge in Moskau beläuft sich auf etwa 2,5 Mill. t kommunale Abfälle und etwa 6,0 Mill. t Industrieabfälle. Davon werden jedoch nur 10% aufbereitet, die verbleibenden 90% werden deponiert. Ein Teil der Altdeponien, eine Fläche von mehr als 2,6 km² liegen inzwischen innerhalb des Stadtgebietes. Die neueren Deponien wachsen immer weiter in den Grüngürtel Moskaus hinein. Diese Werte basieren auf langjährigen und bekannten Untersuchungen.

Eine weitere Problematik ergibt sich mit dem geologischen Untergrund in diesem Gebiet. eine neuere Publikation nimmt erstmals eine Zonierung Moskaus nach den Kriterien des geologischen Risikos vor. Sie stellt heraus, daß 45% der Stadtfläche als gefährdete Gebiete einzustufen sind. In den letzten Jahren haben sich dort Karst-Suffosionsprozesse beschleunigt, da sich der Wohnungsbau flächenhaft bis zu Gebieten ausbreitet, die früher als Ödland galten und ungenutzt blieben. Bereiche, in denen der Grundwasserspiegel weniger als drei Meter unter der Oberfläche liegt, gelten als gefährdet, da bis zu genau dieser Grenze unterirdische Einrichtungen wie z.B. Keller reichen. Im Durchschnitt sind 40% der Gesamtfläche betroffen, davon beispielsweise 80% des östlichen Stadtbezirks oder 54% des südöstlichen.
Innerhalb der Stadtgrenze beträgt die Grundwasserinfiltrationsmenge zur Zeit 550.000 m³/Tag, was eine doppelt bis dreifache Menge im Vergleich zu den umliegenden Gebieten ist. In Moskau selbst sind nur 30% der Infiltrate atmosphärischer Herkunft, die restliche Menge -400.000 m³/Tag- stammt aus Verlusten im Wassernetz, Baggerseen oder durch Schneetauen über Wärmeleitungen.

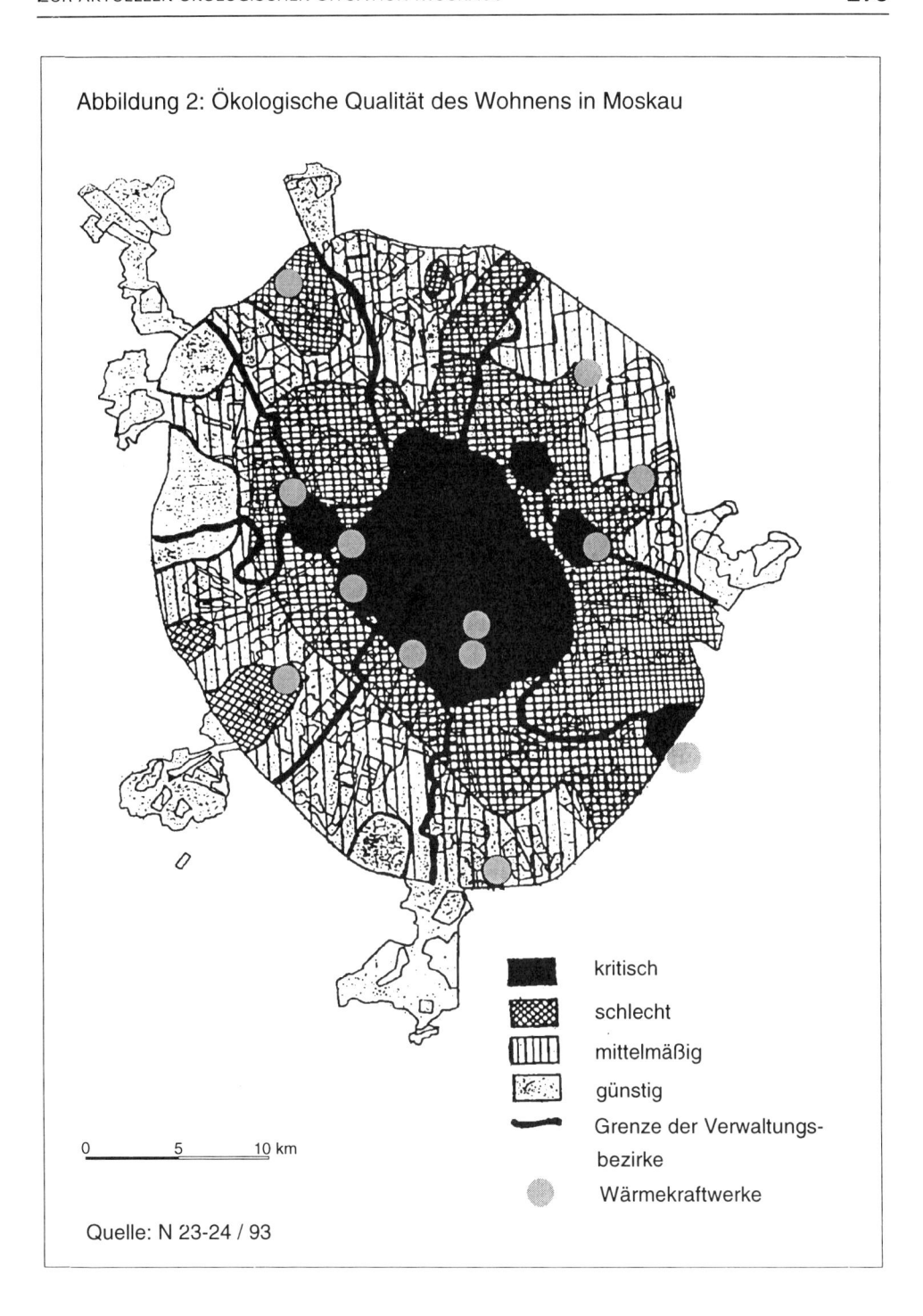

Abbildung 2: Ökologische Qualität des Wohnens in Moskau

- kritisch
- schlecht
- mittelmäßig
- günstig
- Grenze der Verwaltungsbezirke
- Wärmekraftwerke

0 5 10 km

Quelle: N 23-24 / 93

2. Zusammenfassung

Insgesamt gesehen nähert sich die ökologische Situation in Moskau einem Punkt, der als katastrophal angesehen werden kann. Bei den meisten Parametern sind die Grenzwerte der Schadstoffbelastung bei weitem überschritten. Die Wohnqualität hat sich mit der starken Umweltbelastung enorm verschlechtert. aus Abb. 2 läßt sich ableiten, daß mehr als die Hälfte der gesamten Sadtfläche stark belastet ist. Nur 10% der Fläche können als unbedenklich eingestuft werden.

Abschließend soll hervorgehoben werden, daß alle Daten, sobald sie nicht mehr geheimgehalten werden, in erster Linie dazu dienen sollen, die Bevölkerung aufzuklären und ihr Umweltbewußtsein zu erhöhen. Es erscheint wichtig, in Zukunft die Stadtplanung stärker an ökologischen Belangen auszurichten.

3. Literatur

Sovwremennoe sostojanie i perspektivy uluč̌senija pitevogo vodosnabženija v Rossijskoj Federacii, Moskva 1995.

Zony geologičeskogo tiiska na territorii moskvy, Vestnik Rossijskov Akademii Nauk, N 1, 1994.

Moskva v cifrach (Statističeskij sbornik), 1989-1994.

Angaben der Wasseraufsicht Moskau
- "Mosvodkanal"
- Naturschutzkommission Moskaus "Moskamoprioroda"
- Forschungsinstitut des Generalplans Moskaus "Institut Genplana Moskvy"

"Geografija" 23-24/93.

Dr. Tatjana Tkačenko
Geographische Fakultät
Lomonossow-Universität Moskau

TRANSMISSIONSBEDINGUNGEN IN DER BODENNAHEN STÄDTISCHEN ATMOSPHÄRE BEI AUSTAUSCHARMEN STRAHLUNGSWETTERLAGEN

von

JOACHIM VOGT, TÜBINGEN

mit
12 Abbildungen

1. Kommunale Planungsinstrumente im Bereich Klima und Lufthygiene

Der kommunale Umweltschutz verfolgt das Ziel, die sich aus der Massierung wirtschaftlicher Aktivitäten, des Verkehrs und der weitreichenden Veränderung natürlicher Oberflächen in Siedlungen ergebenden negativen Auswirkungen, insbesondere die Belastungen und Belästigungen für dort lebende Menschen, zu minimieren. Ein zentraler Faktorenkomplex ist dabei der Bereich Klima und Lufthygiene, der sich aus dem Zusammenwirken von Schadstoff- und Wärmeemissionen einerseits und der Veränderung der klimatischen Bedingungen durch die Herausbildung eines eigenen Siedlungsklimas andererseits ergibt. Das Instrumentarium der Erfassung, Analyse und Planung ist in den früher so bezeichneten "Belastungsgebieten", die heute in neutralerer Terminologie "Untersuchungsgebiete" heißen, durch das Bundesimmissionsschutzgesetz - BImSchG - vorgegeben. Es basiert auf der Analyse der Kausalkette Emission - Transmission - Immission. Die Emission wird in den Untersuchungsgebieten gem. § 46 (1) BImSchG durch Emissionskataster erfaßt, deren Aufbau und Inhalte die 5. BImSchVwV vorgibt. Die Emission ist die Eingangsgröße für die Untersuchung der Transportvorgänge, die Transmissionsanalyse, welche ihrerseits die Immissionssituation bestimmt. Diese wird durch ein Immissionskataster erfaßt.

Sind diese Arbeitsschritte in den durch die Länder festgelegten Untersuchungsgebieten weitgehend gesetzlich oder faktisch normiert, so haben auch in anderen Gebieten die Kommunen nach eigenen Bedürfnissen und Vorstellungen solche Kataster erstellt, Meßprogramme durchgeführt oder Luftreinhaltekonzepte entwickelt.

Die vergleichende Analyse von Emissions- und Immissionskatastern der Luftreinhaltepläne offenbart teilweise erhebliche Diskrepanzen, die auf räumlich und zeitlich stark wechselnde Ausbreitungsbedingungen zurückzuführen sind. Zentrale Bedeutung hat daher in allen Fällen die Erfassung der Transmission in der bodennahen städtischen Atmosphäre, die entscheidend von der lokalklimatischen Situation bestimmt ist. Diese ist das Ergebnis der physikalischen und chemischen Veränderungen der Atmosphäre, besonders der Veränderung der Strömungsbedingungen durch Baukörper oder andere Hindernisse, die meist bestimmbar sind. Andererseits offenbaren sich dadurch Potentiale der positiven Beeinflussung durch städtebauliche Maßnahmen. Klimaanalysen von Städten oder Stadtteilen sind daher seit vielen Jahren ein wichtiges Instrument des kommunalen Umweltschutzes. Sie haben die Funktion, die spezielle räumliche Differenzierung von ausgewählten Klimaparametern empirisch zu bestimmen und zu erklären. Im Mittelpunkt stehen dabei die Ausbreitungsverhältnisse oder Transportvorgänge in der bodennahen städtischen Atmosphäre. Diese werden entscheidend von der Großwetterlage bestimmt, insbesondere von Häufigkeiten, Richtungen und Geschwindigkeiten der überregionalen Winde, die einen großräumigen Luftaustausch, eine hoch- und weitreichende turbulente Durchmischung bewirken und für geringe örtliche Immissionskonzentrationen verantwortlich sind.

Immer dann, wenn dieser großräumige Luftaustausch aufgrund geringer Druckgradienten fehlt, steigen die Immissionskonzentrationen sowie die bioklimatische und lufthygienische Belastung, weil die Luft nur gering und über kurze Distanzen transportiert wird und dabei auch die Verdünnung durch turbulente Prozesse erheblich eingeschränkt ist. Neben geringen Windgeschwindigkeiten sind dabei meist ungehinderte Ein- und Ausstrahlungsbedingungen gegeben. Zusätzlich zum horizontalen Luftaustausch ist der vertikale Austausch durch stabile Schichtungsverhältnisse eingeschränkt oder sogar ganz unterbunden (G. BAUMBACH 1990, S. 63ff.). Bei derartigen austauscharmen Strahlungswetterlagen kann eine Verminderung der bioklimatischen und lufthygienischen Belastung nur durch großmaßstäbige Luftaustauschprozesse erfolgen. Diese sind auf die bodennahe Atmosphäre beschränkt und entscheidend durch lokale Einflüsse gesteuert, insbesondere Relief, Landnutzung oder Bebauungsstrukturen. Dies eröffnet die Chance der Einflußnahme auf diese Luftbewegungen durch Maßnahmen der Stadtplanung, die entweder negativ sein können, indem die Luftaustauschprozesse z.B. durch Baukörper behindert werden, oder positiv, indem gezielt Gestaltungsmaßnahmen oder die Freihaltung von Flächen zur Verbesserung des lokalen Luftaustausches erfolgen. Es ist daher erforderlich, im Rahmen der Planung die Auswirkungen der Maßnahme auf lokale Transmissionsverhältnisse in der bodennahen Atmosphäre zu ermitteln. Dies geschieht auf der Basis empirischer Analysen und darauf aufbauender Prognosen.

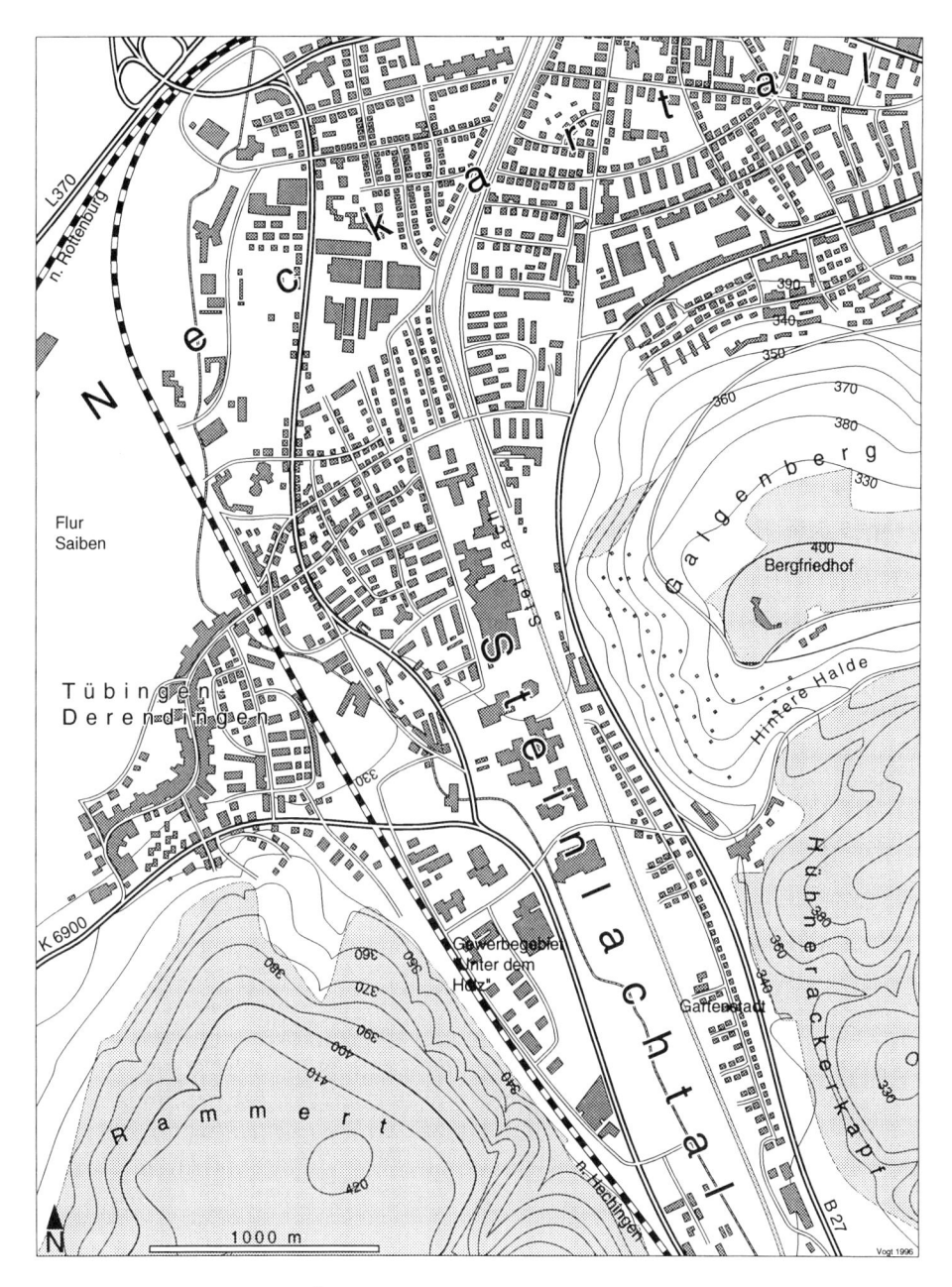

Abb. 1: Topographische Übersicht über das Untersuchungsgebiet der Tübinger Südstadt

In den vergangenen Jahren sind sowohl die Anforderungen der Planungsträger wie auch die technisch-instrumentellen Möglichkeiten der angewandten Klimatologie weiterentwickelt worden. Im folgenden werden ausgewählte Methoden und Arbeitstechniken der Analyse von Transmissionsbedingungen bei austauscharmen Strahlungswetterlagen sowie einige Ergebnisse vorgestellt. Demonstriert werden sie am Beispiel eines Untersuchungsgebietes in der Tübinger Südstadt im Neckartal auf dem Schwemmfächer der Steinlach und im unteren Steinlachtal (Abb. 1). Das Gebiet eignet sich für derartige Untersuchungen aufgrund einer durch die Beckenlage begründeten geringen mittleren Windgeschwindigkeit und eines hohen Anteils austauscharmer Strahlungswetterlagen. Angesichts lufthygienischer Belastungen, insbesondere durch den Verkehr, ist die Notwendigkeit gegeben, die Ergebnisse in die Formulierung von Planungszielen einfließen zu lassen (MINISTERIUM FÜR UMWELT BADEN-WÜRTTEMBERG 1992, TÜV SÜDWEST 1990).

Die mittlere jährliche Windgeschwindigkeit in den untersuchten Stadtteilen liegt im unbebauten Neckartal bei 2,5 m/s, im Steinlachtal, das senkrecht zur Hauptwindrichtung liegt, bei weniger als 1,5 und innerhalb der Bebauung unter 1,4 m/s, bezogen auf eine Höhe von 10 m über Grund und eine vierundzwanzigmonatige Meßreihe (J. VOGT 1994, I, S. 168f.). Die Häufigkeit von Tagen mit austauscharmen Strahlungswetterlagen liegt im mehrjährigen Mittel bei ca. 35% (ebda. S. 25).

2. Schichtungsverhältnisse der bodennahen Atmosphäre bei austauscharmer Strahlungswetterlage

Die Schichtungsverhältnisse der bodennahen Atmosphäre bestimmen wesentlich die Transmissionsbedingungen. Stabile Schichtungen behindern vertikale Durchmischungs- und damit Verdünnungsprozesse, es dominieren Nahtransporte, bei turbulenter Durchmischung hingegen erfolgen hochreichende Durchmischungen und Ferntransporte. Bodeninversionen, die meist Strahlungsinversionen sind, haben einen Tagesgang, da sie an den täglichen Wechsel von Ein- und Ausstrahlung gebunden sind, ihr Maximum liegt in der Zeit negativer Strahlungsbilanzen. Da der überwiegende Teil der Emissionen am Tage erfolgt, ist die Frage wichtig, wie sich zeitlich und räumlich bodennahe Strahlungsinversionen am Tage auflösen, eine turbulente Durchmischung und einen Luftaustausch ermöglichen. Dabei erfolgt im Sommer die Auflösung mit der Einstrahlung, die Mischungsschicht reicht bis zur Höheninversion in ca. 1500 m (M. DERTINGER 1989). Im Winter jedoch reicht die bodennahe Labilisierung durch Einstrahlung häufig nicht zur Auflösung der Bodeninversion aus, wie anhand einer typischen Aufstiegsfolge aus dem Untersuchungsgebiet gezeigt wird.

Die Ermittlung niedertroposphärischer Schichtungsverhältnisse erfolgt durch Sonden und in jüngster Zeit mit Fernerkundungsverfahren. Im Untersuchungsgebiet des unteren Steinlachtales wurden Fesselsondierungen an verschiedenen Aufstiegspunkten durchgeführt. Verwendet wurde das Sondiersystem ADAS der Firma AIR (Boulder, Colorado). Gemessen werden dabei Temperatur, Luftfeuchte, Windrichtung (über die Anstellung des zeppelinartigen Trägerballons gegen den Wind) und die Windgeschwindigkeit. Die Höhenbestimmung erfolgt über den Differenzdruck Bodenstation - Sonde nach der barometrischen Höhenformel. Dargestellt wird nachfolgend die Entstehung und Auflösung der Schichtungsverhältnisse anhand einer typischen winterlichen Aufstiegsfolge im unteren Steinlachtal mit 10 Aufstiegen. Aufstiegspunkt ist Nr. 24 in Abb. 8. In Abb. 2 bis 4 sind die Einzelergebnisse für jeweils mehrere Aufstiege zusammengefaßt. Für Windgeschwindigkeit, Temperatur und relative Feuchte sind die Mittelwerte aus Auf- und Abstieg dargestellt, bei den Richtungen ist nur der Abstieg wiedergegeben, infolge großer Richtungsschwankungen in Bodennähe sind Vektorenmittel nicht sinnvoll. Bezugszeitpunkt ist jeweils das Erreichen des Gipfelpunktes, die Geschwindigkeiten bei Auf- und Abstieg sind nahezu identisch.

Abb. 2 stellt im ersten Aufstieg mit erreichtem Gipfelpunkt um 15:20 bis zu einer Höhe von 300 m über Grund die nachmittägliche durch Aufheizung neutrale bis schwach stabile Schichtung dar. Der mittlere Gradient von -0,9 K/100m ist bei ungesättigter Atmosphäre noch der stabilen Schichtung zuzurechnen (VDI 3786 Bl.3). Darüber folgt eine Inversion bis zur erreichten Gipfelhöhe von 400 m. Invers zur Temperatur zeigt die relative Feuchte in der Inversion die höchsten Werte. Die erfaßten Windbewegungen sind allgemein schwach, eine markante Windscherung ist in 130 bis 150 m gegeben, sie wird vom Oberwind aus Nordwest, der dem großräumigen Druckgefälle entspricht, über- und von verschiedenen vorwiegend südlichen Winden unterlagert. Mit dem zweiten Aufstieg, dessen Ergebnisse in gerissenen Linien wiedergegeben sind, beginnt am Boden bereits die Abkühlung infolge negativer Strahlungsbilanz, während sich in der Höhe die Inversion noch nicht aufgelöst hat. Die Temperaturdifferenzen im gesamten Profil sind minimal. Dem Boden unmittelbar aufliegend ist ein ca. 5 m mächtiger Südwind erfaßt, der von einem 150 m mächtigen SSW-Wind überlagert wird, der dann langsam über Süd und Ost auf die Richtung des Oberwindes dreht. Bis zum dritten Aufstieg (Gipfelhöhe 500 m um 18:29 mittlerer Ortszeit) verstärkt sich die unmittelbar dem Boden aufliegende Strahlungsinversion. Nunmehr sind dort bereits die niedrigsten Temperaturen erreicht, die höchsten am Gipfelpunkt. Es haben sich eine starke Inversionsschicht mit einem Gradienten von 2,2 K/100m am Boden sowie mehrere schwächere Inversionsschichten in der Höhe ausgebildet bzw. verstärkt, dazwischen herrscht weitgehend eine neutrale Schichtung.

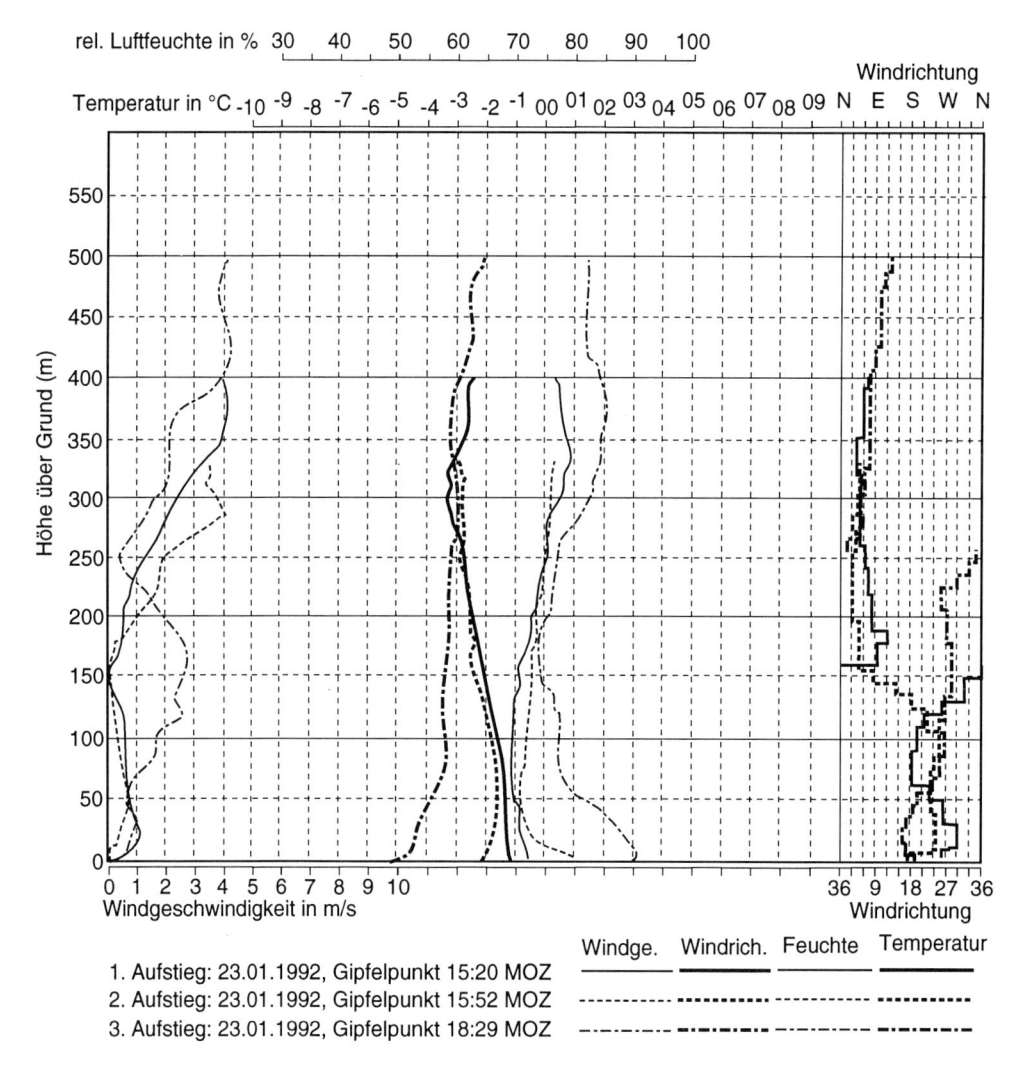

Abb. 2: Schichtungsverhältnisse in der bodennahen hochwinterlichen Atmosphäre im unteren Steinlachtal, erste bis dritte Sondierung

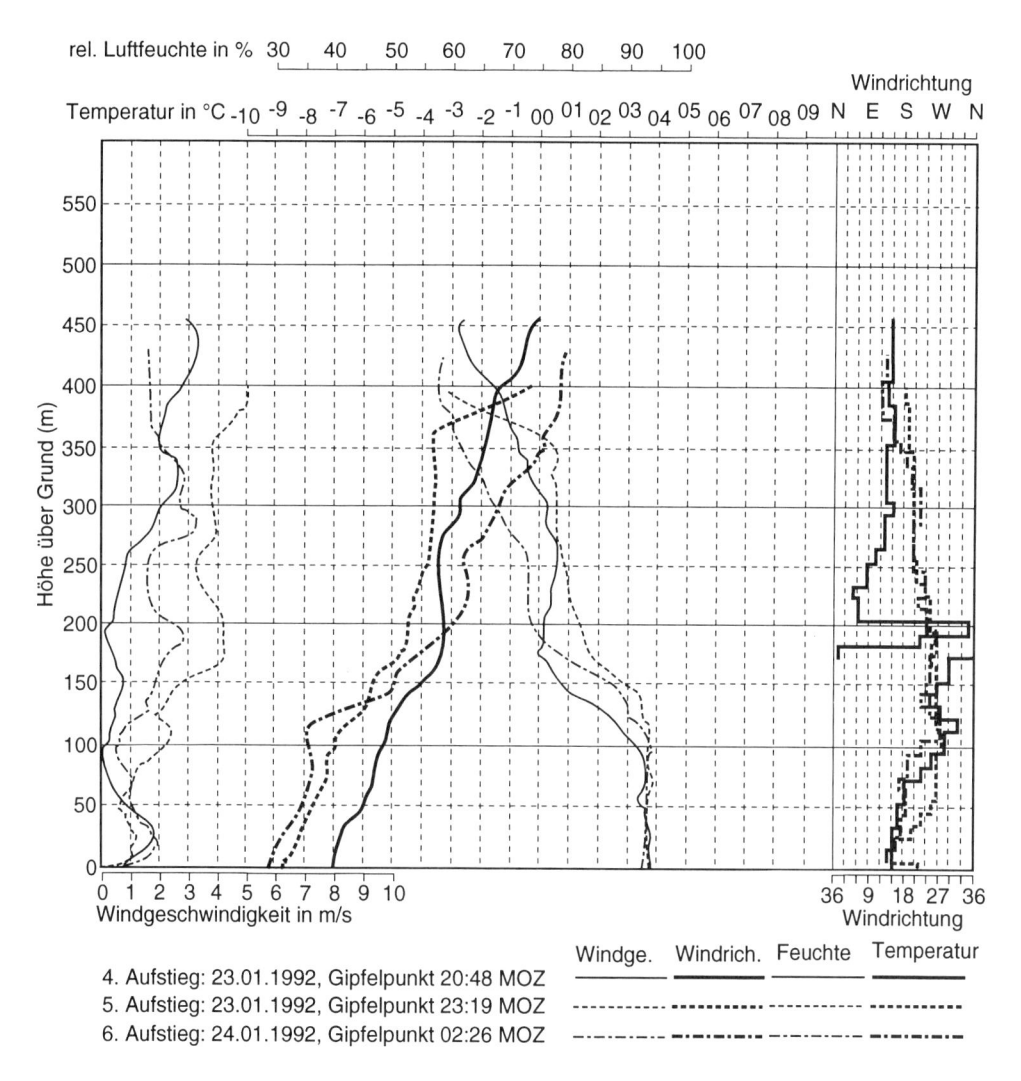

Abb. 3: Schichtungsverhältnisse in der bodennahen hochwinterlichen Atmosphäre im unteren Steinlachtal, vierte bis sechste Sondierung

In den Luftbewegungen ist eine ca. 50 m mächtige Strömung am Boden mit einer maximalen Geschwindigkeit von 1,1 m/s entstanden, die als Bergwind angesprochen werden kann. Zwischen ihr und der Oberströmung besteht ein regionales Windsystem aus SW, dessen Maximum in 150 m über Grund erreicht ist. Die Ursachen für dieses sehr regelmäßige albtraufparallele Windsystem sind bislang nicht bekannt.

Der weitere Verlauf der Entwicklung der Schichtungsverhältnisse ist aus Abb. 3 zu entnehmen. Der zu beobachtende Prozeß ist eine zunehmende Stabilisierung der Schichtung, die bis zu einer Höhe von 190 m über Grund einen Gradienten von 2,2 K/100m, darüber eine 100 m mächtige neutrale und darüber wieder eine inverse Schichtung mit 1,7 K/100m Temperaturzunahme aufweist. Der thermisch induzierte Bergwind hat an vertikaler Mächtigkeit auf ca. 70 m und an Geschwindigkeit auf maximale 1,9 m/s zugenommen. Bis 23:19 mittlerer Ortszeit verändert sich daran qualitativ nur wenig. Die thermische Schichtung ist nicht homogen invers, sondern zeigt einzelne extrem stabil geschichtete Luftpakete, so zwischen 360 und 400 m mit 9,6 K/100m und zwischen 160 und 170 m mit 7,7 K/100m. Der weitere Verlauf ist nicht durch eine Konstanz dieser extrem stabilisierten Schichtungen zu kennzeichnen, sondern durch deren ständigen Wandel, wobei jedoch der mittlere Zustand erhalten bleibt. Um 02:26 liegt eine solche ausgeprägte Sperrschicht mit 10,8 K/100m zwischen 120 und 145 m über Grund. Lediglich in einer Höhe bis maximal 90 m sind die Gradienten sowie die Windrichtungen und -geschwindigkeiten stabil. Hier bewirkt der thermisch entstandene katabatische Wind Durchmischungsprozesse und damit relativ konstante vertikale Temperaturgradienten im Maßstab der räumlichen Auflösung der Sonden.

Abb. 4 faßt die Aufstiege am Ende der nächtlichen Ausstrahlungszeit und zu Beginn der Einstrahlungszeit zusammen. Zunächst ist um 05:46 mittlerer Ortszeit bis 390 m über Grund eine durchgehend stabile Schichtung mit einem mittleren Gradienten von 3,3 K/100m gegeben, den Temperaturen der bodennahen Luft von -10,2° C entsprechen jetzt Temperaturen in der Höhe von 2,1° C. Diese Verhältnisse bleiben auch bei beginnender Einstrahlung erhalten. Obwohl keine nennenswerte Nebelbildung erfolgt ist, die direkte Einstrahlung den Aufstiegspunkt erreicht und zur Erwärmung der untersten Dekameter führt, bleibt in der Höhe das mächtige inverse Schichtpaket erhalten (8. Aufstieg, 08:41 mittlerer Ortszeit). Infolge der schwachen Windbewegungen in der Höhe kann auch keine turbulente Durchmischung durch Advektion erfolgen. Bis zum 9. Aufstieg schreitet die schwache Labilisierung, die eine überwiegend neutrale Schichtung bewirkt, von unten her bis ca. 60 m über Grund voran, doch darüber bleibt die mächtige Sperrschicht unverändert erhalten. Der Prozeß des Abbaus

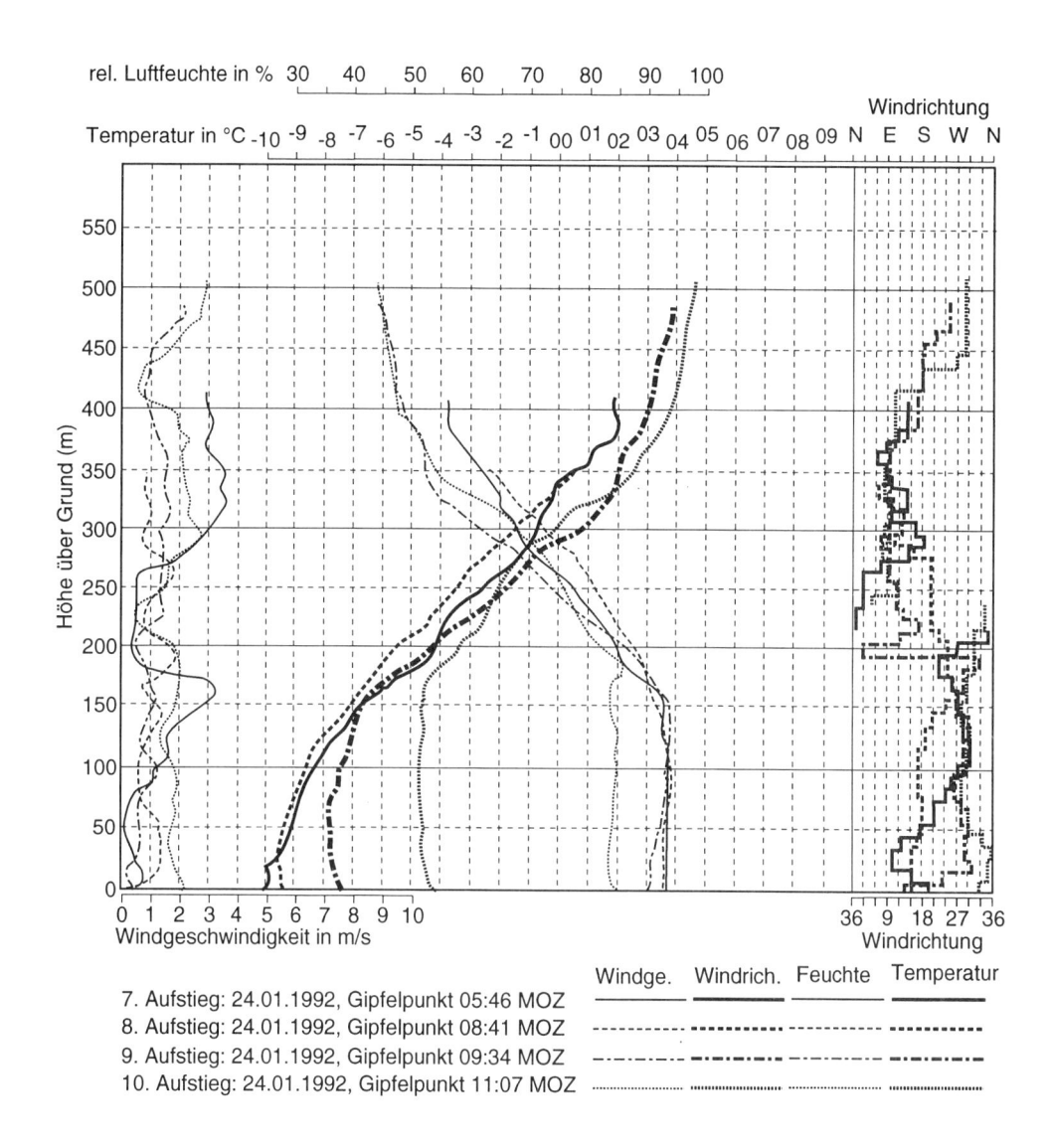

Abb. 4: Schichtungsverhältnisse in der bodennahen hochwinterlichen Atmosphäre im unteren Steinlachtal, siebte bis zehnte Sondierung

der Bodeninversion setzt eine Konvektion voraus, die entsteht, wenn ein kritischer Wert der Rayleigh-Zahl (die von den vertikalen Temperaturdifferen-zen und von der Viskosität abhängt) überschritten wird. Dies ist im Laufe des Vormittags der Fall, und aufsteigende Luft dringt in freier Konvektion in überlagernde Luft ein, die aus Kontinuitätsgründen absinkt und sich dabei erwärmt. Dieser Vorgang vermag im vorliegenden Fall nicht die gesamte Inversion aufzulösen, denn um 11:07 mittlerer Ortszeit bestehen zwischen 150 und 515 m über Grund noch durchgehend inverse Temperaturgradienten zwischen 1,0 und 6,2 K/100m, im Mittel 2,7 K/100m. Sie werden auch durch die weitere Erwärmung am Boden und eindringende Konvektion nicht mehr aufgelöst, nur noch abgeschwächt, und bleiben bis zum Beginn der negativen Strahlungsbilanz am Boden bestehen, wie die ersten Aufstiege am Vortage belegen. Damit setzt wieder die Stabilisierung der Schichtung von unten her ein, die mit der Höhe zunimmt und sich im Laufe der Nacht mit der Vortagesinversion in der Höhe verbindet. Damit wird deutlich, daß trotz der Erwärmung vom Boden her die durchgehende Stabilisierung der Schichtung das herausragende Merkmal einer solchen winterlichen Strahlungsperiode im Untersuchungsgebiet darstellt. Die Auflösung erfolgt erst durch advektive Prozesse bei Änderung der Großwetterlage.

Der typische tageszeitliche Verlauf der bodennahen Mischungsschicht des unteren Steinlachtales im Hochwinter ist in Abb. 5 wiedergegeben. Diese bildet sich mit beginnender positiver Strahlungsbilanz am Boden und wächst im Laufe des Tages in die Höhe, wobei 300 m über Grund nicht überschritten werden. Darüber besteht die in der Nacht gebildete Bodeninversion weiter. Mit der Umkehrung der Strahlungsbilanz baut sich vom Boden her eine neue Inversionsschicht auf, während die Mischungsschicht in der Höhe, die selbst vernachlässigbare Ausstrahlungsverluste hat, noch besteht. Doch spätestens nach zwei Stunden ist auch die neutrale und schwach stabile Schichtung dieser abgehobenen Mischungsschicht durch fortschreitende Abkühlung von unten her bis zur Inversion stabilisiert. Für die winterliche austauscharme Strahlungswetterlage ist die nur kurzzeitig im unteren Bereich am Tage labilisierte und ansonsten konstante Temperaturinversion der Regelfall. Er hat zur Konsequenz, daß auch bei bodennaher Auflösung der Inversion der Abtransport von Luftbeimengungen erheblich eingeschränkt ist, da die für Ferntransporte erforderliche hochreichende vertikale Durchmischung nicht erfolgt. So verbleibt im Prinzip die belastete Luft am Standort. Dies unterstreicht die Bedeutung von autochthonen Zirkulationen innerhalb der Inversionen in der bodennahen Luftschicht.

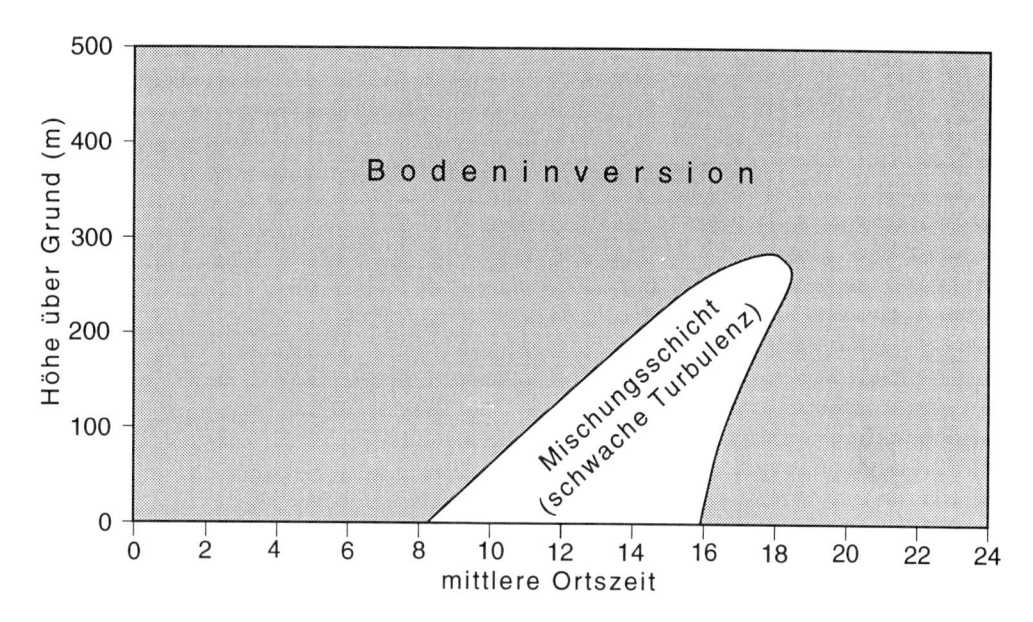

Abb. 5: Prinzip der Entstehung einer isolierten Mischungsschicht durch Eindringkonvektion bei ungehinderter Einstrahlung in der hochwinterlichen Atmosphäre innerhalb einer beständigen Bodeninversion

3. Transmissionsprozesse in der bodennahen Atmosphäre bei austauscharmen Strahlungswetterlagen

Bei den untersuchten austauscharmen Strahlungswetterlagen finden innerhalb inversiv geschichteter bodennaher Luft und unterhalb von Inversionsgrenzen lokale Strömungen statt, die neben der Lage der Emittenten für die Immissionsverteilung von grundlegender Bedeutung sind, da sie Nahtransporte mit geringen Verdünnungen bewirken. Während Flurwinde am Tage nur eine geringe Rolle spielen, kommt es nachts aufgrund von thermisch induzierten Berg- und Hangwinden zu Luftaustauschprozessen. Es handelt sich dabei teilweise um relative Reinluft des Umlandes, die in die belasteten Tallagen transportiert wird, teilweise auch um verschmutzte Luft, da emittierende Gewerbebetriebe, Klärwerke, Restmülldeponien und Kompostieranlagen im Einzugsgebiet liegen.

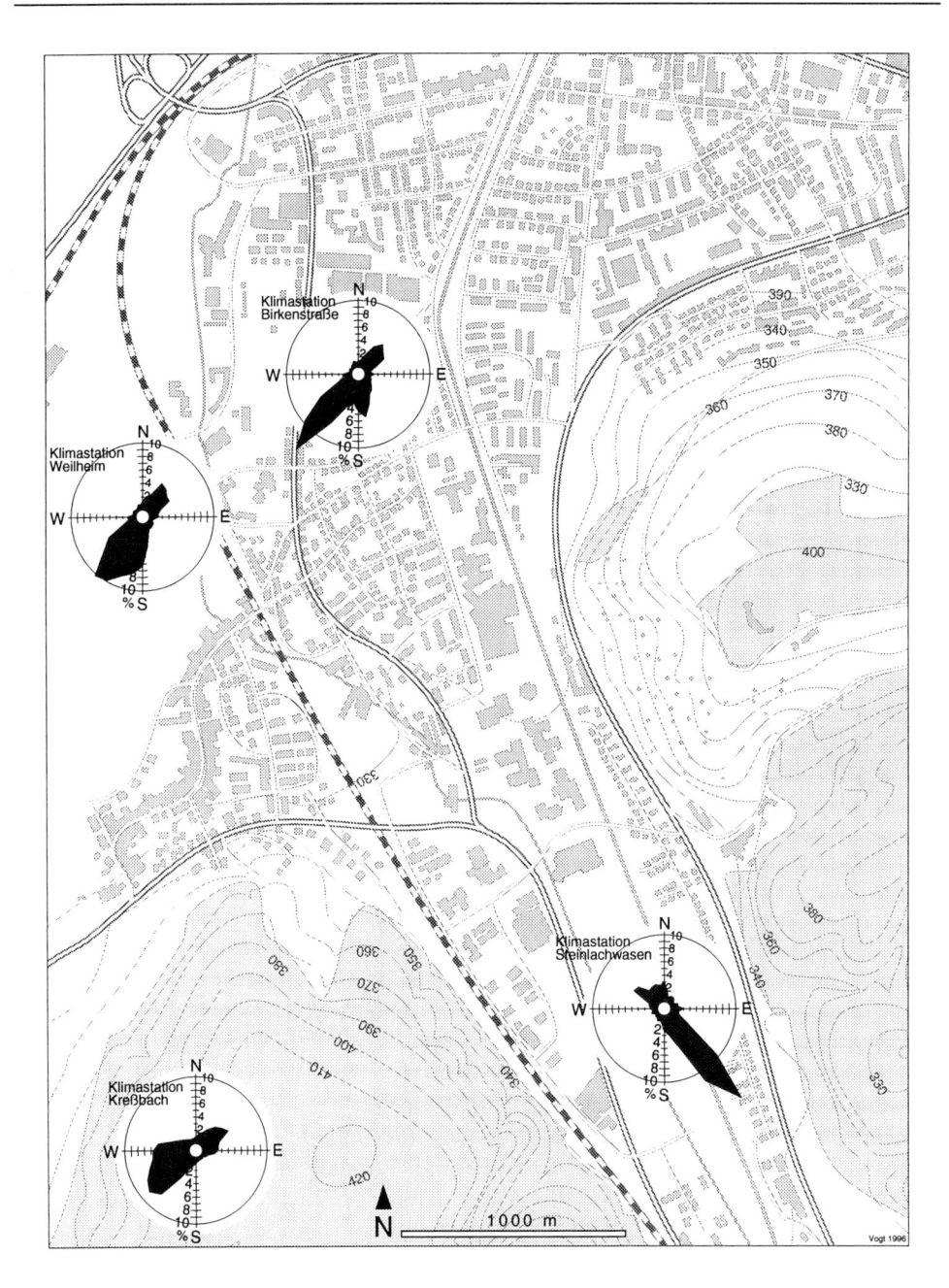

Abb. 6: Häufigkeiten der Windrichtungen an vier Klimastationen im Bereich der Tübinger Südstadt im Mittel aller Wetterlagen

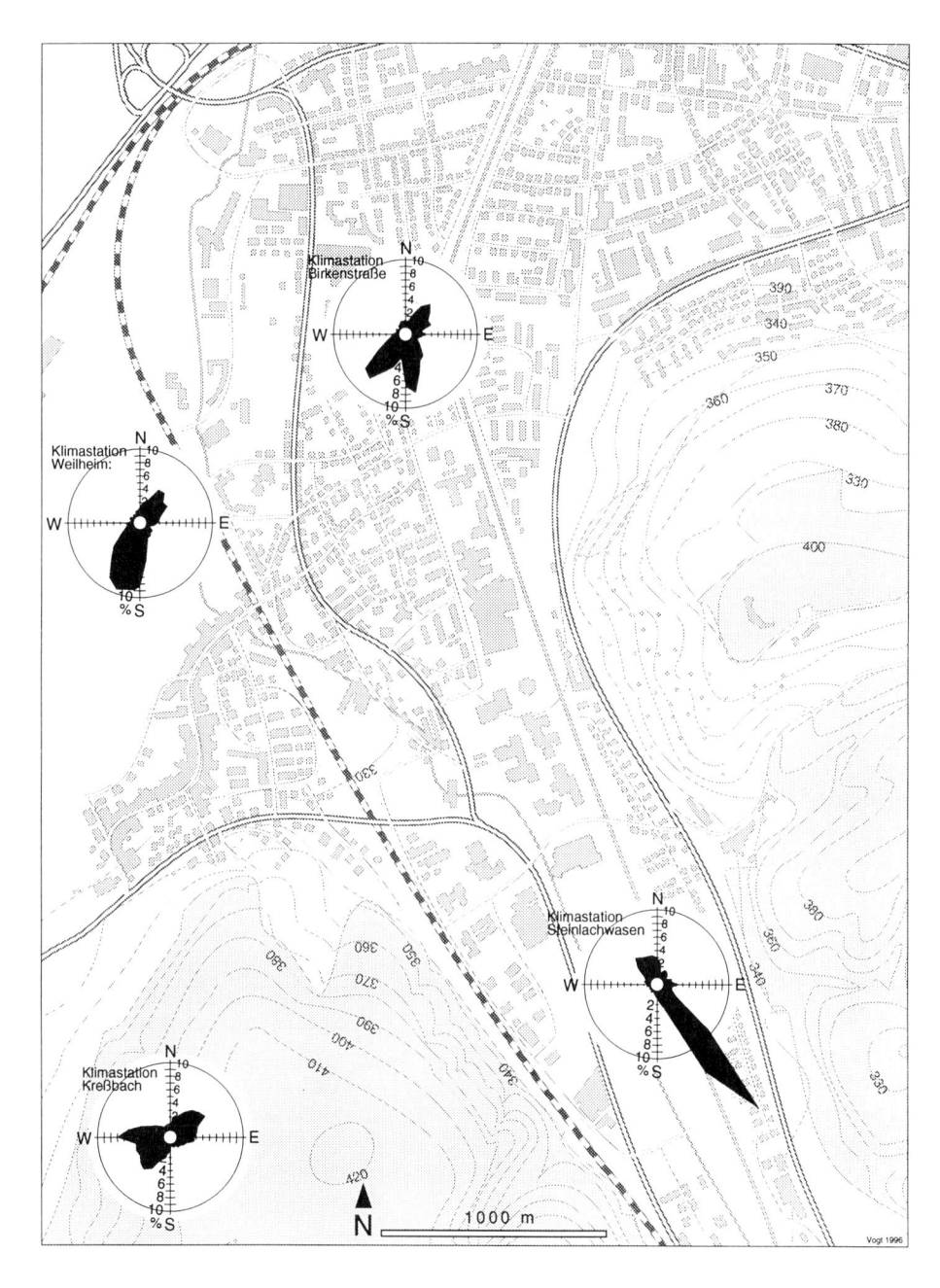

Abb. 7: Häufigkeiten der Windrichtungen an vier Klimastationen im Bereich der Tübinger Südstadt im Mittel aller Tage mit austauscharmen Strahlungswetterlagen

Innerhalb der bebauten Stadtbereiche wird diese Luft durch zusätzliche Emissionen angereichert sowie in ihrer Strömungsdynamik aufgrund der physikalischen Eigenschaften der Stadt wesentlich verändert. Zahlreiche nicht plausibel erklärbare hohe gemessene Immissionskonzentrationen, starke Geruchsbelästigungen in Wohngebieten mit geringen Eigenemissionen sowie das Bestreben, die Auswirkungen von Planungsmaßnahmen, insbesondere bauliche Verdichtungen, zu prognostizieren, gaben den Anstoß zu einer räumlich hochauflösenden Transmissionsanalyse, deren Datenaufnahme sich über mehrere Jahre erstreckte.

Durch ein Netz von kontinuierlich registrierenden Windschreibern lassen sich räumlich nur grobe Auflösungen erzielen. Außerhalb von bebauten Ortsteilen, wo ein Meßpunkt für größere Räume repräsentativ ist, stellt die Interpolation zwischen deren Standorten meist kein Problem dar. Im bebauten Bereich hingegen repräsentieren Meßpunkte infolge der starken kleinräumigen Variation des Windfeldes meist nur ihren eigenen Meßpunkt. Daher stellen feste Stationen nur einen Zwischenschritt bei der erstrebten hohen räumlichen Aussagedichte dar, allerdings einen erforderlichen, denn sie dienen aufgrund ihrer hohen zeitlichen Auflösung und ihrer kontinuierlichen Messung dazu, Häufigkeiten und damit Eintrittswahrscheinlichkeiten von bestimmten Windfeldern zu bestimmen sowie die Definitionskriterien und Häufigkeiten der typisierten Witterungen, insbesondere der austauscharmen Strahlungswetterlagen, zu bestimmen und ihnen dann temporäre Einzelmessungen zuzuordnen (J. VOGT 1990a). Abb. 6 zeigt im Untersuchungsgebiet die in einer vierundzwanzigmonatigen Meßreihe ermittelten Häufigkeitsverteilungen der Windrichtung an vier Stationen im Untersuchungsgebiet für alle Tage, Abb. 7 für alle Tage mit austauscharmen Strahlungswetterlagen. Die Klimastation Kreßbach, die 1900m südlich des unteren Kartenrandes in windexponierter Lage lokalisiert ist, repräsentiert die Windrichtungsverteilung oberhalb der Täler. Während aller Tage dominiert dort, wie im Großraum des süddeutschen Schichtstufenlandes allgemein, die Südwestrichtung, an Tagen mit austauscharmen Strahlungswetterlagen in den Richtungen stärker gestreut und mit einem erhöhten Anteil östlicher Anströmungen, was auf die Koppelung austauscharmer Strahlungswetterlagen an Hochdruckwetterlagen zurückzuführen ist. Auch im Neckartal (Station Weilheim) und auf dem Schwemmfächer der Steinlach (Station Birkenstraße) dominiert diese Richtung, durch die kanalisierende Wirkung des Tales mit der Streichrichtung in der Hauptwindrichtung des Großraumes noch verstärkt. Im unteren Steinlachtal (Station Steinlachwasen), das senkrecht zu dieser Richtung streicht, herrscht ebenso die Richtung der Talachse vor, jedoch mit eindeutiger Präferenz der talabwärtigen, also südöstlichen Richtung.

Die Windrichtungsverteilung an den drei Stationen in den Tälern für alle Tage mit austauscharmen Strahlungswetterlagen zeigen als eine Teilmenge davon noch ausgeprägtere Differenzierungen in der Häufigkeit der Richtungen. Im Neckartal dominiert nicht mehr die Talachse, sondern die Südrichtung. Die Ursache, die durch die Aufnahme des horizontalen Strömungsfeldes ermittelt wurde (J. VOGT 1993) ist ein kleines Tal, das ca. 3 km südlich in das Neckartal eintritt. Sein Windsystem reicht bis in das mittlere Neckartal und bewirkt die Südkomponente an der Station Weilheim. Im engen Steinlachtal hingegen (Station Steinlachwasen) dominiert die talabwärts gerichtete Strömung ebenso wie im Mittel aller Tage, nur in der Ausprägung markanter. Auf dem Steinlachschwemmfächer an der Station Birkenstraße liegen drei deutlich getrennte Hauptwindrichtungen vor, die Nordostströmung, die Süd- und die Südwestströmung. Die Lage von Strömungshindernissen für die Differenzierung von Süd- und Südwestwinden - in bebauten Gebieten meist die Ursache derartiger Verteilungen - scheidet hier sicher aus, es handelt sich vielmehr um zwei lokale Windsysteme, das des Steinlach- und das des Neckartales, die sich an diesem Punkt überlagern. Dabei läßt sich durch die zeitliche Analyse die Verdrängung des einen durch das andere im Laufe der Nacht nachweisen (J. VOGT 1994, I, S. 166, Abb. 118).

Derartige Stationsnetze sind die unverzichtbare Basis darauf aufbauender temporärer Einzelmessungen, die der Erstellung räumlich hochaufgelöster Windfelder dienen. Diese erfolgen in zwei Richtungen. Einmal vertikal, wobei die Fesselballonsondierungen verdichtet werden, und horizontal, wobei durch mobile Instrumentarien das bodennächste Windfeld aufgenommen wird.

Bei Sondierungen werden nicht nur Temperatur und Luftfeuchte, sondern auch die Windrichtung und Windgeschwindigkeit ermittelt, damit sind also auch Transmissionsbedingungen über dem Aufstiegspunkt bestimmt. Ihr Nachteil ist jedoch die geringe räumliche Auflösung, denn in dicht bebauten Stadtgebieten sind zu wenige geeignete Aufstiegspunkte zu finden. Zudem ist auch die vertikale Auflösung und die Trägheit des Systems für Sondierungen der Strömungsbedingungen in der städtischen Hindernisschicht, der urban canopy layer, UCL, zu gering. Räumlich hochauflösende Meßkampagnen sind erst in der bodennächsten Schicht, etwa in 2 m über Grund, mit mobilen Instrumenten möglich. Um diese Lücke in der Ermittlung der Transmissionsbedingungen im Bereich der besonders relevanten UCL zu schließen, finden Rauchstrichvermessungen statt, ein speziell für derartige Fragestellungen entwickeltes Tracerverfahren (zuerst J. VOGT 1990b, zuletzt zusammenfassend J. VOGT / C. ZANKE 1995). Dabei wird eine Rauchpatrone, welche eine konstante Rauchmenge durch eine kritische Düse emittiert, mit einer Treibladung senkrecht in die Luft geschossen. Beim freien Fall ist schnell der Zeitpunkt erreicht, an dem die Erdbeschleunigung durch die Reibungskraft kompensiert wird, also eine konstante Fallgeschwindigkeit gegeben ist und beim freien Fall ein homogener nahezu senkrechter Rauchstrich entsteht. Dieser wird nun durch die Strömung horizontal versetzt, die Versatzgeschwindigkeit ist exakt die Windgeschwindigkeit, da Trägkeitskräfte vernachlässigbar sind. Der Rauchstrichversatz ist vom Boden aus zu dokumentieren, am geeignetsten durch Photographien in fest definierter zeitlicher Folge. Stereometrische Aufnahmen, automatische Sequenzer und dergleichen sind bei komplizierten räumlichen Bewegungsstrukturen anzuwenden, bei einfachen i.d.R. entbehrlich. Die Aufnahmen werden geometrisch entzerrt, in ein Orthogonalgitter projiziert und lassen damit die Geschwindigkeit in jeder Höhe bestimmen. Der Zeitaufwand der Aufnahme ist sehr gering, so daß sich in kurzer Zeit mehrere Parallelsondierungen von unterschiedlichen Aufstiegspunkten aus durchführen lassen. Damit ist es möglich, räumlich hochauflösende Profile aufzunehmen und auch über verschiedene austauscharme Strahlungswetterlagen zu mitteln, um nicht singuläre Erscheinungen über Gebühr zu gewichten. Gerade im Bereich der Grenzschicht zwischen lokaler Strömung und überlagerndem Oberwind nehmen die Streuungen von Richtungen und Geschwindigkeiten im Gegensatz zur bodennächsten Schicht mit zeitlich sehr konstanten Bewegungsmustern zu (S. BARR / M.M. ORGILL 1989, M.M. ORGILL / J.D. KINCHELOE / R.A. SUTHERLAND 1992, C.D. WHITEMAN / J.C. DORAN 1993). Im Prinzip ist die Strömung stationär, indem keine Oszillationen oder Wellen wie die im Konfluenzbereich verschiedener Windsysteme in anderen Räumen ermittelt wurden (R. L. COULTER / T. J. MARTIN / W.M. PORCH 1991, W.M.PORCH / W.E. CLEMENTS / R.L. COULTER 1991), fehlen.

Als ein Ergebnis werden drei Strömungsprofile durch das Steinlachtal vorgestellt, die sich aus Meßkampagnen bei austauscharmen Strahlungswetterlagen 1992 bis 1995 als Mittelwerte ergeben. Die Lage der zwei innerstädtischen Profile im Untersuchungsgebiet ist in Abb. 8 dargestellt. Das erste Profil (Abb. 9) liegt ca. 900 m südlich des Kartenausschnittes im unbebauten Steinlachtal. Die Strömung liegt monolithisch im Tal, das Geschwindigkeitsmaximum in Talmitte liegt dort unmittelbar dem Boden auf. Aufgrund der Einzelmessungen läßt sich die transportierte Kaltluftmenge relativ genau angeben, im Mittel handelt es sich um 33.200 $m \cdot s^{-1}$. Diese Zahl verändert sich größenordnungsmäßig im weiteren Verlauf der Strömung bis in das Neckartal nicht mehr.

Im Untersuchungsraum weitet sich das Tal trichterförmig, gleichzeitig nimmt die Rauhigkeit der Oberflächen durch eine von Süd nach Nord zunehmende Bebauungsdichte zu. Es ergibt sich die Frage, wie dies die Strömung beeinflußt. Ein geradliniges Profil von Meßpunkten wie im landwirtschaftlich genutzten Außenbereich läßt sich hier nicht erstellen, vielmehr sind geeignete Aufstiegspunkte

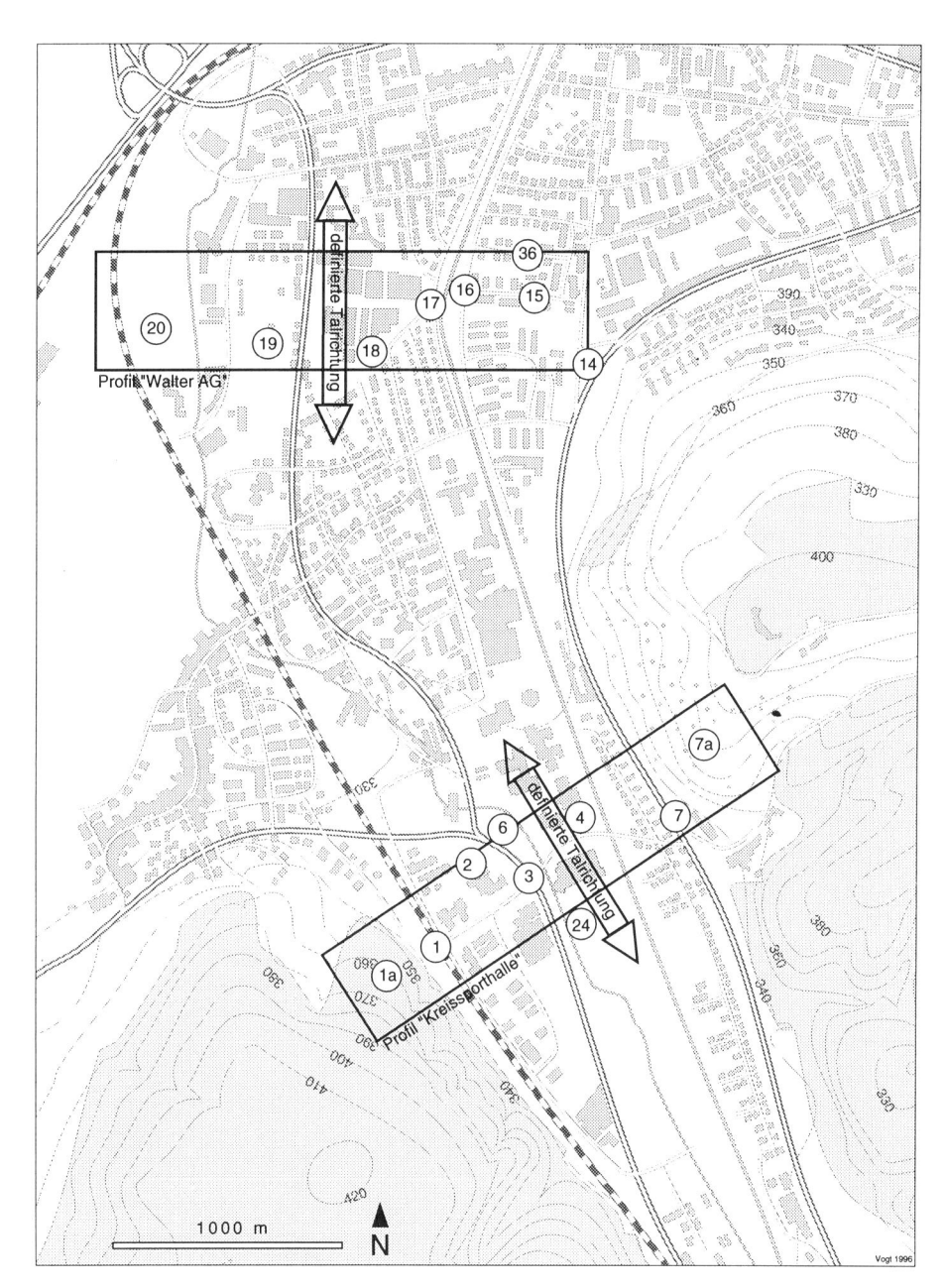

Abb. 8: Lage der Aufstiegspunkte zur Ermittlung von bodennahen Strömungsprofilen durch das untere Steinlachtal im Bereich der Tübinger Südstadt

entlang eines das Tal querenden Bandes zu suchen, wie dies in Abb. 8 gezeigt ist. Von jedem Aufstieg werden die talwärtigen Geschwindigkeitsvektoren im Vertikalprofil bestimmt, anschließend über die verschiedenen Meßkampagnen gemittelt und räumlich zwischen den Aufstiegspunkten interpoliert, wobei als Interpolationshilfe noch diejenigen Messungen zur Verfügung stehen, bei denen das Rauchgeschoß, z.B. durch Verreißen der Waffe, nicht den vorgesehenen Zielbereich traf und die daher in der Auswertung der festen Aufstiegspunkte nicht mit in die Mittelwertbildung eingehen konnten.

Die Strömung des Bergwindes nimmt auch im erweiterten Talbereich den gesamten Talboden ein, gegenüber dem südlichen Profil im unbebauten engen Tal jedoch mit einigen wichtigen Modifikationen:
• Die Strömungsgeschwindigkeit ist generell verlangsamt, sie beträgt im Mittel nur ca. 65% des ersten Profils.
• Das Strömungsmaximum ist vom Boden abgehoben, es wird erst ca. 30 m oberhalb des mittleren Dachniveaus erreicht.
• Innerhalb der Bebauung unterhalb des Dachniveaus ist die Strömung auf ein Minimum herabgesetzt.
• Die ursprünglich monolithische Struktur ist aufgelöst, es finden sich einzelne Maxima in der städtischen Grenzschicht, wobei die strömungsphysikalische Rauhigkeit des Untergrundes eine wesentliche Steuergröße darstellt.

Das Strömungsbild ist jedoch von Meßkampagne zu Meßkampagne nicht stabil, daher werden einige Beobachtungen durch die Mittelwertbildung verwischt. Hierzu zählt insbesondere eine stärkere Vertikaldifferenzierung durch Auflösung in einzelne Strömungsschichten, die sich unabhängig voneinander bewegen und durch unbewegte oder talaufwärts bewegte Luftpakete getrennt sind.

Das letzte dargestellte Profil (Abb. 11) ist über dem Schwemmfächer der Steinlach im Neckartal auf der Basis einer Reihe regelmäßig vermessener Aufstiegspunkte konstruiert worden. Es zeigt - neben an dieser Stelle nicht weiter zu erörternden lokalen Besonderheiten - wie sich der Prozeß der Abschwächung, vertikalen Verlagerung der Bewegungsmaxima nach oben sowie der Aufspaltung in mehrere Stromarme fortsetzt. Sehr großen Einfluß darauf hat die Bebauungsstruktur im Bereich der Aufstiegspunkte selbst sowie luvseitig, also hier im Süden der Aufstiegsserie. In der Einzelanalyse von Strömungsbildern lassen sich die Wirbelschleppen und Strömungsmodifikationen selbst durch Einzelgebäude noch über mehr als 100 m verfolgen. Nach Westen zu ist die Komponente in der definierten Richtung (360°) trotz geringer Bodenrauhigkeiten gering, da die Strömung im Neckartal die Steinlachtalströmung an den östlichen Talrand abdrängt.

Auf diese Weise ist es möglich, ein dreidimensionales Bild der Kaltluftbewegung in der städtischen Grenzschicht zu ermitteln und ihre Einflußfaktoren zu identifizieren. Dies ist die Basis für weitere Analysen und die darauf aufbauenden Prognosen. Zu den weiteren Analysen gehört die Aufnahme des horizontalen Windfeldes in der bodennächsten Schicht von 2 m über Grund. In den wesentlich durch Straßenverkehrsemissionen belasteten Gebieten ist dies die Höhe, in der auch die Immissionsspitzen auftreten und gleichzeitig die im Außenbereich sich aufhaltende Bevölkerung der Belastung ausgesetzt ist. Hier kann mit mobilen Instrumentarien gearbeitet werden, die einen sehr schnellen Ortswechsel gestatten. Im vorliegenden Fall kamen verschiedene Thermoanemometer zum Einsatz, die Expositionszeit pro Meßpunkt betrug 6 Minuten. Es wurde aus Geschwindigkeits- und Richtungsmessungen der mittlere Vektor errechnet und die Werte anschließend über alle Meßkampagnen mit austauscharmer Strahlungswetterlage gemittelt.

Da das horizontale Windfeld sich im Laufe der Nacht insbesondere im nördlichen Teil des Schwemmfächers des Steinlachtales ändert, ist die Mittelung über die gesamte Nacht nicht sinnvoll, denn es ergeben sich infolge des Wirkens verschiedener Windsysteme zwei Richtungsmaxima (Abb. 7). Ein über alle Messungen einer Nacht gemittelter Vektor gäbe daher eine Windrichtung, die gerade besonders selten vorliegt. Voraussetzung der Reduktion auf einen mittleren Vektor ist jedoch eine annähernde Normalverteilung der Richtungen, die nur bei annähernd stationären Strömungsbedingungen gegeben ist. Daher erfolgt die Mittelung über denjenigen Zeitabschnitt, in welchem diese gegeben ist. Im vorliegenden Fall waren dies die ersten drei Stunden nach Sonnenuntergang. In den folgenden Nachtstunden stellt sich ein abweichendes Windfeld ein (J. VOGT 1994, I, S.186ff.).

Abb. 12 zeigt im Untersuchungsgebiet die mittleren Vektoren der Meßpunkte im 2-m-Höhenniveau als Beispiel eines solchen innerstädtischen Windfeldes bei Schwachwind. Das Abheben des Bergwindes über die UCL bewirkt bei den gegebenen heterogenen Baustrukturen ein sehr inhomogenes bodennahes Windfeld mit einzelnen Zonen, in denen die Windgeschwindigkeiten höher und damit die lufthygienischen Austauschprozesse gegenüber direkt benachbarten Bereichen um den Faktor 3 erhöht sind. Es lassen sich Auswirkungen einzelner Baublöcke, teilweise von Einzelgebäuden empirisch ermitteln.

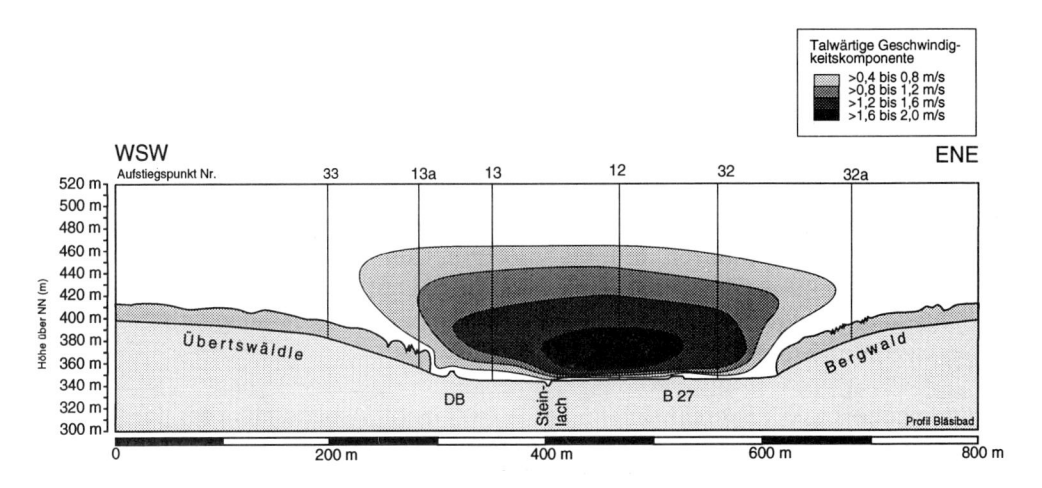

Abb. 9: Strömungsprofil durch das unbebaute Steinlachtal mit den Isotachen des Bergwindes bei austauscharmen Strahlungswetterlagen

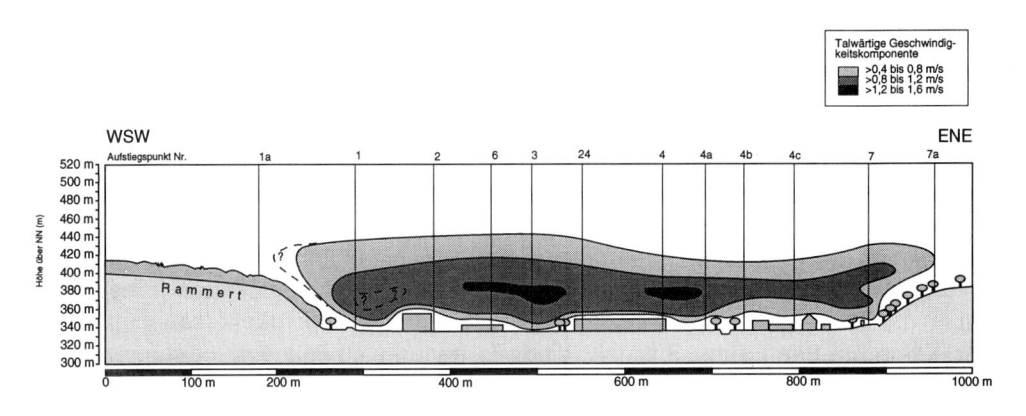

Abb. 10: Strömungsprofil durch das untere bebaute Steinlachtal mit den Isotachen des Bergwindes bei austauscharmen Strahlungswetterlagen (Lage vgl. Abb. 8)

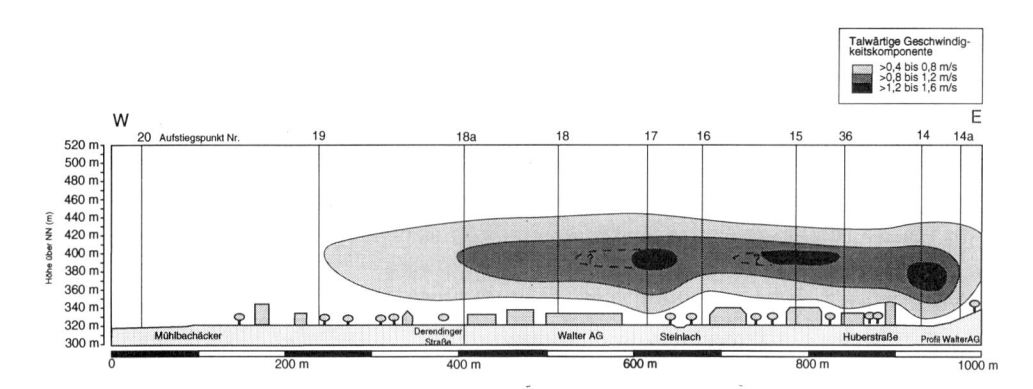

Abb. 11: Strömungsprofil durch den Schwemmfächer der Steinlach im Neckartal mit den Isotachen des Bergwindes bei austauscharmen Strahlungswetterlagen (Lage vgl. Abb. 8)

4. Numerische Simulation lokaler Strömungsfelder bei austauscharmen Strahlungswetterlagen

Die empirische Analyse von lokalen Strömungsfeldern bietet bei entsprechenden Fragestellungen auch die Grundlage für numerische Simulationen oder dient deren Verifikation. Die Modellierung der Strömungsbedingungen erfolgt, um im Bereich der wissenschaftlichen Anwendung das Zusammenwirken von Einflußfaktoren zu ermitteln sowie in der planerischen Anwendung die Auswirkungen von Veränderungen der Einflußfaktoren, etwa Aufschüttungen oder Baumaßnahmen, zu prognostizieren.

Einen Überblick über verwendete Modelle und ihre Anwendungsgebiete geben R. MARTENS ET AL. (1987) und M. KERSCHGENS / H. KOLB (1988). Strömungsmodelle bilden die Grundlage für die Modellierung von Schadstoffausbreitungen, das sind Rechenmodelle, welche die Strömung auf der Grundlage der Erhaltungssätze von Masse, Energie und Impuls sowie die Schadstoffausbreitung innerhalb des bewegten Luftpaketes durch Diffusion berechnen. Ihr Aufbau und die erforderliche Rechenkapazität sind sehr unterschiedlich. Während sich bei den Lagrange-Modellen die Diffusionsbedingungen in Abhängigkeit von den physikalischen Bedingungen auf jeder Rasterfläche ändern, bleiben sie bei den einfachen Gradientenmodellen konstant und werden analog der molekularen Diffusion behandelt. Die stärkste Vereinfachung stellt diejenige der Gauß-Modelle dar, die in Anwendungen nach TA Luft Verwendung finden. Dazwischen gibt es zahllose auf spezielle Fragestellungen zugeschnittene Modellarchitekturen oder numerische Lösungen für die nicht eindeutig lösbaren partiellen nichtlinearen Differentialgleichungssätze. Der Aufbau eines vereinfachten Simulationsmodells und die Anwendung in einer stadtplanerischen Fragestellung im Zusammenwirken mit empirischen Strömungsanalysen nach dem dargestellten Verfahren ist in J. VOGT (1994b) und J. VOGT / C. ZANKE (1995) beschrieben.

Zahlreiche Probleme bestehen insbesondere in der Parametrisierung von Einflußgrößen im großmaßstäbigen Bereich. Auch die Pluralität verwendeter numerischer Verfahren, die von Anwendern häufig nicht nachvollzogen werden können, führt zu skeptischem Hinterfragen durch die Auftraggeber. Numerische Modellierungen werden daher auch in Zukunft räumlich und zeitlich hochauflösende empirische Analysen der Transmissionsbedingungen in der bodennahen städtischen Atmosphäre, wie sie dargestellt worden sind, nicht ersetzen.

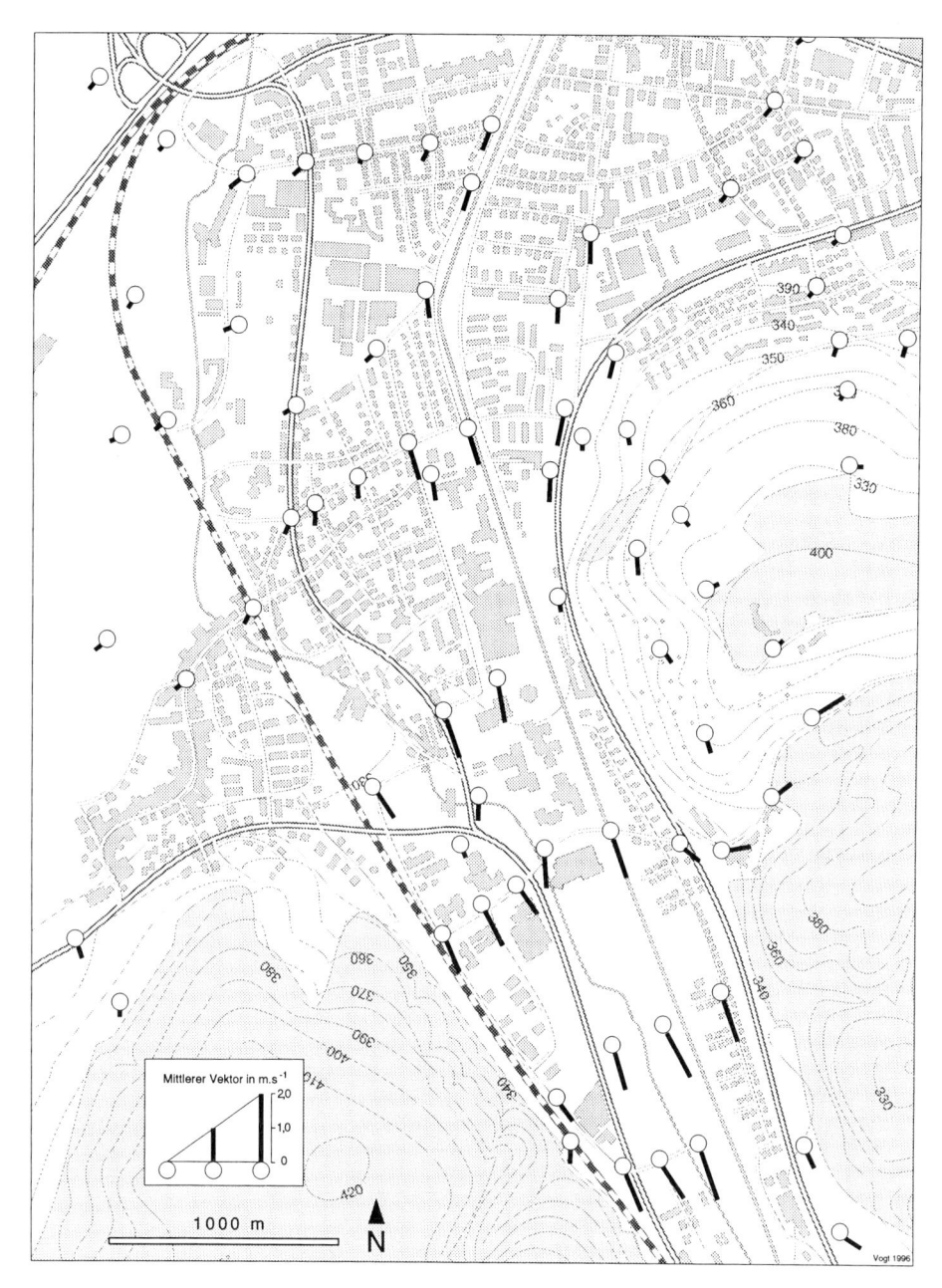

Abb. 12: Bodennahes horizontales Windfeld in 2 m über Grund bei austauscharmen Strahlungswetterlagen in den ersten drei Stunden nach Sonnenuntergang

5. Danksagung

An den Messungen waren die studentischen Teilnehmer zweier Geländepraktika, Diplomanden und Hilfskräfte in großem Umfang beteiligt. Stellvertretend für alle sei Herr C. ZANKE genannt , der sich während der gesamten Untersuchungsdauer mit Sachkenntnis und großem Einsatz an den Messungen und Auswertungen beteiligt hat.

6. Literatur

BARR, S. / ORGILL, M.M. (1989): Influence of external meteorology on nocturnal valley drainage winds. In: Journal of Applied Meteorology 28. S. 497-517

BAUMBACH, G. (1990): Luftreinhaltung. Berlin u.a.
COULTER, R.L./ T.J. MARTIN / W.M. PORCH (1991): A comparison of nocturnal drainage
flow in three tributaries. In: Journal of Applied Meteorology 30. S. 157-169

DERTINGER, M. (1989): Untersuchung des Einflusses von Temperaturinversionen auf die Vertikalverteilung von Luftverunreinigungen über der Stadt Tübingen. Diplomarbeit Nr. 2336 am Institut für Verfahrenstechnik und Dampfkesselwesen der Universität Stuttgart. Stuttgart

KERSCHGENS, M. / H. KOLB (1988): Modellierungen. In: VDI-Kommission Reinhaltung der Luft, Hrsg.: Stadtklima und Luftreinhaltung. Berlin u.a. S.311-360

MARTENS, R. ET AL. (1987): Bestandsaufnahme und Bewertung der derzeit genutzten atmosphärischen Ausbreitungsmodelle. Köln

MINISTERIUM FÜR UMWELT BADEN-WÜRTTEMBERG (Hrsg.): Immissions- und Wirkungsmessungen in "Reutlingen-Tübingen". Karlsruhe. = Bericht UM-11-92

ORGILL, M.M./ J.D. KICHELOE / R.A. SUTHERLAND (1992): Mesoscale influences on nocturnal drainage winds in Western Colorado valleys. In: Journal of Applied Meteorology 31. S. 121-141

PORCH, W.M./ W.E. CLEMENTS / R.L. COULTER (1991): Nighttime valley waves. In: Journal of Applied Meteorology 30. S. 145-156

TÜV SÜDWEST (1990): Bericht über Immissionsmessungen in der Umgebung der Bundesssstraße B 27 von August 1989 bis Juli 1990. Filderstadt. Als Manuskript vervielfältigt.

VOGT, J. (1990a): Die Methodik großmaßstäbiger Klimaanalysen. In: PFEFFER, K.-H. (Hrsg.): Süddeutsche Karstökosysteme. = Tübinger Geographische Studien H. 105. Tübingen. S. 335-354

VOGT, J. (1990b): Thermisch bedingte lokale Windsysteme im Stadtgebiet von Luzern und ihre Beeinflussung durch städtebauliche Maßnahmen. In: MÜLLER, H. / MEURER, M. (Hrsg.): Stadtökologie Luzern. 2. Luzerner Umwelt-Symposium. =Luzerner stadtökologische Studien Bd. 3. Luzern. S. 127-168

VOGT, J. (1993): Die bodennahen Luftbewegungen im Stadtgebiet Tübingen bei austauscharmen Strahlungswetterlagen in den unteren 80 m der Atmosphäre. Karte 1:10.000 mit Erläuterungsheft. Tübingen

VOGT, J. (1994a): Klimaanalyse der Tübinger Südstadt und Beurteilung potentieller Raumnutzungsänderungen. 2. Bde. Tübingen

VOGT, J. (1994b): Lokale Windsysteme in der angewandten Klimatologie. Fallbeispiele aus dem Raum Tübingen. In: Geographische Rundschau 46, S. 335-343

VOGT, J. / C. ZANKE (1995): Empirische Analysen und numerische Simulationen von lokalen und regionalen Kaltluftströmungen. Tübingen. = Werkstattberichte zur Angewandten Geographie H. 5

WHITEMAN, C.D. / J.C. DORAN (1993): The relationship between overlying synoptic-scale flows and winds within a valley. In: Journal of Applied Meteorology 32. S. 1669-1682

VDI-RICHTLINIE 3786, Blatt 3: Meteorologische Messungen für Fragen der Luftreinhaltung: Lufttemperatur. 1985

Dr. Joachim Vogt
Geographisches Institut
Universität Tübingen
Hölderlinstraße 12
72074 Tübingen

SCHWERMETALLEINTRÄGE IN DER TÜBINGER SÜDSTADT - STRASSENSTAUBANALYSE UND MOSS-BAG-MONITORING

von

ROLF BECK, TÜBINGEN

mit
9 Abbildungen und 3 Tabellen

Zusammenfassung

Beide Methoden, die Analyse von Schwermetallgehalten in Straßenstäuben sowie die in den exponierten Spagnum-Moss-Bags akkumulierten Schwermetalle, führten zum selben räumlichen Belastungsmuster. Gegenüber dem Moss-Bag-Monitoring erlaubt die Materie Straßenstaub jedoch weitergehende Untersuchungen, die zur Verifizierung des erhaltenen Schwermetallverteilungsmusters beitragen. Das ermittelte Belastungsmuster wies eindeutig auf die Stadt selbst als Verursacher hin. Räumlich übergeordnete Emittenten konnten ausgeschieden werden. Die Palette der untersuchten Schwermetalle erfuhr eine Einteilung in drei Gruppen: Chrom und Kobalt waren geogenen Ursprungs, Zink, Cadmium und Kupfer fielen der Gruppe anthropogen verursachter Schwermetallgehalte zu, wobei wesentlicher Verursacher der Straßenverkehr war. Das Element Nickel konnte nicht direkt zugeordnet werden.

1. Einleitung

Daten und Ergebnisse die hier vorgestellt werden, beruhen auf einer Untersuchung des Jahres 1990 über den aktuellen Schwermetalleintrag in die Tübinger Südstadt, als Teil eines von der Stadt Tübingen in Auftrag gegebenen unveröffentlichten Forschungsberichts (PFEFFER et al. 1991). Seit dem haben sich an einigen Punkten im Untersuchungsgebiet Parameter wie Verkehrsführung oder Branchenstruktur verändert. Es ist anzunehmen, daß die punktuell dargestellten Schwermetallverteilungsmuster Variationen erfahren würden. Die Raumstruktur des übergeordneten Belastungsmusters aber ist mit hoher Wahrscheinlichkeit noch heute von Bestand.

Ziel dieses Beitrages soll sein, die Methode der Straßenstaubanalyse als brauchbare und kostengünstige Methode zur raumdifferenzierten Ermittlung von Schwermetalleinträgen in urbane Räume vorzustellen. Zur Kontrolle der Ergebnisse aus der Straßenstaubanalyse wurde parallel die anerkannte und erprobte Methode des Moss-Bag-Monitoring durchgeführt. Beide Methoden bestätigten sich gegenseitig, wobei jedoch die Straßenstaubanalyse unter geringerem Aufwand und mit weniger Problemen (Standardisierung, Probenverluste) durchzuführen war.

Die Kenntnis des Schwermetallgehalts von Straßenstäuben birgt zusätzlich nützliche Informationen bezüglich des direkt und indirekt davon ausgehenden Gefährdungspotentials für den Menschen. Vor allem Kinder können aufgrund ihres Spielverhaltens erhöhte Schwermetalldosen oral aufnehmen. Nach RUCK (1990) wird die Bodenaufnahmerate von Kleinkindern mit 1 g pro Tag angenommen. Ein auf einer versiegelten Fläche spielendes Kleinkind im höchst belasteten Gebiet der Tübinger Südstadt hätte zur Probenahmezeit bei der oralen Aufnahme von 1 g "Straßendreck" allein ca. 1,5 mg Blei, 3 mg Zink, 1 mg Kupfer und 7 μg Cadmium aufnehmen können. Aber auch für Erwachsene birgt die Inhalation von aufgewirbelten Feinstäuben aus dem Straßenstaub ein gesundheitliches Gefährdungspotential. Als indirekte Auswirkung auf den Menschen kann beispielsweise auch die verstärkte Kontaminierung straßennaher Gartenböden durch verwehten, schwermetallhaltigen Straßenstaub bezeichnet werden.

2. Methodik

Die Methode der Probensammlung nach dem Bergerhoff-Verfahren (VDI 1972) konnte nicht angewandt werden, da bei der gewünschten hohen Rasterdichte nicht genügend geeignete Flächen zur Verfügung standen.

2.1 Moss-Bag-Monitoring

Entwickelt wurde diese Methode zur Erfassung des Schwermetalleintrags aus der Luft zu Beginn der 70er Jahre von GOODMAN, SMITH, PARRY & INSKIP (1974) sowie LITTLE & MARTIN (1974).

Die *Sphagnaceae* vermögen, aufgrund einer Reihe besonderer physiologischer Eigenschaften, Schwermetalle aus der Luft zu filtern und zu fixieren. Diese Fähigkeiten prädestinieren das Sphagnummoos geradezu zum Einsatz im passiven Schwermetall-Biomonitoring.
Besonders im Bereich der städtischen Immissionsmessungen erfuhr das Moss-Bag-Monitoring in vielen Ländern erfolgreichen Einsatz.

2.2 Exposition und Laborarbeiten

Das für das Monitoring verwendete Moos wurde aus einem wenig belasteten Raum Oberschwabens gesammelt.

In Anlehnung an GUTBERLET (1990) wurden je 25 g Sphagnum-Moos, nach Reinigung mit Aqua Bi-Dest., mittels kleiner Nylonnetze (Maschenweite 1 cm^2) zu meisenknödelartigen Kugeln gepackt und freihängend in 1,5 m Höhe an einer Schnur im Untersuchungsgebiet exponiert.

Zur Festlegung des Blindwertes an Schwermetallen wurden 100 Gramm Moos zu vier Teilen a 25 g einer vierfach Bestimmung unterworfen.
Nach der Expositionsdauer von acht Wochen wurden die eingesammelten Moss-Bags in einem Salpetersäure-Wasserstoffperoxid-Gemisch (BECK, BURGER & PFEFFER 1995:189) naß verascht und die Schwermetallgehalte der Lösung mittels Flammen-AAS bestimmt.

2.3 Straßenstaubanalyse - methodische Überlegungen

Als versiegelte Fläche ist die Straße praktisch mit einem überdimensionalen Sammelgefäß für Depositionen aller Art aus der Luft vergleichbar, das mit geringem Aufwand zu beproben ist und außerdem, gerade in einer Stadt, im Übermaß zur Verfügung steht.

Der Straßenstaub muß als ein heterogen zusammengesetztes, dynamisches Substrat betrachtet werden. Heterogen, weil er aus einer Vielzahl von Einträgen unterschiedlichster Herkunft entsteht, dynamisch, weil diese Stoff- und Schadstoffeinträge nicht zeitlich (wie z.B. in einem Auffanggefäß) fixiert werden können.

Über Niederschlags-Abflußwasser und Verwehungen werden sie weiterverfrachtet und gelangen auf dieses Weise über die Kanalisation in den Klärschlamm oder über Verwehung wieder in die Umwelt (Boden, Wasser, Luft).

Vor allem der Boden kann dabei die Position einer Schadstoffsenke für die Straßenstäube einnehmen. Andererseits trägt über Verwehung der von der Straße aufgenommene schadstoffhaltige Staub wieder zur Luftbelastung bei. Somit kann der Straßenstaub mit seiner Schadstofffracht als in einer Art Zentrum urbaner Schadstofftransferprozesse stehend betrachtet werden (Abb. 1) Das "Abgreifen" dieses Gleichgewichtes aus Eintrag und Austrag mittels Straßenstaubanalyse, führt zum Spiegelbild der städtischen Belastungssituation im Raum.

Abbildung 1: Der Strassenstaub und seine Schadstofffracht als Gleichgewichtsprodukt umweltrelevanter Transferprozesse

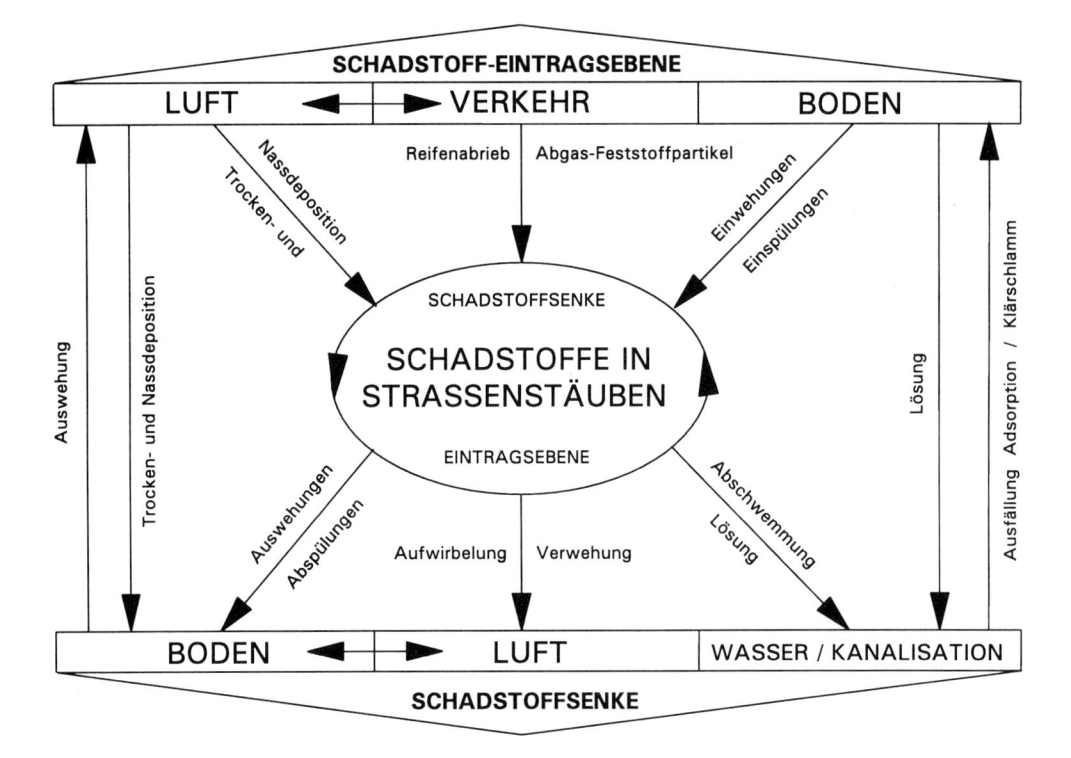

2.4 Entnahme der Straßenstäube und Laborarbeiten

Mit einer handelsüblichen Kehrschaufel und einem Handfeger, bzw. Pinsel aus Plastik wurde der Staub am Straßenrand zusammengefegt und in beschrifteten Polyethylenbeuteln aufbewahrt. Das Fehlen standardisierter Verfahren erforderte eine eigenständige Probenbehandlung.

Die Straßenstaubproben wurden im Trockenschrank bei 60° C zwei Tage lang bis zur Gewichtkonstanz getrocknet. Deutliche Verunreinigungen wie Glasbruchstücke, Rollsplit und Pflanzenteile etc. wurden durch Siebung entfernt und verworfen. Ebenfalls abgesiebt wurde die Sandfraktion und nur die verbleibende Korngrößenfraktion < 63 μm als eigentlicher Straßenstaub definiert und zur chemischen Analyse herangezogen.

Mittels Königswasseraufschluß und anschließender Messung am Flammen-AAS wurde der Schwermetallgehalt der Straßenstäube ermittelt; Korngrößenanalyse nach Köhn; organische Substanz nach Lichterfelder; pH-Wert mittels Glaselektrode; Pflanzenverfügbarkeit/Mobilität der Schwermetallfraktion mittels EDTA-Aufschluß; mikroskopische Analyse mittels Auflichtmikroskopie (BECK, BURGER & PFEFFER 1995).

2.5. Rasterlegung zur Meßpunktbestimmung

Das Untersuchungsgebiet umfaßt nahezu die gesamte bebaute Stadtfläche Tübingens südlich des Neckars, einschließlich des Stadtteils Derendingen.
Um für die Beurteilung der innerstädtischen Gegebenheiten relativ unbeeinflußte Vergleichswerte zu erhalten, wurden rund um das eigentliche Stadtgebiet Freilandproben (Straßenstaub) entnommen bzw. Moss-Bags exponiert.

Das zu erstellende Probenpunktraster wurde auf der Grundlage des amtlichen Stadtplans der Stadt Tübingen 1 : 5000, Ausgabe 1989; Bl. 5 Südstadt, erstellt und schließt ein Gebiet von ca. 7 km^2 ein. Das Raster wurde so ausgearbeitet, daß sich im bebauten Bereich zwischen den Meßpunkten ein Abstand von etwa 200 Metern ergab. Die Mehrzahl der im Umland entnommenen oder exponierten Proben war davon ausgenommen. Plausibel ist, daß dieses theoretische Raster durch die physiognomischen Merkmale der Stadt variiert wurde, so daß die eigentliche Rasterform erheblichen Verzerrungen unterliegt. Trotzdem war es, bis auf wenige Ausnahmen (unzugängliche Gebiete, Mangel an geeigneten Expositions- oder Entnahmestellen) gelungen, die "Südstadt" relativ gleichmäßig und flächendeckend mit Meßpunkten zu überziehen, so daß bei einer für die Fragestellung ausreichenden Anzahl an Meßpunkten die Voraussetzungen für die Erarbeitung eines aussagekräftigen Raummusters gegeben waren.

Insgesamt wurden 50 Moss-Bags exponiert und 56 Straßenstaubproben genommen. Von den 50 ausgebrachten Moss-Bags gingen während der Expositionszeit 19 Stück verloren - ein Vorteil der Straßenstaubanalyse gegenüber dem Moss-Bag-Monitoring wird hier offensichtlich -. Dem Umstand aber, daß die Mehrzahl der Meßpunkte sich an öffentlich zugänglichen Stellen befand, wurde von vornherein durch die relativ hohe Rasterpunktdichte Rechnung getragen. Damit konnten Verluste besser toleriert werden.

3. Ergebnisse

3.1 Zusammensetzung der Straßenstäube

Die mikroskopische Auswertung sowie die Korngrößenanalyse der Straßenstaubproben ergab, daß bei der Zusammensetzung äolisch verfrachteter Boden einen dominanten Bestandteil gegenüber mehr oder weniger vorhandenen bodenfremden Verunreinigungen darstellte. Der Bodenparameteranteil kann demnach als Grundstoff oder Matrix von Straßenstäuben betrachtet werden und stellt gleichzeitig ein Anlagerungsmedium für schadstoffhaltige Verbindungen dar.

Die räumlich unterschiedliche Belastung der Straßenstaubproben mit schwermetallhaltigen Verunreinigungen spiegelte sich rein optisch schon in der Färbung der Proben wieder. Bei belasteten Proben war der Anteil dunkel gefärbter Inhaltsstoffe generell höher als bei relativ unbelasteten.

Das Ergebnis des Versuchs, die dunkel gefärbten Bestandteile von der Bodenmatrix mit Hilfe einer elektrostatisch aufgeladenen Folie zu trennen, ergab bei der Betrachtung unter dem Mikroskop amorphe, dominant schwarze Partikel, vermutlich Ruß, Reifenabrieb (Gummiteile) und Teerteilchen aus dem Straßenbelag sowie einige Metallflitter.

Der metallische Anteil an Verunreinigungen wurde unter Ausnutzung seiner magnetischen Eigenschaft mittels Magnetrührer aus der Straßenstaubprobe isoliert, anschließend unter dem Mikroskop betrachtet und zusätzlich einer chemischen Analyse unterzogen.

Die abgetrennten Metallteilchen traten dabei in zwei unterschiedlichen Modifikationen auf (Abb. 2). Zum einen waren amorphe, bereits mit einer Oxidschicht überzogene Teilchen, zum anderen kugelförmige, mit glänzender Oberfläche ausgestattete Metallteilchen zu erkennen. Sie stammen mit großer Wahrscheinlichkeit aus dem Abrieb von Kfz-Bremsscheiben, da beim Bremsvorgang hohe Temperaturen den Bremsscheibenabrieb zum Schmelzen und damit in Kugelform bringen.

Die chemische Analyse der aus dem Straßenstaub abgetrennten Metalle ergab, daß sie zu rund 98 % aus Eisen mit einem Spurenanteil von Nickel, Kupfer, Mangan, Blei und Zink bestehen. Cadmium, Kobalt und Chrom lagen unterhalb der Nachweisgrenze.

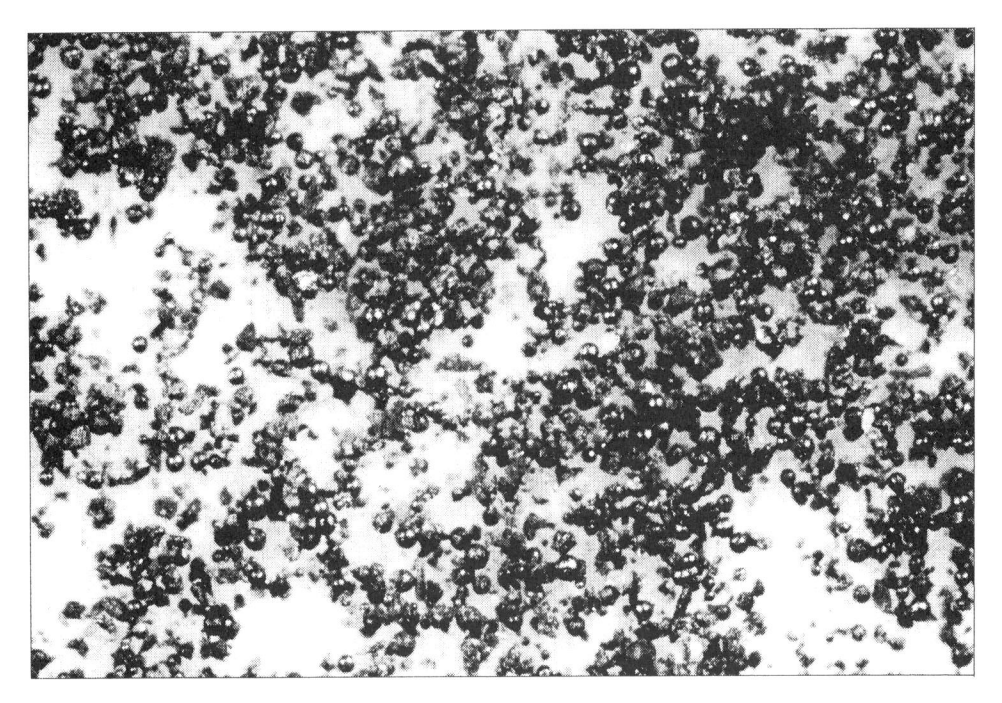

Abbildung 2: Aus Straßenstäuben abgetrennte Metallteilchen, Korngrößenfraktion < 63 μm (uBK = 3 mm)

3.2. Darstellung der Ergebnisse aus der Straßenstaubanalyse - Bewertungsansatz

Für Schwermetallgehalte in Straßenstäuben gibt es keine Grenzwerte. Das Übertragen vorhandener Grenzwerte auf das Medium Straßenstaub erschien wegen dessen Komplexität und seiner mannigfaltigen Transmissionsmöglichkeiten denkbar ungeeignet.

Gerade aber die Überlegung, daß Straßenstäube über ihre Transmissionsmöglichkeiten unmittelbaren Einfluß auf den Zustand von Wasser, Luft und Boden nehmen können, legten eine Bewertung nahe. Bei der Darstellung der Meßergebnisse in den folgenden Diagrammen wurden die Grenzwerte der Klärschlammverordnung für Feinboden (BMU 1992) berücksichtigt. Dies geht auf eine Reihe praktischer Gründe und Überlegungen zurück:

Zur besseren Übersicht wurden die Meßergebnisse jeweils in vier Belastungsstufen eingeteilt. Stufe A stellt die Werte unterhalb des "Grenzwertes" dar. Die Stufen B, C und D wurden nach auftretenden Häufigkeitsgruppen gebildet.

Die in den Abbildungen der räumlichen Verteilung der Schwermetallgehalte dargestellte Balkenhöhe bleibt dabei aber den quantifizierten Schwermetallgehalten direkt proportional.

Die im Stadtumland entnommenen Proben überschritten nur in sehr wenigen Fällen und unwesentlich die Grenzwerte der Klärschlammverordnung. Auf der Idealvorstellung, daß solche Werte auch innerhalb der Stadt erstrebenswert sein sollten, beruht die Orientierung an diesen "Grenzwerten". Die dargestellten Meßergebnisse müssen bei der Bewertung unter folgenden Prämissen betrachtet werden:

a) Die Grenzwerte der Klärschlammverordnung für Feinboden in die quantitative Abstufung der Meßergebnisse einfließen zu lassen geschah nicht mit der Absicht, Straßenstaub und Boden gleichsetzen zu wollen; es besteht lediglich eine nahe Verwandtschaft bezüglich der Zusammensetzung. Außerdem ist durch die Auswehung von Straßenstaub in angrenzende Böden wahrscheinlich das größte Gefahrenpotential aller Transmissionsmöglichkeiten gegeben.

b) Die verwendeten Grenzwerte der Klärschlammverordnung sind auf Feinboden, also auf die Korngrößen < 2 mm, bezogen. Die vorliegenden Straßenstaubmeßergebnisse hingegen beziehen sich nur auf die Korngrößen < 0,063 mm (Schluff- und Tonfraktion). In der Sandfraktion ist eine Schwermetallanreicherung zwar kaum zu erwarten, der rechnerische Schwermetallgehalt der Straßenproben aber würde bei Berücksichtigung der, wenn auch geringen Sandfraktion, einen Trend zu niederen Meßergebnissen erfahren.

3.3 Quantitäten und räumliche Verteilung von Blei, Cadmium, Zink und Kupfer

Die Analysenwerte von Chrom und Kobalt übersteigen nicht die geogenen Schwermetallgehalte. Daher wird auf eine Behandlung verzichtet.

Die räumliche Verteilung der einzelnen Elementgehalte wird nur im Falle von Blei, Zink, Cadmium, Kupfer und Nickel diskutiert, da besonders die vier erstgenannten Elementgehalte die räumliche Belastungssituation des Untersuchungsgebiets zum Ausdruck bringen.

Tabelle 1: Minimal- und Maximalgehalte der Straßenstaubschwermetallfraktionen

	< "Grenzwert" A		Belastungsstufe B		Belastungsstufe C		Belastungsstufe D	
	Min [mg/kg]	Max [mg/kg]	Min [mg/kg]	Max [mg/kg]	Min [mg/kg]	Max [mg/kg]	Min [mg/kg]	Max [mg/kg]
Pb	13,4	97,3 (100)	112	496	523	784	987	1585
Cd	*	1,5 (1,5)	1,9	6	6,3	8,8	9,17	11,9
Zn	96,4	183 (200)	272	589	641	919	1004	3452
Cu	5,8	52,3 (60)	63,9	194	201	294	301	1074
Ni	14,6	48,7 (50)	52,2	96,9				

* = unterhalb der Nachweisgrenze
(60) = Bodengrenzwert AbfKlärV

4. Auswertung der Ergebnisse

4.1 Raummerkmale der auftretenden Schwermetallgehalte

a) Die räumliche Verteilung unterschiedlich hoher Schwermetallgehalte im Straßenstaub gab kein zufälliges Muster wider. Ein allgemeiner Anstieg der Werte vom Umland hin zur Stadt war deutlich erkennbar. Die höchsten Schwermetallgehalte kamen in jenem Stadtgebiet vor, welches in etwa vom Dreieck Stuttgarter Straße -Steinlach - Neckar eingeschlossen wird (Abb. 6).

Es handelt sich dabei um ein von den großen Ein- und Ausfallsstraßen sowie der Eisenbahnlinie durchzogenes Gebiet. Dazu kommt eine relativ kleingekammerte Bebauung mit der Folge eines schlechten horizontalen Luftaustauschs. Die Durchlüftung nimmt bei der Akkumulation von Schadstoffen eine tragende Rolle ein. Dies wird deutlich beim Vergleich mit den Schwermetallgehalten von Meßstellen an Hauptverkehrswegen (z.B. Proben 50, 42, 27, 17), die durch ihre nahe Lage zum Umland oder zu mehr aufgelockert bebauter Umgebung bessere Durchlüftungsmöglichkeiten bieten. Der Abtransport anfallender Emissionen mit dem Wind sowie die ungehinderte Einwehung und Einschwemmung von relativ unbelastetem "Bodenmaterial" aus der Umgebung sorgen hier für einen "Verdünnungseffekt".

Zusätzlich sind weite Teile des am stärksten belasteten Raumes als Gewerbegebiet ausgewiesen, so daß Schwermetalle, die bei Verarbeitungsprozessen freigesetzt wurden, durchaus Anteil an der hohen Belastung dieses Raumes haben konnten.

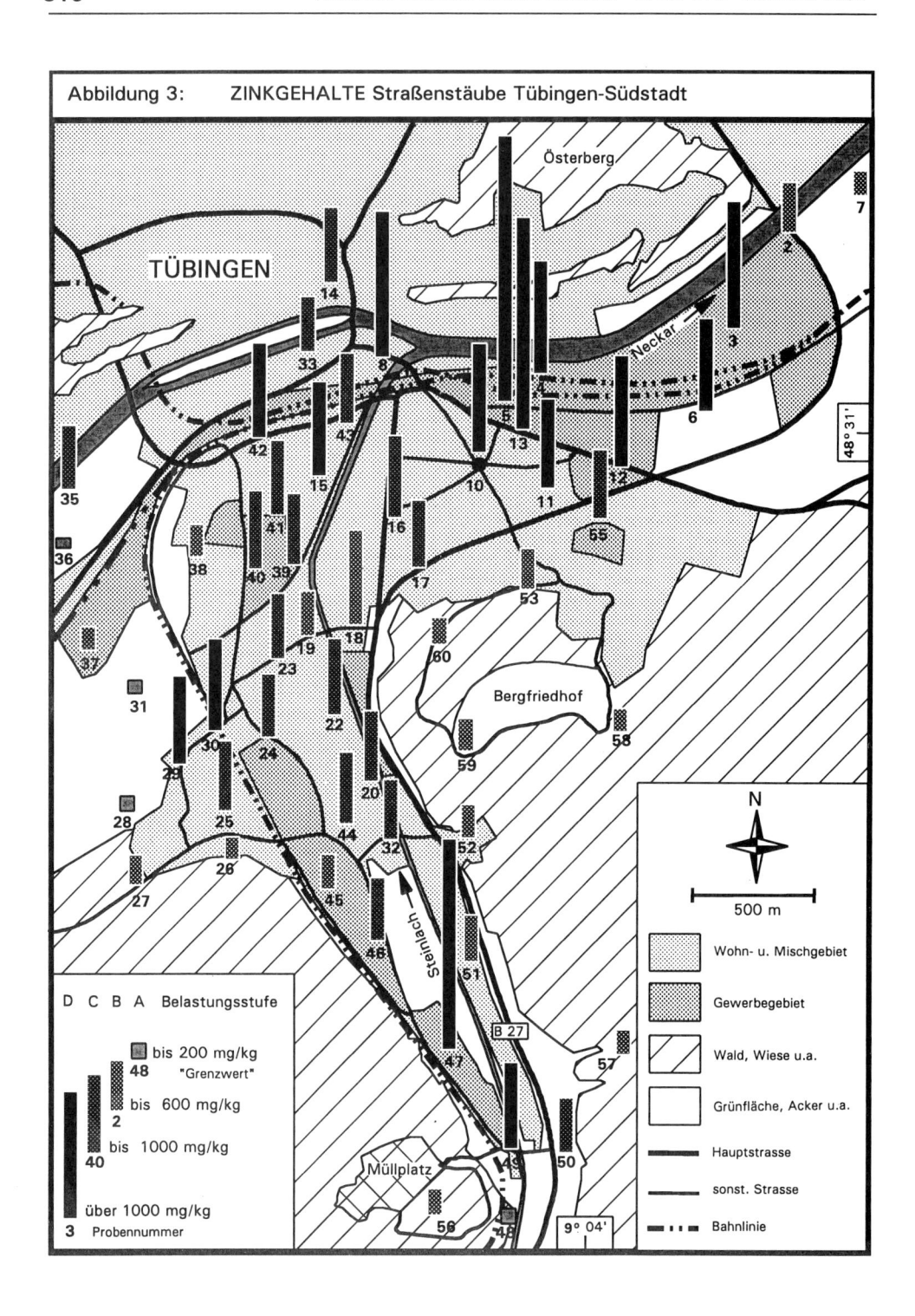

Abbildung 3: ZINKGEHALTE Straßenstäube Tübingen-Südstadt

b) Bei den Elementen Zink und Kupfer traten auch außerhalb des genannten Gebietes lokal Spitzenschwermetallgehalte auf. Im Falle von Zink lehnten sich die Spitzen der Zinkgehalte stets an die als Gewerbegebiet ausgewiesenen Flächen an. Der Grund dafür war auf die dort ansässigen Verzinkereien zurückzuführen.

Die Zuordnung der räumlichen Belastungssituation zu einem Emittenten gestaltet sich im urbanen Raum jedoch selten eindeutig. Viele sich überlagernde Einflüsse spielen eine Rolle. Außer den oben angedeuteten Parametern zur Physiognomie der Stadt und den meso- wie mikroklimatischen Verhältnissen, schlagen eine Vielzahl von anthropogenen Eintragsmöglichkeiten an jedem beliebigen Punkt zu Buche.

Am Beispiel Zink (Abb. 3) wurde sichtbar, daß die Emittentengruppe Gewerbe einer relativ hohen Grundbelastung anderer Ursache nur noch die Spitzen aufsetzte. Bei Kupfer, dessen Verteilungsmuster sich zwar an das der Zinkverteilung anlehnte, waren weitere, nicht direkt zuordenbare, Differenzierungen zu erkennen. Das Erscheinungsbild der Cadmiumverteilung ähnelte wiederum stark der Bleiverteilung (Abb. 4).

Die statistische Auswertung der Schwermetallgehalte ergab:

Von den sieben bestimmten elementspezifischen Schwermetallgehalten trugen allein die Blei- und Zinkwerte im Mittel zu 80 % der Gesamtmenge bei. Blei und Zink gehören mit Cadmium zum Trio der verkehrsspezifischen Schwermetalle (KASPEROWSKI & FRANK 1989). Als "Leitelement" verkehrsbedingter Schwermetallbelastung wurde von Blei ausgegangen (vergl. MÜLLER & MEURER 1993), welches über das dem Benzin als Antiklopfmittel beigefügtes Bleitetraethyl in die Umwelt gelangt. Heute, im Jahre 1996, nach nahezu kompletter Umstellung auf bleifreies Benzin, ist fraglich, ob Blei für eine derartige Ableitung noch eingesetzt werden könnte. Die hohen Korrelationskoeffizienten von Zink und Cadmium mit Blei (Pb - Zn: $r = 0,73$; Pb-Cd: $r = 0,7$) gegenüber den anderen Schwermetallen im Untersuchungsgebiet bestätigten ihre verkehrsspezifische Zusammengehörigkeit. Die hohe Grundbelastung von Zink und Cadmium durfte folglich mit hoher Wahrscheinlichkeit auf den Emittenten Verkehr zurückgeführt werden. Die nahezu identischen Raummuster von Cadmium und Blei bestätigten ebenfalls diese Annahme.

Die Raumstruktur der Zinkgehalte zeigte hingegen die oben beschriebene Abweichung vom Blei/Cadmium-Muster sowie eine Verwandtschaft mit der räumlichen Verteilung von Kupfer. Die Korrelationskoeffizienten von Cadmium und Zink ($r = 0,5$) und Zink - Kupfer ($r = 0,8$) spiegeln diese Raummerkmale wider. Für die hohe Grundbelastung von Zink mußte zwar der Verkehr verantwortlich gemacht werden, als ausschlaggebend für das abweichende Raummuster konnte, nach Lage der Spitzenbelastungen, jedoch nur der Emittent Gewerbe steuernder Faktor sein.

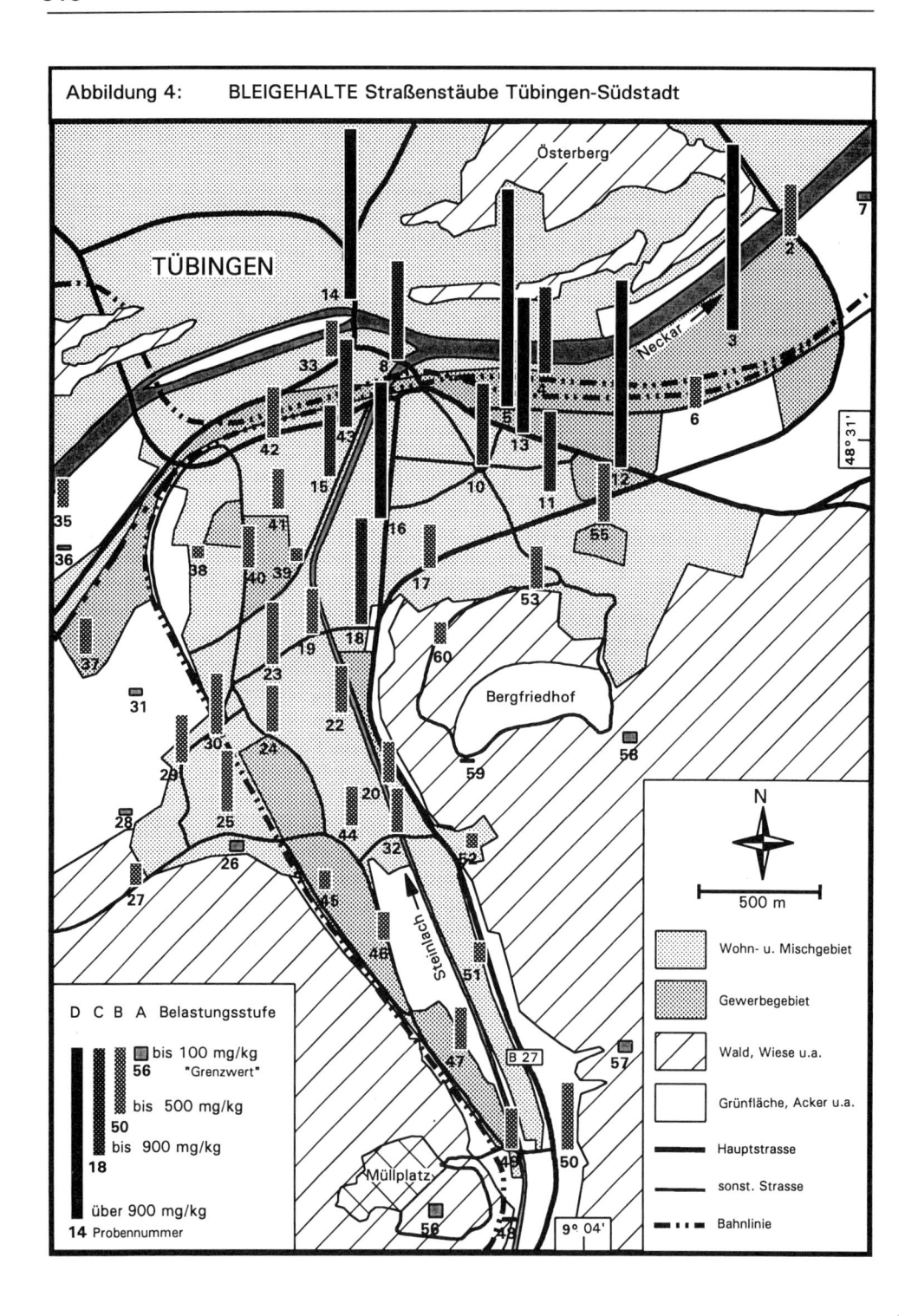

Abbildung 4: BLEIGEHALTE Straßenstäube Tübingen-Südstadt

Für Kupfer galt, ähnlich dem Zink, daß der Verkehr, obwohl von größtem Einfluß (Korrelation Blei - Kupfer, r = 0,8), nicht unbedingt die Emissionsquelle war, die das Erscheinungsbild des Raummusters verursachte.

4.2 Der geogene Einfluß am Beispiel der räumlichen Verteilung der Nickelgehalte

Der im Straßenstaub dominant vertretene Bodenparameteranteil nimmt auf den Schwermetallgehalt der Straßenstaubprobe in dem Maße Einfluß, wie hoch seine geogene Hintergrundbelastung (Tab. 2) an Schwermetallen ist. Die Tübinger Südstadt selbst ist größtenteils auf den Auenlehmen des Neckars und der Steinlach gelegen. Alle Gesteinsserien, die oberhalb Tübingens und dort selbst durchflossen werden, bestimmen dabei die Zusammensetzung der Auenlehme. Von größter Bedeutung sind daneben die im näheren Umland der "Südstadt" anstehenden Gesteinsserien des Keupers und untersten Juras, mehr oder weniger überdeckt von periglazialen Schuttdecken aus Lößlehm sowie lößhaltigen Schuttdecken mit Keuper- und Jurasubstraten (SCHMIDT 1980).

Eine 4-stufige Darstellung der Nickelwerte (Abb. 5) auf der Grundlage der geologischen Karte war bei den relativ geringen Nickelgehalten nicht mehr als sinnvoll anzusehen. Eine Differenzierung per "Grenzwert" erfolgte nur noch der besseren Übersichtlichkeit wegen. Von der räumlichen Verteilung her lehnten sich die höchsten Nickelgehalte zwar an das schon durch Spitzenwerte bekannte Stadtgebiet an, was die Ableitung eines Einflusses durch stadtbezogene Emissionen erlaubte; das Gehaltsgefälle zwischen Umland- und Stadtproben zeigte sich jedoch viel weniger ausgeprägt als bei den anderen bisher betrachteten Schwermetallen. Die Nickelsituation belegte außerdem an vielen Stellen, daß bei relativ geringen anthropogenen Einträgen der geogene Schwermetallanteil insgesamt der Bestimmende werden konnte.

Die Verhältnisse am Umland-Probenpunkt 56 machen dies in beispielhafter Weise transparent: Der geologischen Karte ist zu entnehmen, daß diese Straßenstaubentnahmestelle im Übergang vom Knollenmergel (km5) zum Lias α (lα) zu liegen kommt. Böden aus diesen Ausgangsgesteinen weisen im Schnitt die höchsten geogenen Nickelgehalte im Untersuchungsgebiet auf (vergl. Tab. 2).

Die beprobte Straße bot zudem optimale Einschwemmungsmöglichkeiten für Bodenmaterial aus den angrenzenden Wiesen. Das Beispiel verdeutlicht, daß der geogene Faktor unter bestimmten Voraussetzungen das Raummuster entsprechend beeinflussen kann. Eine Faktorenanalyse der Nickelmeßwerte mit denen von PB, Zn, Cu und Cd ergaben keinen offensichtlichen Zusammenhang, wodurch die hohe geogene Nickelherkunft zusätzlich unterstrichen wurde.

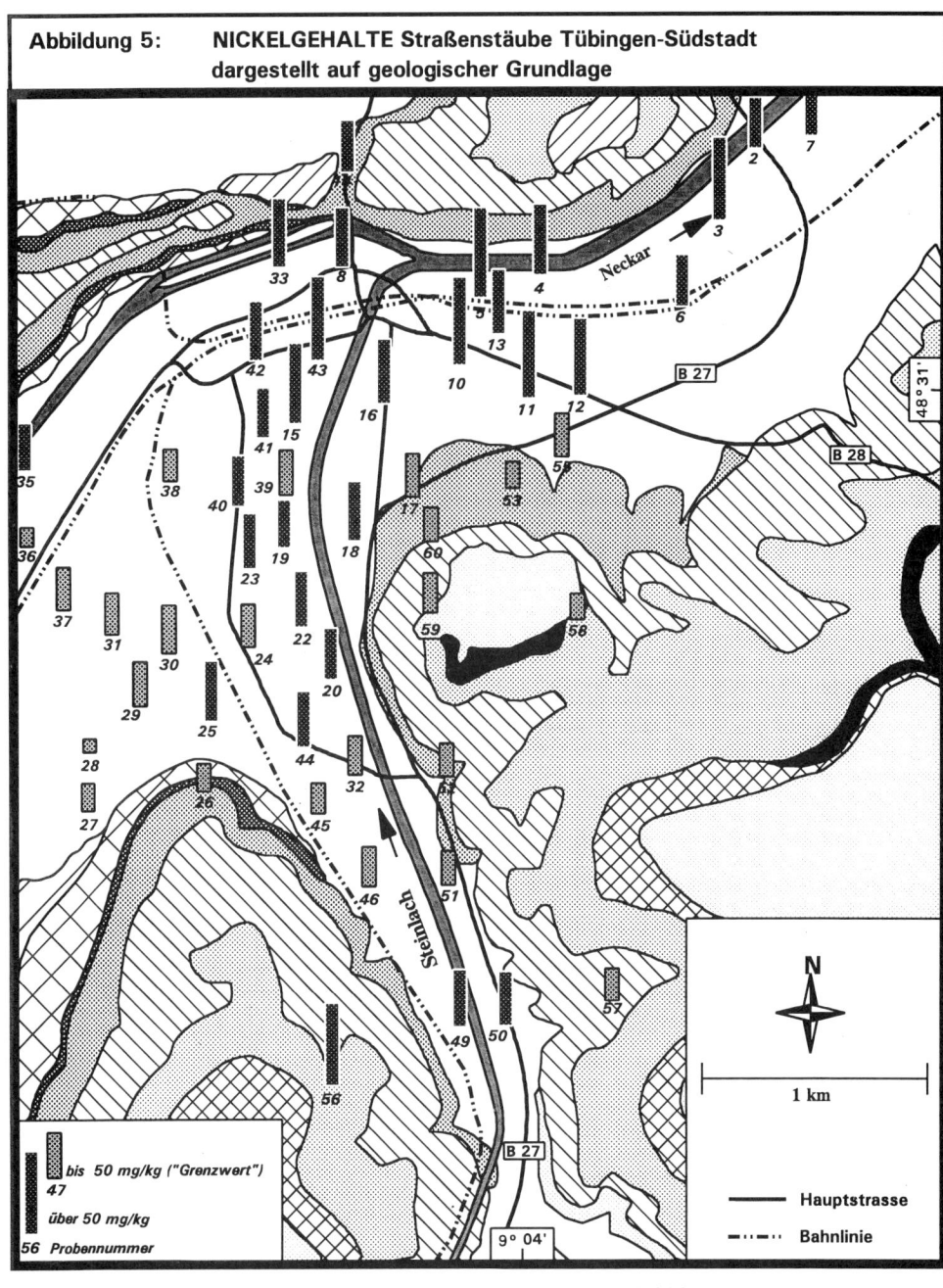

Abbildung 5: NICKELGEHALTE Straßenstäube Tübingen-Südstadt dargestellt auf geologischer Grundlage

Grundlage: Geologische Karte von Tübingen und Umgebung 1 : 50 000
herausgegeben vom Geologischen Landesamt Baden-Württemberg 1969

Tabelle 2: Schwermetallgehalte von Böden aus verschiedenen Ausgangsgesteinen

AUSGANGSGESTEINE		BODENGEHALTE	80 % d.Beob. (mg/kg Feinboden)
Sandsteine (Keuper)[1]	ko (Rät) km2 (Schilfsandstein) km4 (Stubensandstein)	Zink Kupfer Nickel Blei Chrom	13,8 - 57,5 1,3 - 9,9 2,1 - 29,0 4,5 - 42,5 6,1 - 33,8
Tonsteine (Keuper)[1]	km1 (Gipskeuper) km3 (Bunte Mergel) km5 (Knollenmergel)	Zink Kupfer Nickel Blei Chrom	36,3 - 65,1 17,2 - 94,7 24,6 - 60,7 6,4 - 45,4 33,3 - 74,3
Tonsteine (Jura)[1]	lα (Lias α)	Zink Kupfer Nickel Blei Chrom	62,7 - 164,5 15,0 - 65,0 32,2 - 142,0 16,0 - 52,6 30,8 - 72,0
	lö (Löß und Lehm)[1]	Zink Kupfer Nickel Blei Chrom	37,0 - 78,0 8,8 - 23,0 16,0 - 42,0 15,0 - 42,7 21,0 - 49,0
	Ablagerungen der Talauen[2]	Zink Kupfer Nickel Blei Chrom	64,7 - 141,6 19,5 - 37,2 17,4 - 53,1 22,6 - 55,9 20,8 - 38,5
	Hangschuttdecken des Keupers[3]	Zink Kupfer Nickel Blei Chrom	13,0 - 58,1 5,0 - 33,4 3,1 - 40,9 17,1 - 57,9 14,2 - 46,7
	Ältere Flußschotter		keine Daten verfügbar

Daten: [1] Landesanstalt für Umweltschutz 1994
[2] unveröff. Forschungsbericht der Stadt Tübingen: Pfeffer et al. 1991
[3] eigene unveröff. Untersuchungen

4.3 Gesamtschwermetallbelastung der Tübinger Südstadt

Mit der Darstellung der Gesamtschwermetallbelastung (Abb. 6), repräsentiert durch die Elemente Pb, Zn, Cd, Cu und Ni, wurde der Versuch unternommen, per Interpolation zwischen den einzelnen Probepunkten, unter Zuhilfenahme von Vielfachen der jeweils elementspezifischen "Grenzwertüberschreitungen", einen räumlichen Gesamteindruck der Belastungsstruktur zu skizzieren.

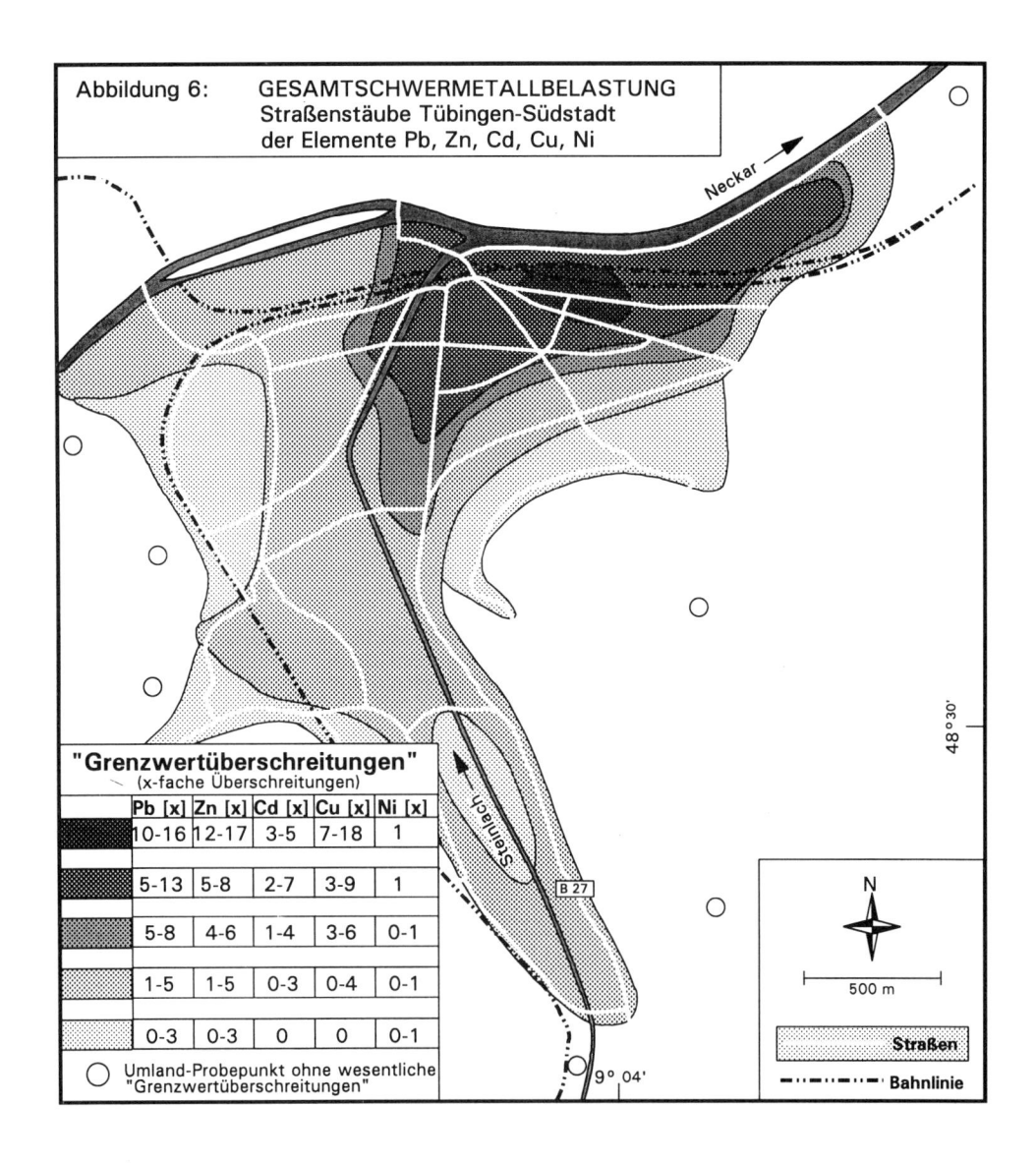

Abbildung 6: GESAMTSCHWERMETALLBELASTUNG
Straßenstäube Tübingen-Südstadt
der Elemente Pb, Zn, Cd, Cu, Ni

"Grenzwertüberschreitungen"
(x-fache Überschreitungen)

	Pb [x]	Zn [x]	Cd [x]	Cu [x]	Ni [x]
	10-16	12-17	3-5	7-18	1
	5-13	5-8	2-7	3-9	1
	5-8	4-6	1-4	3-6	0-1
	1-5	1-5	0-3	0-4	0-1
	0-3	0-3	0	0	0-1

○ Umland-Probepunkt ohne wesentliche "Grenzwertüberschreitungen"

Straßen
— · · — · · — Bahnlinie

4.4 Pflanzenverfügbarkeit und Mobilität der Schwermetalle in Straßenstäuben

Straßenstäube können in der Stadt auf unterschiedliche Weise auch auf Gartenböden zur Deposition gelangen; die Frage nach der Pflanzenverfügbarkeit ihrer Schadstofffracht ist daher von Bedeutung.

Mit zunehmender Belastungsstufe wuchs im Mittel aller Proben die Pflanzenverfügbarkeit bzw. Mobilität der Schwermetallfraktion einer Straßenstaubprobe an. Am Beispiel von Zink ist dies im nachfolgenden Diagramm dargestellt. Es ist abzuleiten, daß die Ursache des beobachteten Verhaltens in einem höheren Anteil an anthropogenen, nur schwach oder gar nicht gebundenen Verunreinigungen zu suchen war, die von der EDTA-Lösung leichter komplexiert werden konnten.

Für die Pflanzenverfügbarkeit der im EDTA-Aufschluss nachweisbaren Schwermetalle ergab sich - gemittelt über alle Werte - die Reihenfolge: Cd > Pb > Zn/Cu. Dies zeigte nichts anderes als den allgemeinen Trend der chemischen Löslichkeit oder Mobilität der Schwermetallionen an. Die Elemente Ni, Co und Cr konnten im EDTA-Aufschluß nicht mehr oder nur mit extrem niederen Gehalten nachgewiesen werden, was nachdrücklich deren hohe geogene Herkunft unterstreicht.

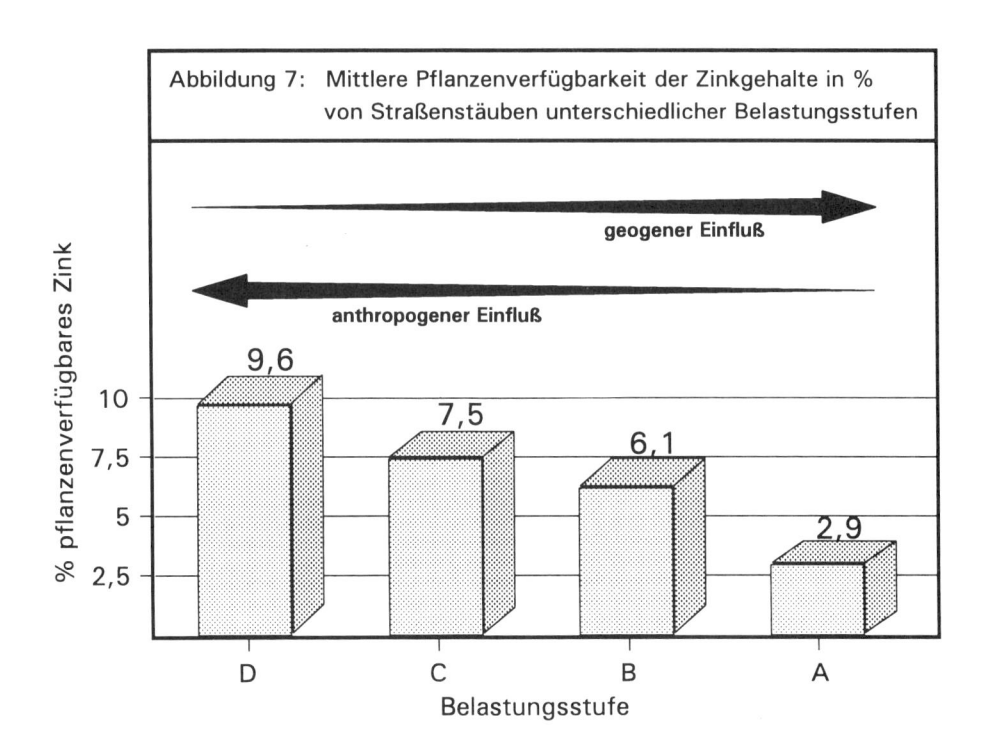

Abbildung 7: Mittlere Pflanzenverfügbarkeit der Zinkgehalte in % von Straßenstäuben unterschiedlicher Belastungsstufen

4.5 Verifizierung des Belastungsmusters durch die organische Substanz

Die Bestimmung der organischen Substanz in den untersuchten Straßenstäuben ergab eine Spanne der Werte zwischen rund 2 und 20 %.

Bei der Bestimmung der organischen Substanz nach der Lichterfelder-Methode werden alle kohlenstoffhaltigen Verbindungen in ihrer Gesamtheit erfaßt; eine Differenzierung nach ihrer Art oder Herkunft ist dabei generell nicht möglich.

Die Beziehung zwischen organischer Substanz und Schwermetallgehalten konnte jedoch anhand ihrer gegenseitigen räumlichen Verteilung zum Ausdruck gebracht werden. Über alle Proben der jeweiligen Belastungsstufen A-D gemittelt, nahm mit steigendem Schwermetallgehalt auch der Kohlenstoffanteil bzw. die organische Substanz zu (Abb. 8).
Das gewonne Immissionsraummuster erfuhr damit zusätzliche Bestätigung. Bei den verschiedenen Prozessen, bei denen Schwermetalle freigesetzt werden, wird nämlich zugleich fast immer auch organische Substanz gebildet, die entweder selbst schwermetallhaltig sein kann oder als Begleitstoff mit in die Umwelt gelangt.

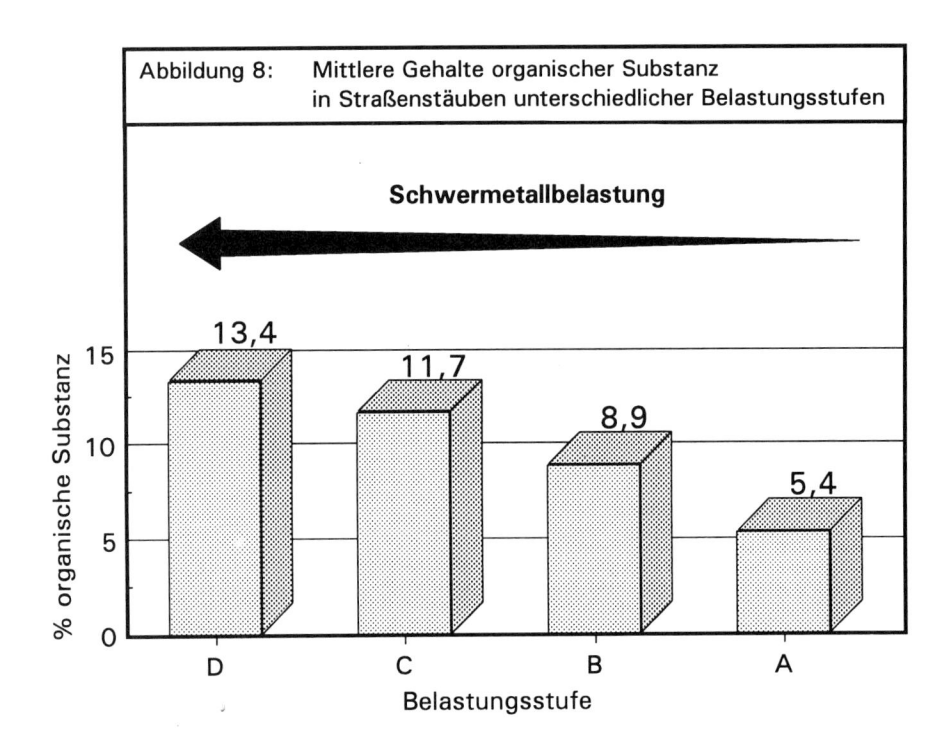

Abbildung 8: Mittlere Gehalte organischer Substanz in Straßenstäuben unterschiedlicher Belastungsstufen

5. Vergleich der Ergebnisse aus Straßenstaubanalyse und Moss-Bag-Monitoring

Die Ergebnisse der chemischen Analysen der im Untersungsgebiet exponierten Moss-Bags bestätigten die schon mit Hilfe der Straßenstaubanalyse abgeleitete lokale Differenzierung bezüglich der quantitativen und qualitativen Schwermetallverteilung im Untersuchungsraum.

Sicherlich konnte eine Übereinstimmung nicht an allen Punkten beobachtet werden, da die Expositionsbedingungen (lokale Windströmungen, unterschiedliche Abschirmung gegenüber Niederschlägen, unterschiedliche Entfernung von der Straße, etc.) weniger gut standardisierbar waren als der Entnahmevorgang bei den Strassenstäuben. Erschwerend kam auch die unvermeidbare Verlustrate von exponierten Moss-Bags hinzu, die zu "Löchern" im Untersuchungsraster führte.

Wie erstaunlich kongruent sich trotzdem Straßenstaub- und Moss-Bag-Werte, bezogen auf die quantitativ-räumliche Verteilung, darstellten kann dem Beispiel der vergleichenden Zinkwerte (Abb. 9) entnommen werden.

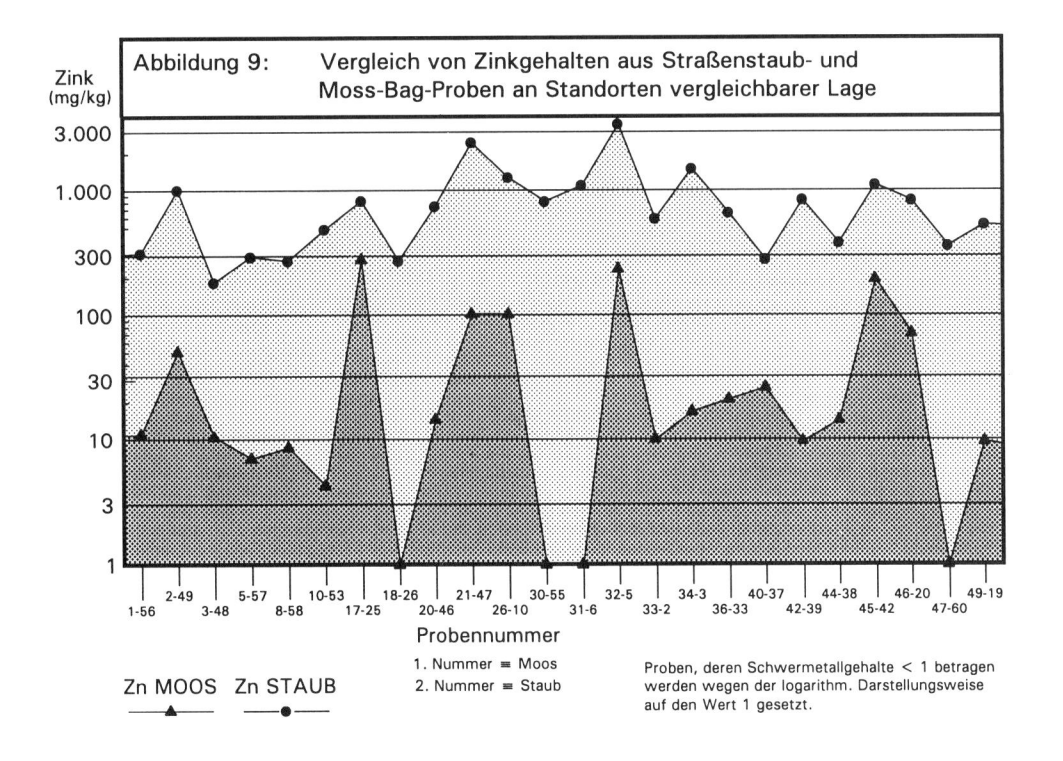

Abbildung 9: Vergleich von Zinkgehalten aus Straßenstaub- und Moss-Bag-Proben an Standorten vergleichbarer Lage

1. Nummer ≡ Moos
2. Nummer ≡ Staub

Proben, deren Schwermetallgehalte < 1 betragen werden wegen der logarithm. Darstellungsweise auf den Wert 1 gesetzt.

In den Extrempunkten zeigten sich die vergleichenden Kurvenverläufe der jeweiligen Schwermetallelemente mit nur wenigen Ausnahmen identisch; und dies obwohl die Gehaltsdimensionen der Moss-Bag-Werte grob zwei Zehnerpotenzen unter denen der Straßenstaubwerte lagen.

Tabelle 3: Minimal- und Maximalgehalte der Moss-Bag-Schwermetallfraktionen

	Pb	Zn	Cd	Cu	Ni
Min [mg/kg] TS	1	*	*	0,5	*
Max [mg/kg] TS	57,7	279,5	*	63,6	5,5

* = unterhalb der Nachweisgrenze

Cadmium, dessen Analysenwerte schon bei den Straßenstaubproben im untersten mg-Bereich rangierten, konnte bei der Methode des Moss-Bag-Monitorings wegen Erreichens der Nachweisgrenze bei der Flammen-AAS nicht mehr quantifiziert werden.

6. Fazit aus dem Methodenvergleich und Ausblick

Am Falle des Cadmiums wird der wohl wichtigste Vorteil der Straßenstaubanalyse gegenüber dem Biomonitoring offensichtlich: Schadelemente, die nur in geringen absoluten Mengen in die Umwelt gelangen, dort aber bereits in diesen Dosen als gefährlich eingeschätzt werden (z.B.: Cd, Hg, As), können mit der Methodik des passiven Biomonitoring und "einfacherer" Analytik oft nicht mehr erkannt bzw. quantifiziert werden. Selbst gegenüber dem Bergerhoff-Verfahren, sowie auch gegenüber automatischen Luftprobennehmern, bietet die Straßenstaubanalyse den Vorteil stets ausreichender Probenmenge. Die Quantifizierung von schadstoffhaltigen Proben aus den aufgefangenen Stäuben des Bergerhoff-Gefäßes oder den Filtern von Luftprobennehmern ist durch die meist geringe aufgefangene oder ausgefilterte Menge, ähnlich der Moss-Bag-Methode, analytisch sehr erschwert.

Als Alternative für Verfahren zur Probenahme von luftbürtigen Feststoffen kann die Straßenstaubanalyse allerdings nur bei bestimmten Fragestellungen in Erwägung gezogen werden. Sollen Staubeinträge und ihre Inhaltsstoffe in Menge pro Flächeneinheit oder Volumen und einem bestimmten Zeitraum quantifiziert werden, stellt die Straßenstaubanalyse sicherlich nicht die geeignete Methode dar. Bei der Ermittlung einer qualitativ/quantitativen Immissions-Belastungs-Struktur im städtischen Raum jedoch kann die Straßenstaubanalyse unter vergleichbar geringerem Aufwand, Kosten und analytischen Problemen zu einer aussagekräftigen Alternative werden.

7. Literatur

BECK, R., BURGER, D. & PFEFFER, K.-H. (1995): Laborskript. Ein Handbuch für die Benutzer der Laboratorien der physischen Geographie der Universität Tübingen.- Kleinere Arbeiten aus dem Geographischen Institut der Universität Tübingen, H. 11, 2. erweiterte Auflage.

BMU (1992): Klärschlammverordnung v. 15.04.1992 BGBL, 1992, Teil I

GUTBERLET, J. (1990): Industrieproduktion und Umweltzerstörung im Wirtschaftsraum Cubatao/Sao Paulo (Brasilien). Eine Fallstudie zur Erfassung und Beurteilung ausgewählter sozio-ökonomischer und ökologischer Konflikte unter besonderer Berücksichtigung der atmosphärischen Schwermetallbelastung.- Tübinger Geographische Studien, H. 106; Geographisches Institut der Universität Tübingen.

GOODMAN, G.T., SMITH, S., PARRY, G.D.R. & INSKIP, M.J. (1974): The use of mossbags as deposition gauges for airborne metals.- Proc. 41st. Conf. Nat. Soc. for Clean Air, Brighton U.K..

KASPEROWSKI, E., FRANK, E. ET AL. (1989): Boden- und Vegetationsuntersuchungen im Bereich der Scheitelstrecke der Tauernautobahn.- Monographie des Umweltbundesamtes/Wien, Monographien, Bd. 15. Wien.

LFU (1994): Schwermetallgehalte in Böden aus verschiedenen Ausgangsgesteinen Baden-Württembergs.- Materialien zum Bodenschutz Band 3.

LITTLE, P. & MARTIN, M.H. (1974): Biological monitoring of heavy metal pollution.- Environ. Poll., (6); S. 1-19.

MÜLLER, H.-N. & MEURER, M. (1993): Blei als Indikator verkehrsbedingter Belastungen im Stadtökosystem.- Petermanns Geographische Mitteilungen, 137, 1993/1, pp. 13-31.

PFEFFER, K.-H. ET AL. (1991): Schadstoffe in der Tübinger Südstadt.- Forschungsbericht vom 15.04.1991 im Auftrag der Stadt Tübingen (unveröff.).

RUCK, A. (1990): Bodenaufnahme durch Kleinkinder.- Bodenschutz 3520, S. 1-22.

SCHMIDT, M. (1980): Erläuterungen zur Geologischen Karte von Baden-Württemberg 1 : 25000, Bl. 7420 Tübingen.- 2. Auflage. Stuttgart.

VDI (1972): Kenngrößen für das Bergerhoff-Verfahren für Partikelniederschlagsmessungen; VDI-Richtlinie 2119 (2.).

Rolf Beck
Geographisches Institut
Universität Tübingen
Hölderlinstraße 12
72074 Tübingen

Tübinger Geographische Studien
(Lieferbare Titel)

Heft 1	M. König:	Die bäuerliche Kulturlandschaft der Hohen Schwabenalb und ihr Gestaltswandel unter dem Einfluß der Industrie. 1958. 83 S. Mit 14 Karten, 1 Abb. u. 5 Tab. 2. Aufl. 1991, im Rems-Murr-Verlag, Remshalden (ISBN 3-927981-07-9) **DM 34,-**
Heft 2	I. Böwing-Bauer:	Die Berglen. Eine geographische Landschaftsmonographie. 1958. 75 S. Mit 15 Karten. 2. Aufl. 1991, im Natur-Rems-Murr-Verlag, Remshalden (kartoniert: ISBN 3-927981-05-2) **DM 34,-** (broschiert: ISBN 3-927981-06-0) **DM 34,-**
Heft 3	W. Kienzle:	Der Schurwald. Eine siedlungs- und wirtschaftsgeographische Untersuchung. 1958. Mit 14 Karten u. Abb. 2. Aufl. 1991, im Natur-Rems-Murr-Verlag, Remshalden (kartoniert: ISBN 3-927981-08-7) **DM 34,-** (broschiert: ISBN 3-927981-09-5) **DM 34,-**
Sbd. 1	A. Leidlmair: (Hrsg.):	Hermann von Wissmann – Festschrift. 1962. Mit 68 Karten u. Abb., 15 Tab. u. 32 Fotos **DM 29,-**
Heft 12	G. Abele:	Die Fernpaßtalung und ihre morphologischen Probleme. 1964. 123 S. Mit 7 Abb., 4 Bildern, 2 Tab. im Text u. 1 Karte als Beilage. **DM 8,-**
Heft 13	J. Dahlke:	Das Bergbaurevier am Taff (Südwales). 1964. 215 S. Mit 32 Abb., 10 Tab. im Text u. 1 Kartenbeilage **DM 11,-**
Heft 16	A. Engel:	Die Siedlungsformen in Ohrnwald. 1964. 122 S. Mit 1 Karte im Text u. 17 Karten als Beilagen **DM 11,-**
Heft 17	H. Prechtl:	Geomorphologische Strukturen. 1965. 144 S. Mit 26 Fig. im Text u. 14 Abb. auf Tafeln **DM 15,-**
Sbd. 2	M. Dongus:	Die Agrarlandschaft der östlichen Poebene. 1966. 308 S. Mit 42 Abb. u. 10 Karten **DM 40,-**
Heft 21	D. Schillig:	Geomorphologische Untersuchungen in der Saualpe (Kärnten). 1966. 81 S. Mit 6 Skizzen, 15 Abb., 2 Tab. im Text und 5 Karten als Beilagen **DM 13,-**
Heft 23	C. Hannss:	Die morphologischen Grundzüge des Ahrntales. 1967. 144 S. Mit 5 Karten, 4 Profilen, 3 graph. Darstellungen. 3 Tab. im Text u. 1 Karte als Beilage **DM 10,-**
Heft 24	S. Kullen:	Der Einfluß der Reichsritterschaft auf die Kulturlandschaft im Mittleren Neckarland. 1967. 205 S. Mit 42 Abb. u. Karten, 24 Fotos u. 15 Tab. 2. Aufl. 1991, im Natur-Rems-Murr-Verlag, Remshalden (ISBN 3-927981-25-7) **DM 42,-**
Heft 25	K.-G. Krauter:	Die Landwirtschaft im östlichen Hochpustertal. 1968. 186 S. Mit 7 Abb., 15 Tab. im Text u. 3 Karten als Beilagen **DM 9,-**

Heft 36 (Sbd. 4)	R. Jätzold:	Die wirtschaftsgeographische Struktur von Südtanzania. 1970. 341 S., Mit 56 Karten u. Diagr., 46 Tab. u. 26 Bildern. Summary **DM 35,–**
Heft 38	H.-K. Barth:	Probleme der Schichtstufenlandschaft West-Afrikas am Beispiel der Bandiagara-, Gambaga- und Mampong-Stufenländer. 1970. 215 S. Mit 6 Karten, 57 Fig. u. 40 Bildern **DM 15,–**
Heft 42	L. Rother:	Die Städte der Çukurova: Adana – Mersin – Tarsus. 1971. 312 S. Mit 51 Karten u. Abb., 34 Tab. **DM 21,–**
Heft 43	A. Roemer:	The St. Lawrence Seaway, its Ports and its Hinterland. 1971. 235 S. With 19 maps and figures, 15 fotos and 64 tables **DM 21,–**
Heft 44 (Sbd. 5)	E. Ehlers:	Südkaspisches Tiefland (Nordiran) und Kaspisches Meer. Beiträge zu ihrer Entwicklungsgeschichte im Jung- und Postpleistozän. 1971. 184 S. Mit 54 Karten u. Abb., 29 Fotos. Summary **DM 24,–**
Heft 45 (Sbd. 6)	H. Blume und H.-K. Barth:	Die pleistozäne Reliefentwicklung im Schichtstufenland der Driftless Area von Wisconsin (USA). 1971. 61 S. Mit 20 Karten, 4 Abb., 3 Tab. u. 6 Fotos. Summary **DM 18,–**
Heft 46 (Sbd. 7)	H. Blume (Hrsg.):	Geomorphologische Untersuchungen im Württembergischen Keuperbergland. Mit Beiträgen von H.-K. Barth, R. Schwarz und R. Zeese. 1971. 97 S. Mit 25 Karten u. Abb. u. 15 Fotos **DM 20,–**
Heft 48	K. Schliebe:	Die jüngere Entwicklung der Kulturlandschaft des Campidano (Sardinien). 1972. 198 S. Mit 40 Karten u. Abb., 10 Tab. im Text u. 3 Kartenbeilagen **DM 18,–**
Heft 50	K. Hüser:	Geomorphologische Untersuchungen im westlichen Hintertaunus. 1972. 184 S. Mit 1 Karte, 14 Profilen, 7 Abb., 31 Diagr., 2 Tab. im Text u. 5 Karten, 4 Tafeln u. 1 Tab. als Beilagen **DM 27,–**
Heft 51	S. Kullen:	Wandlungen der Bevölkerungs- und Wirtschaftsstruktur in den Wölzer Alpen. 1972. 87 S. Mit 12 Karten u. Abb. 7 Fotos u. 17 Tab. **DM 15,–**
Heft 52	E. Bischoff:	Anbau und Weiterverarbeitung von Zuckerrohr in der Wirtschaftslandschaft der Indischen Union, dargestellt anhand regionaler Beispiele. 1973. 166 S. Mit 50 Karten, 22 Abb., 4 Anlagen u. 22 Tab. **DM 24,–**
Heft 53	H.-K. Barth und H. Blume:	Zur Morphodynamik und Morphogenese von Schichtkamm- und Schichtstufenreliefs in den Trockengebieten der Vereinigten Staaten. 1973. 102 S. Mit 20 Karten u. Abb., 28 Fotos. Summary **DM 21,–**
Heft 54	K.-H. Schröder: (Hrsg.):	Geographische Hausforschung im südwestlichen Mitteleuropa. Mit Beiträgen von H. Baum, U. Itzin, L. Kluge, J. Koch, R. Roth, K.-H. Schröder und H.P. Verse. 1974. 110 S. Mit 20 Abb. u. 3 Fotos **DM 19,50**

Heft 56	C. Hanss:	Val d'Isère. Entwicklung und Probleme eines Wintersportplatzes in den französischen Nordalpen. 1974. 173 S. Mit 51 Karten u. Abb., 28 Tab. Résumé.	**DM 42,–**
Heft 57	A. Hüttermann:	Untersuchungen zur Industriegeographie Neuseelands. 1974. 243 S. Mit 33 Karten, 28 Diagrammen und 51 Tab. Summary	**DM 36,–**
Heft 59	J. Koch:	Rentnerstädte in Kalifornien. Eine bevölkerungs- und sozialgeographische Untersuchung. 1975. 154 S. Mit 51 Karten u. Abb., 15 Tab. und 4 Fotos. Summary	**DM 30,–**
Heft 60 (Sbd. 9)	G. Schweizer:	Untersuchungen zur Physiogeographie von Ostanatolien und Nordwestiran. Geomorphologische, klima- und hydrogeographische Studien im Vansee- und Rezaiyehsee-Gebiet. 1975. 145 S. Mit 21 Karten, 6 Abb., 18 Tab. und 12 Fotos. Summary. Résumé	**DM 39,–**
Heft 61 (Sbd. 10)	W. Brücher:	Probleme der Industrialisierung in Kolumbien unter besonderer Berücksichtigung von Bogotá und Medellín. 1975. 175 S. Mit 26 Tab. und 42 Abb. Resumen	**DM 42,–**
Heft 62	H. Reichel:	Die Natursteinverwitterung an Bauwerken als mikroklimatisches und edaphisches Problem in Mitteleuropa. 1975. 85 S. Mit 4 Diagrammen, 5 Tab. und 36 Abb. Summary. Résumè.	**DM 30,–**
Heft 63	H.-R. Schömmel:	Straßendörfer im Neckarland. Ein Beitrag zur geographischen Erforschung der mittelalterlichen regelmäßigen Siedlungsformen in Südwestdeutschland. 1975. 118 S. Mit 19 Karten, 2 Abb., 11 Tab. und 6 Fotos. Summary	**DM 30,–**
Heft 64	G. Olbert:	Talentwicklung und Schichtstufenmorphogenese am Südrand des Odenwaldes. 1975. 121 S. Mit 40 Abb., 4 Karten und 4 Tab. Summary	**DM 27,–**
Heft 65	H. M. Blessing:	Karstmorphologische Studien in den Berner Alpen. 1976. 77 S. Mit 3 Karten, 8 Abb. und 15 Fotos. Summary. Résumé	**DM 30,–**
Heft 66	K. Frantzok:	Die multiple Regressionsanalyse, dargestellt am Beispiel einer Untersuchung über die Verteilung der ländlichen Bevölkerung in der Gangesebene. 1976. 137 S. Mit 17 Tab., 4 Abb. und 19 Karten. Summary. Résumé.	**DM 36,–**
Heft 67	H. Stadelmaier:	Das Industriegebiet von West Yorkshire. 1976. 155 S. Mit 38 Karten, 8 Diagr. u. 25 Tab. Summary	**DM 39,–**
Heft 69	A. Borsdorf:	Valdivia und Osorno. Strukturelle Disparitäten und Entwicklungsprobleme in chilenischen Mittelstädten. Ein geographischer Beitrag zu Urbanisierungserscheinungen in Lateinamerika. 1976. 155 S. Mit 28 Fig. u. 48 Tab. Summary. Resumen.	**DM 39,–**
Heft 70	U. Rostock:	West-Malaysia – ein Einwicklungsland im Übergang. Probleme, Tendenzen, Möglichkeiten. 1977. 199 S. Mit 22 Abb. und 28 Tab. Summary	**DM 36,–**

Heft 71 (Sbd. 12)	H.-K. Barth:	Der Geokomplex Sahel. Untersuchungen zur Landschaftsökologie im Sahel Malis als Grundlage agrar- und weidewirtschaftlicher Entwicklungsplanung. 1977. 234 S. Mit 68 Abb. u. 26 Tab. Summary	**DM 42,-**
Heft 72	K.-H. Schröder:	Geographie an der Universität Tübingen 1512-1977. 1977. 100 S.	**DM 30,-**
Heft 73	B. Kazmaier:	Das Ermstal zwischen Urach und Metzingen. Untersuchungen zur Kulturlandschaftsentwicklung in der Neuzeit. 1978. 316 S. Mit 28 Karten, 3 Abb. und 83 Tab. Summary	**DM 48,-**
Heft 74	H.-R. Lang:	Das Wochenend-Dauercamping in der Region Nordschwarzwald. Geographische Untersuchung einer jungen Freizeitwohnsitzform. 1978. 162 S. Mit 7 Karten, 40 Tab. und 15 Fotos. Summary	**DM 36,-**
Heft 75	G. Schanz:	Die Entwicklung der Zwergstädte des Schwarzwaldes seit der Mitte des 19. Jahrhunderts. 1979. 174 S. Mit 2 Abb., 10 Karten und 26 Tab.	**DM 36,-**
Heft 76	W. Ubbens:	Industrialisierung und Raumentwicklung in der nordspanischen Provinz Alava. 1979. 194 S. Mit 16 Karten, 20 Abb. und 34 Tab.	**DM 40,-**
Heft 77	R. Roth:	Die Stufenrandzone der Schwäbischen Alb zwischen Erms und Fils. Morphogenese in Abhängigkeit von lithologischen und hydrologischen Verhältnissen. 1979. 147 S. Mit 29 Abb.	**DM 32,-**
Heft 78	H. Gebhardt:	Die Stadtregion Ulm/Neu-Ulm als Industriestandort. Eine industriegeographische Untersuchung auf betrieblicher Basis. 1979. 305 S. Mit 31 Abb., 4 Fig., 47 Tab. und 2 Karten. Summary	**DM 48,-**
Heft 79 (Sbd. 14)	R. Schwarz:	Landschaftstypen in Baden-Württemberg. Eine Untersuchung mit Hilfe multivariater quantitativer Methodik. 1980. 167 S. Mit 31 Karten, 11 Abb. u. 36 Tab. Summary	**DM 35,-**
Heft 80 (Sbd. 13)	H.-K. Barth und H. Wilhelmy (Hrsg.):	Trockengebiete. Natur und Mensch im ariden Lebensraum. (Festschrift für H. Blume) 1980. 405 S. Mit 89 Abb., 51 Tab., 38 Fotos.	**DM 68,-**
Heft 81	P. Steinert:	Górly Stolowe – Heuscheuergebirge. Zur Morphogenese und Morphodynamik des polnischen Tafelgebirges. 1981. 180 S., 23 Abb., 9 Karten. Summary, Streszszenie	**DM 24,-**
Heft 82	H. Upmeier:	Der Agrarwirtschaftsraum der Poebene. Eignung, Agrarstruktur und regionale Differenzierung. 1981. 280 S. Mit 26 Abb., 13 Tab., 2 Übersichten und 8 Karten. Summary, Riassunto	**DM 27,-**
Heft 83	C.C. Liebmann:	Rohstofforientierte Raumerschließungsplanung in den östlichen Landesteilen der Sowjetunion (1925-1940). 1981. 466 S. Mit 16 Karten, 24 Tab. Summary	**DM 54,-**
Heft 84	P. Kirsch:	Arbeiterwohnsiedlungen im Königreich Württemberg in der Zeit vom 19. Jahrhundert bis zum Ende des Ersten Weltkrieges. 1982. 343 S. Mit 39 Kt., 8 Abb., 15 Tab., 9 Fotos. Summary	**DM 40,-**

Heft 85	A. Borsdorf u. H. Eck:	Der Weinbau in Unterjesingen. Aufschwung, Niedergang und Wiederbelebung der Rebkultur an der Peripherie des württembergischen Hauptanbaugebietes. 1982. 96 S. Mit 14 Abb., 17 Tab. Summary	**DM 15,–**
Heft 86	U. Itzin:	Das ländliche Anwesen in Lothringen. 1983. 183 S. Mit 21 Karten, 36 Abb., 1 Tab.	**DM 35,–**
Heft 87	A. Jebens:	Wirtschafts- und sozialgeographische Untersuchungen über das Heimgewerbe in Nordafghanistan unter besonderer Berücksichtigung der Mittelstadt Sar-e-Pul. Ein geographischer Beitrag zur Stadt-Umland-Forschung und zur Wirtschaftsform des Heimgewerbes. 1983. 426 S. Mit 19 Karten, 29 Abb., 81 Tab. Summary u. persische Zusammenfassung	**DM 59,–**
Heft 88	G. Remmele:	Massenbewegungen an der Hauptschichtstufe der Benbulben Range. Untersuchungen zur Morphodynamik und Morphogenese eines Schichtstufenreliefs in Nordwestirland. 1984. 233 S. Mit 9 Karten, 22 Abb., 3 Tab. u. 30 Fotos. Summary.	**DM 44,–**
Heft 89	C. Hannss:	Neue Wege der Fremdenverkehrsentwicklung in den französischen Nordalpen. Die Antiretortenstation Bonneval-sur-Arc im Vergleich mit Bessans (Hoch-Maurienne). 1984. 96 S. Mit 21 Abb. u. 9 Tab. Summary. Resumé.	**DM 16,–**
Heft 90 (Sbd. 15)	S. Kullen (Hrsg.):	Aspekte landeskundlicher Forschung. Beiträge zur Sozialen und Regionalen Geographie unter besonderer Berücksichtigung Südwestdeutschlands. (Festschrift für Hermann Grees) 1985. 483 S. Mit 42 Karten (teils farbig), 38 Abb., 18 Tab., Lit.	**DM 59,–**
Heft 91	J.-W. Schindler:	Typisierung der Gemeinden des ländlichen Raumes Baden-Württembergs nach der Wanderungsbewegung der deutschen Bevölkerung. 1985. 274 S. Mit 14 Karten, 24 Abb., 95 Tab. Summary.	**DM 40,–**
Heft 92	H. Eck:	Image und Bewertung des Schwarzwaldes als Erholungsraum – nach dem Vorstellungsbild der Sommergäste. 1985. 274 S. Mit 31 Abb. und 66 Tab. Summary.	**DM 40,–**
Heft 94 (TBGL 2)	R. Lücker:	Agrarräumliche Entwicklungsprozesse im Alto-Uruguai-Gebiet (Südbrasilien). Analyse eines randtropischen Neusiedlungsgebietes unter Berücksichtigung von Diffusionsprozessen im Rahmen modernisierender Entwicklung. 1986. 278 S. Mit 20 Karten, 17 Abb., 160 Tab., 17 Fotos. Summary. Resumo.	**DM 54,–**
Heft 97 (TBGL 5)	M. Coy:	Regionalentwicklung und regionale Entwicklungsplanung an der Peripherie in Amazonien. Probleme und Interessenkonflikte bei der Erschließung einer jungen Pionierfront am Beispiel des brasilianischen Bundesstaates Rondônia. 1988. 549 S. Mit 31 Karten, 22 Abb., 79 Tab. Summary. Resumo.	**DM 48,–**
Heft 98	K.-H. Pfeffer (Hrsg.):	Geoökologische Studien im Umland der Stadt Kerpen/Rheinland. 1989. 300 S. Mit 30 Karten, 65 Abb., 10 Tab.	**DM 39,50**
Heft 99	Ch. Ellger:	Informationssektor und räumliche Entwicklung – dargestellt am Beispiel Baden-Württembergs. 1988. 203 S. Mit 25 Karten, 7 Schaubildern, 21 Tab., Summary.	**DM 29,–**

Heft 100	K.-H. Pfeffer: (Hrsg.)	Studien zur Geoökolgie und zur Umwelt. 1988. 336 S. Mit 11 Karten, 55 Abb., 22 Tab., 4 Farbkarten, 1 Faltkarte. **DM 67.-**
Heft 101	M. Landmann:	Reliefgenerationen und Formengenese im Gebiet des Lluidas Vale-Poljes/Jamaika. 1989. 212 S. Mit 8 Karten, 41 Abb., 14 Tab., 1 Farbkarte. Summary. **DM 63.-**
Heft 102 (Sbd. 18)	H. Grees u. G. Kohlhepp (Hrsg.):	Ostmittel- und Osteuropa. Beiträge zur Landeskunde. (Festschrift für Adolf Karger, Teil 1). 1989. 466 S. Mit 52 Karten, 48 Abb., 39 Tab., 25 Fotos. **DM 83.-**
Heft 103 (Sbd. 19)	H. Grees u. G. Kohlhepp (Hrsg.):	Erkenntnisobjekt Geosphäre. Beiträge zur geowissenschaftlichen Regionalforschung, ihrer Methodik und Didaktik. (Festschrift für Adolf Karger, Teil 2). 1989. 224 S. 7 Karten, 36 Abb., 16 Tab. **DM 59,–**
Heft 104 (TBGL 6)	G. W. Achilles:	Strukturwandel und Bewertung sozial hochrangiger Wohnviertel in Rio de Janeiro. Die Entwicklung einer brasilianischen Metropole unter besonderer Berücksichtigung der Stadtteile Ipanema und Leblon. 1989. 367 S. Mit 29 Karten. 17 Abb., 84 Tab., 10 Farbkarten als Dias. **DM 57.-**
Heft 105	K.-H. Pfeffer (Hrsg.):	Süddeutsche Karstökosysteme. Beiträge zu Grundlagen und praxisorientierten Fragestellungen. 1990. 382 S. Mit 28 Karten, 114 Abb., 10 Tab., 3 Fotos. Lit. Summaries. **DM 60.-**
Heft 106 (TBGL 7)	J. Gutberlet:	Industrieproduktion und Umweltzerstörung im Wirtschaftsraum Cubatão/São Paulo (Brasilien). 1991. 338 S. 5 Karten, 41 Abb., 54 Tab. Summary. Resumo. **DM 45,–**
Heft 107 (TBGL 8)	G. Kohlhepp (Hrsg.):	Lateinamerika. Umwelt und Gesellschaft zwischen Krise und Hoffnung. 1991. 238 S. Mit 18 Abb., 6 Tab. Resumo. Resumen. **DM 38,–**
Heft 108 (TBGL 9)	M. Coy, R. Lücker:	Der brasilianische Mittelwesten. Wirtschafts- und sozialgeographischer Wandel eines peripheren Agrarraumes. 1993. 305 S. Mit 59 Karten, 14 Abb., 14 Tab. **DM 39,–**
Heft 109	M. Chardon, M. Sweeting K.-H. Pfeffer (Hrsg.):	Proceedings of the Karst-Symposium-Blaubeuren. 2nd International Conference on Geomorphology, 1989, 1992. 130 S., 47 Abb., 14 Tab. **DM 29,–**
Heft 110	A. Megerle	Probleme der Durchsetzung von Vorgaben der Landes- und Regionalplanung bei der kommunalen Bauleitplanung am Bodensee. Ein Beitrag zur Implementations- und Evaluierungsdiskussion in der Raumplanung. 1992. 282 S. Mit 4 Karten, 18 Abb., 6 Tab. **DM 39,–**
Heft 111 (TBGL 10)	M. J. Lopes de Souza:	Armut, sozialräumliche Segregation und sozialer Konflikt in der Metropolitanregion von Rio de Janeiro. Ein Beitrag zur Analyse der »Stadtfrage« in Brasilien. 1993. 445 S. Mit 16 Karten, 6 Abb. u. 36 Tabellen. **DM 45,–**
Heft 112 (TBGL 11)	K. Henkel:	Agrarstrukturwandel und Migration im östlichen Amazonien (Pará, Brasilien). 1994. 474 S. Mit 12 Karten, 8 Abb. u. 91 Tabellen. **DM 45,–**

Heft 113   H. Grees: Wege geographischer Hausforschung. Gesammelte Beiträge von Karl Heinz Schröder zu seinem 80. Geburtstag am 17. Juni 1994. Hrsg. v. H. Grees. 1994. 137 S.   **DM 33,–**

Heft 114   G. Kohlhepp (Hrsg.):   Mensch-Umwelt-Beziehungen in der Pantanal-Region von Mato Grosso/Brasilien. Beiträge zur angewandten geographischen Umweltforschung. 1995. 389 S. Mit 23 Abb., 15 Karten und 13 Tabellen.   **DM 39,–**

Heft 115   F. Birk: Kommunikation, Distanz und Organisation. Dörfliche Organisation indianischer Kleinbauern im westlichen Hochland Guatemalas. 1995. 376 S. Mit 5 Karten, 20 Abb. und 15 Tabellen.   **DM 39,–**